제6판

공학수학 II

Advanced Engineering Mathematics

Dennis G. Zill

고형종 | 김남현 | 김연미 | 김영대 | 김인수 | 나승유
남 산 | 박준구 | 서동엽 | 윤태웅 | 이홍기 공 역

TEXTBOOKS
텍스트북스

ORIGINAL ENGLISH LANGUAGE EDITION PUBLISHED BY
Jones & Bartlett Learning, LLC
5 Wall Street
Burlington, MA 01803
Advanced Engineering Mathematics, Sixth Edition, Dennis G. Zill

역자 소개

공학수학 II

고형종 금오공과대학교 / kohj@kumoh.ac.kr
김남현 홍익대학교 / nhkim@hongik.ac.kr
김연미 홍익대학교 / yonmikim@hongik.ac.kr
김영대 전남대학교 / youngdae@chonnam.ac.kr
김인수 금오공과대학교 / kiminsoo@kumoh.ac.kr
나승유 전남대학교 / syna@chonnam.ac.kr
남 산 고려대학교 / snahm@korea.ac.kr
박준구 경북대학교 / jgpark@knu.ac.kr
서동엽 KAIST / dysuh@kaist.ac.kr
윤태웅 고려대학교 / twy@cello.korea.ac.kr
이홍기 중앙대학교 / hglee@cau.ac.kr

공학수학 I

고형준 연세대학교 / hjko@yonsei.ac.kr
김기두 국민대학교 / kdk@kookmin.ac.kr
김미정 고려대학교 / meejkim@korea.ac.kr
김선규 울산대학교 / skim@ulsan.ac.kr
김용환 충남대학교 / yonghkim@cnu.ac.kr
김현철 인제대학교 / mechkhc@inje.ac.kr
박준상 한라대학교 / jspark@halla.ac.kr
윤복식 홍익대학교 / bsyoon@hongik.ac.kr
이원구 경희대학교 / termylee@khu.ac.kr
전영록 경남대학교 / yrchun@kyungnam.ac.kr
정태건 건국대학교 / tgjeong@konkuk.ac.kr
한광희 한국산업기술대학교 / khhan@kpu.ac.kr

공학수학 II | 6판

Advanced Engineering Mathematics, ***Sixth Edition***

발행일 2018년 6월 1일
저자 Dennis G. Zill
역자 고형종, 김남현, 김연미, 김영대, 김인수, 나승유, 남 산, 박준구, 서동엽, 윤태웅, 이홍기
발행인 이한성 **발행처** 텍스트북스 **주소** 경기도 파주시 광인사길 121(문발동 507-9)
전화 031-944-5725 **팩스** 031-944-5735 **웹사이트** www.textbooks.co.kr
등록번호 제406-2011-000132호
ISBN 978-89-93543-70-4 94410
정가 20,000원

저자서문

과목내용이 거의 표준화되어 있는 '미적분학(calculus)'이나 '미분방정식'과는 달리 '공학수학(engineering mathematics)'이라는 명칭의 과목은 내용이 대학들 간에 상당한 차이가 있다. 따라서 고급 공학수학(Advanced Engineering Mathematics)의 교재는, 과학이나 공학 과목에서의 필요성에 따라 또는 장래 종사할 직업에서의 유용성에 따라 느슨하게 연관되는 많은 수학적 주제들을 포함하게 된다. 즉, 이러한 교재에 포함될 수 있는 주제의 수는 문자 그대로 상한이 없다. 결과적으로 이 책은 저자의, 현재 시점에서 무엇이 공학수학을 구성해야 하는가에 대한 견해를 반영한다.

교재의 내용

주제선택의 유연성을 위해 이 책은 다섯 부분으로 나누어진다. 각 부의 제목들로부터 명백히 드러나듯이 우리는 과학/공학 관련 수학의 중추는 상/편미분정식의 이론과 응용이라고 믿는다.

1부: 상미분방정식(1~6장)

1부의 여섯 장은 상미분방정식의 완전한 단기과정을 구성한다. 이 장들은 약간의 수정은 있지만 Dennis G. Zill의 교재 모형화 응용이 첨가된 미분방정식의 첫 과정(*A First Course in Differential Equations with Modeling Applications*, 11*th Edition,* Cengage Learning)의 1, 2, 3, 4, 5, 6, 7, 9장에 해당한다. 2장에서 1계 미분방정식을 푸는 방법과 응용을 다루고 3장에서는 2계 선형미분방정식과 그 응용에 초점을 맞춘다. 4장은 그 자체로 중요한 라플라스 변환에 의한 미분방정식과 연립미분방정식의 해법에 할당된다.

2부: 벡터, 행렬, 벡터 미적분학(7~9장)

7장 벡터와 9장 벡터 미적분학은 보통 미적분학 연속과정의 세 번째 학기에 다루어지는 표준적인 주제들 대부분, 즉 2차원 및 3차원 벡터, 벡터함수, 방향도함수, 선적분, 이중 및 삼중적분, 면적분, Green정리, Stokes정리, 발산정리 들을 포함한다. 7.6절에서 벡터의 개념이 일반화 되는데, 벡터의 기하적인 해석은 상실되지만 많은 성질들이 n차원 및 무한차원 벡터

공간에서 유지됨을 보게 될 것이다. 8장 **행렬**에서는 선형 연립방정식, 행렬식, 행렬대수학이 연립 선형미분방정식을 푸는 데 유용한 행렬 형태에 특별히 주안점을 두어 소개된다. 암호기법, 오류정정코드, 최소제곱법, 이산격실모형에 관한 선택 절들이 행렬대수의 응용으로 제시된다.

3부: 연립 미분방정식(10장, 11장)

3부는 10장 선형 연립미분방정식과 11장 비선형 연립미분방정식의 두 장으로 구성되는데, 2부의 8장에서 제시된 행렬이론에 상당히 의존한다. 10장에서는 선형 1계 연립미분방정식이 고유값과 고유벡터의 개념, 대각화, 행렬 지수함수를 이용하여 해결된다. 11장에서는 자율 선형 및 비선형 시스템의 정성적인 측면이 심도 있게 논의된다.

4부: Fourier 급수와 편미분방정식(12~16장)

Fourier 급수와 경곗값 문제에 대한 핵심적인 내용은 Dennis G. Zill과 Warren S. Wright의 경곗값 문제와 미분방정식(*Differential Equation with Boundary-Value Problems, 9th Edition,* Cengage Learning)에서 따왔다. 12장 **직교함수와 Fourier 급수**에서는 직교함수 집합과 함수를 직교함수들의 무한급수로 전개하는 것에 관련된 기본 주제들이 제시된다. 이 내용들은 13, 14장에서 직교, 극, 원기둥, 구 좌표계에서의 경곗값 문제를 변수분리법을 이용하여 해결할 때 이용된다. 15장 **적분변환법**에서는 경곗값 문제가 라플라스 변환과 Fourier 변환을 이용하여 해결된다.

5부: 복소해석(17~20장)

마지막 네 개 장은 복소수의 기본 개념부터 시작하여 Dirichlet 문제를 풀 때 등각사상을 응용하는 데까지의 복소해석학의 주제들을 다룬다. 이 내용들은 그 자체로 복소변수 개론의 한 쿼터 과정을 충분히 감당할 수 있는데, Dennis G. Zill과 Patrick D. Shanahan의 **복소해석학 및 응용**(*A First Course in Complex Analysis with Applications, 3rd Edition*, Jones & Bartlett Learning)에서 주로 따왔다.

추가 온라인 교재: 확률과 통계(21, 22장)

이 추가된 두 장은 확률과 통계의 기초를 다룬다. Student Website and Projects Center에서 PDF로 다운 받든가 또는 특별주문판으로 받을 수 있다. 이 추가 장에 접근하는 방법에 대해 더 알고 싶으면 go.jblearning.com/findmyrep의 계정담당자에게 문의하기 바란다.

교재의 디자인

이전 판을 사용하지 않은 강의자와 학생들을 위해 이 책의 디자인을 소개한다. 각 장은 자체의 목차와 내용소개로 시작한다. 이 교재에는 그림, 정의, 정리가 매우 많이 나오기 때문에 이중소수점을 사용하여 표시한다. 예를 들어 그림 1.2.3의 해석은 다음과 같다.

장 1장의 절
↓ ↓
1.2.3 ← 1.2절의 세 번째 그림

이런 형식의 표기는 뒤의 장, 절에서 언급될 때 정리나 그림들을 보다 찾기 쉽게 해 줄 것이다. 또한 그림을 본문과 보다 잘 연계시키기 위해 본문에서 처음으로 언급할 때 그림 번호와 똑같은 글씨체와 색을 사용하였다. 예를 들면 5.7절의 두 번째 그림의 첫 언급은 **그림 5.7.2**로 주어지지만 그 이후의 언급은 그냥 그림 5.7.2로 주어진다.

6판의 주요 특징

- 이번 수정본의 주안점은 교재 전반에 걸쳐 다량의 새롭고 흥미로운 문제들과 응용을 첨가하는 것이다. 예를 들어 연습문제 2.8의 목재 톱질하기, 연습문제 3.6의 원판 구부리기, 3장 복습의 용수철 진자, 예제 5.3의 냉각핀이 이 판에서 새롭게 추가되었다. 또한 지난 판에서 정리된

  연습문제 2.7, 공기 교체
  연습문제 2.9, 칼륨-40 붕괴
  연습문제 2.9, 칼륨–알곤 연대측정
  2장의 복습, 바다 두꺼비의 습격
  연습문제 3.6, 용액의 온도
  연습문제 3.9, 바람이 분다
  연습문제 3.11, 붙잡힌 진자
  3장의 복습, 파리 대포

등은 그대로 유지되었다.

- 교재 전반에서 구간별 선형 미분방정식의 개념과 적분에 의해 정의되는 함수를 포함하는 해의 개념을 더욱 강조하였다.
- 13.4절 파동방정식의 설명에 중첩의 원리를 추가하였다.
- 13.6절 비제차 경곗값 문제를 다시 써서 명확성을 높였다.
- 14.2절 원통좌표계에서 수정된 Bessel 함수를 좀 더 강조하였다.

감사의 말

이러한 규모의 교재를 편찬하는 일은 매우 힘든 작업이다. 이번 수정작업에도 많은 사람들의 시간과 에너지가 투입되었다. 이 자리를 빌려 이 수정판에 참여한 Jones & Bartlett Learning과 Aptara Inc의 모든 분들께 진정으로 감사를 표하고 싶다. 특히 편집자 Laura Pagluica와 제작담당 Sherrill Redd에게 커다란 퍼즐의 조각들을 모두 맞추는 데 안내자가 되어준 데 대해 특별히 감사한다.

여러 해에 걸쳐 우리는 학생과 동료들로부터 청에 의한 또는 자발적인 조언을 받는 행운을 누렸다. 격려의 한마디도 항상 고맙게 생각하지만 매 판의 개선에 도움을 주는 것은 비판과 제안들이다. 따라서 이 자리에서 자신의 지식과 통찰을 공유해준 다음의 검토자들을 다시 한 번 알리고 감사를 표하는 것이 합당할 것이다.

Raul M. Aguilar
Massachusetts Maritime Academy

A. Alton
Augustana University

Yuri Antipov
Louisiana State University

Victor Argueta
Alma College

Ken Bosworth
Idaho State University

Kristen Campbell
Elgin Community College

Han-Taw Chen
National Cheng Kung University

John T. Van Cleve
Jacksonville State University

William Criminale
University of Washington

Juan F. Diaz, Jr.
Mount Aloysius College

Vlad Dobrushkin
University of Rhode Island

Jeff Dodd
Jacksonville State University

Victor Elias
University of Western Ontario

Robert E. Fennell
Clemson University

Seferino Fierroz
Oxbridge Academy

Stan Freidlander
Bronx Community University

David Gilliam
Texas Tech University

Stewart Goldenberg
California Polytechnic State University

Herman Gollwitzer
Drexel University

Ronald B. Gunther
Oregon State University

Daniel Hallinan, Jr.
Florida A&M University–Florida State University College of Engineering

Noel Harbetson
California State University

Angela Hare
Messiah College

Donald Hartig
California Polytechnic State University

Sonia Henckel
Lawrence Technological University

Robert W. Hunt
Humbolt State University

David Keyes
Columbia University

Mario Klaric
Midlands Technical College

Vuryl Klassen
California State University, Fullerton

Cecilia Knoll
Florida Institute of Technology

Myren Krom
California State University, Sacramento

David O. Lomen
University of Arizona

Maria Ludu
Embry-Riddle Aeronautical University

Lewis D. Ludwig
Denison University

Tony Mastroberardino
Penn State Erie, The Behrend College

Osvaldo Mendez
University of Texas, El Paso

Kelley B. Mohrmann
U.S. Military Academy

James L. Moseley
West Virginia University

Gregory E. Muleski
University of Missouri, Kansas City

Charles P. Neumann
Carnegie Mellon University

Evgeni Nikolaev
Rutgers University

Bruce O'Neill
Milwaukee School of Engineering

Sang June Oh
California State University, Fullerton

Dale Peterson
US Air Force Academy

Christopher S. Raymond
University of Delaware

Geoffrey Recktenwald
Michigan State University

Thomas N. Roe
South Dakota State University

Gary Stout
Indiana University of Pennsylvania

Jeremy L. Thompson
US Air Force Academy

Benjamin Varela
Rochester Institute of Technology

Tian-Shiang Yang
National Cheng Kung University

Bashkim Zendeli
Lawrence Technological University

또한 친절하게도 이 판의 응용문제들을 기고해준 다음의 수학자들께 진실한 감사를 드린다.

Jeff Dodd, Professor, Department of Mathematical Sciences,
Jacksonville State University, Jacksonville, Alabama

Pierre Gharghouri, Professor Emeritus, Department of Mathematics,
Ryerson University, Toronto, Canada

Jean-Paul Pascal, Associate Professor, Department of Mathematics,
Ryerson University, Toronto, Canada

Rick Wicklin, PhD, Senior Researcher in Computational Statistics,
SAS Institute Inc., Cary, North Carolina

많은 눈들이 이 교재의 수천 개의 기호와 수백 개의 식들을 점검했지만 틀림없이 오류들이 남아 있을 것이다. 이 점에 대해 미리 사과를 드리며 교재나 보충 참고자료에서 발견되는 오류에 대한 어떠한 지적도 감사히 받을 것이다. 오류 수정의 신속성을 위해 다음의 편집자와 접촉하기 바란다.

LPagluica@jblearning.com

Dennis G. Zill

© Ablestock.com/Getty

역자서문

공대생들이 대학 1학년에서 미적분학(calculus)를 배우고 2학년에 오면 **공학수학**(engineering mathematics)이라는 과목이 기다리고 있다. 교과서도 두껍고 내용도 방대하여 지레 겁에 질리는 학생들도 많다. 공학수학은 전통적으로 공학의 바탕이 되는 물리학의 여러 분야 특히 역학(정역학, 동역학, 구조역학, 유체역학, 열역학 등등)과 전자기학 등을 이해하는 데 필요한 수학들로 구성되어 있다. 이 책에 제시된 미분방정식, 벡터해석학, 선형대수, 푸리에 급수, 복소해석학, 수치해석들이 대체로 그 범주에 들어갈 것이다. 공학을 새로 배우기 시작하는 학생들에게 당장은 지루하고 벅찰 수도 있지만 잘 배워두면 각자의 전공과 장래의 직업에서 요긴한 밑거름이 될 것이다.

Zill의 이 책은 1992년에 초판이 나왔을 때부터 예제의 참신함과 내용 구성의 적절함으로 세계적으로 인기를 끈 책으로 저자의 부지런함으로 벌써 6판이 등장하였다. 6판은 전 판에서 크게 수정되지는 않았지만 제법 흥미로운 응용문제들이 보강되었다. 이 책의 특징은 무엇보다 일상에서 친숙하지만 수학적 분석 대상에서 간과되기 쉬운 문제들을 많이 발굴하여 체계적이고 친절하게 설명하여 호기심을 유발하면서 큰 어려움 없이 분석에 동참하게 하고 있는 점이다. 더욱이 군더더기를 배제한 적절한 내용 구성과 친절하고 구체적인 설명, 읽기 쉬운 체재는 공학수학의 교재로서 큰 장점이 아닐 수 없다. 상세한 내용구성은 저자의 서문을 참조하기 바란다.

요즘같이 세계화를 부르짖는 시대에 원서 자체의 영문이 매끄럽고 어렵지 않아 충분히 읽을 만한데 이십여 분의 교수들이 힘들여 번역에 뛰어든 이유는 교육현장에서의 경험에서 기인한다. 수학에서는, 다른 분야도 마찬가지지만, 개념의 명확한 이해가 중요한데, 특히 대학 저학년에서 수학을 외국어 교재로 공부할 때 애매하게 이해한다든가, 엉뚱하게 잘못 이해하는 경우를 왕왕 보게 된다. 모국어로 잘 쓴 책으로 배우면 명확한 개념을 훨씬 빠르고 수월하게 이해할 수 있다는 사실은 부인할 수 없을 것이다. 물론 이것은 제대로 번역이 되었을 때의 얘기다. 이 책의 번역에서 직역위주로 하되 문맥이 매끄럽게, 원서의 분위기를 살려서, 용어를 통일하여, 한글 위주로, 애매할 때는 영문병기를 한다는 원칙을 세웠지만 무엇보다 학생들에게 익숙하고 쉬운 문장으로 정확히 원서의 내용을 전달하는 것이 궁극의 목표이다. 물론 이십여 분의 개성 있는 번역진이 참여하다 보니 각 장에서 사소한 문체의 차이는 있을 것이다. 하지만 감수과정에서 되도록 원서의 문장의 특징을 일관되게 살리려고 노력하였고 용어의 통일을 꾀하였다. 그러나 여러 제약 상 미비점이 없을 수 없는데 강호제현의 따끔한 정문일침을 언제나 환영하며 그것을 밑거름으로 점차 완벽함으로 가까이 가기를 기대해본다.

끝으로 이 책의 번역과 교정, 감수에 참여해 주신 교수님들의 노고에 다시 한 번 감사드리고, 번역을 기획하고 편집, 제작하여 이와 같이 산뜻한 책으로 존재하는 것이 가능하게 한 텍스트북스 출판사에 깊은 감사를 드린다. 이 책에서 시간 제약에 쫓겨 걸러내지 못한 오류들이나 부족한 점에 대한 조언을 주실 분들은 누구나 기탄없이 텍스트북스 이메일(info@textbooks.co.kr)로 연락을 주시면 감사한 마음으로 최대한 반영할 것임을 약속드린다.

무술 정초 와우교정에서
역자를 대표하여
윤복식

차례

© Palette7/ShutterStock, Inc.

© enigmatico/ShutterStock, Inc.

© Design Pics Inc./Alamy Images

PART 5 복소해석 187

© Takeshi Takahara/Photo Researchers/Getty Images
© Andy Sacks/Getty Images

공학수학 I 차례

PART 4

Fourier 급수와 편미분방정식

Partial Differential Equations

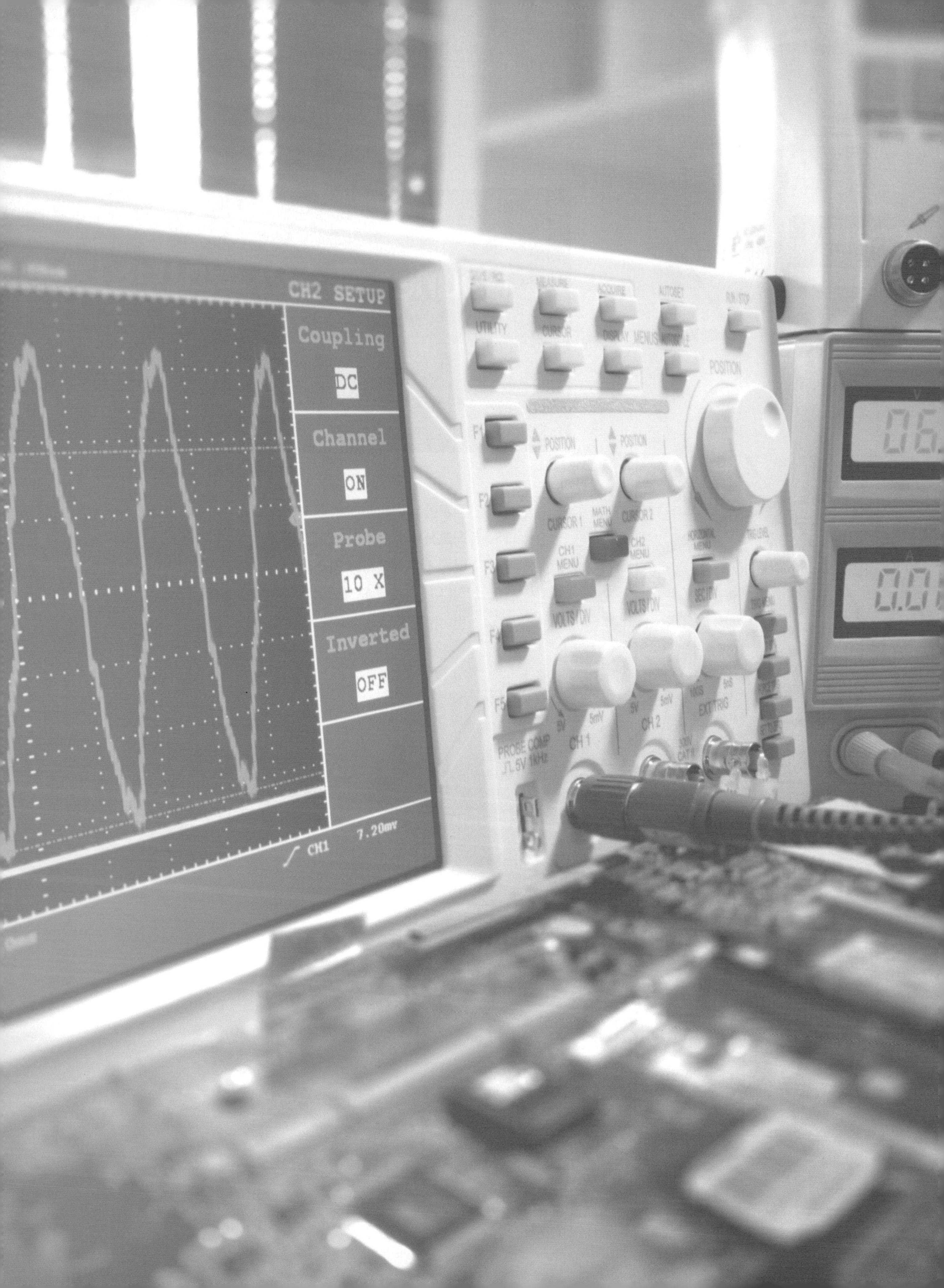
CH2 SETUP
Coupling
DC
Channel
ON
Probe
10 X
Inverted
OFF
CH1
7.20mv
MEASURE
ACQUIRE
AUTOSET
UTILITY
CURSOR
POSITION
F1
F2
F3
F4
F5
CURSOR 1
CURSOR 2
MATH MENU
CH1 MENU
CH2 MENU
VOLTS/DIV
CH 1
CH 2
EXT TRIG
PROBE COMP

CHAPTER 12

직교함수와 Fourier 급수

Orthogonal Functions and Fourier Series

4부의 목적은 응용 분야에서 접하게 되는 특정한 종류의 선형 **편미분방정식**의 해를 구하는 데 있다. 이 장에서 편미분방정식의 해를 구하지 않지만, 앞으로 배울 내용들에 필요한 기초적인 사항들을 다루고 있다.

여러분은 미적분학에서 미분 가능한 함수 *f*가 *x*의 거듭제곱 급수의 일종인 Taylor 급수로 전개될 수 있다는 것을 배웠을 것이다. 이 장에서 배울 중요한 내용 중의 하나도 역시 함수를 무한급수로 전개하는 것이다. 프랑스의 수학자인 **Joseph Fourier**(1768~1830)는 1800년대 초에 함수 *f*가 삼각함수의 급수로 전개될 수 있다는 개념을 제시하였다. 그리고 이 삼각함수로 표현된 급수, 즉 **Fourier 급수**는 함수를 **직교함수**들의 무한집합을 사용하여 급수의 형태로 표현한 것의 특수한 예라는 것이 밝혀졌다. 직교함수의 집합이라는 개념은 고유함수와 그에 대응하는 고유값에 대한 문제와 직결된다. 고유함수와 고유값에 대한 문제는 앞으로 공부할 13장 및 14장에서 아주 중요한 개념이므로 3.9절의 예제 2를 복습해 두기 바란다.

CHAPTER CONTENTS

12.1 직교함수

소개 고급수학의 어떤 분야에서는 종종 함수를 벡터의 일반적인 형태로 간주한다. 이 절에서도 두 벡터의 내적, 외적 및 벡터의 직교성이 함수들에게 확장되는 것을 보게 될 것이다. 그리고 이 장의 후반부에는 이 개념의 실질적인 응용이 있다.

내적 두 벡터 $\mathbf{u} = u_1\mathbf{i} + u_2\mathbf{j} + u_3\mathbf{k}$와 $\mathbf{v} = v_1\mathbf{i} + v_2\mathbf{j} + v_3\mathbf{k}$가 R^3 또는 3차원 공간에 존재할 때 이 두 벡터의 내적 혹은 점곱은 **스칼라**라고 불리는 실수로서 각 벡터에 대응하는 성분들의 곱의 합으로 아래와 같이 나타낸다.

7장에서는 내적을 $\mathbf{u} \cdot \mathbf{v}$로 나타내었다. ▶

$$(\mathbf{u}, \mathbf{v}) = u_1v_1 + u_2v_2 + u_3v_3 = \sum_{k=1}^{3} u_kv_k.$$

두 벡터의 내적 $(\mathbf{u}, \mathbf{v})$는 아래와 같은 특성을 갖는다.

(*i*) $(\mathbf{u}, \mathbf{v}) = (\mathbf{v}, \mathbf{u})$

(*ii*) $(k\mathbf{u}, v) = k(\mathbf{u}, \mathbf{v})$, k는 스칼라

(*iii*) $\mathbf{u} = 0$이면 $(\mathbf{u}, \mathbf{u}) = 0$, $\mathbf{u} \neq 0$이면 $(\mathbf{u}, \mathbf{u}) > 0$

(*iv*) $(\mathbf{u} + \mathbf{v}, \mathbf{w}) = (\mathbf{u}, \mathbf{w}) + (\mathbf{v}, \mathbf{w})$.

그리고 어떤 일반화된 내적도 이와 같은 특성을 만족하기를 기대한다.

함수 f_1과 f_2가 구간 $[a, b]$*에서 정의된다고 가정하자. 이 구간 내에서 두 함수의 곱 $f_1(x)f_2(x)$의 정적분은 위 식 (*i*)~(*iv*)에 나타난 벡터의 내적의 특성을 모두 가지고 있다. 그러므로 적분이 가능하면 아래와 같은 정의가 성립한다.

정의 12.1.1 함수의 내적

구간 $[a, b]$에서 정의된 두 함수 f_1과 f_2의 **내적**(inner product)은 다음과 같은 수이다.

$$(f_1, f_2) = \int_a^b f_1(x)f_2(x)\,dx.$$

직교함수 두 벡터의 내적이 영이면, $\mathbf{u}$, $\mathbf{v}$가 직교한다는 사실을 기초로 하여, 유사한 방법으로 **직교함수**(orthogonal function)를 정의할 수 있다.

정의 12.1.2 직교함수

아래와 같은 식이 성립하면 두 함수 f_1과 f_2가 구간 $[a, b]$에서 서로 **직교한다**(orthogonal)고 정의한다.

$$(f_1, f_2) = \int_a^b f_1(x)f_2(x)\,dx = 0. \tag{1}$$

* 범위는 $(-\infty, \infty)$, $[0, \infty)$ 등도 될 수 있다.

예제 1 직교함수

식 (1)을 사용하여 함수 $f_1(x) = x^2$와 $f_2(x) = x^3$는 구간 $[-1, 1]$에서 직교함을 보여라.

$$(f_1, f_2) = \int_{-1}^{1} x^2 \cdot x^3\, dx = \int_{-1}^{1} x^5\, dx = \frac{1}{6}x^6\Big]_{-1}^{1} = 0.$$ ≡

직교(orthogonal)가 수직(perpendicular)과 동일하게 쓰이는 벡터 해석과는 달리 여기서 사용하는 직교란 용어나 식 (1)의 조건에는 특별한 기하적 의미가 없다.

직교집합 먼저 직교함수의 무한집합에 대해 살펴보자.

정의 12.1.3 직교집합

만약 실수 값을 갖는 함수들의 집합 $\{\phi_0(x), \phi_1(x), \phi_2(x), \ldots\}$이 구간 $[a, b]$에서 아래와 같은 관계를 갖는다면 **직교한다**고 한다.

$$(\phi_m, \phi_n) = \int_a^b \phi_m(x)\phi_n(x)\, dx = 0, \quad m \neq n. \tag{2}$$

정규직교 집합 어떤 벡터 $\mathbf{u}$의 놈(norm) 또는 길이 $\|\mathbf{u}\|$는 내적으로 나타낼 수 있다. $(\mathbf{u}, \mathbf{u}) = \|\mathbf{u}\|^2$은 제곱놈이라고 한다. 그러므로 $\|\mathbf{u}\| = \sqrt{(\mathbf{u}, \mathbf{u})}$이다. 마찬가지로 어떤 함수 ϕ_n의 **제곱놈**(square norm)은 $\|\phi_n(x)\|^2 = (\phi_n, \phi_n)$로 나타낼 수 있다. 그리고 **놈** 또는 이 함수의 길이는 $\|\phi_n(x)\| = \sqrt{(\phi_n, \phi_n)}$가 된다. 다시 설명하면 직교집합 $\{\phi_n(x)\}$에 속하는 함수 ϕ_n의 제곱놈 또는 놈은 각각 아래와 같다.

$$\|\phi_n(x)\|^2 = \int_a^b \phi_n^2(x)\, dx \qquad \text{그리고} \qquad \|\phi_n(x)\| = \sqrt{\int_a^b \phi_n^2(x)\, dx}. \tag{3}$$

직교집합 $\{\phi_n(x)\}$의 원소 $\phi_n(x)$가 구간 $[a, b]$에서 $n = 0, 1, 2, \ldots$ 에 대하여 $\|\phi_n(x)\| = 1$이면 $\{\phi_n(x)\}$를 이 구간 안에서 **정규직교 집합**(orthonormal set)이라고 한다.

예제 2 함수의 직교집합

집합 $\{1, \cos x, \cos 2x, \ldots\}$이 구간 $[-\pi, \pi]$에서 직교함을 보여라.

풀이 $\phi_0(x) = 1$, $\phi_n(x) = \cos nx$이라 놓으면 $n \neq 0$일 때 $\int_{-\pi}^{\pi} \phi_0(x)\phi_n(x)\, dx = 0$임을, 그리고 $m \neq n$일 때 $\int_{-\pi}^{\pi} \phi_m(x)\phi_n(x)\, dx = 0$임을 보이면 된다. 먼저 첫 번째 경우

$$(\phi_0, \phi_n) = \int_{-\pi}^{\pi} \phi_0(x)\phi_n(x)\, dx = \int_{-\pi}^{\pi} \cos nx\, dx$$

$$= \frac{1}{n}\sin nx\Big]_{-\pi}^{\pi} = \frac{1}{n}[\sin n\pi - \sin(-n\pi)] = 0$$

그리고 두 번째 경우는 다음과 같다.

$$(\phi_m, \phi_n) = \int_{-\pi}^{\pi} \phi_m(x)\phi_n(x)\,dx = \int_{-\pi}^{\pi} \cos mx \cos nx\,dx$$

$$= \frac{1}{2}\int_{-\pi}^{\pi} [\cos(m+n)x + \cos(m-n)x]\,dx \quad \leftarrow \text{삼각법 증명}$$

$$= \frac{1}{2}\left[\frac{\sin(m+n)x}{m+n} + \frac{\sin(m-n)x}{m-n}\right]_{-\pi}^{\pi} = 0.$$

≡

예제 3 놈

예제 2에 주어진 직교집합에서 각 함수의 놈을 찾아라.

풀이 $\phi_0(x) = 1$인 경우 식 (3)으로부터 아래와 같은 식을 구할 수 있다.

$$\|\phi_0(x)\|^2 = \int_{-\pi}^{\pi} dx = 2\pi$$

그러므로 $\|\phi_0(x)\| = \sqrt{2\pi}$이다. $\phi_n(x) = \cos nx$의 경우($n > 0$) 아래와 같다.

$$\|\phi_n(x)\|^2 = \int_{-\pi}^{\pi} \cos^2 nx\,dx = \frac{1}{2}\int_{-\pi}^{\pi} [1 + \cos 2nx]\,dx = \pi.$$

그러므로 $n > 0$일 때, $\|\phi_n(x)\| = \sqrt{\pi}$이다. ≡

직교집합은 정규직교 집합으로 만들 수 있다. ▶

영이 아닌 함수들의 직교집합 $\{\phi_n(x)\}$, $n = 0, 1, 2, \ldots$은 **정규화**될 수 있다. 즉 각 함수를 그 함수의 놈으로 나누어서 정규직교 집합으로 만들 수 있다. 예를 들어 예제 2와 예제 3으로부터 집합

$$\left\{\frac{1}{\sqrt{2\pi}}, \frac{\cos x}{\sqrt{\pi}}, \frac{\cos 2x}{\sqrt{\pi}}, \ldots\right\}$$

을 만들 수 있고, 이 집합은 구간 $[-\pi, \pi]$에서 정규직교이다.

벡터와의 유사성 벡터와 함수 사이의 유사성을 하나 더 제시하려고 한다. $\mathbf{v}_1$, $\mathbf{v}_2$, $\mathbf{v}_3$가 3차원 공간에서 서로 직교하는 영이 아닌 벡터라고 가정하자. 그러한 직교집합은 3차원 공간에서 한 개의 기저로 사용될 수 있다. 즉 어떤 3차원 벡터도 아래와 같이 $\mathbf{v}_1$, $\mathbf{v}_2$, $\mathbf{v}_3$ 벡터의 선형 결합으로 나타낼 수 있다.

$$\mathbf{u} = c_1\mathbf{v}_1 + c_2\mathbf{v}_2 + c_3\mathbf{v}_3 \tag{4}$$

단 c_i, $i = 1, 2, 3$은 스칼라로서 벡터의 성분이라고 부른다. 각각의 성분 c_i는 $\mathbf{u}$와 각각의 해당하는 벡터인 $\mathbf{v}_i$로 나타낼 수 있다. 이러한 관계를 보기 위해 먼저 식 (4)와 $\mathbf{v}_1$의 내적을 구해보자.

$$(\mathbf{u}, \mathbf{v}_1) = c_1(\mathbf{v}_1, \mathbf{v}_1) + c_2(\mathbf{v}_2, \mathbf{v}_1) + c_3(\mathbf{v}_3, \mathbf{v}_1) = c_1\|\mathbf{v}_1\|^2 + c_2 \cdot 0 + c_3 \cdot 0$$

그러므로

$$c_1 = \frac{(\mathbf{u}, \mathbf{v}_1)}{\|\mathbf{v}_1\|^2}$$

이다. 같은 방법으로 성분 c_2 및 c_3 값을 아래와 같이 구할 수 있다.

$$c_2 = \frac{(\mathbf{u}, \mathbf{v}_2)}{\|\mathbf{v}_2\|^2} \qquad \text{그리고} \qquad c_3 = \frac{(\mathbf{u}, \mathbf{v}_3)}{\|\mathbf{v}_3\|^2}$$

그러므로 식 (4)는 아래와 같이 표현된다.

$$\mathbf{u} = \frac{(\mathbf{u}, \mathbf{v}_1)}{\|\mathbf{v}_1\|^2}\mathbf{v}_1 + \frac{(\mathbf{u}, \mathbf{v}_2)}{\|\mathbf{v}_2\|^2}\mathbf{v}_2 + \frac{(\mathbf{u}, \mathbf{v}_3)}{\|\mathbf{v}_3\|^2}\mathbf{v}_3 = \sum_{n=1}^{3}\frac{(\mathbf{u}, \mathbf{v}_n)}{\|\mathbf{v}_n\|^2}\mathbf{v}_n \tag{5}$$

직교 급수의 전개 $\{\phi_n(x)\}$가 구간 $[a, b]$에서 함수들의 무한 직교집합이라 가정하자. 그리고 $y = f(x)$가 구간 $[a, b]$에서 정의되었다고 할 때 다음 식의 계수들인 c_n, $n = 0, 1, 2, \ldots$을 구할 수 있는가?

$$f(x) = c_0\phi_0(x) + c_1\phi_1(x) + \cdots + c_n\phi_n(x) + \cdots \tag{6}$$

앞에서 벡터의 성분을 구할 때 설명했듯이, 함수의 내적을 이용하여 c_n을 구할 수 있다. 식 (6)에 함수 $\phi_m(x)$를 곱하고 구간 $[a, b]$에서 적분을 하면 아래와 같은 결과가 얻어진다.

$$\int_a^b f(x)\phi_m(x)\,dx = c_0\int_a^b \phi_0(x)\phi_m(x)\,dx + c_1\int_a^b \phi_1(x)\phi_m(x)\,dx + \cdots + c_n\int_a^b \phi_n(x)\phi_m(x)\,dx + \cdots$$

$$= c_0(\phi_0, \phi_m) + c_1(\phi_1, \phi_m) + \cdots + c_n(\phi_n, \phi_m) + \cdots.$$

직교의 특성에 의하여 마지막 식의 오른쪽에 있는 각 항이 $m = n$일 때만 제외하고 모두 영이 된다. 따라서 아래와 같은 결과를 얻게 된다.

$$\int_a^b f(x)\phi_n(x)\,dx = c_n\int_a^b \phi_n^2(x)\,dx.$$

그리고 c_n은 아래와 같이 나타나게 된다.

$$c_n = \frac{\int_a^b f(x)\phi_n(x)\,dx}{\int_a^b \phi_n^2(x)\,dx}, \quad n = 0, 1, 2, \ldots.$$

다르게 표현하면

$$f(x) = \sum_{n=0}^{\infty} c_n\phi_n(x) \tag{7}$$

여기서

$$c_n = \frac{\int_a^b f(x)\phi_n(x)\,dx}{\|\phi_n(x)\|^2} \tag{8}$$

이다. 내적을 이용하면 식 (7)은

$$f(x) = \sum_{n=0}^{\infty} \frac{(f, \phi_n)}{\|\phi_n(x)\|^2} \phi_n(x) \tag{9}$$

이다. 그러므로 함수에 관한 식 (9)는 벡터에 관한 결과 (5)와 유사한 것을 알 수 있다.

정의 12.1.4 직교집합/가중함수

실수 값을 갖는 함수 집합 $\{\phi_0(x), \phi_1(x), \phi_2(x), \ldots\}$이 구간 $[a, b]$에서 아래와 같은 관계를 갖는다면 이 집합이 **가중함수**(weight function) $w(x)$**에 대해 직교한다**고 정의한다.

$$\int_a^b w(x)\phi_m(x)\phi_n(x)\,dx = 0, \quad m \neq n.$$

일반적으로 직교성이 정의되는 구간 $[a, b]$에서 $w(x) > 0$으로 가정한다. 예제 2의 집합 $\{1, \cos x, \cos 2x, \ldots\}$은 구간 $[-\pi, \pi]$에서 가중함수 $w(x) = 1$에 대해 직교한다.

$\{\phi_n(x)\}$가 구간 $[a, b]$에서 가중함수 $w(x)$에 직교할 때 식 (6)에 $w(x)\phi_n(x)$를 곱한 후 적분하면 다음을 얻는다.

$$c_n = \frac{\int_a^b f(x)\,w(x)\,\phi_n(x)\,dx}{\|\phi_n(x)\|^2} \tag{10}$$

여기서

$$\|\phi_n(x)\|^2 = \int_a^b w(x)\,\phi_n^2(x)\,dx \tag{11}$$

이다. 식 (8)이나 (10)을 계수로 갖는 급수 (7)을 함수 f의 **직교급수 전개**(orthogonal series expansion) 또는 **일반화된 Fourier 급수**(generalized Fourier series)라고 한다.

완전집합 지금까지 계수 c_n을 얻는 과정을 형식적으로 설명하였다. 즉 식 (7)과 같은 직교급수의 전개가 실제로 가능한지에 대한 질문은 고려하지 않았다. 또한 f를 직교함수의 급수로 전개하기 위해서는 함수 f가 직교집합 $\{\phi_n(x)\}$의 원소인 모든 ϕ_n에 대해 직교하지 않아야 한다. (만약 함수 f가 모든 ϕ_n에 직교하면 $c_n = 0$, $n = 0, 1, 2, \ldots$ 이 된다.) 후자의 문제를 피하기 위하여 이후의 논의에서는 직교집합이 **완전하다**(complete)고 가정할 것이다. 이는 위 집합의 각 원소에 대해 직교하는 연속인 함수는 영함수뿐임을 의미한다.

참고

$\{f_0(x), f_1(x), f_2(x), \ldots\}$가 구간 $[a, b]$에서 연속인 실함수의 무한집합이라고 가정하자. 만약 이 집합이 구간 $[a, b]$에서 선형독립이면(무한 선형독립 집합에 대한 정의는 7.5절에 있다), 이 집합은 언제나 직교집합으로 만들 수 있고 이 절의 앞부분에서 논의했듯이 정규직교 집합으로 기술될 수 있다. 12.1의 연습문제 27을 참고하라.

12.1 연습문제

부록에 선택된 홀수 번 문제의 답이 있다.

문제 1~6에서는 주어진 함수들이 제시된 구간에서 직교함을 보여라.

1. $f_1(x) = x, f_2(x) = x^2$; $[-2, 2]$
2. $f_1(x) = x^3, f_2(x) = x^2 + 1$; $[-1, 1]$
3. $f_1(x) = e^x, f_2(x) = xe^{-x} - e^{-x}$; $[0, 2]$
4. $f_1(x) = \cos x,\ f_2(x) = \sin^2 x$; $[0, \pi]$
5. $f_1(x) = x, f_2(x) = \cos 2x$; $[-\pi/2, \pi/2]$
6. $f_1(x) = e^x, f_2(x) = \sin x$; $[\pi/4, 5\pi/4]$

문제 7~12에서는 주어진 함수 집합들이 제시된 구간에서 직교함을 보여라. 그리고 각 집합에 속하는 함수의 놈을 구하라.

7. $\{\sin x,\ \sin 3x,\ \sin 5x, \ldots\}$; $[0, \pi/2]$
8. $\{\cos x,\ \cos 3x,\ \cos 5x, \ldots\}$; $[0, \pi/2]$
9. $\{\sin nx\}$, $n = 1, 2, 3, \ldots$; $[0, \pi]$
10. $\left\{\sin\frac{n\pi}{p}x\right\}$, $n = 1, 2, 3, \ldots$; $[0, p]$
11. $\left\{1, \cos\frac{n\pi}{p}x\right\}$, $n = 1, 2, 3, \ldots$; $[0, p]$
12. $\left\{1, \cos\frac{n\pi}{p}x, \sin\frac{m\pi}{p}x\right\}$, $n = 1, 2, 3, \ldots,$ $m = 1, 2, 3, \ldots$; $[-p, p]$

문제 13 및 14에서는 함수들이 주어진 구간에서 제시된 가중함수와 직교함을 직접적분을 통해 증명하라.

13. $H_0(x) = 1,\ H_1(x) = 2x,\ H_2(x) = 4x^2 - 2$; $w(x) = e^{-x^2}$, $(-\infty, \infty)$
14. $L_0(x) = 1,\ L_1(x) = -x + 1,\ L_2(x) = \frac{1}{2}x^2 - 2x + 1$; $w(x) = e^{-x}$, $[0, \infty)$
15. $\phi_0(x) = 1$인 $\{\phi_n(x)\}$가 구간 $[a, b]$에서 함수의 직교집합이라고 하자. 이때 $n = 1, 2, \ldots$에 대해 $\int_a^b \phi_n(x)\,dx = 0$이 성립함을 보여라.
16. $\{\phi_n(x)\}$가 구간 $[a, b]$에서 함수의 직교집합이고, $\phi_0(x) = 1$이고 $\phi_1(x) = x$라고 하자. 이때 임의의 상수 α, β와 임의의 $n = 2, 3, \ldots$에 대하여 $\int_a^b (\alpha x + \beta)\phi_n(x)\,dx = 0$이 성립하는 것을 보여라.
17. $\{\phi_n(x)\}$가 구간 $[a, b]$에서 함수의 직교집합이라고 하자. $m \neq n$일 때 $\|\phi_m(x) + \phi_n(x)\|^2 = \|\phi_m(x)\|^2 + \|\phi_n(x)\|^2$, $m \neq n$임을 보여라.
18. 문제 1로부터 두 함수 $f_1(x) = x$와 $f_2(x) = x^2$은 구간 $[-2, 2]$에서 직교하는 것을 알 수 있다. 이때 두 함수 f_1과 f_2에 직교하는 함수 $f_3(x) = x + c_1x^2 + c_2x^3$의 상수 c_1과 c_2를 구하라.
19. 함수 집합 $\{\sin nx\}$, $n = 1, 2, 3, \ldots$이 구간 $[-\pi, \pi]$에서 직교한다. 이 집합이 완전하지 않음을 보여라.
20. 함수 f_1, f_2, f_3가 구간 $[a, b]$에서 연속일 때 $(f_1 + f_2, f_3) = (f_1, f_3) + (f_2, f_3)$임을 보여라.

실수 함수가 f의 영역에 있는 모든 x에 대해 $f(x + T) = f(x)$이면 **주기**가 $T \neq 0$인 함수라고 한다. T가 $f(x + T) = f(x)$가 성립하는 가장 작은 양의 값이면, T를 함수 f의 **기본주기**(fundamental period)라고 한다. 문제 21~26에 주어진 함수들의 기본주기를 구하라.

21. $f(x) = \cos 2\pi x$
22. $f(x) = \sin\frac{4}{L}x, L > 0$
23. $f(x) = \sin x + \sin 2x$
24. $f(x) = \sin 2x + \cos 4x$
25. $f(x) = \sin 3x + \cos 2x$
26. $f(x) = \sin^2 \pi x$

토의문제

27. 7.7절에서 논의된 **Gram-Schmidt 과정**은 직교집합을 만드는 과정으로 구간 $[a, b]$에서 연속인 실함수를 원소로 갖는 선형독립인 집합 $\{f_0(x), f_1(x), f_2(x), \ldots\}$ 등에 행해졌다. 내적이 $(f_n, \phi_n) = \int_a^b f_n(x)\phi_n(x)\,dx$로 주어지고, 집합 $B' = \{\phi_0(x), \phi_1(x), \phi_2(x), \ldots\}$의 함수들이 아래와 같이 주어졌다 하자.

$$\phi_0(x) = f_0(x)$$

$$\phi_1(x) = f_1(x) - \frac{(f_1, \phi_0)}{(\phi_0, \phi_0)}\phi_0(x)$$

$$\phi_2(x) = f_2(x) - \frac{(f_2, \phi_0)}{(\phi_0, \phi_0)}\phi_0(x) - \frac{(f_2, \phi_1)}{(\phi_1, \phi_1)}\phi_1(x)$$

$$\vdots \qquad\qquad \vdots$$

(a) $\phi_3(x)$를 쓰라.

(b) 위와 같은 정의로부터 $B' = \{\phi_0(x), \phi_1(x), \phi_2(x), \ldots\}$는 구간 $[a, b]$에서 직교한다. 실제로 $\phi_0(x)$, $\phi_1(x)$, 그리고 $\phi_2(x)$가 상호 직교임을 보여라.

28. **(a)** 구간 $[-1, 1]$에서 정의된 함수들의 집합 $\{1, x, x^2, x^3,$

. . .}을 생각하라. 문제 27에 주어진 Gram-Schmidt 과정을 적용하라. 그리고 직교집합 B'의 $\phi_0(x)$, $\phi_1(x)$, $\phi_2(x)$, 그리고 $\phi_3(x)$를 구하라.

(b) 이와 같이 얻어지는 직교집합이 어떤 집합인지 알아볼 수 있는가 토의해 보라.

29. 정의 12:1.1에 주어진 내적 (f_1, f_2)가 이 절 앞부분에 주어진 (*i*)~(*iv*)를 만족함을 증명하라.

30. R^3에서 완전하지 않은 직교벡터 집합의 예를 보여라. 또한 완전한 직교벡터의 예를 들라.

31. 계수 A_n과 B_n이 n에만 의존하는 함수

$$f(x) = A_0 + \sum_{n=1}^{\infty}\left(A_n \cos\frac{n\pi}{p}x + B_n \sin\frac{n\pi}{p}x\right)$$

는 주기적이다. f의 주기 T를 구하라.

12.2 Fourier 급수

소개 $\{\phi_0(x), \phi_1(x), \phi_2(x), \ldots\}$가 구간 $[a, b]$에서 직교인 실함수 집합이고, 또한 f가 같은 구간에서 정의된 함수라면, 형식적으로 f를 직교급수 $c_0\phi_0(x) + c_1\phi_1(x) + c_2\phi_2(x) + \ldots$ 로 전개할 수 있음을 12.1절에서 알았다. 이 절에서는 함수를 특수한 삼각함수의 직교집합으로 전개할 것이다.

삼각급수

연습문제 12.1의 문제 12에서 삼각함수의 집합

$$\left\{1, \cos\frac{\pi}{p}x, \cos\frac{2\pi}{p}x, \cos\frac{3\pi}{p}x, \ldots, \sin\frac{\pi}{p}x, \sin\frac{2\pi}{p}x, \sin\frac{3\pi}{p}x, \ldots\right\} \tag{1}$$

이 구간 $[-p, p]$에서 직교임을 보여라는 문제를 풀어보았다. 이 집합은 나중에 선형 편미분 방정식과 관련된 경곗값 문제의 해를 구하는 데 있어서 아주 중요하다. 이러한 응용 문제에서, 구간 $[-p, p]$에서 정의된 함수 f를 집합 식 (1)과 같은 삼각함수로 이루어진 직교집합으로 전개하는 것이 필요하다. 즉

$$f(x) = \frac{a_0}{2} + \sum_{n=1}^{\infty}\left(a_n \cos\frac{n\pi}{p}x + b_n \sin\frac{n\pi}{p}x\right) \tag{2}$$

이다. 계수 $a_0, a_1, a_2, \ldots, b_1, b_2, \ldots$은 앞 절에서 언급한 직교급수의 전개와 같은 방법으로 정할 수 있다. 여기서 a_0 대신 $\frac{1}{2}a_0$을 집합 식 (1)에서의 원소 1의 계수로 쓴 것에 유의하라. 이는 a_n에 대한 공식이 $n = 0$일 때 a_0가 되도록 편의상 그렇게 했을 뿐이다.

a_0 대신 $\frac{1}{2}a_0$를 사용하는 이유. ▶

식 (2)의 양변을 $-p$에서 p까지 적분하면 아래와 같은 식이 된다.

$$\int_{-p}^{p} f(x)\,dx = \frac{a_0}{2}\int_{-p}^{p} dx + \sum_{n=1}^{\infty}\left(a_n\int_{-p}^{p}\cos\frac{n\pi}{p}x\,dx + b_n\int_{-p}^{p}\sin\frac{n\pi}{p}x\,dx\right). \tag{3}$$

각 함수 $\cos(n\pi x/p)$, $\sin(n\pi x/p)$, $n \geq 1$가 구간에서 1과 직교하므로 식 (3)의 우변은 하나의 항으로 줄어든다.

$$\int_{-p}^{p} f(x)\,dx = \frac{a_0}{2}\int_{-p}^{p} dx = \frac{a_0}{2}x\,\bigg]_{-p}^{p} = pa_0.$$

그리고 a_0를 풀면 다음을 얻는다.

$$a_0 = \frac{1}{p}\int_{-p}^{p} f(x)\,dx. \tag{4}$$

이제 식 (2)에 $\cos(m\pi x/p)$를 곱하고 적분하면 다음과 같이 된다.

$$\int_{-p}^{p} f(x)\cos\frac{m\pi}{p}x\,dx = \frac{a_0}{2}\int_{-p}^{p}\cos\frac{m\pi}{p}x\,dx$$

$$+\sum_{n=1}^{\infty}\left(a_n\int_{-p}^{p}\cos\frac{m\pi}{p}x\cos\frac{n\pi}{p}x\,dx + b_n\int_{-p}^{p}\cos\frac{m\pi}{p}x\sin\frac{n\pi}{p}x\,dx\right). \tag{5}$$

직교성에 의해 아래 식을 얻고

$$\int_{-p}^{p}\cos\frac{m\pi}{p}x\,dx = 0,\quad m>0,\qquad \int_{-p}^{p}\cos\frac{m\pi}{p}x\sin\frac{n\pi}{p}x\,dx = 0$$

그리고

$$\int_{-p}^{p}\cos\frac{m\pi}{p}x\cos\frac{n\pi}{p}x\,dx = \begin{cases}0, & m\neq n\\ p, & m=n\end{cases}$$

그러므로 식 (5)는

$$\int_{-p}^{p} f(x)\cos\frac{n\pi}{p}x\,dx = a_n p$$

로 되므로 다음과 같이 된다.

$$a_n = \frac{1}{p}\int_{-p}^{p} f(x)\cos\frac{n\pi}{p}x\,dx. \tag{6}$$

끝으로 식 (2)에 $\sin(m\pi x/p)$를 곱하고, 적분한 후 그 결과를 이용하면

$$\int_{-p}^{p}\sin\frac{m\pi}{p}x\,dx = 0,\quad m>0,\qquad \int_{-p}^{p}\sin\frac{m\pi}{p}x\cos\frac{n\pi}{p}x\,dx = 0$$

그리고

$$\int_{-p}^{p}\sin\frac{m\pi}{p}x\sin\frac{n\pi}{p}x\,dx = \begin{cases}0, & m\neq n\\ p, & m=n\end{cases}$$

그리고 다음 식을 얻는다.

$$b_n = \frac{1}{p}\int_{-p}^{p} f(x)\sin\frac{n\pi}{p}x\,dx. \tag{7}$$

삼각급수 (2)를 **Fourier 급수**(Fourier series)라 하고 이 식의 계수 a_0, a_n, b_n은 식 (4), (6), (7)에 의해 각각 구해진다. 그리고 식 (4), (6), (7)에서 얻어진 계수를 f의 **Fourier 계수**(Fourier coefficient)라고 한다.

계수 a_0, a_n, b_n을 구할 때, 함수 f는 그 구간에서 적분 가능함을 가정하고, 식 (2)와 이 식에 $\cos(m\pi x/p)$를 곱해서 얻은 급수가 각 항별 적분을 허용하는 식으로 수렴된다고 가정하였다. 엄밀히 말해 식 (2)가 주어진 함수 f로 수렴함을 보이기 전까지는 식 (2)에 등호를 사용할 수 없다. 그러므로 어떤 책은 = 대신 ~ 기호를 사용한다. 실제로 응용 시 대부분의 함수는 이의 Fourier 급수가 수렴하는 형태이기 때문에 이 책에서는 등호를 사용한다. 이상의 결과를 요약하면 다음과 같다.

정의 12.2.1 Fourier 급수

구간 $(-p, p)$에서 정의된 함수 f의 **Fourier 급수**는 다음과 같다.

$$f(x) = \frac{a_0}{2} + \sum_{n=1}^{\infty}\left(a_n \cos\frac{n\pi}{p}x + b_n \sin\frac{n\pi}{p}x\right) \tag{8}$$

여기서

$$a_0 = \frac{1}{p}\int_{-p}^{p} f(x)\,dx \tag{9}$$

$$a_n = \frac{1}{p}\int_{-p}^{p} f(x)\cos\frac{n\pi}{p}x\,dx \tag{10}$$

$$b_n = \frac{1}{p}\int_{-p}^{p} f(x)\sin\frac{n\pi}{p}x\,dx \tag{11}$$

이다.

예제 1 Fourier 급수로 전개

다음 함수를 Fourier 급수로 전개하라.

$$f(x) = \begin{cases} 0, & -\pi < x < 0 \\ \pi - x, & 0 \le x < \pi \end{cases} \tag{12}$$

풀이 주어진 함수 f의 그래프가 **그림 12.2.1**에 나타나 있다. $p = \pi$로 놓으면 식 (9)와 (10)으로부터 다음을 얻는다.

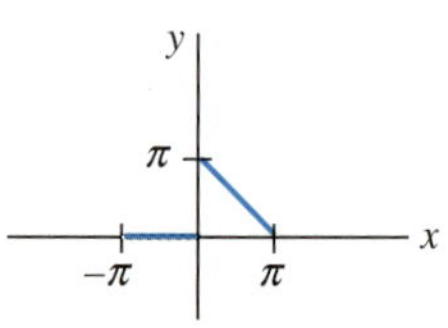

그림 12.2.1 예제 1에 나타난 함수 f

$$a_0 = \frac{1}{\pi}\int_{-\pi}^{\pi} f(x)\,dx = \frac{1}{\pi}\left[\int_{-\pi}^{0} 0\,dx + \int_{0}^{\pi}(\pi - x)\,dx\right] = \frac{1}{\pi}\left[\pi x - \frac{x^2}{2}\right]_0^{\pi} = \frac{\pi}{2}$$

$$a_n = \frac{1}{\pi}\int_{-\pi}^{\pi} f(x)\cos nx\,dx = \frac{1}{\pi}\left[\int_{-\pi}^{0} 0\,dx + \int_{0}^{\pi}(\pi - x)\cos nx\,dx\right]$$

$$= \frac{1}{\pi}\left[(\pi - x)\frac{\sin nx}{n}\bigg|_0^{\pi} + \frac{1}{n}\int_0^{\pi}\sin nx\,dx\right]$$

$$= -\frac{1}{n\pi}\frac{\cos nx}{n}\bigg]_0^{\pi}$$

$$= \frac{-\cos n\pi + 1}{n^2\pi} \qquad \leftarrow \cos n\pi = (-1)^n$$

$$= \frac{1-(-1)^n}{n^2\pi}.$$

같은 방법으로 식 (11)로부터 다음을 얻는다.

$$b_n = \frac{1}{\pi}\int_0^{\pi}(\pi - x)\sin nx\,dx = \frac{1}{n}$$

그러므로

$$f(x) = \frac{\pi}{4} + \sum_{n=1}^{\infty}\left\{\frac{1-(-1)^n}{n^2\pi}\cos nx + \frac{1}{n}\sin nx\right\} \tag{13}$$

≡ ◀ $1-(-1)^n = \begin{cases} 0, & n \text{ 짝수} \\ 2, & n \text{ 홀수} \end{cases}$

이다.

식 (10)에서 정의된 a_n이 $n = 0$으로 놓으면 식 (9)에 주어진 a_0로 정리됨을 알 수 있다. 하지만 예제 1에서 볼 수 있듯이 a_n에 대한 적분을 계산한 **후에는** 성립하지 않을 수도 있다.

Fourier 급수의 수렴 다음 정리는 한 점에서 Fourier 급수가 수렴할 충분조건을 나타낸다.

정리 12.2.1 수렴 조건

f와 f'이 구간 $(-p, p)$에서 조각별로(piecewise) 연속이라고 하자. 즉 f와 f'이 그 구간 내에서 몇 개의 점을 제외하고는 연속이며, 그 점들에 대해서도 유한 불연속성을 갖는다고 하자. 그러면 f의 Fourier 급수는 구간 내에서 연속인 점에서 $f(x)$에 수렴한다. 불연속점에서는 Fourier 급수가 다음과 같은 평균값에 수렴할 것이다.

$$\frac{f(x+) + f(x-)}{2}$$

여기서 $f(x+)$와 $f(x-)$는 각각 x에서의 f의 우극한과 좌극한을 나타낸다.*

* 즉 이 구간에 있는 점 x와 $h > 0$에 대하여

$$f(x+) = \lim_{h\to 0} f(x+h), \quad f(x-) = \lim_{h\to 0} f(x-h).$$

문제 25~34에서는 주어진 함수의 반구간 코사인 급수 전개와 사인 급수 전개를 구하라.

25. $f(x) = \begin{cases} 1, & 0 < x < \frac{1}{2} \\ 0, & \frac{1}{2} \le x < 1 \end{cases}$ **26.** $f(x) = \begin{cases} 0, & 0 < x < \frac{1}{2} \\ 1, & \frac{1}{2} \le x < 1 \end{cases}$

27. $f(x) = \cos x,\ 0 < x < \pi/2$ **28.** $f(x) = \sin x,\ 0 < x < \pi$

29. $f(x) = \begin{cases} x, & 0 < x < \pi/2 \\ \pi - x, & \pi/2 \le x < \pi \end{cases}$

30. $f(x) = \begin{cases} 0, & 0 < x < \pi \\ x - \pi, & \pi \le x < 2\pi \end{cases}$

31. $f(x) = \begin{cases} x, & 0 < x < 1 \\ 1, & 1 \le x < 2 \end{cases}$

32. $f(x) = \begin{cases} 1, & 0 < x < 1 \\ 2 - x, & 1 \le x < 2 \end{cases}$

33. $f(x) = x^2 + x,\ 0 < x < 1$

34. $f(x) = x(2 - x),\ 0 < x < 2$

문제 35~38에서는 주어진 함수를 Fourier 급수로 전개하라.

35. $f(x) = x^2,\ 0 < x < 2\pi$ **36.** $f(x) = x,\ 0 < x < \pi$

37. $f(x) = x + 1,\ 0 < x < 1$ **38.** $f(x) = 2 - x,\ 0 < x < 2$

문제 39~42에서, 그림에 주어진 함수 $y = f(x)$, $0 < x < L$가 코사인 급수, 사인 급수, Fourier 급수로 전개된다고 가정하자. 각 급수가 수렴하는 주기적 확장의 그래프를 스케치하라.

39.

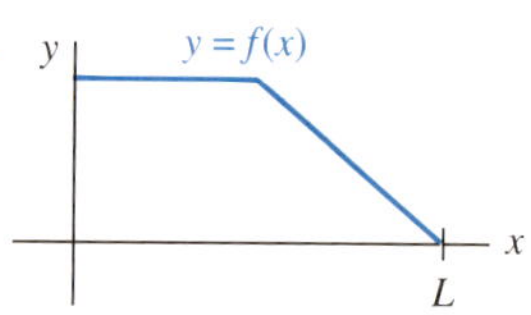

그림 12.3.13 문제 39의 그래프

40.

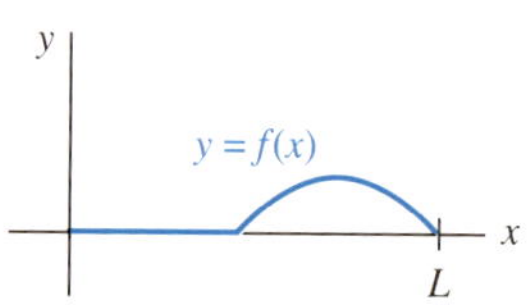

그림 12.3.14 문제 40의 그래프

41.

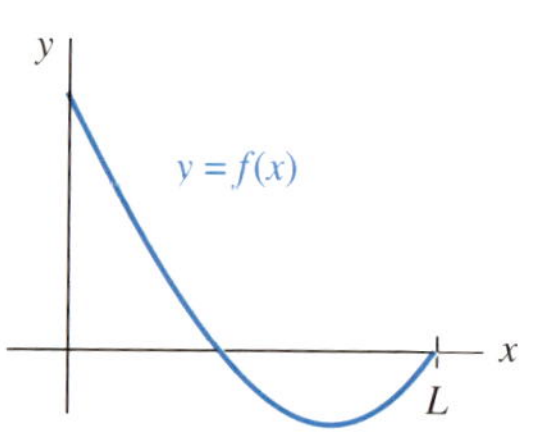

그림 12.3.15 문제 41의 그래프

42.

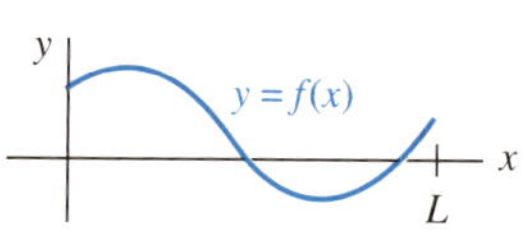

그림 12.3.16 문제 42의 그래프

문제 43과 44에서는 앞의 예제 4에서와 같이 $m = 1$, $k = 10$, 그리고 구동 함수 $f(t)$가 주어졌을 때 식 (11)의 특수해를 구하라. 단, $f(t)$가 음의 t축으로 주기적으로 확장되었을 때 함수는 기함수로 가정하라.

43. $f(t) = \begin{cases} 5, & 0 < t < \pi \\ -5, & \pi < t < 2\pi \end{cases};\quad f(t + 2\pi) = f(t)$

44. $f(t) = 1 - t,\ 0 < t < 2;\quad f(t + 2) = f(t)$

문제 45와 46에서는 앞의 예제 4와 같이 $m = \frac{1}{4}$, $k = 12$, 그리고 구동 함수 $f(t)$가 주어졌을 때 식 (11)의 특수해를 구하라. $f(t)$가 음의 t축으로 주기적으로 확장되었을 때 함수는 우함수가 되는 것으로 가정하라.

45. $f(t) = 2\pi t - t^2,\ 0 < t < 2\pi;\quad f(t + 2\pi) = f(t)$

46. $f(x) = \begin{cases} t, & 0 < t < \frac{1}{2} \\ 1 - t, & \frac{1}{2} < t < 1 \end{cases};\quad f(t + 1) = f(t)$

47. **(a)** 문제 43의 미분방정식 $x'' + 10x = f(t)$가 $x(0) = 0$, $x'(0) = 0$인 초기조건을 가질 때 해를 구하라.

(b) CAS를 이용하여 (a)에서 구한 해의 그래프를 그려라.

48. **(a)** 문제 45의 미분방정식 $\frac{1}{4}x'' + 12x = f(t)$가 $x(0) = 1$, $x'(0) = 0$인 초기조건을 가질 때 해를 구하라.

(b) CAS를 이용하여 (a)에서 구한 해의 그래프를 그려라.

49. 길이가 L인 균일한 막대가 $x = 0$과 $x = L$에서 지지되고 있다고 가정하자. 단위길이당 하중이 $w(x) = w_0x/L$, $0 < x < L$이고, 변위 $y(x)$에 대한 미분방정식이 아래와 같다.

$$EI\frac{d^4y}{dx^4} = \frac{w_0x}{L}$$

여기서 E, I, 그리고 w_0는 상수이다[3.9절의 식 (4) 참조].

(a) $w(x)$를 반구간 사인 급수로 전개하라.

(b) 예제 4의 방법을 이용하여 미분방정식의 특수해를 구하라.

50. 단위길이당 하중이 아래 그림과 같을 때 문제 49와 마찬가지로 번위 함수 $y(x)$를 구하라.

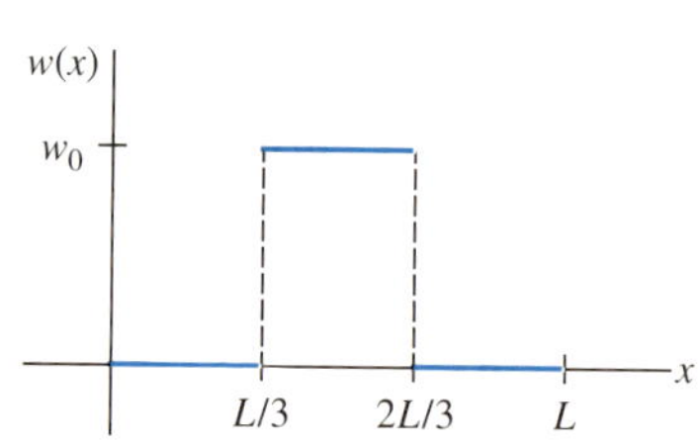

그림 12.3.17 문제 50의 그래프

컴퓨터 실습 과제

문제 51과 52에서는 CAS를 사용하여 주어진 삼각급수의 부분합 $\{S_N(x)\}$의 그래프를 그려라. 다른 N 값과 x축 위의 서로 다른 구간에서의 그래프를 써서 실험하라. 얻어진 그래프를 이용하여 구간 $0 < x < L$에서 정의되고 급수로 표현된 함수 f의 닫힘 꼴(closed form)을 추정하라.

51. $f(x) = -\dfrac{\pi}{4} + \displaystyle\sum_{n=1}^{\infty}\left[\dfrac{(-1)^n - 1}{n^2\pi}\cos nx + \dfrac{1 - 2(-1)^n}{n}\sin nx\right]$

52. $f(x) = -\dfrac{1}{4} + \dfrac{4}{\pi^2}\displaystyle\sum_{n=1}^{\infty}\dfrac{1}{n^2}\left(1 - \cos\dfrac{n\pi}{2}\right)\cos\dfrac{n\pi}{2}x$

토의문제

53. 문제 51과 52에서 여러분이 구한 해가 유일한 해인가? 문제 51과 같은 삼각함수 급수를 가지고 원점에 대해 대칭인 구간 $(-a, a)$에서 정의되는 함수를 기술하라. 문제 52에 대해서도 함수를 기술하라.

54. $f(x) = e^x$, $0 < x < \pi$ 함수의 Fourier 코사인 급수는 구간 $(-\pi, 0)$에서 e^{-x}로 수렴하는 이유에 대해 토의하라.

55. $f(x) = e^x$, $0 < x < \pi$ 함수를 Fourier 코사인 급수로 전개하고, $f(x) = e^x$, $0 < x < \pi$ 함수를 Fourier 사인 급수로 전개한다고 하자. 두 급수를 합한 후 2로 나누면(즉 두 급수의 평균), 구간 $(0, \pi)$에서 $f(x) = e^x$로 나타나는 사인과 코사인 급수를 얻게 된다. 이 함수가 함수 f의 완전한 Fourier의 급수인가?[힌트: 구간 $(-\pi, 0)$에서 코사인과 사인 급수의 평균은 무엇을 나타내는가?]

56. 정리 12.3.1의 (a), (c), (d), (e), (f) 그리고 (g)를 증명하라.

12.4 복소 Fourier 급수

소개 앞의 두 절에서 보았듯이 실함수 f는 사인과 코사인 급수로 표현된다. 함수 $\cos nx$, $n = 0, 1, 2, \ldots$ 그리고 $\sin nx$, $n = 1, 2, \ldots$는 실변수 x를 가진 **실함수**이다. 정의 12.2.1과 12.3.1에 의해 주어지는 세 가지 다른 Fourier 급수의 실수 형태들은 13장과 14장에서 선형 편미분방정식의 해를 구할 때 아주 중요하다. 하지만 어떤 응용 문제, 예를 들어 전자공학에서 주기적 신호 해석과 같은 문제를 풀 때는 함수 f를 지수함수 e^{inx}, $n = 0, 1, 2, \ldots$과 같이 실변수 x를 가진 **복소수** 함수의 무한 급수로 나타내는 것이 편리하다. 여기서 i는 $i^2 = -1$로 정의되는 단위 허수이다. 실수 x에 대해 다음과 같은 Euler 공식을 상기하라.

$$e^{ix} = \cos x + i\sin x, \quad e^{-ix} = \cos x - i\sin x. \tag{1}$$

이 절에서는 식 (1)을 이용하여 정의 12.2.1에 나와 있는 Fourier 급수를 **복소수 형태**(complex form) 또는 **지수 형태**(exponential form)로 변환할 것이다. 그리고 실수 함수를 계수가 복소수인 복소수 급수로 나타내게 될 것이다. 이를 위해 복소수는 $z = a + ib$로 나타내는 수임을 기억하자. 여기서 a와 b는 실수이고, $i^2 = -1$이다. 그리고 $\bar{z} = a - ib$는 복소수 z의 켤레이다.

복소 Fourier 급수 먼저 식 (1)의 두 식을 더하고 $\cos x$에 대해 풀자. 그리고 식 (1)의 두 식 사이에 뺄셈을 하고 $\sin x$에 대해 풀면 다음을 얻는다.

$$\cos x = \frac{e^{ix} + e^{-ix}}{2} \quad 그리고 \quad \sin x = \frac{e^{ix} - e^{-ix}}{2i} \tag{2}$$

식 (2)를 사용하여 12.2절의 식 (8)에 있는 $\cos(n\pi x/p)$와 $\sin(n\pi x/p)$를 바꾸면, f의 Fourier

급수는 아래와 같이 된다.

$$\frac{a_0}{2} + \sum_{n=1}^{\infty}\left[a_n \frac{e^{in\pi x/p} + e^{-in\pi x/p}}{2} + b_n \frac{e^{in\pi x/p} - e^{-in\pi x/p}}{2i}\right]$$

$$= \frac{a_0}{2} + \sum_{n=1}^{\infty}\left[\frac{1}{2}(a_n - ib_n)e^{in\pi x/p} + \frac{1}{2}(a_n + ib_n)e^{-in\pi x/p}\right]$$

$$= c_0 + \sum_{n=1}^{\infty} c_n e^{in\pi x/p} + \sum_{n=1}^{\infty} c_{-n} e^{-in\pi x/p} \tag{3}$$

여기서 $c_0 = \frac{1}{2}a_0$, $c_n = \frac{1}{2}(a_n - ib_n)$ $c_{-n} = \frac{1}{2}(a_n + ib_n)$이다. 그리고 a_0, a_n, b_n은 정의 12.2.1에 있는 계수 식 (9), (10), (11)이다. 함수 f가 실함수라면, c_n과 c_{-n}은 복소 켤레가 되고 다음과 같이 복소 지수함수로 표현될 수 있다.

$$c_0 = \frac{1}{2}\cdot\frac{1}{p}\int_{-p}^{p} f(x)\,dx, \tag{4}$$

$$c_n = \frac{1}{2}(a_n - ib_n) = \frac{1}{2}\left(\frac{1}{p}\int_{-p}^{p} f(x)\cos\frac{n\pi}{p}x\,dx - i\frac{1}{p}\int_{-p}^{p} f(x)\sin\frac{n\pi}{p}x\,dx\right)$$

$$= \frac{1}{2p}\int_{-p}^{p} f(x)\left[\cos\frac{n\pi}{p}x - i\sin\frac{n\pi}{p}x\right]dx$$

$$= \frac{1}{2p}\int_{-p}^{p} f(x)\,e^{-in\pi x/p}\,dx, \tag{5}$$

$$c_{-n} = \frac{1}{2}(a_n + ib_n) = \frac{1}{2}\left(\frac{1}{p}\int_{-p}^{p} f(x)\cos\frac{n\pi}{p}x\,dx + i\frac{1}{p}\int_{-p}^{p} f(x)\sin\frac{n\pi}{p}x\,dx\right)$$

$$= \frac{1}{2p}\int_{-p}^{p} f(x)\left[\cos\frac{n\pi}{p}x + i\sin\frac{n\pi}{p}x\right]dx$$

$$= \frac{1}{2p}\int_{-p}^{p} f(x)\,e^{in\pi x/p}\,dx. \tag{6}$$

계수의 아래 첨자와 지수가 움직이는 범위가 모든 정수, . . . , −3, −2, −1, 0, 1, 2, 3이기 때문에 식 (3), (4), (5), (6)의 결과를 모든 양의 정수와 음의 정수를 묶어서 보다 간단한 형태로 표현할 수 있다. 다시 말해 하나의 합기호와 하나의 적분으로써 c_0, c_n, c_{-n}을 모두 정의할 수 있다.

정의 12.4.1 복소 Fourier 급수

구간 $(-p, p)$에서 정의된 함수 f의 **복소 Fourier 급수**(complex Fourier series)는 아래와 같이 주어진다.

$$f(x) = \sum_{n=-\infty}^{\infty} c_n e^{in\pi x/p} \tag{7}$$

여기서

$$c_n = \frac{1}{2p}\int_{-p}^{p} f(x)\, e^{-in\pi x/p}\, dx, \quad n = 0, \pm 1, \pm 2, \ldots \tag{8}$$

이다.

만일 f가 정리 12.2.1의 가정을 만족하면, 복소 Fourier 급수는 연속인 점에서 $f(x)$로 수렴하고, 불연속인 점에서는 평균값

$$\frac{f(x+) + f(x-)}{2}$$

에 수렴한다.

예제 1 복소 Fourier 급수

함수 $f(x) = e^{-x}$, $-\pi < x < \pi$를 복소 Fourier 급수로 전개하라.

풀이 $p = \pi$이므로 식 (8)은 아래와 같이 된다.

$$c_n = \frac{1}{2\pi}\int_{-\pi}^{\pi} e^{-x}e^{-inx}\, dx = \frac{1}{2\pi}\int_{-\pi}^{\pi} e^{-(in+1)x}\, dx$$

$$= -\frac{1}{2\pi(in+1)}\left[e^{-(in+1)\pi} - e^{(in+1)\pi}\right].$$

Euler 공식을 이용하면 계수 c_n은 다음과 같이 간략하게 표현된다.

$$e^{-(in+1)\pi} = e^{-\pi}(\cos n\pi - i \sin n\pi) = (-1)^n e^{-\pi}$$

$$e^{(in+1)\pi} = e^{\pi}(\cos n\pi + i \sin n\pi) = (-1)^n e^{\pi}$$

그리고 $\cos n\pi = (-1)^n$이고 $\sin n\pi = 0$이므로

$$c_n = (-1)^n \frac{(e^{\pi} - e^{-\pi})}{2(in+1)\pi} = (-1)^n \frac{\sinh \pi}{\pi}\frac{1 - in}{n^2 + 1} \tag{9}$$

이다. 그러므로 f의 복소 Fourier 급수는 다음과 같다.

$$f(x) = \frac{\sinh \pi}{\pi}\sum_{n=-\infty}^{\infty}(-1)^n \frac{1 - in}{n^2 + 1}e^{inx}. \tag{10}$$ ≡

급수 식 (10)은 f의 2π 주기적 확장으로 수렴한다.

독자들은 Fourier 급수의 복소형을 도입함으로써 문제가 더 복잡해진 것같이 느낄 것이다. 하지만 실제 공학 분야에서는 종종 정의 12.4.1에 주어진 식 (7)의 형태가 정의 12.2.1의 식 (8)보다 더 유용하게 쓰인다.

기본 진동수 정의 12.2.1과 12.4.1의 Fourier 급수는 하나의 주기함수를 정의하고 그 함수(즉 f의 주기적 확장)의 **기본주기**(fundamental period)는 $T = 2p$이다. 나아가 $p = T/2$이므로 12.2절의 식 (8)과 위의 식 (7)은 각각 다음과 같이 된다.

$$\frac{a_0}{2} + \sum_{n=1}^{\infty}(a_n \cos n\omega x + b_n \sin n\omega x) \qquad \text{그리고} \qquad \sum_{n=-\infty}^{\infty} c_n e^{-in\omega x} \tag{11}$$

여기서 $\omega = 2\pi/T$를 **기본 각진동수**(fundamental angular frequency)라고 부른다. 예제 1에서 함수의 주기적 확장은 $T = 2\pi$의 주기를 가지고, 기본 각진동수는 $\omega = 2\pi/2\pi = 1$이다.

진동수 스펙트럼 시간적으로 주기적인 신호를 연구함에 있어서, 전자공학자들은 파동의 여러 스펙트럼을 조사하여 많은 정보를 얻을 수 있음을 알았다. 함수 f가 기본주기 T를 가진 주기함수라면, 점 $(n\omega, |c_n|)$들의 그림을 f의 **진동수 스펙트럼**(frequency spectrum)이라고 부른다. 여기서 ω는 기본 각진동수이고, c_n은 식 (8)에서 정의된 계수들이다.

예제 2 진동수 스펙트럼

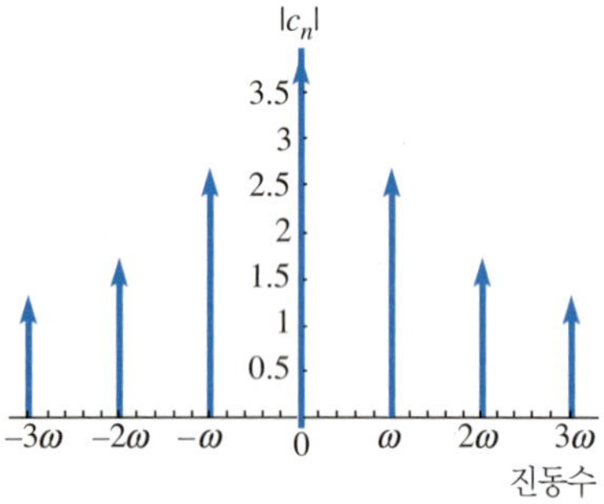

그림 12.4.1 예제 2의 함수 f의 진동수 스펙트럼

예제 1에서 $\omega = 1$이다. 따라서 $n\omega$는 $0, \pm 1, \pm 2, \ldots$의 값을 갖는다. $|\alpha + i\beta| = \sqrt{\alpha^2 + \beta^2}$을 이용하여 식 (9)로부터

$$|c_n| = \frac{\sinh \pi}{\pi} \frac{1}{\sqrt{n^2 + 1}}$$

을 얻는다. 다음 표는 n의 몇몇 값들과 그에 해당되는 c_n의 값들을 보여 준다.

n	−3	−2	−1	0	1	2	3
$\lvert c_n \rvert$	1.162	1.644	2.599	3.676	2.599	1.644	1.162

그림 12.4.1의 그래프는 어느 점에서 끝나는 화살표로 f의 진동수 스펙트럼의 부분을 나타낸다. ≡

예제 3 진동수 스펙트럼

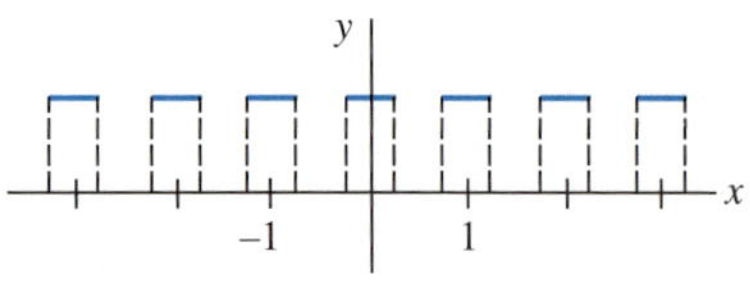

그림 12.4.2 예제 3의 주기적 펄스

그림 12.4.2에 나타낸 주기적인 네모파(square wave) 또는 주기적인 펄스의 진동수(frequency) 스펙트럼을 구하라. 여기서의 파는 다음과 같은 함수 f의 주기적 확장이다.

$$f(x) = \begin{cases} 0, & -\frac{1}{2} < x < -\frac{1}{4} \\ 1, & -\frac{1}{4} < x < \frac{1}{4} \\ 0, & \frac{1}{4} < x < \frac{1}{2}. \end{cases}$$

풀이 여기서 $T = 1 = 2p$이므로 $p = \frac{1}{2}$이다. 구간 $(-\frac{1}{2}, -\frac{1}{4})$과 $(\frac{1}{4}, \frac{1}{2})$에서 함수 f가 0이므로 식 (8)은 다음과 같이 된다.

$$c_n = \int_{-1/2}^{1/2} f(x)\, e^{2in\pi x}\, dx = \int_{-1/4}^{1/4} 1 \cdot e^{2in\pi x}\, dx$$

$$= \frac{e^{2in\pi x}}{2in\pi}\Bigg]_{-1/4}^{1/4}$$
$$= \frac{1}{n\pi}\,\frac{e^{in\pi/2} - e^{-in\pi/2}}{2i}$$

즉

$$c_n = \frac{1}{n\pi}\sin\frac{n\pi}{2} \quad \leftarrow \text{식 (2)에 의해}$$

이다. 마지막 결과는 $n = 0$에 대해서는 성립하지 않으므로 그 항을 따로 계산하면 다음과 같다.

$$c_0 = \int_{-1/4}^{1/4} dx = \frac{1}{2}$$

다음 표는 $|c_n|$의 몇몇 값을 보여 주고, **그림 12.4.3**은 f의 도수 스펙트럼을 보여 준다.

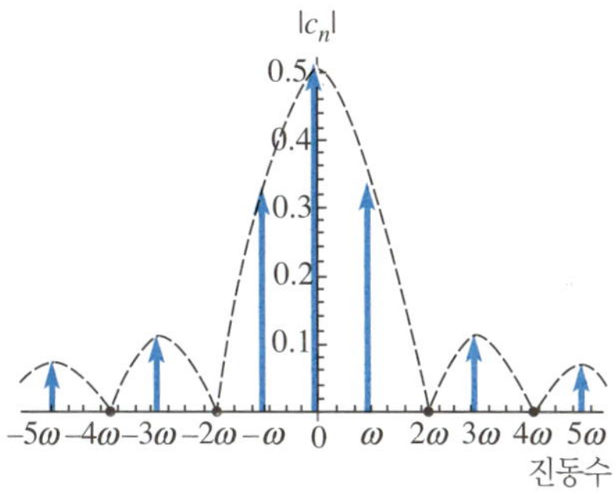

그림 12.4.3 함수 f의 진동수 스펙트럼

n	-5	-4	-3	-2	-1	0	1	2	3	4	5
$\lvert c_n\rvert$	$\frac{1}{5\pi}$	0	$\frac{1}{3\pi}$	0	$\frac{1}{\pi}$	$\frac{1}{2}$	$\frac{1}{\pi}$	0	$\frac{1}{3\pi}$	0	$\frac{1}{5\pi}$

기본 도수가 $\omega = 2\pi/T = 2\pi$이므로 x축 위에 있는 단위 $n\omega$는 $\pm 2\pi$, $\pm 4\pi$, $\pm 6\pi$, . . . 이다. n이 영 아닌 짝수일 때 $|c_n|$의 값이 0이 됨을 강조하기 위하여 그림 12.4.3에 점선을 첨가하였다. ≡

12.4 연습문제

부록에 선택된 홀수 번 문제의 답이 있다.

문제 1~6에서는 주어진 구간에서의 f의 복소 Fourier 급수를 구하라.

1. $f(x) = \begin{cases} -1, & -2 < x < 0 \\ 1, & 0 < x < 2 \end{cases}$

2. $f(x) = \begin{cases} 0, & 0 < x < 1 \\ 1, & 1 < x < 2 \end{cases}$

3. $f(x) = \begin{cases} 0, & -\frac{1}{2} < x < 0 \\ 1, & 0 < x < \frac{1}{4} \\ 0, & \frac{1}{4} < x < \frac{1}{2} \end{cases}$

4. $f(x) = \begin{cases} 0, & -\pi < x < 0 \\ x, & 0 < x < \pi \end{cases}$

5. $f(x) = x, 0 < x < 2\pi$ **6.** $f(x) = e^{-|x|}, -1 < x < 1$

7. 문제 1에 주어진 함수 f의 주기적 확장이 되는 주기파의 진동수 스펙트럼을 구하라.

8. 문제 3에 주어진 함수 f의 주기적 확장이 되는 주기파의 진동수 스펙트럼을 구하라.

문제 9~10에서는 주어진 주기적 파동을 그리고, f의 진동수 스펙트럼을 구하라.

9. $f(x) = 4\sin x, 0 < x < \pi; f(x + \pi) = f(x)$ [힌트: 식 (2)를 사용하라.]

10. $f(x) = \begin{cases} \cos x, & 0 < x < \pi/2 \\ 0, & \pi/2 < x < \pi \end{cases}; \quad f(x + \pi) = f(x)$

11. **(a)** $a_n = c_n + c_{-n}$과 $b_n = i(c_n - c_{-n})$이 됨을 보여라.

(b) (a)에서 얻은 결과와 예제 1의 복소 Fourier 급수를 이용하여 f의 Fourier 급수 전개를 구하라.

12. 문제 1의 함수 f는 기함수이다. 복소 Fourier 급수를 사용하여 f의 Fourier 사인 급수 전개를 구하라.

12.5 Sturm-Liouville 문제

소개 편의를 위해 앞으로 나올 절과 장에서 중요하게 쓰일 몇몇 상미분방정식과 해를 나타내었다.

선형방정식	일반해
$y' + \alpha y = 0,$	$y = c_1 e^{-\alpha x}$
$y'' + \alpha^2 y = 0, \quad \alpha > 0$	$y = c_1 \cos \alpha x + c_2 \sin \alpha x$
$y'' - \alpha^2 y = 0, \quad \alpha > 0$	$\begin{cases} y = c_1 e^{-\alpha x} + c_2 e^{\alpha x}, & \text{또는} \\ y = c_1 \cosh \alpha x + c_2 \sinh \alpha x \end{cases}$

Cauchy-Euler 방정식	일반해, $x > 0$
$x^2 y'' + xy' - \alpha^2 y = 0, \quad \alpha \geq 0$	$\begin{cases} y = c_1 x^{-\alpha} + c_2 x^{\alpha}, & \alpha \neq 0 \\ y = c_1 + c_2 \ln x, & \alpha = 0 \end{cases}$

매개변수 Bessel 방정식($n = 0$)	일반해, $x > 0$
$xy'' + y' + \alpha^2 xy = 0$	$y = c_1 J_0(\alpha x) + c_2 Y_0(\alpha x)$

Legendre 방정식 0(x 0, 1, 2, ...)	특수해는 다항식이다
$(1 - x^2)y'' - 2xy' + n(n + 1)y = 0$	$y = P_0(x) = 1,$
	$y = P_1(x) = x,$
	$y = P_2(x) = \frac{1}{2}(3x^2 - 1), \ldots$

식 $y'' - \alpha^2 y = 0$의 두 가지 형태의 일반해에 대해서 앞으로 두 가지 규칙을 적용할 것이다:

이 규칙은 13~14장에서 유용하다. ▶

지수 형태의 해 $y = c_1 e^{-\alpha x} + c_2 e^{\alpha x}$는 x의 영역이 무한 또는 반무한 구간일 때 사용되고, 쌍곡선 형태의 해 $y = c_1 \cosh \alpha x + c_2 \sinh \alpha x$는 x의 영역이 유한 구간일 때 쓰인다.

고유값과 고유함수 직교함수들은 미분방정식의 해에서 나타난다. 더 정확하게 말해서 함수들의 직교집합은 매개변수 λ를 갖는 선형 2계 미분방정식을 포함한 두 점 경곗값 문제를 풀면 얻어진다. 3.9절의 예제 2에서 경곗값 문제

$$y'' + \lambda y = 0, \quad y(0) = 0, \quad y(L) = 0 \tag{1}$$

은 매개변수 λ가 **고유값**(eigenvalue)이라 불리는 값 $\lambda_n = n^2\pi^2/L^2$, $n = 1, 2, 3, \ldots$을 가질 때만 자명하지 않은 해를 가짐을 보았다. 이에 해당하는 자명하지 않은 해 $y = c_2 \sin(n\pi x/L)$ 또는 간단히 $y = \sin(n\pi x/L)$를 문제의 **고유함수**(eigenfunction)라고 부른다. 예를 들어 문제 식 (1)에 대해

고유값이 아님

$$\downarrow$$

$$BVP:\quad y'' + 5y = 0, \quad y(0) = 0, \quad y(L) = 0$$

자명해: $y = 0$

고유값임$(n = 2)$

$$\downarrow$$

$$BVP:\quad y'' + \frac{4\pi^2}{L^2}y = 0, \quad y(0) = 0, \quad y(L) = 0$$

자명하지 않은 해: $y = \sin(2\pi x/L)$

위의 경곗값 문제에 의해 만들어지는 함수 집합, 즉 집합 $\{\sin(n\pi x/L)\}$, $n = 1, 2, 3, \ldots$ 이 구간 $[0, L]$에서 함수의 직교집합이 되며 이 집합은 Fourier 사인 급수의 기저(basis)로 사용된다는 것을 인식하는 것은 이 장의 목적을 위해 중요하다.

예제 1 고유값과 고유함수

매개변수 l가 영, 음수, 양수인 세 가지 경우(즉 $l = 0$, $l = -\alpha^2 < 0$, $\alpha > 0$, $\lambda = \alpha^2 > 0$, $\alpha > 0$)에 대해 경곗값 문제

$$y'' + \lambda y = 0, \qquad y'(0) = 0, \qquad y'(L) = 0 \tag{2}$$

의 고유값과 고유함수가 각각 $\lambda_n = \alpha_n^2 = n^2\pi^2/L^2$, $n = 0, 1, 2, \ldots$ 과 $y = c_1 \cos(n\pi x/L)$, $c_1 \neq 0$이 됨을 증명하는 것은 연습문제로 남긴다. 식 (1)과는 달리 이 경곗값 문제에서 $\lambda_0 = 0$은 고유값이고 해당하는 고유함수는 $y = 1$이다. 이 고유함수는 $y'' = 0$을 같은 경계조건 $y'(0) = 0$, $y'(L) = 0$에서 얻을 수 있다. 그리고 $y = 1$은 $y = \cos(n\pi x/L)$에서 $n = 0$일 때 얻어진다. 집합 $\{\cos(n\pi x/L)\}$, $n = 0, 1, 2, 3, \ldots$ 은 구간 $[0, L]$에서 직교이다. 연습문제 12.5의 문제 3을 참고하라. ≡

정칙 Sturm-Liouville 문제 식 (1)과 (2)의 문제는 중요한 일반적인 두 점 경곗값 문제의 특별한 경우이다. p, q, r 및 r'을 구간 $[a, b]$에서 연속인 실수 함수라 하고 그 구간에 속한 모든 x에 대해 $r(x) > 0$이고 $p(x) > 0$이라 하자. 그러면

문제: $$\frac{d}{dx}[r(x)y'] + (q(x) + \lambda p(x))y = 0 \tag{3}$$

조건: $$A_1 y(a) + B_1 y'(a) = 0 \tag{4}$$

$$A_2 y(b) + B_2 y'(b) = 0 \tag{5}$$

을 **정칙 Sturm-Liouville 문제**(regular Sturm-Liouville problem)라고 부른다. 경계조건 식 (4)와 (5)에 있는 계수는 실수이며 λ와는 독립적인 것으로 가정한다. 추가로 A_1과 B_1 모두 동시에 0이 아니며, A_2와 B 도 모두 동시에 0이 아니다. 식 (1)과 (2)에 있는 경곗값 문제가 정칙 Sturm-Liouville 문제이다. 식 (1)로부터 $r(x) = 1$, $q(x) = 0$을 구하고 $p(x) = 1$을 미분

방정식 (3)에서 구할 수 있다. 경계조건 식 (4)에서 $a = 0, A_1 = 1, B_1 = 0$을 구하고, 식 (5)에서 $b = L, A_2 = 1, B_2 = 0$을 구한다. 그리고 식 (2)로부터, $a = 0, A_1 = 0, B_1 = 1$은 식 (4)에서 구하고, $b = L, A_2 = 0, B_2 = 1$은 식 (5)에서 구한다.

미분방정식 (3)은 선형이고 제차이다. 식 (4)와 (5)의 경계조건은 모두 y와 y'의 일차결합이 한 점에서 0이 되는 조건인데, 이들도 역시 **제차**(homogeneous)라 불린다. 반면 $A_2y(b) + B_2y'(b) = C_2$ (C_2는 0이 아닌 상수)와 같은 경계조건은 **비제차**(nonhomogeneous)이다. 따라서 우리는 자연스럽게 제차 선형 미분방정식과 제차 경계조건으로 이루어진 경곗값 문제를 제차라고 하고, 그렇지 않으면 비제차라고 한다. 경계조건 식 (4)와 (5)는 각 조건이 단 하나의 경계점만 포함하기 때문에 **분리**된다고 말한다. 각 조건이 경계점 $x = a$ 및 $x = b$를 모두 포함하면 경계조건은 **혼합**이라 한다. 예를 들어, 주기적 경계조건 $y(a) = y(b), y'(a) = y'(b)$는 혼합경계조건이다.

Sturm-Liouville 문제는 제차 경곗값 문제이므로, 항상 자명해 $y = 0$을 가지고 있다. 하지만 이 해는 중요하지 않다. 예제 1에서와 같이, 이러한 문제를 풀 때는 고유값 λ와 λ에 종속되는 자명하지 않은 해 y를 구하려고 한다.

특성 정리 12.5.1은 정칙 Sturm-Liouville 문제의 많은 특성 중에서 좀 더 중요한 성질을 간추린 것이다. 여기에서는 마지막 특성만 증명하겠다.

정리 12.5.1 Sturm-Liouville 문제의 특성 정리

(a) $n \to \infty$일 때 $\lambda_n \to \infty$이 되도록 $\lambda_1 < \lambda_2 < \lambda_3 < \ldots < \lambda_n < \ldots$의 오름차순으로 정렬될 수 있는 무한 개의 실수 고유값이 존재한다.

(b) 각각의 고유값에 대해 오직 하나의 고유함수가 존재한다(0이 아닌 수의 곱은 제외).

(c) 서로 다른 고유값에 대응하는 고유함수들은 일차독립이다.

(d) 고유값의 집합에 대응하는 고유함수의 집합은 구간 $[a, b]$에서 가중함수 $p(x)$에 대해 직교이다.

(d)의 증명 y_m과 y_n을 각각 고유값 λ_m과 λ_n에 대응하는 고유함수라 하자. 그러면

$$\frac{d}{dx}[r(x)y_m'] + (q(x) + \lambda_m p(x))y_m = 0 \tag{6}$$

$$\frac{d}{dx}[r(x)y_n'] + (q(x) + \lambda_n p(x))y_n = 0 \tag{7}$$

이 된다. 식 (6)에 y_n을 곱하고, 식 (7)에 y_m을 곱한 다음 빼면

$$(\lambda_m - \lambda_n)p(x)y_m y_n = y_m \frac{d}{dx}[r(x)y_n'] - y_n \frac{d}{dx}[r(x)y_m']$$

이 된다. 이 마지막 결과를 $x = a$에서 $x = b$까지 부분적분하면

$$(\lambda_m - \lambda_n)\int_a^b p(x)y_m y_n\,dx = r(b)[y_m(b)\,y_n'(b) - y_n(b)y_m'(b)] - r(a)[y_m(a)y_n'(a) - y_n(a)y_m'(a)] \quad (8)$$

를 얻는다. 여기서 고유함수 y_m과 y_n 모두 경계조건 식 (4)와 (5)를 만족해야 한다. 특히 식 (4)에서

$$A_1 y_m(a) + B_1 y_m'(a) = 0$$
$$A_1 y_n(a) + B_1 y_n'(a) = 0$$

을 얻는다. 이 계가 동시에 0이 아닌 A_1과 B_1의 해를 갖기 위해서는 계수의 행렬식이 0이어야 한다. 그러므로

$$y_m(a)y_n'(a) - y_n(a)y_m'(a) = 0$$

이다. 같은 방법을 식 (5)에도 적용하면

$$y_m(b)y_n'(b) - y_n(b)y_m'(b) = 0$$

이다. 위의 두 결과를 식 (8)에 적용하면 우변 두 항이 0이다. 그러므로 다음과 같은 직교관계를 얻는다.

$$\int_a^b p(x)y_m(x)y_n(x)\,dx = 0, \quad \lambda_m \neq \lambda_n. \quad (9)$$ ≡

고유함수의 직교집합 $\{y_1(x), y_2(x), y_3(x), \ldots\}$의 정칙 Sturm-Liouville 문제는 구간 $[a, b]$에서 완전하다는 것도 증명할 수 있다. 12.1절을 참고하라.

예제 2 정칙 Sturm-Liouville 문제

다음 경곗값 문제의 해를 구하라.

$$y'' + \lambda y = 0, \qquad y(0) = 0, \qquad y(1) + y'(1) = 0. \quad (10)$$

풀이 $\lambda = 0$이거나 $\lambda = -\alpha^2 < 0$일 때 경곗값 문제 식 (10)이 자명해 $y = 0$만을 갖는 것을 보임은 독자에게 맡긴다. $\lambda = \alpha^2 > 0$, $\alpha > 0$일 때 미분방정식 $y'' + \alpha^2 y = 0$의 일반해는 $y = c_1 \cos \alpha x + c_2 \sin \alpha x$이다. 조건 $y(0) = 0$을 이 해에 적용하면 $c_1 = 0$이 된다. 그러므로 $y = c_2 \sin \alpha x$이다. 두 번째 경계조건 $y(1) + y'(1) = 0$은 아래와 같은 관계가 성립할 때 충족된다.

$$c_2 \sin \alpha + c_2 \alpha \cos \alpha = 0.$$

$c_2 \neq 0$이면 이 방정식은 아래 식과 동일하다.

$$\tan \alpha = -\alpha. \quad (11)$$

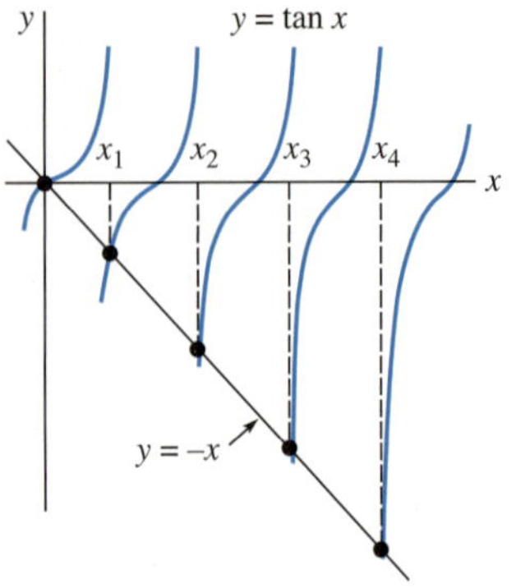

그림 12.5.1 tan $x = -x$의 양수 근

식 (11)에서 $x = \alpha$로 놓으면, tan $x = -x$가 무한 개의 근을 가지고 있음을 **그림 12.5.1**에서 알 수 있다. 다시 말하자면 근은 $y = -x$의 그래프가 $y = \tan x$의 그래프의 가지들과 만나는 점의 x 값들이다. 문제 식 (10)의 고유값은 $\lambda_n = \alpha_n^2$이며, 여기서 α_n, $n = 1, 2, 3, \ldots$ 은 식 (11)의 계속되는 양의 근 $\alpha_1, \alpha_2, \alpha_3, \ldots$ 이다. CAS를 사용하면 이 점을 쉽게 알 수 있다. 즉 소수 넷째 자리까지 구하면 $\alpha_1 = 2.0288$, $\alpha_2 = 4.9132$, $\alpha_3 = 7.9787$, 그리고 $\alpha_4 = 11.0855$가 되고 이에 상응하는 해는 $y_1 = \sin 2.0288x$, $y_2 = \sin 4.9132x$, $y_3 = \sin 7.9787x$, $y_4 = \sin 11.0855x$가 됨을 쉽게 알 수 있다. 일반적으로 문제의 고유함수는 $\{\sin \alpha_n x\}$, $n = 1, 2, 3, \ldots$ 이다.

$r(x) = 1$, $q(x) = 0$, $p(x) = 1$, $A_1 = 1$, $B_1 = 0$, $A_2 = 1$, $B_2 = 1$로 놓으면 식 (10)은 정칙 Sturm-Liouville 문제임을 알 수 있다. 따라서 $\{\sin \alpha_n x\}$, $n = 1, 2, 3, \ldots$ 는 구간 $[0, 1]$에서 가중함수 $p(x) = 1$에 대해 직교집합이다. ≡

어떤 경우에는 $x = a$와 $x = b$에서의 경계조건을 명시하지 않아도 식 (3)의 해의 직교성을 증명할 수 있다.

특이 Sturm-Liouville 문제 몇 가지 다른 중요한 조건하에서 미분방정식 (3)의 자명하지 않은 해를 찾아야 할 경우가 있다.

- $r(a) = 0$이고 식 (5) 형태의 경계조건이 $x = b$일 때로 주어졌을 때 (12)
- $r(b) = 0$이고 식 (4) 형태의 경계조건이 $x = a$일 때로 주어졌을 때 (13)
- $r(a) = r(b) = 0$이고 $x = a$와 $x = b$에서의 경계조건이 주어지지 않았을 때 (14)
- $r(a) = r(b)$이고 경계조건들이 $y(a) = y(b)$, $y'(a) = y'(b)$일 때 (15)

식 (12)와 (13) 중 하나의 경계조건을 가진 미분방정식 (3)을 **특이**(singular) **경곗값 문제**라 한다. 식 (15)의 조건을 가진 식 (3)은 **주기적**(periodic) **경곗값 문제**라 한다(경계조건들도 역시 주기적이라 한다). $r(a) = 0$이면 $x = a$는 미분방정식의 특이점이 될 수도 있고, 결과적으로 식 (3)의 해는 $x \to a$에 따라 무계(unbounded)일 수 있다. 그러나 식 (8)에서 알 수 있듯이 $r(a) = 0$인 경우, 해가 $x = a$에서 유계(bounded)이면 고유함수가 직교함을 증명할 때 그 점에서의 어떤 경계조건도 필요하지 않다. $x = a$에서 해가 유계란 조건은 문제 풀이에 필요한 적분의 존재를 보장한다. 식 (3)의 해가 닫힌 구간 $[a, b]$에서 유계임을 가정하고, 식 (8)을 살펴보면 다음을 말할 수 있다.

- $r(a) = 0$이면, $x = a$에서의 어떤 경계조건도 없이 직교 관계 식 (9)가 성립된다. (16)
- $r(b) = 0$이면, $x = b$에서의 어떤 경계조건도 없이 직교 관계 식 (9)가 성립된다.* (17)
- $r(a) = r(b) = 0$이면, $x = a$나 $x = b$에서 어떤 경계조건도 없이 직교 관계 식 (9)가 성립된다. (18)
- $r(a) = r(b)$이면, 주기적 경계조건 $y(a) = y(b)$, $y'(a) = y'(b)$에서 직교 관계 식 (9)가 성립된다. (19)

* 조건 식 (16)과 (17)은 각각 (4)에서 $A_1 = 0$, $B_1 = 0$을 선택하고, 식 (5)에서 $A_2 = 0$, $B_2 = 0$을 선택하는 것과 동치이다.

자기딸림 형태 만약 미분 $\frac{d}{dx}[r(x)y']$를 수행하면 미분방정식 (3)은 아래와 같다.

$$r(x)y'' + r'(x)y' + (q(x) + \lambda p(x))y = 0. \tag{20}$$

예를 들어 Legendre 미분방정식 $(1 - x^2)y'' - 2xy' + n(n + 1)y = 0$에서 $r(x) = 1 - x^2$이고 $r'(x) = -2x$이므로 식 (20)과 같아진다. 다시 말하면, Legendre 미분방정식을 다른 방법으로 나타내면 아래와 같다.

$$\frac{d}{dx}[(1 - x^2)y'] + n(n + 1)y = 0. \tag{21}$$

그러나 다른 2차 미분방정식(Bessel 식, Cauchy-Euler 식, 그리고 상수계수를 가진 미분방정식)과 비교했을 때, y'의 계수가 y'' 계수의 미분인 경우, 식 (3)과 같은 형태의 2차 미분방정식은 거의 없음을 알 수 있다. 반면에 적당한 구간에서 계수가 연속이고, 그 구간 내의 모든 x에 대해 $a(x) \neq 0$이면, 모든 2차 미분방정식

$$a(x)y'' + b(x)y' + (c(x) + \lambda d(x))y = 0 \tag{22}$$

은 식 (3)과 같은 **자기딸림 형태**(self-adjoint form)로 다시 만들어질 수 있다. 이 점을 알기 위해 2.3절에서 했던 과정을 수행해야 한다. 즉 선형 1차 미분방정식 $a_1(x)y' + a''(x)y = 0$을 a_1으로 나누고, 적분인자인 $\mu = e^{\int P(x)dx}$[공통인자가 없다고 가정하여 $P(x) = a_0(x)/a_1(x)$]를 곱하여 $\frac{d}{dx}[\mu y] = 0$의 형태로 바꾸어야 한다. 즉 먼저 식 (22)를 $a(x)$로 나눈다. 그러면 첫 번째 두 항이 $Y' + \frac{b(x)}{a(x)}Y + \cdots$가 된다. 여기에서 강조하기 위하여 $Y = y'$로 하였다. 두 번째로 적분인자 $e^{\int[b(x)/a(x)]dx}$를 곱한다. 단 $a(x)$와 $b(x)$의 공통인자는 없다.

$$\underbrace{e^{\int(b(x)/a(x))dx}Y' + \frac{b(x)}{a(x)}e^{\int(b(x)/a(x))dx}Y}_{\text{곱의 미분}} + \cdots = \frac{d}{dx}[e^{\int(b(x)/a(x))dx}Y] + \cdots = \frac{d}{dx}[e^{\int(b(x)/a(x))dx}y'] + \cdots.$$

요약하면, 식 (22)를 $a(x)$로 나누고 $e^{\int[b(x)/a(x)]dx}$를 곱하여 아래와 같은 결과를 얻는다.

$$e^{\int(b/a)dx}y'' + \frac{b(x)}{a(x)}e^{\int(b/a)dx}y' + \left(\frac{c(x)}{a(x)}e^{\int(b/a)dx} + \lambda\frac{d(x)}{a(x)}e^{\int(b/a)dx}\right)y = 0. \tag{23}$$

식 (23)은 식 (20)에 주어진 원하는 형태의 식이고 식 (3)과 동일하다.

$$\frac{d}{dx}\Big[\underbrace{e^{\int(b/a)dx}}_{r(x)}y'\Big] + \Big(\underbrace{\frac{c(x)}{a(x)}e^{\int(b/a)dx}}_{q(x)} + \lambda\underbrace{\frac{d(x)}{a(x)}e^{\int(b/a)dx}}_{p(x)}\Big)y = 0.$$

예를 들어 $3y'' + 6y' + \lambda y = 0$를 자기딸림 형태로 표현하면, $y'' + 2y' + \lambda\frac{1}{3}y = 0$이 되고, $e^{\int 2dx} = e^{2x}$를 곱하면 그 결과 아래와 같은 식을 얻는다.

$$\overset{r(x)}{\downarrow}\quad \overset{r'(x)}{\downarrow}\quad \overset{p(x)}{\downarrow}$$

$$e^{2x}y'' + 2e^{2x}y' + \lambda\frac{1}{3}e^{2x}y = 0 \qquad \text{또는} \qquad \frac{d}{dx}[e^{2x}y'] + \lambda\frac{1}{3}e^{2x}y = 0.$$

주의하라. ▶ 미분방정식의 해를 구하기 위해 2계 미분방정식 (22)를 자기딸림 형태로 놓을 필요는 없다. 직교 관계 식 (9)에 필요한 가중함수 $p(x)$를 결정하기 위해 자기딸림 형태를 사용한다. 아래 두 개의 예가 Bessel 함수와 Legendre 다항식의 직교 관계를 보여 줄 것이다.

예제 3 매개변수 Bessel 방정식

5.3절에서 매개변수 Bessel 방정식 $x^2y'' + xy' + (\alpha^2x^2 - n^2)y = 0$, $n = 0, 1, 2, \ldots$ 의 일반해가 $y = c_1J_n(\alpha x) + c_2Y_n(\alpha x)$임을 보았다. 매개변수 Bessel 방정식을 첫 번째 항의 계수 x^2으로 나눈 후에 적분인자 $e^{\int(1/x)dx} = e^{\ln x} = x$, $x > 0$을 곱하면 자기딸림 형태가 얻어진다.

$$xy'' + y' + \left(\alpha^2x - \frac{n^2}{x}\right)y = 0 \qquad \text{또는} \qquad \frac{d}{dx}[xy'] + \left(\alpha^2x - \frac{n^2}{x}\right)y = 0$$

여기서 $r(x) = x$, $q(x) = -n^2/x$, $p(x) = x$이고 $\lambda = \alpha^2$이다. $r(0) = 0$이고 두 가지 해 $J_n(\alpha x)$와 $Y_n(\alpha x)$ 중에서 $J_n(\alpha x)$만이 $x = 0$에서 유계(bounded)이다. 따라서 위의 식 (16)의 관점에서 집합 $\{J_n(\alpha_ix)\}$, $i = 1, 2, 3, \ldots$ 는 구간 $[0, b]$에서 가중함수 $p(x) = x$에 대해 직교이다. 직교 조건은

$$\int_0^b xJ_n(\alpha_ix)J_n(\alpha_jx)\,dx = 0, \quad \lambda_i \neq \lambda_j \tag{24}$$

으로 주어지는데, 이때 α_i와 고유값 $\lambda_i = \alpha_i^2$, $i = 1, 2, 3, \ldots$ 는 $x = b$에서 식 (5)와 같은 형태의 다음과 같은 경계조건에 의해 정의된다.

$$A_2J_n(\lambda b) + B_2\alpha J_n'(\alpha b) = 0. \tag{25}$$ ≡

식 (25)에서 잉여인자 α는 연쇄법칙에서 온다.

$$\frac{d}{dx}J_n(\alpha x) = J_n'(\alpha x)\frac{d}{dx}\alpha x = \alpha J_n'(\alpha x).$$ ≡

동시에 0이 아닌 A_2와 B_2의 어떤 선택에 대해서도 식 (25)는 무한 개의 근 $x_i = \alpha_ib$를 갖는다고 알려져 있다. 그러면 고유값들은 $\lambda_i = \alpha_i^2 = (x_i/b)^2$이다. 다음 장에서 고유값에 대해 더 많이 논의할 것이다.

예제 4 Legendre 방정식

식 (21)의 결과로부터 $q(x) = 0$, $p(x) = 1$ 그리고 $\lambda = n(n + 1)$임을 알 수 있다. 5.3절로부터 $n = 0, 1, 2, \ldots$ 일 때 Legendre 미분방정식은 다항식 해 $P_n(x)$를 가짐을 알고 있다. 이제 $r(-1) = r(1) = 0$인 점과 Legendre 다항식 $P_n(x)$만이 구간 $[-1, 1]$에서 식

(21)의 유계인 해라는 사실에 의해, $\{P_n(x)\}$ $(n = 0, 1, 2, \ldots)$가 구간 $[-1, 1]$에서 가중함수 $p(x) = 1$에 대해 직교인 것을 알 수 있다. 그리고 직교 관계는 다음과 같다.

$$\int_{-1}^{1} P_m(x)P_n(x)\,dx = 0, \quad m \neq n. \qquad \equiv$$

참고

(i) 구간이 무한대이면 Sturm-Liouville 문제는 역시 특이 문제로 간주된다. 연습문제 12.5의 문제 9와 10을 보라.

(ii) 계수 p, q, r, 그리고 r'에 대한 조건들이 모두 정칙 Sturm-Liouville 문제라도, 주기적 경계조건하에서는 정리 12.5.1의 (b)가 성립하지 않는다. 연습문제 12.5의 문제 4에서 다음 경곗값 문제가 각 고유값에 대응하는 두 개의 일차독립인 고유함수가 존재함을 보이라고 할 것이다.

$$y'' + \lambda y = 0, \quad y(-L) = y(L), \quad y'(-L) = y'(L)$$

12.5 연습문제

부록에 선택된 홀수 번 문제의 답이 있다.

문제 1과 2에서는 주어진 경곗값 문제에 대해 고유함수와 고유값을 정의하는 방정식을 구하라. CAS를 사용하여 처음 네 개의 고유값 λ_1, λ_2, λ_3, λ_4의 근사값을 구하고, 이 근사값에 해당하는 고유함수를 구하라.

1. $y'' + \lambda y = 0,\ y'(0) = 0,\ y(1) + y'(1) = 0$
2. $y'' + \lambda y = 0,\ y(0) + y'(0) = 0,\ y(1) = 0$
3. $y'' + \lambda y = 0$, $y'(0) = 0$, $y'(L) = 0$일 때, 고유함수가 아래와 같음을 보여라.

$$\left\{1, \cos\frac{\pi}{L}x, \cos\frac{2\pi}{L}x, \ldots\right\}.$$

이 집합은 $[0, L]$에서 직교하고 Fourier 코사인 급수의 기저이다.

4. $y'' + \lambda y = 0$가 주기적 경계조건 $y(-L) = y(L)$, $y'(-L) = y'(L)$을 만족할 때 고유함수가 아래와 같음을 보여라.

$$\left\{1, \cos\frac{\pi}{L}x, \cos\frac{2\pi}{L}x, \ldots, \sin\frac{\pi}{L}x, \sin\frac{2\pi}{L}x, \sin\frac{3\pi}{L}x, \ldots\right\}.$$

이 집합은 $[-L, L]$에서 직교이고 Fourier 급수의 기저이다.

5. 문제 1의 각 고유함수에 대한 제곱놈(square norm)을 구하라.
6. 예제 2의 고유함수가 다음 식을 만족함을 보여라.

$$\|\sin \alpha_n x\|^2 = \frac{1}{2}[1 + \cos^2\alpha_n].$$

7. **(a)** 다음 경곗값 문제의 고유값과 고유함수를 구하라.

$$x^2y'' + xy' + \lambda y = 0,\ y(1) = 0,\ y(5) = 0.$$

(b) 이 미분방정식을 자기딸림 형태로 바꾸라.

(c) 이 문제에 대한 직교 관계를 조사하라.

8. **(a)** 다음 경곗값 문제의 고유값과 고유함수를 구하라.

$$y'' + y' + \lambda y = 0,\ y(0) = 0,\ y(2) = 0.$$

(b) 이 미분방정식을 자기딸림 형태로 바꾸라.

(c) 이 문제에 대한 직교 관계를 조사하라.

9. **Laguerre 미분방정식**

$$xy'' + (1 - x)y' + ny = 0, \quad n = 0, 1, 2, \ldots$$

은 다항식 해 $L_n(x)$를 갖는다. 이 방정식을 자기딸림 형태로 바꾸고 직교 관계를 조사하라.

10. **Hermite 미분방정식**

$$y'' - 2xy' + 2ny = 0, \quad n = 0, 1, 2, \ldots$$

은 다항식 해 $H_n(x)$를 갖는다. 이 방정식을 자기딸림 형태로 바꾸고 직교 관계를 조사하라.

11. 다음 Sturm-Liouville 문제를 생각하자.

$$\frac{d}{dx}[(1 + x^2)y'] + \frac{\lambda}{1 + x^2}y = 0, \quad y(0) = 0, \quad y(1) = 0.$$

(a) 경곗값 문제의 고유값과 고유함수를 구하라.[힌트: x

$= \tan\theta$로 치환한 다음, 연쇄법칙을 이용하라.]

(b) 직교 관계를 조사하라.

12. (a) 고유함수와 아래 경곗값 문제의 고유값을 결정하는 방정식을 구하라.

$$x^2y'' + xy' + (\lambda x^2 - 1)y = 0,$$

$$y\text{가 } x = 0\text{에서 유계, } y(3) = 0.$$

(b) 5.3절의 표 5.3.1을 이용하여 처음 네 개 고유값의 근사값 λ_1, λ_2, λ_3 및 λ_4를 구하라.

토의문제

13. 구간 $[a, b]$에서 다음 정칙 Sturm-Liouville 문제의 특수한 경우를 생각하자.

$$\frac{d}{dx}[r(x)y'] + \lambda p(x)y = 0, \quad y'(a) = 0, \quad y'(b) = 0.$$

$\lambda = 0$이 이 문제의 고유값인가? 구한 답이 옳은 이유를 설명하라.

컴퓨터 실습 과제

14. (a) 문제 1의 Sturm-Liouville 문제에 대한 직교 관계를 조사하라.

(b) CAS를 사용하여 처음 두 개의 고유값 λ_1, λ_2에 해당하는 각각의 고유함수 y_1, y_2가 직교 관계임을 증명하라.

15. (a) 문제 2의 Sturm-Liouville 문제에 대한 직교 관계를 조사하라.

(b) CAS를 사용하여 처음 두 개의 고유값 λ_1, λ_2에 해당하는 각각의 고유함수 y_1, y_2가 직교 관계임을 증명하라.

12.6 Bessel과 Legendre 급수

소개 Fourier 급수, Fourier 코사인 급수, Fourier 사인 급수는 어떠한 함수를 직교함수 집합으로 전개하는 세 가지 방법이다. 그러나 그런 전개들은 삼각함수의 직교집합으로만 한정된 것은 아니다. 12.1절에서 구간 (a, b)에서 정의된 함수 f가 적어도 형식적으로는 구간 $[a, b]$에서 가중함수에 대해 임의의 직교 함수집합 $\{\phi_n(x)\}$로 전개될 수 있음을 보았다. 많은 직교급수 전개 또는 일반화된 Fourier 급수는 물리계(physical system)를 모형화한 선형 편미분방정식의 해를 구할 때 생기는 Sturm-Liouville 문제에서 유래한다. Fourier 급수와 일반화된 직교급수(이 절에서 다루는 두 급수는 직교급수에 포함됨)의 전개는 13장과 14장에서 위에서 언급한 응용 문제를 다룰 때 다시 나올 것이다.

12.6.1 Fourier-Bessel 급수

고정된 n 값에 대하여 Bessel 함수의 집합 $\{J_n(\alpha_i x)\}$, $i = 1, 2, 3, \ldots$는 α_i가 아래와 같은 경계조건에 의해 정의될 때 구간 $[0, b]$에서 가중함수 $p(x) = x$에 대해 직교하는 것을 12.5절의 예제 3에서 보았다.

$$A_2J_n(\alpha b) + B_2\alpha J_n'(\alpha b) = 0. \tag{1}$$

이에 대응되는 Sturm-Liouville 문제의 고유값은 $\lambda_i = \alpha_i^2$이다. 12.1절의 식 (7)과 (8)에 나타나 있듯이, 구간 $(0, b)$에서 정의된 함수 f의 직교급수의 전개 또는 일반화된 Fourier 급수 전개를 이러한 직교집합으로 나타내면

$$f(x) = \sum_{i=1}^{\infty} c_i J_n(\alpha_i x) \tag{2}$$

여기서

$$c_i = \frac{\int_0^b x\, J_n(\alpha_i x) f(x)\, dx}{\|J_n(\alpha_i x)\|^2} \tag{3}$$

이다. 함수 $J_n(\alpha_i x)$의 제곱놈은 12.1절의 식 (11)에 의해 다음과 같이 정의된다.

$$\| J_n(\alpha_i x)\|^2 = \int_0^b x J_n^2(\alpha_i x)\, dx. \tag{4}$$

계수 식 (3)을 갖는 급수 식 (2)를 **Fourier-Bessel 급수**라 한다.

미분되돌림식 5.3절의 식 (22)와 (23)에서 주어졌던 미분되돌림식은 (3)에서의 계수를 구하는 데 가끔 유용하게 사용된다. 편의를 위해서 그들의 관계를 아래와 같이 나타내었다.

$$\frac{d}{dx}[x^n J_n(x)] = x^n J_{n-1}(x) \tag{5}$$

$$\frac{d}{dx}[x^{-n} J_n(x)] = -x^{-n} J_{n+1}(x). \tag{6}$$

제곱놈 제곱놈의 값 식 (4)는 고유값 $\lambda_i = \alpha_i^2$를 어떻게 정의하는가에 달려 있다. 만일 $y = J_n(\alpha x)$이면 12.5절의 예제 3으로부터

$$\frac{d}{dx}[xy'] + \left(\alpha^2 x - \frac{n^2}{x}\right) y = 0$$

이다. $2xy'$을 곱하면 이 방정식은 아래와 같이 표현된다.

$$\frac{d}{dx}[xy']^2 + (\alpha^2 x^2 - n^2)\frac{d}{dx}[y]^2 = 0.$$

이 식을 $[0, b]$에서 부분적분하면

$$2\alpha^2 \int_0^b xy^2\, dx = \left([xy']^2 + (\alpha^2 x^2 - n^2) y^2 \right) \Big]_0^b$$

이 된다. $y = J_n(\alpha x)$이고 $J_n(0) = 0$이기 때문에 하한은 $n > 0$에 대해 0이다. $n = 0$에 대해서 $[xy']^2 + \alpha^2 x^2 y^2$은 $x = 0$에서 0이다. 따라서

$$2\alpha^2 \int_0^b x J_n^2(\alpha x)\, dx = \alpha^2 b^2 [J_n'(ab)]^2 + (\alpha^2 b^2 - n^2)[J_n(\alpha b)]^2 \tag{7}$$

이다. 여기서 연쇄법칙을 써서 얻은 $y' = \alpha J_n'(\alpha_x)$를 사용했다.

이제 경계조건 식 (1)의 세 가지 경우를 생각해 보자.

경우 I: $A_2 = 1$과 $B_2 = 0$으로 선택하면 식 (1)은

$$J_n(\alpha b) = 0 \tag{8}$$

이다. 식 (8)의 양의 근 $x_i = \alpha_i b$는 무한히 많다. 이로부터 α_i는 $\alpha_i = x_i/b$로 정의한다(그림 5.3.1 참조). 고유값은 양수로서 $\lambda_i = \alpha_i^2 = x_i^2/b^2$로 주어진다. $J_n(-x) = (-1)^n J_n(x)$이므로(5.3절 참조) 식 (8)의 음의 근으로부터는 어떤 새로운 고유값도 나오지 않는다. $n = 1, 2, 3, \ldots$에 대해 $J_n(0) = 0$이고 $J_0(0) = 1$이므로 숫자 0은 어떤 n에 대해서도 고유값이 아니다. 다시 말하면, $\lambda = 0$이면 $n = 1, 2, 3, \ldots$ 에 대해 (결코 고유함수가 아닌) 자명한 함수를 얻으며, $n = 0$, $\lambda = 0$(또는 $\alpha = 0$)은 식 (8)을 만족하지 않는다. 만약 식 (6)을 $xJ_n'(x) = nJ_n(x) - xJ_{n+1}(x)$ 형태로 기술하면, 식 (7)과 (8)에서 다음과 같은 $J_n(\alpha_i x)$의 제곱놈을 구한다.

$$\|J_n(\alpha_i x)\|^2 = \frac{b^2}{2} J_{n+1}^2(\alpha_i b). \tag{9}$$

경우 II: $A_2 = h \geq 0$, $B_2 = b$로 선택하면 (1)은

$$hJ_n(\alpha b) + \alpha b J_n'(\alpha b) = 0 \tag{10}$$

이다. 방정식 (10)은 각각의 양의 정수 $n = 1, 2, 3, \ldots$ 에 대해 무한 개의 양근 $x_i = \alpha_i b$를 갖는다. 전처럼 고유값은 $\lambda_i = \alpha_i^2 = x_i^2/b^2$에서 얻어진다. $\lambda = 0$은 $n = 1, 2, 3, \ldots$에 대해 고유값이 아니다. $\alpha_i b J'n(\alpha_i b) = -hJ_n(\alpha_i^b)$를 식 (7)에 대입하면 $J_n(\alpha_i x)$의 제곱놈은

$$\|J_n(\alpha_i x)\|^2 = \frac{\alpha_i^2 b^2 - n^2 + h^2}{2\alpha_i^2} J_n^2(\alpha_i b) \tag{11}$$

가 됨을 알 수 있다.

경우 III: 식 (10)에서 $h = 0$이고 $n = 0$이면, α_i는 다음 식의 근으로부터 정의된다.

$$J_0'(\alpha b) = 0. \tag{12}$$

식 (12)는 식 (10)의 특별한 경우이지만, 이것은 $\lambda = 0$이 고유값이 되는 단 한 가지 경우이다. 이를 알아보기 위해 $n = 0$에 대해 살펴보면, 식 (6)에서의 결과에 의해 $J_0'(\alpha b) = 0$이 $J_1(\alpha b) = 0$과 동일하다는 것을 알 수 있다. $x_1 = \alpha_i b = 0$이 마지막 식의 해이므로 $\alpha_1 = 0$이고, $J_0(0) = 1$이 자명하지 않으므로 $\lambda_1 = \alpha_1^2 = x_1^2/b^2$으로부터 $\lambda_1 = 0$은 고유값으로 결론을 내릴 수 있다. 그러나 $\alpha_1 = 0$, $h = 0$, $n = 0$ 그리고 $n = 0$일 때는 식 (11)을 이용할 수 없다는 것이 분명하다. 하지만 제곱놈 식 (4)에 의해

$$\|1\|^2 = \int_0^b x\,dx = \frac{b^2}{2} \tag{13}$$

이다. $\alpha_i > 0$이면 식 (11)과 $h = 0$, $n = 0$을 이용하여

$$\|J_0(\alpha_i x)\|^2 = \frac{b^2}{2} J_0^2(\alpha_i b). \tag{14}$$

다음의 정의는 세 가지 제곱놈 형태에 대응하는 급수 식 (2)의 세 가지 형태를 보여준다.

정의 12.6.1 Fourier-Bessel 급수

구간 $(0, b)$에서 정의된 함수 f의 **Fourier-Bessel 급수**는 다음 식으로 주어진다.

(i)

$$f(x) = \sum_{i=1}^{\infty} c_i J_n(\alpha_i x) \tag{15}$$

$$c_i = \frac{2}{b^2 J_{n+1}^2(\alpha_i b)} \int_0^b x J_n(\alpha_i x) f(x)\, dx, \tag{16}$$

여기서 α_i는 $J_n(\alpha b) = 0$으로 정의된다.

(ii)

$$f(x) = \sum_{i=1}^{\infty} c_i J_n(\alpha_i x) \tag{17}$$

$$c_i = \frac{2\alpha_i^2}{(\alpha_i^2 b^2 - n^2 + h^2) J_n^2(\alpha_i b)} \int_0^b x J_n(\alpha_i x) f(x)\, dx, \tag{18}$$

여기서 α_i는 $hJ_n(\alpha b) + \alpha b J_n'(\alpha b) = 0$으로 정의된다.

(iii)

$$f(x) = c_1 + \sum_{i=2}^{\infty} c_i J_0(\alpha_i x) \tag{19}$$

$$c_1 = \frac{2}{b^2} \int_0^b x f(x)\, dx, \quad c_i = \frac{2}{b^2 J_0^2(\alpha_i b)} \int_0^b x J_0(\alpha_i x) f(x)\, dx, \tag{20}$$

여기서 α_i는 $J_0'(\alpha b) = 0$으로 정의된다.

Fourier-Bessel 급수의 수렴 Fourier-Bessel 급수의 수렴에 대한 충분조건은 특별히 제한적이지 않다.

정리 12.6.1 수렴 조건

f와 f'이 열린 구간 $(0, b)$에서 조각적으로 연속이면, f의 Fourier-Bessel 전개는 f가 연속인 점에서는 $f(x)$에 수렴하고 f가 불연속적인 점에서는 평균값

$$\frac{f(x+) + f(x-)}{2}$$

에 수렴한다.

예제 1 **Fourier-Bessel 급수 전개**

경계조건 $J_1(3\alpha) = 0$을 만족하는 1계 Bessel 함수를 이용하여, $f(x) = x$, $0 < x < 3$을 Fourier-Bessel 급수로 전개하라.

풀이 계수 c_i가 $b = 3$과 더불어 식 (16)에 의해 주어진 식 (15)를 사용한다.

$$c_i = \frac{2}{3^2 J_2^2(3\alpha_i)} \int_0^3 x^2 J_1(\alpha_i x)\, dx.$$

이 적분을 계산하기 위하여 $t = \alpha_i x$, $dx = dt/\alpha_i$, $x^2 = t^2/\alpha_i^2$으로 하고 식 (5)를 $\frac{d}{dt}[t^2 J_2(t)] = t^2 J_1(t)$의 형태로 사용한다.

$$c_i = \frac{2}{9\alpha_i^3 J_2^2(3\alpha_i)} \int_0^{3\alpha_i} \frac{d}{dt}[t^2 J_2(t)]\, dt = \frac{2}{\alpha_i J_2(3\alpha_i)}.$$

그러므로 원하는 전개는 다음과 같다.

$$f(x) = 2\sum_{i=1}^{\infty} \frac{1}{\alpha_i J_2(3\alpha_i)} J_1(\alpha_i x).$$ ≡

연습문제 12.6의 문제 1에서 앞의 Bessel 급수의 처음 4개의 α_i를 구하게 될 것이다.

예제 2 **Fourier-Bessel 급수 전개**

예제 1의 고유값 α_i가 $J_1(3\alpha) + \alpha J_1'(3\alpha) = 0$에 의해 정의된다면, 전개에서 변화하는 것은 오직 제곱놈의 값뿐이다. 경계조건에 3을 곱하면 $3J_1(3\alpha) + 3\alpha J_1'(3\alpha) = 0$이 되고, $h = 3$, $b = 3$, $n = 1$일 때의 식 (10)과 일치한다. 따라서 식 (18)과 (17)은 차례로

$$c_i = \frac{18\alpha_i J_2(3\alpha_i)}{(9\alpha_i^2 + 8)J_1^2(3\alpha_i)}$$

와

$$f(x) = 18\sum_{i=1}^{\infty} \frac{\alpha_i J_2(3\alpha_i)}{(9\alpha_i^2 + 8)\, J_1^2(3\alpha_i)} J_1(\alpha_i x)$$

가 된다. ≡

컴퓨터 사용 Bessel 함수는 CAS에 '짜 넣은 함수(built-in function)'이기 때문에 Fourier-Bessel 급수의 α_i와 계수 c_i의 근사값을 구하는 일은 간단하다. 예를 들어 식 (9)에서 $x_i = \alpha_i b$를 방정식 $hJ_n(x) + xJ_n'(x) = 0$의 양의 근으로 생각할 수 있다. 따라서 예제 2에서

CAS를 사용하여 $3J_1(x) + xJ_1'(x) = 0$의 처음 다섯 개의 양근 x_i를 구하고, 이 근들로부터 처음 다섯 개의 고유값 α_i:$\alpha_1 = x_1/3 = 0.98320$, $\alpha_2 = x_2/3 = 1.94704$, $\alpha_3 = x_3/3 = 2.95758$, $\alpha_4 = x_4/3 = 3.98538$, 그리고 $\alpha_5 = x_5/3 = 5.02078$을 얻는다. 근 $x_i = 3\alpha_i$와 고유값 α_i를 구한 다음 CAS를 사용하여 $J_2(3\alpha_i)$, $J_1^2(3\alpha_i)$와 계수 c_i의 수치를 계산할 수 있다. 이와 같은 방식으로 예제 2에 있는 $f(x) = x$, $0 < x < 3$의 Fourier-Bessel 급수 전개에 대한 다섯 번째 부분합 $S_5(x)$를 아래와 같이 구할 수 있다.

$$S_5(x) = 4.01844\,J_1(0.98320x) - 1.86937\,J_1(1.94704x) \\ + 1.07106\,J_1(2.95758x) - 0.70306\,J_1(3.98538x) + 0.50343\,J_1(5.02078x).$$

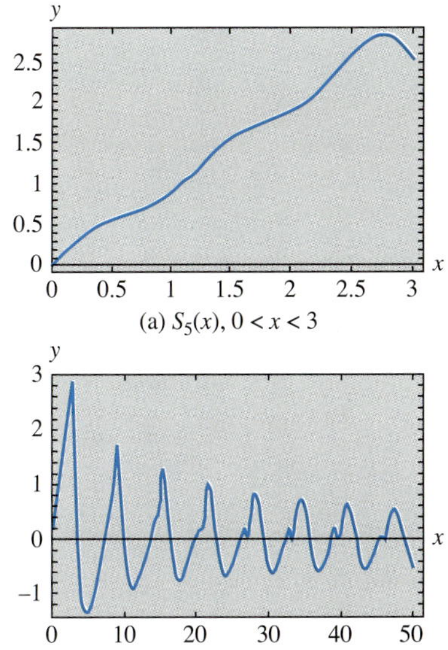
(a) $S_5(x)$, $0 < x < 3$

(b) $S_{10}(x)$, $0 < x < 50$

그림 12.6.1 Fourier-Bessel 급수의 부분합

구간 (0, 3)에서 $S_5(x)$의 그래프는 **그림 12.6.1(a)**에 나타나 있다. 그림 12.6.1(b)에 구간 (0, 50)에서 $S_{10}(x)$의 그래프가 나타나 있다. Bessel 함수가 주기적 함수가 아니기 때문에, 정의된 구간(0, 3) 밖에서는 급수가 f의 주기적 확장에 수렴하지 않는다는 사실을 주목하라. 연습문제 12.6의 문제 11과 12를 참조하라.

12.6.2 Fourier-Legendre 급수

12.5절의 예제 4에서 Legendre 다항식의 집합 $\{P_n(x)\}$, $n = 0, 1, 2, \ldots$ 은 구간 $[-1, 1]$에서 가중함수 $p(x) = 1$에 대해 직교함을 알았다. 나아가 다항식 $P_n(x)$의 제곱놈이 다음과 같이 n에 종속됨을 증명할 수 있다.

$$\|P_n(x)\|^2 = \int_{-1}^{1} P_n^2(x)\,dx = \frac{2}{2n+1}.$$

Legendre 다항식을 이용한 함수의 직교급수 전개는 다음 정의에 요약되어 있다.

정의 12.6.1 Fourier-Legendre 급수

구간 $(-1, 1)$에서 정의된 함수 f의 **Fourier-Legendre 급수**는 아래와 같이 주어진다.

$$f(x) = \sum_{n=0}^{\infty} c_n P_n(x), \tag{21}$$

여기서

$$c_n = \frac{2n+1}{2}\int_{-1}^{1} f(x)P_n(x)\,dx. \tag{22}$$

Fourier-Legendre 급수의 수렴 Fourier-Legendre 급수 수렴의 충분조건은 다음과 같다.

정리 12.6.2 수렴 조건

f와 f'이 $[-1, 1]$ 구간에서 낱낱으로 연속적이라고 하자. 그러면 구간 $(-1, 1)$ 내의 모든 x에 대해서, f의 Fourier-Legendre 급수는 f가 연속적인 점에서는 $f(x)$에 수렴하고 불연속인 점에서는 평균값

$$\frac{f(x+) + f(x-)}{2}$$

에 수렴한다.

예제 3 Fourier-Legendre 급수 전개

아래 함수를 Fourier-Legendre 급수로 전개할 때 0이 아닌 처음 네 항을 쓰라.

$$f(x) = \begin{cases} 0, & -1 < x < 0 \\ 1, & 0 \le x < 1. \end{cases}$$

풀이 처음의 몇몇 Legendre 다항식은 5.3절에 있다. 이것과 식 (22)로부터 다음을 얻을 수 있다.

$$\begin{aligned}
c_0 &= \frac{1}{2}\int_{-1}^{1} f(x)P_0(x)\,dx = \frac{1}{2}\int_{0}^{1} 1 \cdot 1\,dx = \frac{1}{2} \\
c_1 &= \frac{3}{2}\int_{-1}^{1} f(x)P_1(x)\,dx = \frac{3}{2}\int_{0}^{1} 1 \cdot x\,dx = \frac{3}{4} \\
c_2 &= \frac{5}{2}\int_{-1}^{1} f(x)P_2(x)\,dx = \frac{5}{2}\int_{0}^{1} 1 \cdot \frac{1}{2}(3x^2 - 1)\,dx = 0 \\
c_3 &= \frac{7}{2}\int_{-1}^{1} f(x)P_3(x)\,dx = \frac{7}{2}\int_{0}^{1} 1 \cdot \frac{1}{2}(5x^3 - 3x)\,dx = -\frac{7}{16} \\
c_4 &= \frac{9}{2}\int_{-1}^{1} f(x)P_4(x)\,dx = \frac{9}{2}\int_{0}^{1} 1 \cdot \frac{1}{8}(35x^4 - 30x^2 + 3)\,dx = 0 \\
c_5 &= \frac{11}{2}\int_{-1}^{1} f(x)P_5(x)\,dx = \frac{11}{2}\int_{0}^{1} 1 \cdot \frac{1}{8}(63x^5 - 70x^3 + 15x)\,dx = \frac{11}{32}
\end{aligned}$$

따라서

$$f(x) = \frac{1}{2}P_0(x) + \frac{3}{4}P_1(x) - \frac{7}{16}P_3(x) + \frac{11}{32}P_5(x) + \cdots. \qquad \equiv$$

Bessel 함수와 마찬가지로 Legendre 다항식은 *Maple*과 *Mathematica*와 같은 컴퓨터 대수 시스템에 짜 넣은 함수이다. 따라서 그러한 프로그램에 적분을 적용하면 위에 열거된 각 계수를 구할 수 있다. 사실 CAS를 사용하여, $c_6 = 0$과 $c_7 = -\frac{65}{256}$을 얻을 수 있다. 따라서 예제 3에서 정의된 함수 f의 Fourier-Legendre 급수 전개의 다섯 번째 부분합을 아래와 같이 얻

을 수 있다.

$$S_5(x) = \frac{1}{2}P_0(x) + \frac{3}{4}P_1(x) - \frac{7}{16}P_3(x) + \frac{11}{32}P_5(x) - \frac{65}{256}P_7(x).$$

구간 $(-1, 1)$에서 $S_5(x)$의 그래프는 **그림 12.6.2**에 나와 있다.

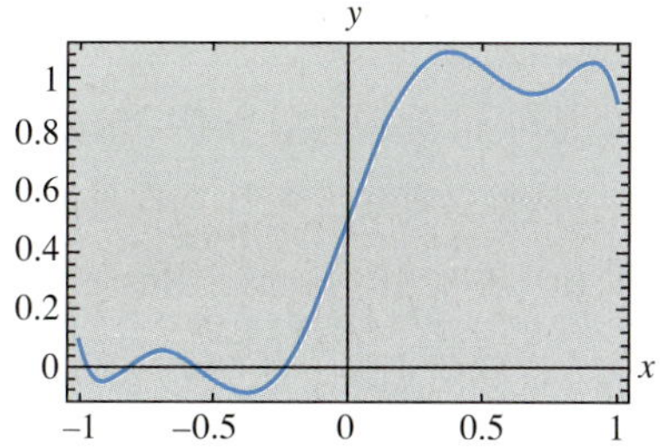

그림 12.6.2 Fourier-Legendre 급수의 부분합 $S_5(x)$

급수의 다른 형태 응용에 있어서 Fourier-Legendre 급수는 다른 형태로 나타난다. $x = \cos\theta$라 하면 $x = 1$은 $\theta = 0$을 의미하고, 반면에 $x = -1$은 $\theta = \pi$를 의미한다. $dx = -\sin\theta\, d\theta$이므로 식 (21)과 (22)는 각각 아래와 같이 된다.

$$F(\theta) = \sum_{n=0}^{\infty} c_n P_n(\cos\theta) \tag{23}$$

$$c_n = \frac{2n+1}{2}\int_0^{\pi} F(\theta)P_n(\cos\theta)\sin\theta\, d\theta \tag{24}$$

여기서 $f(\cos\theta)$는 $F(\theta)$로 치환되었다.

12.6 연습문제

부록에 선택된 홀수 번 문제의 답이 있다.

12.6.1 Fourier-Bessel 급수

문제 1과 2에서는 5.3절의 표 5.3.1을 참조하라.

1. $J_1(3\alpha) = 0$에 의해 정의되는 처음 네 개의 고유값 $\alpha_i > 0$를 구하라.

2. $J_0'(2\alpha) = 0$에 의해 정의되는 처음 네 개의 고유값 $\alpha_i \ge 0$를 구하라.

문제 3~6에서는 주어진 경계조건을 만족하는 0차 Bessel 함수를 이용하여 함수 $f(x) = 1,\ 0 < x < 2$를 Fourier-Bessel 급수로 전개하라.

3. $J_0(2\alpha) = 0$

4. $J_0'(2\alpha) = 0$

5. $J_0(2\alpha) + 2\alpha J_0'(2\alpha) = 0$

6. $J_0(2\alpha) + \alpha J_0'(2\alpha) = 0$

문제 7~10에서는 경계조건에 제시된 것과 같은 차수의 Bessel 함수를 이용하여 주어진 함수를 Fourier-Bessel 급수로 전개하라.

7. $f(x) = 5x,\ 0 < x < 4$
$3J_1(4\alpha) + 4\alpha J_1'(4\alpha) = 0$

8. $f(x) = x^2,\ 0 < x < 1$
$J_2(\alpha) = 0$

9. $f(x) = x^2,\ 0 < x < 3$
$J_0'(3\alpha) = 0$
[힌트: $t^3 = t^2 \cdot t$.]

10. $f(x) = 1 - x^2,\ 0 < x < 1$
$J_0(\alpha) = 0$

컴퓨터 실습 과제

11. **(a)** 처음 다섯 개의 양의 x 절편이 나타나도록 CAS를 사용하여 $y = 3J_1(x) + xJ_1'(x)$의 그래프를 적당한 구간에서 그려라.

(b) CAS의 근을 구하는 기능을 이용하여 방정식 $3J_1(x) + xJ_1'(x) = 0$의 처음 다섯 개의 근 x_i의 근사값을 구하라.

(c) (b)에서 얻은 결과를 사용하여 아래 식을 만족하는 첫 다섯 개의 양의 고유값 α_i를 구하라.

$$3J_1(4\alpha) + 4\alpha J_1'(4\alpha) = 0.$$

문제 7을 참조하라.

(d) 마찬가지로 처음 열 개의 양의 고유값을 구하라.

12. **(a)** 문제 11(c)의 α_i 값과 CAS를 사용하여 문제 7에서 구한 Fourier-Bessel 급수의 처음 다섯 개의 계수 c_i의 근사값을 구하라.

(b) 문제 7에 있는 Fourier-Bessel 급수의 부분합 $S_N(x)$, $N = 1, 2, 3, 4, 5$의 그래프를 CAS를 사용하여 그려라.

(c) 마찬가지로 구간 $0 < x < 4$와 $0 < x < 50$ 위에 부분합 $S_{10}(x)$의 그래프를 그려라.

토의문제

13. 문제 12의 부분합을 $(-30, 30)$과 같은 대칭 구간에 그린다면, 그래프는 어떤 대칭성을 갖는가? 설명하라.

14. **(a)** 문제 3의 Fourier-Bessel 급수가 구간 $(-2, 2)$에서 수렴한다고 생각되는 그래프를 직접 스케치하라.

(b) 문제 7의 고유값이 $3J_2(4\alpha) + 4\alpha J'_2(4\alpha) = 0$으로 정의된다면, Fourier-Bessel 급수가 구간 $(-4, 4)$에서 수렴한다고 생각되는 그래프를 직접 스케치하라.

12.6.2 Fourier-Legendre 급수

문제 15와 16에서는 주어진 함수의 Fourier-Legendre 급수의 0이 아닌 처음 다섯 항을 쓰라. 계수의 값을 구할 때 CAS를 사용하라. CAS를 사용하여 부분합 $S_5(x)$의 그래프를 그려라.

15. $f(x) = \begin{cases} 0, & -1 < x < 0 \\ x, & 0 < x < 1 \end{cases}$

16. $f(x) = e^x, \ -1 < x < 1$

17. 처음 세 개의 Legendre 다항식은 $P_0(x) = 1$, $P_1(x) = x$, 그리고 $P_2(x) = \frac{1}{2}(3x^2 - 1)$이다. 만약 $x = \cos\theta$이면, $P_0(\cos\theta) = 1$, $P_1(\cos\theta) = \cos\theta$이다. 이때 $P_2(\cos\theta) = \frac{1}{4}(3\cos 2\theta + 1)$임을 보여라.

18. 문제 17의 결과를 이용하여 $F(\theta) = 1 - \cos 2\theta$의 Fourier-Legendre 전개 (23)을 구하라.

19. Legendre 다항식 $P_n(x)$은 n이 짝수냐 홀수냐에 따라 우함수 또는 기함수가 된다. f가 구간 $(-1, 1)$에서 우함수이면 (21)과 (22)가 각각

$$f(x) = \sum_{n=0}^{\infty} c_{2n}P_{2n}(x) \tag{25}$$

$$c_{2n} = (4n + 1)\int_0^1 f(x)P_{2n}(x)\,dx \tag{26}$$

가 됨을 보여라.

20. f가 $(-1, 1)$에서 기함수이면, 식 (21)과 (22)는 각각

$$f(x) = \sum_{n=0}^{\infty} c_{2n+1}P_{2n+1}(x) \tag{27}$$

$$c_{2n+1} = (4n + 3)\int_0^1 f(x)P_{2n+1}(x)\,dx \tag{28}$$

가 됨을 보여라.

급수 (25)와 (27)은 f가 오직 구간 $(0, 1)$에서 정의될 때만 사용될 수 있다. 두 급수는 구간 $(0, 1)$에서 f를 나타내지만, 구간 $(-1, 0)$에서 (25)는 우확장을 나타내는 반면에 (27)은 기확장을 나타낸다. 다음 문제 21과 22에서 주어진 함수의 제시된 확장의 0이 아닌 처음 네개의 항을 기술하라. 그 급수는 구간 $(-1, 1)$에서 어떤 함수를 나타내는가? CAS를 사용하여 부분합 $S_4(x)$의 그래프를 그려라.

21. $f(x) = x,\ 0 < x < 1$; (25)

22. $f(x) = 1,\ 0 < x < 1$; (27)

토의문제

23. 구간 $(-1, 1)$에서 정의되는 다항식 함수의 Fourier-Legendre 확장은 왜 유한급수인가?

24. 문제 23의 결론을 이용하여 $f(x) = x^2$의 유한 Fourier-Legendre 급수를 구하라. $f(x) = x^3$의 급수를 구하라. 식 (21)과 (22)는 사용하지 말아라.

12 복습문제

부록에 선택된 홀수 번 문제의 답이 있다.

문제 1~10에서는 빈 칸을 채우거나 참/거짓으로 답하라.

1. 함수 $f(x) = x^2 - 1$과 $g(x) = x^5$은 $[-\pi, \pi]$에서 직교이다. _____

2. 기함수 f와 기함수 g의 곱은 _____이다.

3. $f(x) = |x| + 1,\ -\pi < x < \pi$를 적당한 삼각급수로 전개하려면 _____급수를 사용해야 한다.

4. $y = 0$은 Sturm-Liouville 문제의 고유함수가 될 수 없다. _____

5. $\lambda = 0$은 Sturm-Liouville 문제의 고유값이 될 수 없다. _____

6. 함수 $f(x)$가

$$f(x) = \begin{cases} x + 1, & -1 < x < 0 \\ -x, & 0 < x < 1 \end{cases}$$

Fourier 급수로 전개된다면, 그 급수는 $x = -1$에서 _____에, $x = 0$에서 _____에, $x = 1$에서 _____에 수렴할 것이다.

7. 함수 $f(x) = x^2 + 1$, $0 < x < 3$이 Fourier 급수, 코사인 급수, 사인 급수로 전개되었다. 이 경우 $x = 0$에서 Fourier 급수는 _____에, 코사인 급수는 _____에, 사인 급수는 _____에 수렴한다.

8. 경곗값 문제 $\lambda = 25$에 대응하는 고유함수는 _____이다.

$$y'' + \lambda y = 0, \quad y'(0) = 0, \quad y(\pi/2) = 0$$

9. 짝수 차수의 Legendre 다항식의 집합 $\{P_{2n}(x)\}$, $n = 0, 1, 2, \ldots$은 구간 $[0, 1]$에서 가중함수 $p(x) = 1$에 대하여 직교한다. _____

10. Legendre 다항식의 집합 $\{P_n(x)\}$, $n = 0, 1, 2, \ldots$은 구간 $[-1, 1]$에서 가중함수 $p(x) = 1$에 대하여 직교이다. 그러므로 $n > 0$에 대하여 $\int_{-1}^{1} P_n(x)\,dx$ _____이다.

11. 직접 계산하지 않고 $f(x) = \cos^2 x$, $0 < x < \pi$, 코사인 급수가 유한급수 $f(x) = \frac{1}{2} + \frac{1}{2}\cos 2x$가 되는 이유를 설명하라.

12. **(a)** 아래 집합이 구간 $0 \le x \le L$에서 직교임을 보여라.

$$\left\{\sin\frac{\pi}{2L}x,\ \sin\frac{3\pi}{2L}x,\ \sin\frac{5\pi}{2L}x, \ldots\right\}$$

(b) (a)의 각 함수의 놈을 구하고, 정규직교 집합을 구하라.

13. $f(x) = |x| - x$, $-1 < x < 1$을 Fourier 급수로 전개하라.

14. $f(x) = 2x^2 - 1$, $-1 < x < 1$을 Fourier 급수로 전개하라.

15. $f(x) = e^{-x}$, $0 < x < 1$을 코사인 급수와 사인 급수로 전개하라.

16. 문제 13, 14, 15에서 각 급수가 수렴하는 f의 주기적 확장을 그려라.

17. 경곗값 문제의 고유값과 고유함수를 구하라.

$$x^2y'' + xy' + 9\lambda y = 0, \ \ y'(1) = 0, \ \ y(e) = 0.$$

18. 문제 17의 고유함수에 대한 직교 관계를 구하라.

19. **Chebyshev 미분방정식**

$$(1 - x^2)y'' - xy' + n^2y = 0$$

은 다항식 해 $y = T_n(x)$, $n = 0, 1, 2, \ldots$을 갖는다. Chebyshev 다항식의 집합 $\{T_n(x)\}$가 직교가 되도록 하는 가중함수 $p(x)$와 구간을 지정하라. 그리고 직교 관계를 나타내라.

20. 그림 12.R.1에 나타난 주기함수를 적당한 Fourier 급수로 전개하라.

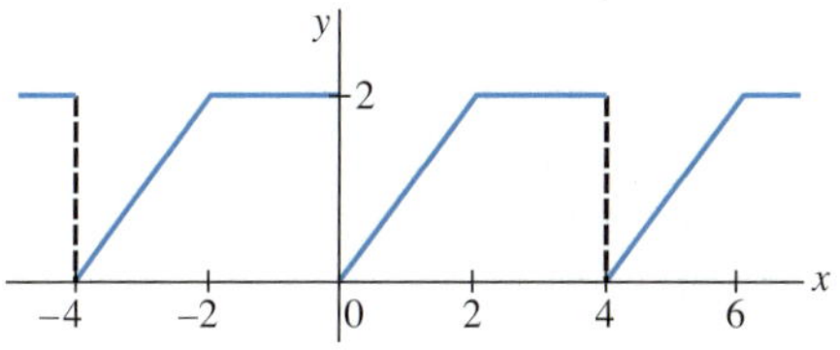

그림 12.R.1 문제 20의 그래프

21. 경계조건 $J_0(4\alpha) = 0$을 만족하는 0차 Bessel 함수를 사용하여 $f(x) = \begin{cases} 1, & 0 < x < 2 \\ 0, & 2 < x < 4 \end{cases}$를 Fourier-Bessel 급수로 전개하라.

22. $f(x) = x^4$, $-1 < x < 1$을 Fourier-Legendre 급수로 전개하라.

23. $y = f(x)$는 구간 $(-\infty, \infty)$에서 정의된 함수라고 가정하자.

(a) $f_e(x) = [f(x) + f(-x)]/2$이고 $f_o(x) = [f(x) - f(-x)]/2$일 때 $f(x) = f_e(x) + f_o(x)$임을 증명하라.

(b) f_e는 우함수이고 f_o는 기함수임을 보여라.

24. $f(x) = e^x$는 우함수도 아니고 기함수도 아니다. 문제 23을 이용하여 f가 우함수와 기함수의 합이라는 것을 기술하라. f_e와 f_o를 확인하라.

25. f가 적분 가능한 $2p$ 주기함수라고 가정하자. 어떤 실수 a에 대해 다음 식이 성립함을 증명하라.

$$\int_0^{2p} f(x)\,dx = \int_a^{a+2p} f(x)\,dx.$$

+Br2
250ml

CHAPTER

13

직교좌표계에서의 경곗값 문제

Boundary-Value Problems in Rectangular Coordinates

이 장과 다음 두 장에서는 종종 온도, 진동, 퍼텐셜 등을 포함한 문제를 풀 때 이용하는 두 가지 과정을 강조하게 될 것이다. **경곗값 문제**(BVP)라고 불리는 이런 문제는 비교적 간단한 선형 2계 편미분방정식(PDE)으로 묘사된다. 두 과정 모두에서 추구하는 것은 편미분방정식을 하나 또는 그 이상의 상미분방정식(ODE)으로 축소하여 편미분방정식의 특수해를 구하는 것이다.

CHAPTER CONTENTS

13.1 분리 가능한 편미분방정식

소개 편미분방정식(PDE)은 상미분방정식(ODE)의 경우처럼 선형 또는 비선형으로 분류할 수 있다. 선형 상미분방정식[1.1절의 식 (6) 참조]과 유사하게 선형 편미분방정식은 종속변수와 그것의 편도함수들의 차수가 1인 경우만으로 이루어진다. 이 장과 다음 장에서는 선형 편미분방정식만 다룬다.

선형 편미분방정식 u를 종속변수, x와 y를 독립변수로 놓으면 일반적인 **선형 2계 편미분방정식**(linear second-order partial differential equation)의 일반형은 다음과 같다.

$$A\frac{\partial^2 u}{\partial x^2} + B\frac{\partial^2 u}{\partial x \partial y} + C\frac{\partial^2 u}{\partial y^2} + D\frac{\partial u}{\partial x} + E\frac{\partial u}{\partial y} + Fu = G \tag{1}$$

여기서 계수 $A, B, C, \ldots, G$는 x와 y의 함수이다(상수 포함). $G(x, y) = 0$일 때 식 (1)은 **제차**(homogeneous)라고 하고, 그렇지 않으면 **비제차**(nonhomogeneous)라고 한다.

예제 1 선형 2계 편미분방정식

$$\frac{\partial^2 u}{\partial x^2} + \frac{\partial^2 u}{\partial y^2} = 0, \qquad \frac{\partial^2 u}{\partial x^2} - \frac{\partial u}{\partial y} = xy$$

는 선형 2계 편미분 방정식의 예이다. 첫 번째 식은 제차이고 두 번째 식은 비제차이다. ≡

편미분방정식의 해 선형 편미분방정식 (1)의 **해**(solution)는 방정식에 나타나는 모든 편도함수가 존재하고 xy 평면의 적당한 영역에서 방정식을 만족하는 두 개의 독립변수를 갖는 함수 $u(x, y)$를 말한다.

우리의 의도는 선형 편미분방정식의 일반해(general solution)를 구하는 절차에 중점을 두려는 것이 아니다. 종종 선형 2계 편미분방정식의 일반해는 구하기가 힘들 뿐만 아니라, 일반적으로 일반해를 구하더라도 응용문제에서는 그렇게 유용하지도 않다. 그래서 많은 응용의 예에서 나타나는 중요한 선형 편미분방정식의 특수해(particular solution)를 구하는 것이 우리의 주된 관심사가 될 것이다.

우리는 편미분방정식의 특수해에만 관심이 있다. ▶

변수분리법 선형 편미분방정식의 특수해를 구할 수 있는 몇 가지 방법이 있지만, **변수분리법**(method of separation of variables)에서는 x의 함수와 y의 함수의 곱(product)의 형태

$$u(x, y) = X(x)Y(y)$$

로 특수해를 구해 보자. 이 경우 때때로 두 변수의 선형 편미분방정식을 두 개의 상미분방정식으로 변형시킬 수 있다. 이를 위해

$$\frac{\partial u}{\partial x} = X'Y, \quad \frac{\partial u}{\partial y} = XY', \quad \frac{\partial^2 u}{\partial x^2} = X''Y, \quad \frac{\partial^2 u}{\partial y^2} = XY''$$

에 주목한다. 여기서 프라임(′)은 상미분을 나타낸다.

예제 2 변수분리법의 사용

$\dfrac{\partial^2 u}{\partial x^2} = 4\dfrac{\partial u}{\partial y}$의 곱의 형태로 된 해를 구하라.

풀이 $u(x, y) = X(x)Y(y)$를 편미분방정식에 대입하면

$$X''Y = 4XY'$$

이 된다. 양변을 $4XY$로 나누면, 변수가 분리되어

$$\frac{X''}{4X} = \frac{Y'}{Y}$$

이 된다. 이 방정식의 좌변은 y와 무관하고(독립적이고), x에 무관한(독립적인) 우변과 등호 관계에 있으므로 방정식의 양변 모두 x와 y에 독립적이다. 다시 말해 방정식의 양변은 상수(constant)이어야 한다. 실제적인 이유로 이 실수인 **분리상수**(separation constant)를 $-\lambda$로 쓰는 것이 편리하다. 두 항등식

$$\frac{X''}{4X} = \frac{Y'}{Y} = -\lambda$$

에서 선형 상미분방정식 두 개를 얻는다.

$$X'' + 4\lambda X = 0, \qquad Y' + \lambda Y = 0 \tag{2}$$

λ가 영, 음수, 또는 양수인 세 가지 경우, 즉 $\lambda = 0$, $\lambda = -\alpha^2 < 0$,과 $\lambda = \alpha^2 > 0$인 경우에 대해($\alpha > 0$), 식 (2)의 상미분방정식은 각각 다음과 같이 된다.

◀ 3.9절의 예제 2와 12.5절의 예제 1을 참조하라.

$$X'' = 0, \qquad Y' = 0 \tag{3}$$

$$X'' - 4\alpha^2 X = 0, \qquad Y' - \alpha^2 Y = 0 \tag{4}$$

$$X'' + 4\alpha^2 X = 0, \qquad Y' + \alpha^2 Y = 0 \tag{5}$$

경우 I ($\lambda = 0$): 미분방정식 (3)은 적분에 의해 풀 수 있다. 해는 $X = c_1 + c_2x$와 $Y = c_3$이다. 따라서 주어진 편미분방정식의 특수해는

$$u = XY = (c_1 + c_2x)c_3 = A_1 + B_1x \tag{6}$$

이다. 여기서 $A_1 = c_1c_3$이고 $B_1 = c_2c_3$이다.

경우 II ($\lambda = -\alpha^2$): 미분방정식 (4)의 일반해는 각각

$$X = c_4 \cosh 2\alpha x + c_5 \sinh 2\alpha x \quad \text{그리고 } Y = c_6 e^{\alpha^2 y}$$

이 된다. 그러므로 이 편미분방정식의 다른 특수해는

$$u = XY = (c_4 \cosh 2\alpha x + c_5 \sinh 2\alpha x)c_6 e^{\alpha^2 y}$$

또는

$$u = A_2 e^{\alpha^2 y} \cosh 2\alpha x + B_2 e^{\alpha^2 y} \sinh 2\alpha x \tag{7}$$

이다. 여기서 $A_2 = c_4 c_6$이고 $B_2 = c_5 c_6$이다.

경우 III $(\lambda = \alpha^2)$: 마지막으로 미분방정식 (5)의 일반해는 각각

$$X = c_7 \cos 2\alpha x + c_8 \sin 2\alpha x \quad \text{그리고} \quad Y = c_9 e^{-\alpha^2 y}$$

이 된다. 따라서 또 다른 특수해는

$$u = A_3 e^{-\alpha^2 y} \cos 2\alpha x + B_3 e^{-\alpha^2 y} \sin 2\alpha x \tag{8}$$

이다. 여기서 $A_3 = c_7 c_9$이고 $B_3 = c_8 c_9$이다. ≡

식 (6), (7), (8)이 주어진 방정식 $u_{xx} = 4u_y$를 만족하는지 검증하는 것은 연습문제에서 다루기로 한다. 연습문제 13.1의 문제 29를 참조하라.

변수분리법은 특수해를 구하는 일반적인 방법이 아니다. 어떤 선형 편미분방정식은 아예 분리가 불가능하다. 예를 들어 $\partial^2 u/\partial x^2 - \partial u/\partial y = x$의 해를 구하기 위해 $u = XY$로 놓고 풀면, 이 조건으로는 해가 없음을 알 수 있다.

중첩의 원리 다음의 정리는 정리 3.1.2와 유사하게 흔히 **중첩의 원리**(superposition principle)로 알려져 있다.

정리 13.1.1 중첩의 원리

만일 $u_1, u_2, \ldots, u_k$가 제차 선형 편미분방정식의 해들이라면, 일차결합

$$u = c_1 u_1 + c_2 u_2 + \cdots + c_k u_k$$

도 역시 해가 된다. 여기서 $c_i (i = 1, 2, \ldots, k)$는 상수이다.

앞으로 이 장에서 제차 선형 방정식의 해로 이루어진 무한집합 $u_1, u_2, u_3, \ldots$ 을 얻을 때마다, 무한급수로 형성되는 또 다른 해

$$u = \sum_{k=1}^{\infty} c_k u_k$$

를 구성할 수 있다고 가정한다. 여기서 $c_k, k = 1, 2, \ldots$ 는 상수들이다.

방정식의 분류 상수계수를 가지면서 독립변수가 2개인 선형 2계 편미분방정식은 세 가지 형태 중 하나로 분류될 수 있다. 이 분류는 단지 2계 도함수의 계수에만 의존한다. 물론 다음 계수 A, B와 C 중 최소한 하나는 0이 아니라고 가정한다.

정의 13.1.1 방정식의 분류

선형 2계 편미분방정식

$$A\frac{\partial^2 u}{\partial x^2} + B\frac{\partial^2 u}{\partial x \partial y} + C\frac{\partial^2 u}{\partial y^2} + D\frac{\partial u}{\partial x} + E\frac{\partial u}{\partial y} + Fu = G$$

은 다음과 같이 분류된다. 여기서 A, B, C, D, E, F와 G는 상수이다.

$B^2 - 4AC > 0$이면 **쌍곡형**(hyperbolic)

$B^2 - 4AC = 0$이면 **포물형**(parabolic)

$B^2 - 4AC < 0$이면 **타원형**(elliptic)이다.

예제 3 선형 2계 편미분방정식의 분류

다음 각 방정식을 분류하라:

(a) $3\frac{\partial^2 u}{\partial x^2} = \frac{\partial u}{\partial y}$ **(b)** $\frac{\partial^2 u}{\partial x^2} = \frac{\partial^2 u}{\partial y^2}$ **(c)** $\frac{\partial^2 u}{\partial x^2} + \frac{\partial^2 u}{\partial y^2} = 0.$

풀이 **(a)** 주어신 방성식을 다시 쓰년

$$3\frac{\partial^2 u}{\partial x^2} - \frac{\partial u}{\partial y} = 0$$

이므로 $A = 3$, $B = 0$과 $C = 0$임을 확인할 수 있다. 따라서 $B^2 - 4AC = 0$이므로 방정식은 포물형이다.

(b) 주어진 방정식을 다시 쓰면

$$\frac{\partial^2 u}{\partial x^2} - \frac{\partial^2 u}{\partial y^2} = 0$$

이므로 $A = 1$, $B = 0$ 및 $C = -1$이고, 따라서 $B^2 - 4AC = -4(1)(-1) > 0$이다. 그러므로 방정식은 쌍곡형이다.

(c) $A = 1$, $B = 0$ 및 $C = 1$이므로 $B^2 - 4AC = -4(1)(1) < 0$이다. 그러므로 방정식은 타원형이다. ≡

참고

(i) 변수분리는 선형 편미분방정식의 특수해를 구하는 일반적인 방법은 아니다. 어떤 방정식은 변수분리가 불가능하다. $u(x, y) = X(x)Y(y)$의 가정이 선형 2계 편미분방정식 $\partial^2 u/\partial x^2 + \partial u/\partial x = y$의 해가 아님을 증명해보기 바란다.

(ii) 정의 13.1.1에 나타낸 분류의 중요성에 대한 자세한 설명은 이 교재의 범위를 넘어선다. 그러나 적어도 이 분류가 실제적인 중요성을 갖는다는 점은 알아야 한다. 13.3절에서부터 경계 및 초기조건이 주어진 편미분방정식들의 해를 구할 것이다. 주어진 방정식에 적절한 조건들의 종류는 방정식이 쌍곡형, 포물형, 또는 타원형이냐의 분류에 의존한다. 또한 16장에서 선형 2계 편미분방정식에 대한 수치해 방법이 방정식의 분류에 따라서 달라짐을 알게 될 것이다.

13.1 연습문제

부록에 선택된 홀수 번 문제의 답이 있다.

문제 1~16에서는 가능하면 변수분리법을 이용하여 주어진 편미분방정식의 곱 형태의 해를 구하라.

1. $\dfrac{\partial u}{\partial x} = \dfrac{\partial u}{\partial y}$

2. $\dfrac{\partial u}{\partial x} + 3\dfrac{\partial u}{\partial y} = 0$

3. $u_x + u_y = u$

4. $u_x = u_y + u$

5. $x\dfrac{\partial u}{\partial x} = y\dfrac{\partial u}{\partial y}$

6. $y\dfrac{\partial u}{\partial x} + x\dfrac{\partial u}{\partial y} = 0$

7. $\dfrac{\partial^2 u}{\partial x^2} + \dfrac{\partial^2 u}{\partial x \partial y} + \dfrac{\partial^2 u}{\partial y^2} = 0$

8. $y\dfrac{\partial^2 u}{\partial x \partial y} + u = 0$

9. $k\dfrac{\partial^2 u}{\partial x^2} - u = \dfrac{\partial u}{\partial t},\ k > 0$

10. $k\dfrac{\partial^2 u}{\partial x^2} = \dfrac{\partial u}{\partial t},\ k > 0$

11. $a^2\dfrac{\partial^2 u}{\partial x^2} = \dfrac{\partial^2 u}{\partial t^2}$

12. $a^2\dfrac{\partial^2 u}{\partial x^2} = \dfrac{\partial^2 u}{\partial t^2} + 2k\dfrac{\partial u}{\partial t},\ k > 0$

13. $\dfrac{\partial^2 u}{\partial x^2} + \dfrac{\partial^2 u}{\partial y^2} + 2k\dfrac{\partial u}{\partial t},\ k > 0$

14. $x^2\dfrac{\partial^2 u}{\partial x^2} + \dfrac{\partial^2 u}{\partial y^2} = 0$

15. $u_{xx} + u_{yy} = u$

16. $a^2 u_{xx} - g = u_{tt}$, g는 상수

문제 17~26에서는 주어진 편미분방정식을 쌍곡형, 포물형, 또는 타원형으로 분류하라.

17. $\dfrac{\partial^2 u}{\partial x^2} + \dfrac{\partial^2 u}{\partial x \partial y} + \dfrac{\partial^2 u}{\partial y^2} = 0$

18. $3\dfrac{\partial^2 u}{\partial x^2} + 5\dfrac{\partial^2 u}{\partial x \partial y} + \dfrac{\partial^2 u}{\partial y^2} = 0$

19. $\dfrac{\partial^2 u}{\partial x^2} + 6\dfrac{\partial^2 u}{\partial x \partial y} + 9\dfrac{\partial^2 u}{\partial y^2} = 0$

20. $\dfrac{\partial^2 u}{\partial x^2} - \dfrac{\partial^2 u}{\partial x \partial y} - 3\dfrac{\partial^2 u}{\partial y^2} = 0$

21. $\dfrac{\partial^2 u}{\partial x^2} = 9\dfrac{\partial^2 u}{\partial x \partial y}$

22. $\dfrac{\partial^2 u}{\partial x \partial y} - \dfrac{\partial^2 u}{\partial y^2} + 2\dfrac{\partial u}{\partial x} = 0$

23. $\dfrac{\partial^2 u}{\partial x^2} + 2\dfrac{\partial^2 u}{\partial x \partial y} + \dfrac{\partial^2 u}{\partial y^2} + \dfrac{\partial u}{\partial x} - 6\dfrac{\partial u}{\partial y} = 0$

24. $\dfrac{\partial^2 u}{\partial x^2} + \dfrac{\partial^2 u}{\partial y^2} = u$

25. $a^2\dfrac{\partial^2 u}{\partial x^2} = \dfrac{\partial^2 u}{\partial t^2}$

26. $k\dfrac{\partial^2 u}{\partial x^2} = \dfrac{\partial u}{\partial t},\ k > 0$

문제 27과 28에서는 주어진 편미분방정식이 제시된 곱 해를 가짐을 보여라.

27. $k\left(\dfrac{\partial^2 u}{\partial r^2} + \dfrac{1}{r}\dfrac{\partial u}{\partial r}\right) = \dfrac{\partial u}{\partial t}$;

$u = e^{-k\alpha^2 t}(c_1 J_0(\alpha r) + c_2 Y_0(\alpha r))$

28. $\dfrac{\partial^2 u}{\partial r^2} + \dfrac{1}{r}\dfrac{\partial u}{\partial r} + \dfrac{1}{r^2}\dfrac{\partial^2 u}{\partial \theta^2} = 0$;

$u = (c_1 \cos \alpha\theta + c_2 \sin \alpha\theta)(c_3 r^{\alpha} + c_4 r^{-\alpha})$

29. $u = X(x)Y(y)$의 곱 해 (6), (7), (8)이 예제 2의 2계 편미분방정식을 만족함을 검증하라.

30. 정의 13.1.1은 x와 y의 함수로 이루어진 계수를 갖는 선형 편미분방정식을 일반화한 것이다. 방정식

$$(xy + 1)\frac{\partial^2 u}{\partial x^2} + (x + 2y)\frac{\partial^2 u}{\partial x \partial y} + \frac{\partial^2 u}{\partial y^2} + xy^2 u = 0$$

이 쌍곡형, 포물형, 또는 타원형이 되도록 xy 평면에서의 영역을 결정하라.

토의문제

문제 31과 32에서는 주어진 미분방정식에 대해 $u = X(x)Y(y)$의 곱의 해를 찾을 수 있는지 논의하라.[힌트: 중첩의 원리를 사용하라.]

31. $\dfrac{\partial^2 u}{\partial x^2} - u = 0$

32. $\dfrac{\partial^2 u}{\partial x \partial y} + \dfrac{\partial u}{\partial x} = 0$

13.2 고전적 편미분방정식과 경곗값 문제

소개 이 장의 나머지 부분과 다음 장에서는 다음의 2계 편미분방정식이나 이들을 약간 변형한 방정식의 변수분리 형태인 곱의 해를 구하는 데 주로 관심을 둘 것이다.

$$k\frac{\partial^2 u}{\partial x^2} = \frac{\partial u}{\partial t}, \quad k > 0 \tag{1}$$

$$a^2\frac{\partial^2 u}{\partial x^2} = \frac{\partial^2 u}{\partial t^2} \tag{2}$$

$$\frac{\partial^2 u}{\partial x^2} + \frac{\partial^2 u}{\partial y^2} = 0 \tag{3}$$

위와 같은 수리물리학의 고전적 방정식들은 각각 **1차원 열전도 방정식**(one-dimensional heat equation), **1차원 파동방정식**(one-dimcnsional wave equation), 그리고 2차원 Laplace 방정식으로 알려져 있다. '1차원'은 t가 시간을 나타내는 데 반해 x가 공간 차원을 나디낸다는 사실을 말해주며, 식 (3)의 '2차원'은 x와 y가 모두 공간 차원임을 의미한다. Laplace 방정식은 간단히 $\nabla^2 u = 0$으로 쓰며, 여기서

$$\nabla^2 u = \frac{\partial^2 u}{\partial x^2} + \frac{\partial^2 u}{\partial y^2}$$

는 함수 u의 **2차원 라플라시안**이라고 부른다. 3차원에서의 u의 **라플라시안**은

$$\nabla^2 u = \frac{\partial^2 u}{\partial x^2} + \frac{\partial^2 u}{\partial y^2} + \frac{\partial^2 u}{\partial z^2}$$

이다. 정리 13.1.1에 주어진 선형 2계 편미분방정식과, 식 (1)~(3)에서 t가 y의 역할을 하도록 하여 비교하면, 열전도 방정식 (1)은 포물형, 파동방정식 (2)는 쌍곡형, 그리고 식 (3)의 Laplace 방정식은 타원형임을 알 수 있다. 이 분류는 16장에서 중요하다.

열전도 방정식 방정식 (1)은 열 흐름(즉 막대나 가는 전선에서 전도에 의해 열이 전달되는 현상) 이론에서 나타난다. 함수 $u(x, t)$는 온도이다. 역학적 진동에 관한 문제에서는 파동방정식 (2)가 자주 나타난다. 논의의 목적상 식 (2)의 해 $u(x, t)$는 이상적인 현(string)의 변위(displacement)를 나타내는 것으로 한다. 마지막으로 Laplace 방정식 (3)의 해 $u(x, y)$

는 2차원 박막 상에서 정상상태(즉 시간에 대하여 독립) 온도 분포로 해석될 수 있다.

단순화시키는 가정을 많이 해야 하지만 식 (1)과 (2)와 같은 방정식이 어떻게 발생하는지 알아보는 것도 가치 있는 일이다.

길이가 L인 가는 원형 막대가 단면적 A를 가지며 x축 방향으로 구간 $[0, L]$에 있다고 가정하자(**그림 13.2.1**을 참조하라). 그리고 다음과 같이 가정하자.

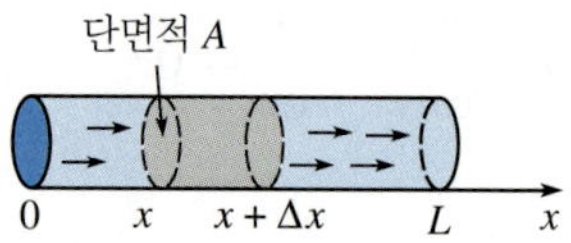

그림 13.2.1 1차원 열 흐름

- 막대 내부의 열 흐름은 x축 방향으로만 일어난다.
- 막대의 표면 단열되어 있다. 즉 이 표면으로부터의 열 손실은 없다.
- 막대 내부에서의 열 발생은 없다.
- 막대는 균질하다. 즉 단위체적당 질량 ρ는 일정하다.
- 막대 재질의 비열(specific heat) γ와 열전도도(thermal conductivity) K는 상수이다.

온도 $u(x, t)$를 만족하는 편미분방정식을 유도하기 위해 열전도의 두 가지 경험적 법칙이 필요하다.

(*i*) 질량소(*element of mass*) m에서의 열량 Q는

$$Q = \gamma m u \tag{4}$$

이며, 여기서 u는 질량소의 온도이다.

(*ii*) 그림 13.2.1에 나타난 면적을 통한 단열 흐름률 Q_t는 단면적 크기 A와 x에 대한 온도의 편도함수에 비례한다.

$$Q_t = -KAu_x \tag{5}$$

온도가 감소하는 방향으로 열이 흐르기 때문에 식 (5)에서 음의 부호가 사용되었다. 이는 Q_t가 $u_x < 0$(오른쪽으로의 열 흐름)에 대하여 양이고, $u_x > 0$(왼쪽으로의 열 흐름)에 대하여 음임을 나타낸다. 그림 13.2.1에 나와 있는 것과 같이 x와 $x + \Delta x$ 사이의 막대의 둥근 조각이 매우 얇다면 $u(x, t)$는 그 구간에서 각 점의 근사적인 온도로 간주할 수 있다. 이제 조각의 질량은 $m = \rho(A\,\Delta x)$이고 따라서 식 (4)에서 그 내부의 열의 양은

$$Q = \gamma\rho A\,\Delta x\,u \tag{6}$$

가 된다. 또한 양의 x 방향으로 열이 흐를 때 식 (5)로부터 열은 조각 안에서 비율

$$-KAu_x(x, t) - [-KAu_x(x + \Delta x, t)] = KA[u_x(x + \Delta x, t) - u_x(x, t)] \tag{7}$$

로 증가하게 된다. 식 (6)을 t에 대해 미분하면 이 비율은 또한

$$Q_t = \gamma\rho A\,\Delta x\,u_t \tag{8}$$

로 주어진다. 방정식 (7)과 (8)이 같으므로

$$\frac{K}{\gamma\rho}\frac{u_x(x + \Delta x, t) - u_x(x, t)}{\Delta x} = u_t \tag{9}$$

로 되며, $\Delta x \to 0$임에 따라 식 (9)의 극한을 취하면* 다음과 같이 식 (1)을 얻는다.

$$\frac{K}{\gamma\rho} u_{xx} = u_t.$$

관례적으로 $k = K/\gamma\rho$로 놓으며, 이 양의 상수를 **열확산계수**(thermal diffusivity)라고 한다.

파동방정식 x축 상의 두 점 사이, 즉 $x = 0$과 $x = L$에 기타 줄처럼 팽팽히 당겨진 길이 L의 현을 생각해 보자. 현이 진동을 시작하면 현의 움직임은 현 위의 각 점이 x축에 수직인 방향으로 움직이는 형태로 운동이 xy 평면에서 발생한다고 가정하자(횡 진동). 그림 13.2.2(a)에 나와 있는 것처럼 $u(x, t)$를 $t > 0$에 대해 x축으로부터 측정한 현 위의 임의의 점에 대한 수직변위라고 하자. 그리고 다음을 추가로 가정하자.

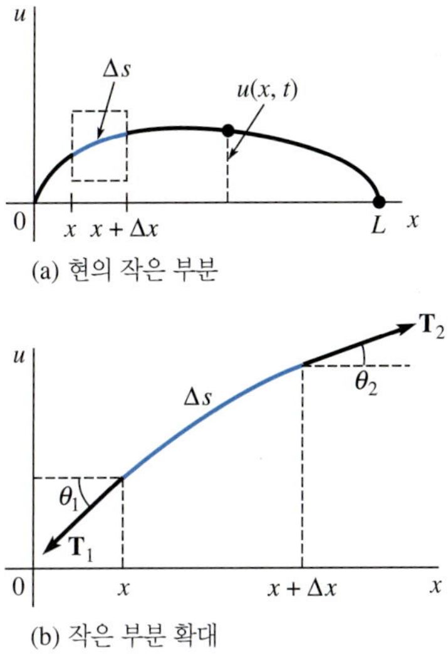

그림 13.2.2 x축의 두 지점에 고정된 팽팽한 현

- 현은 완전히 유연(flexible)하다.
- 현은 균질하다. 즉 단위길이당 질량 ρ는 일정하다.
- 변위 u는 현의 길이에 비해 작다.
- 곡선의 기울기는 모든 점에서 작다.
- 현의 장력 $\mathbf{T}$는 현의 접선 방향으로 작용하고, 그 크기는 모든 점에서 같다.
- 장력은 중력에 비해 크다.
- 현에 가해지는 다른 외력은 없다.

그림 13.2.2(b)에서 장력 $\mathbf{T}_1$과 $\mathbf{T}_2$는 구간이 $[x, x + \Delta x]$인 곡선의 끝점에서 접선 방향으로 작용한다. 작은 θ_1과 θ_2에 대해 현의 성분 Δs에 작용하는 장력의 수직력은

$$\begin{aligned} T\sin\theta_2 - T\sin\theta_1 &\approx T\tan\theta_2 - T\tan\theta_1 \\ &= T[u_x(x + \Delta x, t) - u_x(x, t)]^{\dagger} \end{aligned}$$

이며, 여기서 $T = |\mathbf{T}_1| = |\mathbf{T}_2|$이다. 구간 $[x, x + \Delta x]$에서 현의 질량은 $\rho\Delta s \approx \rho\Delta x$이므로 Newton의 제2법칙에 의해

$$T[u_x(x + \Delta x, t) - u_x(x, t)] = \rho\,\Delta x\,u_{tt}$$

또는

$$\frac{u_x(x + \Delta x, t) - u_x(x, t)}{\Delta x} = \frac{\rho}{T} u_{tt}$$

이다. $\Delta x \to 0$일 때 극한을 취하면 마지막 방정식에서 $u_{xx} = (\rho/T)u_{tt}$를 얻는다. 물론 이것은 식 (2)에서 $a^2 = T/\rho$인 경우이다.

---

* 미적분학에서 $u_{xx} = \lim_{\Delta x \to 0} \dfrac{u_x(x + \Delta x, t) - u_x(x, t)}{\Delta x}$임을 상기하라.

† $\tan\theta_2 = u_x(x + \Delta x, t)$와 $\tan\theta_1 = u_x(x, t)$는 기울기에 대한 동일한 표현이다.

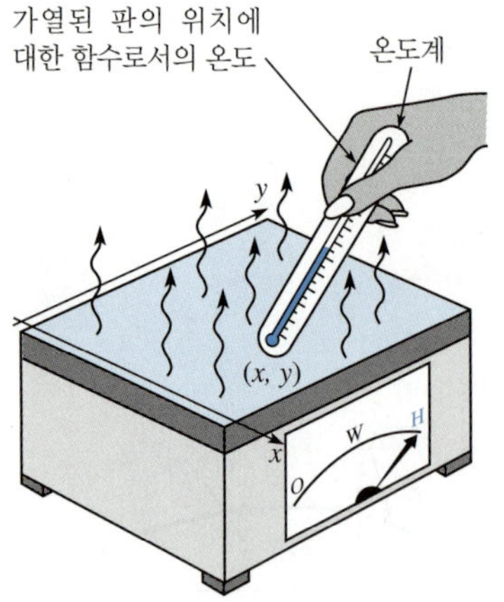

그림 13.2.3 사각판에서의 정상상태 온도

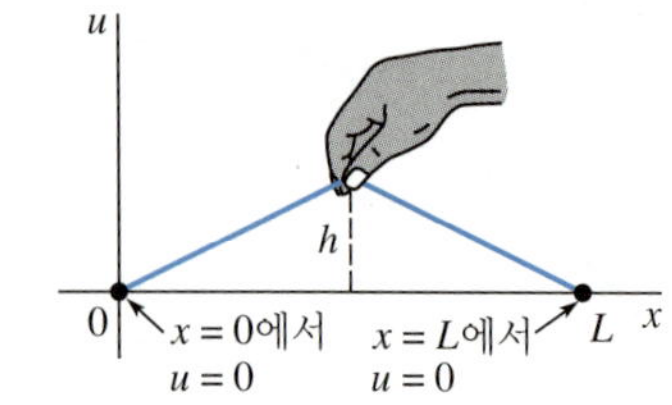

그림 13.2.4 잡아당겨진 현

Laplace 방정식 비록 유도하지는 않겠지만, 2차원 및 3차원 Laplace 방정식은 정전계, 중력계 및 유체역학의 속도 등에서의 퍼텐셜과 관련된 시간에 독립인 문제에서 나타난다. **그림 13.2.3**에 표시된 것처럼 식 (3)의 해 $u(x, y)$는 시간이 아니라 위치에 따라 변하는 사각 평판의 온도 분포를 나타낸다.

한편, 어떤 부대조건을 만족하는 식 (1), (2), (3)의 해를 구해야 할 때가 종종 있다.

초기조건 식 (1)과 (2)의 해가 시간 t에 의존하므로, $t = 0$에서 무엇이 일어날지를 나타낼 수 있다. 즉 **초기조건**(IC: initial condition)을 줄 수가 있다. 만일 $f(x)$가 그림 13.2.1의 막대 전체의 초기 온도 분포를 나타낸다면, 식 (1)의 해 $u(x, t)$는 단 하나의 초기조건 $u(x, 0) = f(x)$, $0 < x < L$을 만족해야 한다. 한편 진동하는 현에 대해서는 초기 변위(또는 모양) $f(x)$뿐만 아니라 그 초기 속도 $g(x)$를 지정할 수 있다. 이를 수학적으로 표현하면 식 (2)와 두 초기조건

$$u(x, 0) = f(x), \quad \left.\frac{\partial u}{\partial t}\right|_{t=0} = g(x), \quad 0 < x < L \tag{10}$$

을 만족하는 함수 $u(x, t)$를 구하는 것이다. 예를 들어 현을 **그림 13.2.4**에 나와 있는 것처럼 잡아당겨 정지된 상태[$g(x) = 0$]에서 놓을 수 있다.

경계조건 그림 13.2.4의 현은 항상 $x = 0$과 $x = L$에서 x축에 고정되어 있다. 이를 두 가지 **경계조건**(BC: boundary condition)

$$u(0, t) = 0, \qquad u(L, t) = 0, \qquad t > 0$$

으로 해석한다. 이 상황에서 (10)에 있는 함수 f는 연속이며, $f(0) = 0$과 $f(L) = 0$을 만족함을 주목하자. 일반적으로 식 (1), (2), (3)과 관련된 세 가지 유형의 경계조건이 있다. 경계에서 다음 중 하나의 값을 지정할 수 있다.

$$(i)\ u, \qquad (ii)\ \frac{\partial u}{\partial n}, \qquad \text{또는} \qquad (iii)\ \frac{\partial u}{\partial n} + hu, \quad h\text{는 상수}$$

여기서 $\partial u/\partial n$은 u의 수직 도함수(normal derivative, 경계의 수직 방향에 대한 u의 도함수)를 나타낸다. 처음 유형 (i)의 경계조건을 **Dirichlet 조건**이라 부르고, 두 번째 유형 (ii)의 경계조건을 **Neumann 조건**이라고 한다. 그리고 세 번째 유형의 경계조건 (iii)은 **Robin 조건**으로 알려져 있다. 예를 들어 $t > 0$에 대해 그림 13.2.1에 있는 막대의 오른쪽 끝에서의 전형적인 조건은

$$(i)' \quad u(L, t) = u_0, \quad u_0\text{는 상수}$$

$$(ii)' \quad \left.\frac{\partial u}{\partial x}\right|_{x=L} = 0, \quad \text{또는}$$

$$(iii)' \quad \left.\frac{\partial u}{\partial x}\right|_{x=L} = -h(u(L, t) - u_m), \quad h > 0\text{이고} \quad u_m\text{은 상수}$$

가 될 수 있다. 조건 $(i)'$은 단순히 모든 시간 $t > 0$에 대해 경계 $x = L$이 어떤 방법에 의해 일정한 **온도** u_0로 유지됨을 말해준다. 조건 $(ii)'$은 경계 $x = L$이 절연되었음을 나타낸다. 열전달의 실험법칙에서 경계를 지나는 열유속(flux, 즉 경계를 통해 전도되는 단위시간당 및 단위면적당 열의 양)은 온도 u의 법선 도함수 $\partial u/\partial n$의 값에 비례한다. 따라서 경계 $x = L$에서 열이 절연되어 있을 때, 막대에는 어떤 열의 출입도 없으며 따라서

$$\left.\frac{\partial u}{\partial x}\right|_{x=L} = 0$$

이다. $(iii)'$은 일정한 온도로 유지되고 있는 공기나 물 같은 매질과의 접촉으로 막대의 오른쪽 끝에서 **열이 손실됨**을 의미하는 것으로 해석될 수 있다. Newton의 냉각법칙으로부터 막대에서 바깥쪽으로의 열유속은 경계에서의 온도 $u(L, t)$와 주변 매개물의 온도 u_m의 차이에 비례한다. 만일 열이 막대의 왼쪽 끝에서 손실된다면 경계조건은

$$\left.\frac{\partial u}{\partial x}\right|_{x=0} = h(u(0, t) - u_m)$$

이 됨을 주목하라. 여기서 부호가 바뀐 것은 막대가 막대의 끝을 둘러싸고 있는 매질보다 높은 온도에 있으므로 $u(0, t) > u_m$과 $u(L, t) > u_m$으로라는 가정과 일치시키기 위해서이다. 따라서 $x = 0$과 $x = L$에서 기울기 $u_x(0, t)$와 $u_x(L, t)$는 각각 양과 음이어야 한다.

물론 막대의 양 끝에 동시에 다른 조건을 명시할 수 있다. 예를 들어

$$\left.\frac{\partial u}{\partial x}\right|_{x=0} = 0, \qquad u(L, t) = u_0, \;\; t > 0$$

으로 할 수 있다.

만약 $u_0 = 0$이면 경계조건 $(i)'$은 제차이고, $u_0 \neq 0$이면 비제차이다. 경계조건 $(ii)'$은 이미 제차이다. $(iii)'$의 경우 $u_m = 0$이면 제차이고, $u_m \neq 0$이면 비제차이다.

경곗값 문제

문제: $$a^2 \frac{\partial^2 u}{\partial x^2} = \frac{\partial^2 u}{\partial t^2}, \;\; 0 < x < L, \;\; t > 0$$

종속조건: (BC) $u(0, t) = 0, \;\; u(L, t) = 0, \;\; t > 0$ (11)

(IC) $u(x, 0) = f(x), \;\; \left.\dfrac{\partial u}{\partial t}\right|_{t=0} = g(x), \;\; 0 < x < L$

과

문제: $$\frac{\partial^2 u}{\partial x^2} + \frac{\partial^2 u}{\partial y^2} = 0, \;\; 0 < x < a, \;\; 0 < y < b$$

종속조건: (BC) $$\begin{cases} \left.\dfrac{\partial u}{\partial x}\right|_{x=0} = 0, \;\; \left.\dfrac{\partial u}{\partial x}\right|_{x=a} = 0, \;\; 0 < y < b \\ u(x, 0) = 0, \;\; u(x, b) = f(x), \;\; 0 < x < a \end{cases} \qquad (12)$$

이와 같은 문제들을 **경곗값 문제**(boundary-value problem)라고 부른다. (11)은 편미분방정식과 경계조건이 제차이므로 **제차 경곗값** 문제로 분류된다.

변형 물리계에 작용하는 내적 · 외적인 영향을 고려해야 하는 경우에는 편미분방정식 (1), (2), (3)이 수정되어야 한다. 1차원 열전도 방정식과 파동방정식의 좀 더 일반적인 형태는 각각

$$k\frac{\partial^2 u}{\partial x^2} + F(x, t, u, u_x) = \frac{\partial u}{\partial t} \tag{13}$$

그리고

$$a^2\frac{\partial^2 u}{\partial x^2} + F(x, t, u, u_t) = \frac{\partial^2 u}{\partial t^2} \tag{14}$$

로 주어진다. 예를 들어 만일 막대의 측면에서 일정한 온도 u_m으로 유지되는 주변 매질로 열의 이동이 있다면, 열전도 방정식 (13)은 다음과 같이 된다.

$$k\frac{\partial^2 u}{\partial x^2} - h(u - u_m) = \frac{\partial u}{\partial t}$$

여기서 h는 상수이다. 한편 식 (14)에서 함수 F는 현에 작용하는 다양한 힘을 나타낼 수 있다. 예를 들어 외력, 감쇠력, 그리고 탄성복원력을 고려할 때 식 (14)는 다음 형태를 취할 수 있다.

$$a^2\frac{\partial^2 u}{\partial x^2} + \underbrace{\overset{\text{외력}}{f(x, t)} - \overset{\text{감쇠력}}{c\frac{\partial u}{\partial t}} - \overset{\text{탄성복원력}}{ku}}_{F(x, t, u, u_t)} = \frac{\partial^2 u}{\partial t^2} \tag{15}$$

참고

다양한 현상의 여러 가지 변형을 분석해 보면, 식 (1), (2), (3), 또는 더 많은 수의 공간변수를 포함한 일반화된 수학적 모형을 얻을 수 있다. 예를 들어 용액에서 용해되는 용질의 확산이 고체에서의 열의 흐름과 유사하기 때문에, 식 (1)을 때로 **확산 방정식**(diffusion equation)이라고 부른다. 이 경우 편미분방정식을 만족하는 함수 $c(x, t)$는 용질의 농도를 나타낸다. 마찬가지로 식 (2)와 이것의 일반식 (15)는 긴 전선이나 전송선로에서 전기의 흐름을 분석할 때도 나타난다. 이 경우에 식 (2)는 **전신방정식**(telegraph equation)으로 알려져 있다. 어떠한 가정하에서 선로의 전류와 전압은 식 (2)[또는 식 (15)]와 동일한 두 방정식을 만족하는 함수임을 보일 수 있다. 파동방정식 (2)는 유체역학, 음향학, 그리고 탄성학의 이론에 등장한다. Laplace 방정식 (3)은 막의 정적(static) 변위에 대한 공학 문제에서 만나게 된다.

13.2 연습문제

부록에 선택된 홀수 번 문제의 답이 있다.

문제 1~6에서는 길이 L의 막대가 x축 상에서 구간 $[0, L]$에 놓여 있다. 온도 $u(x, t)$에 대한 경곗값 문제를 만들라.

1. 왼쪽 끝이 온도 0으로 유지되고, 오른쪽 끝은 절연되어 있다. 초기 온도는 전체에 걸쳐 $f(x)$이다.

2. 왼쪽 끝이 온도 u_0로 유지되고, 오른쪽 끝은 u_1으로 유지되어 있다. 초기 온도는 전체에 걸쳐 0이다.

3. 왼쪽 끝이 온도 100°로 유지되고, 오른쪽 끝에서는 온도 0인 주변 매질로의 열전달이 있다. 초기 온도는 전체에 걸쳐 $f(x)$이다.

4. 왼쪽 끝에서 온도 20°인 주변 매질로 열전달이 있고, 오른쪽 끝은 절연되어 있다. 초기 온도는 전체에 걸쳐 $f(x)$이다.

5. 왼쪽 끝이 온도 $\sin(\pi t/L)$, 오른쪽 끝이 온도 0으로 유지되고, 측면에서 온도 0인 주변 매질로 열전달이 있다. 초기 온도는 전체에 걸쳐 $f(x)$이다.

6. 양 끝이 절연되어 있고, 측면에서 온도 50°인 주변 매질로 열전달이 있다. 초기 온도는 전체에 걸쳐 100°이다.

문제 7~10에서는 길이가 L인 현이 x축 상의 구간 $[0, L]$에 놓여 있다. 변위 $u(x, t)$에 대한 경곗값 문제를 만들라.

7. 양 끝이 x축에 고정되어 있다. 현을 초기 변위 $x(L - x)$의 정지 상태에서 놓는다.

8. 양 끝이 x축에 고정되어 있다. 초기에 현은 변위가 없지만 초기 속도 $\sin(\pi x/L)$을 갖는다.

9. 왼쪽 끝은 x축에 고정되어 있지만 오른쪽 끝은 $\sin \pi t$를 따라 횡축으로 움직인다. 현을 초기 변위 $f(x)$에서 정지 상태에서 놓는다. $t > 0$에 대해 횡축 진동은 순간 속도에 비례하는 힘으로 감쇠한다.

10. 양 끝은 x축에 고정되어 있고 현은 초기에 x축에 정지 상태에 있다. 왼쪽 끝으로부터의 수평 거리에 비례하는 외부 수직력이 $t > 0$에서 현에 작용한다.

문제 11과 12에서는 정상상태 온도 $u(x, y)$에 대한 경곗값 문제를 만들라.

11. 사각 박막이 $0 \le x \le 4$, $0 \le y \le 2$로 정의되는 xy평면 상의 영역과 일치한다. 판의 왼쪽 끝과 아랫쪽 모서리는 절연되어 있다. 판의 윗쪽 모서리는 온도 0으로 유지되며 오른쪽 끝은 온도 $f(y)$로 유지된다.

12. 한쪽으로 무한한 판이 $0 \le x \le \pi$, $y \le 0$으로 정의되는 영역에 꼭 맞게 있다. 판의 왼쪽 끝은 온도 e^{-y}로 유지되어 있고 오른쪽 끝은 $0 < y \le 1$에 대해 온도 100°, $y > 1$에 대해 0으로 유지되어 있다. 판의 아랫쪽 모서리는 온도 $f(x)$로 유지된다.

13.3 열전도 방정식

소개 전체에 걸쳐 초기 온도 $f(x)$를 가지며 $t > 0$인 전 시간에 걸쳐 양 끝이 온도 0으로 유지되는 길이가 L인 가는 막대를 생각하자. **그림 13.3.1**에 있는 막대가 13.3절의 열전도 방정식 부분에 주어진 가정을 만족한다면, 막대의 온도 $u(x, t)$는 다음 경곗값 문제로부터 결정된다.

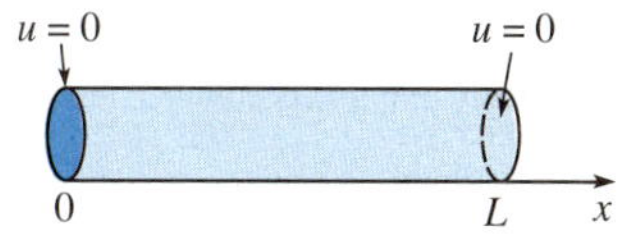

그림 13.3.1 유한한 막대에서의 온도 u를 구하라

$$k\frac{\partial^2 u}{\partial x^2} = \frac{\partial u}{\partial t}, \quad 0 < x < L, \quad t > 0 \tag{1}$$

$$u(0, t) = 0, \quad u(L, t) = 0, \quad t > 0 \tag{2}$$

$$u(x, 0) = f(x), \quad 0 < x < L. \tag{3}$$

이어서 13.1절에서 소개된 변수분리법을 사용하여 어떻게 이 경곗값 문제를 푸는지 논의할 것이다.

경곗값 문제의 해 변수분리 $u(x, t) = X(x)T(t)$와 분리상수 $-\lambda$를 이용하면

$$\frac{X''}{X} = \frac{T'}{kT} = -\lambda \tag{4}$$

이 되고, 따라서

$$X'' + \lambda X = 0 \tag{5}$$

$$T' + k\lambda T = 0 \tag{6}$$

이 된다. 여기서 식 (2)의 경계조건은 $u(0, t) = X(0)T(t) = 0$과 $u(L, t) = X(L)T(t) = 0$이다. 마지막 조건이 모든 시간 t에 대해 성립하므로, $X(0) = 0$과 $X(L) = 0$을 갖는다. 제차 상미분방정식 (5)와 함께 이들 경계조건은 정칙 Sturm-Liouville 문제가 된다:

$$X'' + \lambda X = 0, \quad X(0) = 0, \quad X(L) = 0. \tag{7}$$

이 경곗값 문제의 해는 3.9절의 예제 2와 12.5절에서 자세히 논의되었다. 그 예제에서는 매개 변수 λ의 세 가지 경우(즉 영, 음수 및 양수)에 대해 고려하였다. 각 경우에 미분방정식의 일반해는

$$X(x) = c_1 + c_2 x, \qquad \lambda = 0 \tag{8}$$

$$X(x) = c_1 \cosh \alpha x + c_2 \sinh \alpha x, \quad \lambda = -\alpha^2 < 0 \tag{9}$$

$$X(x) = c_1 \cos \alpha x + c_2 \sin \alpha x, \qquad \lambda = \alpha^2 > 0. \tag{10}$$

경계조건 $X(0) = 0$과 $X(L) = 0$이 식 (8)과 (9)에 적용되면 해는 단지 $X(x) = 0$이고 따라서 사용할 수 없는 결과 $u = 0$가 됨을 기억하라. 첫 번째 경계조건 $X(0) = 0$을 식 (10)에 적용하면 $c_1 = 0$이 된다. 따라서 $X(x) = c_2 \sin \alpha x$이다. 이제 두 번째 경계조건 $X(L) = 0$으로부터

$$X(L) = c_2 \sin \alpha L = 0 \tag{11}$$

을 얻는다. $c_2 = 0$이면 $X = 0$이고 따라서 $u = 0$이다. 그러나 식 (11)은 $\sin \alpha L = 0$일 때 $c_2 \neq 0$에 대해 충족될 수 있다. 이 마지막 식은 $\alpha L = n\pi$ 또는 $\alpha = n\pi/L$을 의미한다. 여기서 $n = 1, 2, 3, \ldots$이다. 따라서 식 (7)은 $\lambda_n = \alpha_n^2 = n^2\pi^2/L^2$, $n = 1, 2, 3, \ldots$일 때 비자명해를 갖는다. λ_n의 값과 대응하는 해

$$X(x) = c_2 \sin \frac{n\pi}{L} x, \quad n = 1, 2, 3, \ldots \tag{12}$$

은 각각 문제 식 (7)의 **고유값**(eigenvalue)과 **고유함수**(eigenfunction)이다.

식 (6)의 일반해는 $T(t) = c_3 e^{-k(n^2\pi^2/L^2)t}$이고, 따라서

$$u_n = X(x)T(t) = A_n e^{-k(n^2\pi^2/L^2)t} \sin \frac{n\pi}{L} x \tag{13}$$

이다. 여기서 상수 c_2c_3를 A_n으로 치환했다. 식 (13)의 곱 $u_n(x, t)$는 양의 정수인 각각의 n에 대해 편미분방정식 (1)과 경계조건 식 (2)를 만족한다. 하지만 식 (13)에 주어진 함수가 초기조건 식 (3)을 만족하도록 하기 위해 우리는 계수 A_n을

$$u_n(x, 0) = f(x) = A_n \sin \frac{n\pi}{L} x \tag{14}$$

와 같은 방식으로 선정해야 할 것이다. 그러나 일반적으로, 임의로 주어지지만 그럴듯한 f를 선택하여도 조건 식 (14)가 만족되기를 기대하기는 어렵다. 따라서 우리는 $u_n(x, t)$가 주어진 문제 식 (1)~(3)의 해가 아님을 받아들일 수밖에 없다. 이제 중첩의 원리에 의해 함수

$$u(x, t) = \sum_{n=1}^{\infty} u_n = \sum_{n=1}^{\infty} A_n e^{-k(n^2\pi^2/L^2)t} \sin \frac{n\pi}{L} x \tag{15}$$

는, 비록 형식적이긴 하지만, 식 (1)과 (2)를 만족해야 한다.식 (15)에 $t = 0$을 대입하면

$$u(x, 0) = f(x) = \sum_{n=1}^{\infty} A_n \sin \frac{n\pi}{L} x$$

가 된다. 위의 식은 사인 급수에서의 f의 반구간 전개로 볼 수 있다. 따라서 $A_n = b_n$, $n = 1, 2, 3, \ldots$으로 하면 12.3절의 식 (5)에서

$$A_n = \frac{2}{L}\int_0^L f(x) \sin \frac{n\pi}{L} x \, dx \tag{16}$$

를 얻는다. 식 (1), (2), (3)에 묘사된 경곗값 문제의 해는 다음과 같은 무한급수

$$u(x, t) = \frac{2}{L}\sum_{n=1}^{\infty}\left(\int_0^L f(x) \sin \frac{n\pi}{L} x \, dx\right) e^{-k(n^2\pi^2/L^2)t} \sin \frac{n\pi}{L} x \tag{17}$$

로 주어진다고 결론지을 수 있다. 초기 온도가 $u(x, 0) = 100$, $L = \pi$와 $k = 1$로 주어진 특별한 경우, 계수 식 (16)이 다음과 같이 주어짐을 검증할 수 있다.

$$A_n = \frac{200}{\pi}\left[\frac{1 - (-1)^n}{n}\right],$$

따라서 급수 식 (17)은 다음과 같다.

$$u(x, t) = \frac{200}{\pi}\sum_{n=1}^{\infty}\left[\frac{1 - (-1)^n}{n}\right] e^{-n^2 t} \sin nx. \tag{18}$$

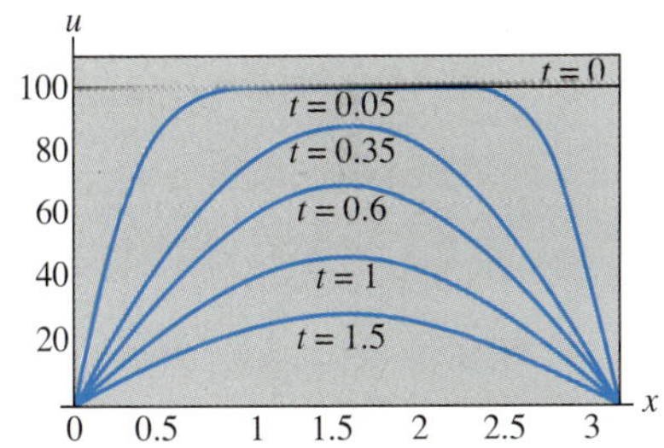

(a) $u(x, t)$가 여러 개의 고정된 시간에 대해 일변수 x에 대한 함수로서의 그래프

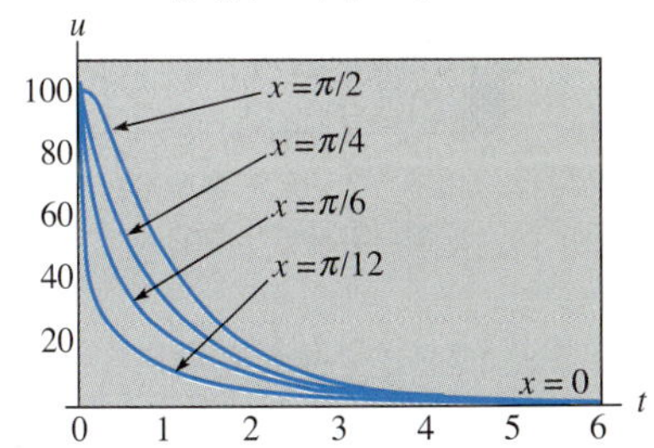

(b) $u(x, t)$가 여러 개의 고정된 위치에 대한 일변수 t에 대한 함수로서의 그래프

그림 13.3.2 (18)의 부분합을 사용하여 얻어진 그래프

컴퓨터 사용 식 (18)의 해 u는 2변수의 함수이고 그 그래프는 3차원 공간 상에서 곡면이다. 컴퓨터 대수계(CAS)의 3차원 플롯(3D-plot)을 사용하여 $0 \le x \le \pi$, $0 \le t \le T$로 정의된 사각형 내에서의 부분합 $S_n(x, t)$를 그리면 이 곡면에 접근할 수 있다. 다른 방법으로 CAS의 2차원 플롯을 사용하여 x축 구간 $[0, \pi]$에서 증가하는 시간 t에 대한 해 $u(x, t)$의 그래프를 그릴 수 있다. **그림 13.3.2(a)**를 참조하라. 그림 13.3.2(b)에서는 t축 구간 [0, 6]에서

증가하는 x 값에 대한 $u(x, t)$를 그린 것이다(길이 $L = \pi$인 막대의 왼쪽 끝점은 $x = 0$이고 중심점은 $x = \pi/2$이다.). 두 그래프 모두가 식 (18)로부터 명백한 사실인 $t \to \infty$일 때 $u(x, t) \to 0$임을 보여준다.

13.3 연습문제

부록에 선택된 홀수 번 문제의 답이 있다.

문제 1과 2에서는 주어진 조건하에서 열전도 방정식 (1)을 풀어라. 막대의 길이는 L이라고 가정한다.

1. $u(0, t) = 0, \quad u(L, t) = 0$

$$u(x, 0) = \begin{cases} 1, & 0 < x < L/2 \\ 0, & L/2 < x < L \end{cases}$$

2. $u(0, t) = 0, \quad u(L, t) = 0$

$u(x, 0) = x(L - x)$

3. 만일 초기 온도가 전체에 걸쳐 $f(x)$이고 양 끝 $x = 0$과 $x = L$에서 단열되어 있을 때, 길이가 L인 막대에서의 온도 $u(x, t)$를 구하라.

4. $L = 2$이고

$$f(x) = \begin{cases} x, & 0 < x < 1 \\ 0, & 1 < x < 2 \end{cases}$$

일 때 문제 3을 풀어라.

5. 길이가 L인 가는 막대의 원통 표면에서 온도 0인 주변 매질로 열이 손실된다고 가정하자. 만일 열전달의 선형법칙이 적용되면 열전도 방정식은

$$k\frac{\partial^2 u}{\partial x^2} - hu = \frac{\partial u}{\partial t}, \quad 0 < x < L, \ t > 0$$

의 형태를 갖고, h는 상수이다. 초기 온도가 전체에 걸쳐 $f(x)$이고 양 끝 $x = 0$와 $x = L$에서 단열되어 있을 때, 온도 $u(x, t)$를 구하라(**그림 13.3.3**을 참조하라).

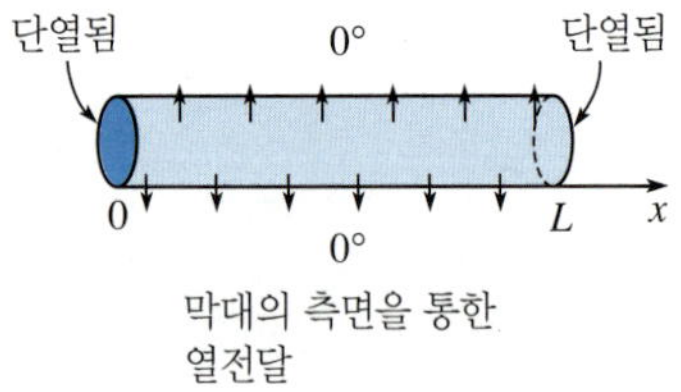

그림 13.3.3 문제 5의 막대

6. 양 끝 $x = 0$과 $x = L$에서 온도 0으로 유지될 때 문제 5를 풀어라.

7. x축 상의 구간 $[-L, L]$을 따라 놓인 가는 전선을 원형으로 굽혀서 양 끝 $x = -L$과 $x = L$이 만나도록 하였다. 어떤 조건하에서 전선의 온도 $u(x, t)$는 다음 경곗값 문제를 만족한다.

$$k\frac{\partial^2 u}{\partial x^2} = \frac{\partial u}{\partial t}, \quad -L < x < L, \ t > 0,$$

$$u(-L, t) = u(L, t), \ t > 0$$

$$\left.\frac{\partial u}{\partial x}\right|_{x=-L} = \left.\frac{\partial u}{\partial x}\right|_{x=L}, \ t > 0$$

$$u(x, 0) = f(x), \ -L < x < L.$$

이때 온도 $u(x, t)$를 구하라.

8. 경곗값 문제 (1)~(3)에서 $L = 1$이고 $f(x) = 100 \sin 6\pi x$일 때 온도 $u(x, t)$를 구하라.[힌트: (13)과 (14)를 자세히 관찰하라.]

컴퓨터 실습 과제

9. **(a)** 다음과 같은 종속조건을 갖는 열전도 방정식 (1)을 풀어라.

$u(0, t) = 0, \ u(100, t) = 0, \ t > 0$

$$u(x, 0) = \begin{cases} 0.8x, & 0 \le x \le 50 \\ 0.8(100 - x), & 50 < x \le 100. \end{cases}$$

(b) CAS의 3차원 플롯을 사용하여 $0 \le x \le 100$, $0 \le t \le 200$에 대한 (a)의 0이 아닌 첫 다섯 개의 해의 합으로 이루어진 부분합 $S_5(x, t)$의 그래프를 그려라. $k = 1.6352$를 가정하라. *Mathematica*의 **ViewPoint** 옵션이라 불리는 3차원 상의 다양한 관점을 활용하라.

토의문제

10. 그림 13.3.2(b)는 구간 $0 \le t \le 6$에서 $x = 0$, $x = \pi/12$, $x = \pi/6$, $x = \pi/4$ 및 $x = \pi/2$에 대한 $u(x, t)$의 그래프이다. 같은 시간에서 $x = 3\pi/4$, $x = 5\pi/6$, $x= 11\pi/12$, $x = \pi$에 대한 $u(x, t)$의 그래프를 묘사하거나 스케치하라.

13.4 파동방정식

소개 이제 13.2절의 경곗값 문제 식 (11)을 풀어 보자. 그림 13.2.2(a)에 나타난 길이 L의 진동하는 현의 수직 변위 $u(x, t)$는

$$a^2 \frac{\partial^2 u}{\partial x^2} = \frac{\partial^2 u}{\partial t^2}, \quad 0 < x < L, \quad t > 0 \tag{1}$$

$$u(0, t) = 0, \qquad u(L, t) = 0, \quad t > 0 \tag{2}$$

$$u(x, 0) = f(x), \quad \left.\frac{\partial u}{\partial t}\right|_{t=0} = g(x), \quad 0 < x < L \tag{3}$$

에서 결정된다.

경곗값 문제의 해

$u(x, t) = X(x)T(t)$의 가정을 사용하여 식 (1)에서 변수분리를 하면

$$\frac{X''}{X} = \frac{T''}{a^2 T} = -\lambda$$

이 되고, 따라서

$$X'' + \lambda X = 0 \tag{4}$$

$$T'' + a^2 \lambda T = 0 \tag{5}$$

가 된다. 13.3절과 같이 경계조건 식 (2)는 $X(0) = 0$과 $X(L) = 0$으로 해석된다. 이 경계조건과 함께 식 (4)의 상미분방정식은 다음 정규 Sturm-Liouville 문제이다.

$$X'' + \lambda X = 0, \quad X(0) = 0, \quad X(L) = 0. \tag{6}$$

매개 변수 λ에 대한 일반적인 세 가지 가능성, 즉 $\lambda = 0$, $\lambda = -\alpha^2 < 0$과 $\lambda = \alpha^2 > 0$ 중에서 마지막 조건만이 비자명 해를 갖는다. $\lambda = \alpha^2$, $\alpha > 0$에 대응하는 식 (4)의 일반해는 다음과 같다.

$$X(x) = c_1 \cos \alpha x + c_2 \sin \alpha x.$$

$X(0) = 0$과 $X(L) = 0$은 $c_1 = 0$와 $c_2 \sin \alpha L = 0$을 나타낸다. 마지막 식은 다시 $\alpha L = n\pi$ 또는 $\alpha = \dfrac{n\pi}{L}$을 의미한다. 식 (6)의 고유값과 고유함수는 $\lambda_n = n^2\pi^2/L^2$과 $X(x) = c^2 \sin \dfrac{n\pi}{L}x$, $n = 1, 2, 3, \ldots$ 이다. 그러면 식 (5)의 2계 방정식의 일반해는

$$T(t) = c_3 \cos \frac{n\pi a}{L} t + c_4 \sin \frac{n\pi a}{L} t$$

이다. $c_2 c_3$를 A_n, $c_2 c_4$를 B_n으로 놓으면, 파동방정식 (1)과 경계조건 식 (2)를 모두 만족하는 해는

다음 사실들을 연습문제 13.5의 문제 13과 14로 남긴다. 문제 1의 해가

$$u_1(x, y) = \sum_{n=1}^{\infty}\left\{A_n \cosh\frac{n\pi}{a}y + B_n \sinh\frac{n\pi}{a}y\right\}\sin\frac{n\pi}{a}x$$

이고, 여기서

$$A_n = \frac{2}{a}\int_0^a f(x)\sin\frac{n\pi}{a}x\,dx$$

$$B_n = \frac{1}{\sinh\frac{n\pi}{a}b}\left(\frac{2}{a}\int_0^a g(x)\sin\frac{n\pi}{a}x\,dx - A_n\cosh\frac{n\pi}{a}b\right)$$

이며, 문제 2의 해가

$$u_2(x, y) = \sum_{n=1}^{\infty}\left\{A_n \cosh\frac{n\pi}{b}x + B_n \sinh\frac{n\pi}{b}x\right\}\sin\frac{n\pi}{b}y$$

이고, 여기서

$$A_n = \frac{2}{b}\int_0^b F(y)\sin\frac{n\pi}{b}y\,dy$$

$$B_n = \frac{1}{\sinh\frac{n\pi}{b}a}\left(\frac{2}{b}\int_0^b G(y)\sin\frac{n\pi}{b}y\,dy - A_n\cosh\frac{n\pi}{b}a\right).$$

13.5 연습문제

부록에 선택된 홀수 번 문제의 답이 있다.

문제 1~10에서는 주어진 경계조건을 갖는 직사각판에 대한 Laplace 방정식 (1)의 해를 구하라.

1. $u(0, y) = 0,\ u(a, y) = 0$

$u(x, 0) = 0,\ u(x, b) = f(x)$

2. $u(0, y) = 0,\ u(a, y) = 0$

$\left.\frac{\partial u}{\partial y}\right|_{y=0} = 0,\ u(x, b) = f(x)$

3. $u(0, y) = 0,\ u(a, y) = 0$

$u(x, 0) = f(x),\ u(x, b) = 0$

4. $\left.\frac{\partial u}{\partial x}\right|_{x=0} = 0,\ \left.\frac{\partial u}{\partial x}\right|_{x=a} = 0$

$u(x, 0) = x,\ u(x, b) = 0$

5. $u(0, y) = 0,\ u(1, y) = 1 - y$

$\left.\frac{\partial u}{\partial y}\right|_{y=0} = 0,\ \left.\frac{\partial u}{\partial y}\right|_{y=1} = 0$

6. $u(0, y) = g(y),\ \left.\frac{\partial u}{\partial x}\right|_{x=1} = 0$

$\left.\frac{\partial u}{\partial y}\right|_{y=0} = 0,\ \left.\frac{\partial u}{\partial y}\right|_{y=\pi} = 0$

7. $\left.\frac{\partial u}{\partial x}\right|_{x=0} = u(0, y),\ u(\pi, y) = 1$

$u(x, 0) = 0,\ u(x, \pi) = 0$

8. $u(0, y) = 0,\ u(1, y) = 0$

$\left.\frac{\partial u}{\partial y}\right|_{y=0} = u(x, 0),\ u(x, 1) = f(x)$

9. $u(0, y) = 0,\ u(1, y) = 0$

$u(x, 0) = 100,\ u(x, 1) = 200$

10. $u(0, y) = 10y, \ \left.\dfrac{\partial u}{\partial x}\right|_{x=1} = -1$

$u(x, 0) = 0, \ u(x, 1) = 0$

문제 11과 12에서는 양의 y 방향으로 펼쳐진 반무한(semi-infinite) 판에서 Laplace 방정식 (1)의 해를 구하라. 각 경우에 $u(x, y)$는 $y \to \infty$일 때 유계인 것으로 가정하라.

11.

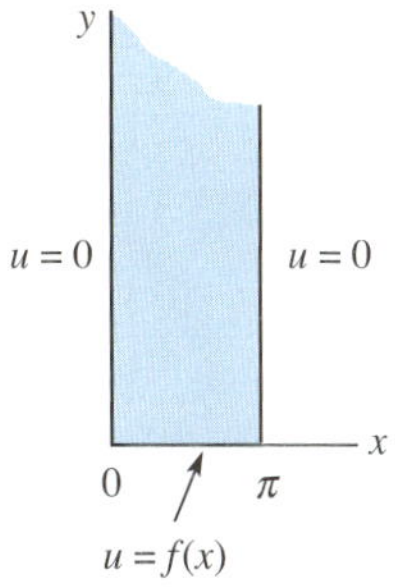

그림 13.5.4 문제 11의 반무한 판

12.

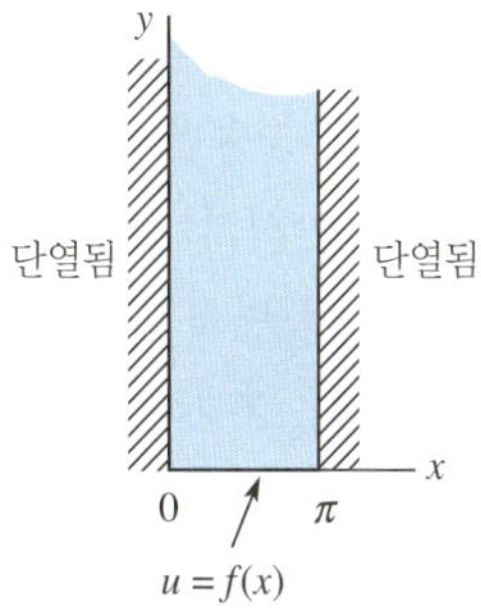

그림 13.5.5 문제 12의 반무한 판

문제 13과 14에서는 주어진 경계조건을 갖는 직사각판에 대한 Laplace 방정식 (1)의 해를 구하라.

13. $u(0, y) = 0, \ u(a, y) = 0$

$u(x, 0) = f(x), \ u(x, b) = g(x)$

14. $u(0, y) = F(y), \ u(a, y) = G(y)$

$u(x, 0) = 0, \ u(x, b) = 0$

문제 15와 16에서는 중첩의 원리를 이용하여 주어진 경계조건의 정사각판에 대한 Laplace 방정식 (1)의 해를 구하라.

15. $u(0, y) = 1, \ u(\pi, y) = 1$

$u(x, 0) = 0, \ u(x, \pi) = 1$

16. $u(0, y) = 0, \ u(2, y) = y(2 - y)$

$$u(x, 0) = 0, \ u(x, 2) = \begin{cases} x, & 0 < x < 1 \\ 2 - x, & 1 \le x < 2 \end{cases}$$

17. 문제 16에서 $0 \le x \le 2$, $0 \le y \le 2$에 대하여 온도 u의 최대값을 구하라.

컴퓨터 실습 과제

18. **(a)** 문제 1에서 $a = b = \pi$, $f(x) = 100x(\pi - x)$라고 하자. 해 $u(x, y)$를 스케치하지 않고, $0 \le x \le \pi$, $0 \le y \le \pi$에 의해 정의된 직사각형 영역 위에서 어떤 곡면인지 결정하라.

(b) $0 \le x \le \pi$, $0 \le y \le \pi$에 대하여 온도 u의 최대값은 무엇인가?

(c) (a)의 결과를 이용하여 문제 1의 해답에 대한 계수를 계산하라. 그 후 CAS의 3차원 플롯을 이용하여 $0 \le x \le \pi$, $0 \le y \le \pi$에 대한 (a)의 0이 아닌 첫 다섯 항으로 이루어진 해의 부분합 $S_5(x, y)$를 그려라.

19. **(a)** CAS의 외곽선(contour) 그리기 기능을 이용하여 문제 9의 해에 대한 등온선 $u = 170, 140, 110, 80, 60, 30$의 그래프를 그려라. 0이 아닌 첫 다섯 항으로 이루어진 해의 부분합 $S_5(x, y)$를 이용하라.

(b) CAS의 3차원 플롯을 이용하여 부분합 $S_5(x, y)$의 그래프를 그려라.

20. CAS의 곡선 그리기 기능을 이용하여 문제 10의 해에 대한 등온선 $u = 2, 1, 0.5, 0.2, 0.1, 0.05, 0, -0.05$의 그래프를 그려라. 0이 아닌 첫 다섯 항으로 이루어진 해의 부분합 $S_5(x, y)$를 이용하라.

토의문제

21. 직사각판에 대해 다음 **Neumann 문제**를 풀어라.

$$\frac{\partial^2 u}{\partial x^2} + \frac{\partial^2 u}{\partial y^2} = 0, \ 0 < x < a, \ 0 < y < b$$

$$\left.\frac{\partial u}{\partial y}\right|_{y=0} = 0, \ \left.\frac{\partial u}{\partial y}\right|_{y=b} = 0, \ 0 < x < a$$

$$\left.\frac{\partial u}{\partial x}\right|_{x=0} = 0, \ \left.\frac{\partial u}{\partial x}\right|_{x=a} = g(y), \ 0 < y < b.$$

(a) 다음을 만족하는 g가 해 u가 존재하기 위한 필요조건인지 설명하라.

$$\int_0^b g(y)\,dy = 0.$$

이것은 종종 **양립조건**(compatibility condition)이라 불린다. 추가 자료를 읽고 양립조건의 물리적 근거를 설명하라.

(b) u가 경곗값 문제의 해일 때, 임의의 상수 c에 대해 $u + c$도 해가 되는 이유를 설명하라.

22. 다음 경곗값 문제를 생각하자.

$$\frac{\partial^2 u}{\partial x^2} + \frac{\partial^2 u}{\partial y^2} = 0, \ 0 < x < 1, \ 0 < y < \pi$$

$$u(0, y) = u_0 \cos y, \ u(1, y) = u_0(1 + \cos 2y)$$

$$\left.\frac{\partial u}{\partial y}\right|_{y=0} = 0, \ \left.\frac{\partial u}{\partial y}\right|_{y=\pi} = 0.$$

다음의 해가 얻어진 과정을 토의해 보라.

$$u(x, y) = u_0 x + \frac{u_0}{\sinh 1} \sinh(1 - x) \cos y + \frac{u_0}{\sinh 2} \sinh 2x \cos 2y.$$

각자의 생각을 개진하라.

13.6 비제차 방정식과 경계조건

소개 경곗값 문제는 편미분방정식이나 경계조건이 **비제차**이면 비제차라 부른다. 앞선 3개의 절에서 사용된 변수분리법은 비제차 경곗값 문제에 그대로 적용할 수 없을 수도 있다. 이 절에서 검토되는 두 가지 기법의 첫 번째는 비제차 경곗값 문제를 종속변속 u를 $u = v + \psi$로 치환시켜 상미분과 편미분방정식의 두 개의 경곗값 문제로 전환시키는 것이다. 얻어진 편미분방정식은 제차가 되고 변수분리에 의해 해를 구할 수 있다. 두 번째 기법은 종속변수의 치환으로부터 시작하지만 기본적으로 직교급수 전개를 사용하여 경곗값 문제의 해를 구하는 방법이다.

소개될 두 가지 기법은 다른 형태의 비제차 경곗값 문제들에 의해 구별된다.

시간 독립 편미분방정식과 경계조건 우선 시간에 무관한 비제차 방정식과 시간에 무관한 경계조건을 포함하는 경곗값 문제를 다룬다. 이런 문제의 예는

$$\begin{aligned} &k\frac{\partial^2 u}{\partial x^2} + F(x) = \frac{\partial u}{\partial t}, \ 0 < x < L, \ t > 0 \\ &u(0, t) = u_0, \quad u(L, t) = u_1, \ t > 0 \\ &u(x, 0) = f(x), \ 0 < x < L \end{aligned} \tag{1}$$

이며, 여기서 $k > 0$인 상수이다. (1)의 문제를 길이가 L인 막대 내부의 온도 분포 $u(x, t)$에 대한 모형으로 간주할 수 있다. $x = 0$와 $x = L$의 경계에서의 온도는 각각 u_0와 u_1으로 일정하게 유지되며, 전기 또는 화학적 방법에 의해 열이 내부에서 $F(x)$의 비율로 발생한다. 열이 막대 내부에서 일정한 비율 r로 발생하면 (1)의 열전도 방정식은 다음 형태가 된다.

$$k\frac{\partial^2 u}{\partial x^2} + r = \frac{\partial u}{\partial t} \tag{2}$$

식 (2)는 변수분리가 되지 않음을 쉽게 보일 수 있다. 한편 경계 $x = 0$과 $x = L$이 0이 아닌 온도로 유지될 때 일반적인 제차 열전도 방정식 $ku_{xx} = u_t$를 푼다고 하자. 비록 치환 $u(x, t)$

$= X(x)T(t)$가 편미분방정식을 분리한다 하더라도 $u(x, 0) = X(0)T(t) = u_0$와 $u(x, L) = X(L)T(t) = u_1$에서부터 $X(0)$와 $X(L)$에 대한 어떤 결론도 얻을 수 없기 때문에 고유값과 고유함수를 구하려면 곤경에 처하게 된다.

치환 $u(x, t) = v(x, t) + \psi(x)$에 의해 종속변수 u를 새로운 종속변수 v으로 바꿈으로써 식 (1)은 두 개의 문제로 될 수 있다.

$$\text{문제 } A\text{: } \{k\psi'' + F(x) = 0, \quad \psi(0) = u_0, \quad \psi(L) = u_1$$

$$\text{문제 } B\text{: } \begin{cases} k\dfrac{\partial^2 v}{\partial x^2} = \dfrac{\partial v}{\partial t}, \\ v(0, t) = 0, \quad v(L, t) = 0 \\ v(x, 0) = f(x) - \psi(x) \end{cases}$$

문제 A의 단순한 상미분방정식 $k\psi'' + F(x) = 0$은 적분에 의해 풀 수 있다. 더욱이 문제 B는 변수분리법에 의해 손쉽게 풀 수 있는 제차 경곗값 문제다. 따라서 원래 비제차 문제의 해는 해의 중첩에 의해 다음과 같다.

$$\text{해 } u = \text{문제 } A\text{의 해 } \psi + \text{문제 } B\text{의 해 } v$$

꼭 기억을 해야 할 만한 것은 없지만 다음 예제에서처럼 각 경우 $u(x, t) = v(x, t) + c(x)$의 치환을 통해 문제를 해결해야 한다.

예제 1 시간 독립 편미분방정식과 경계조건

$$k\frac{\partial^2 u}{\partial x^2} + r = \frac{\partial u}{\partial t}, \quad 0 < x < 1, \ t > 0$$

$$u(0, t) = 0, \quad u(1, t) = u_1, \ t > 0 \tag{3}$$

$$u(x, 0) = f(x), \ 0 < x < 1$$

풀어라. 이 때 r과 u_1은 영이 아닌 상수이다.

풀이 편미분방정식과 $x = 1$에서의 경계조건의 모두 비제차이다.
$u(x, t) = v(x, t) + \psi(x)$로 하면

$$\frac{\partial^2 u}{\partial x^2} = \frac{\partial^2 v}{\partial x^2} + \psi''(x) \qquad \text{그리고} \qquad \frac{\partial u}{\partial t} = \frac{\partial v}{\partial t}$$

이다. 이 결과를 대입하면 식 (3)의 편미분방정식은

$$k\frac{\partial^2 v}{\partial x^2} + k\psi''(x) + r = \frac{\partial v}{\partial t} \tag{4}$$

가 된다. ψ가 다음을 만족한다면 식 (4)는 제차 방정식이 된다.

$$k\psi''(x) + r = 0 \qquad \text{또는} \qquad \psi''(x) = -\frac{r}{k}$$

마지막 식을 두 번 적분하면

$$\psi(x) = -\frac{r}{2k}x^2 + c_1x + c_2 \tag{5}$$

을 얻는다. 또한

$$u(0, t) = v(0, t) + \psi(0) = 0$$
$$u(1, t) = v(1, t) + \psi(1) = u_1$$

이다. ψ가

$$\psi(0) = 0 \qquad \text{그리고} \qquad \psi(1) = u_1$$

을 만족한다면 $v(0, t) = 0$ 그리고 $v(1, t) = 0$이 된다. 위 두 조건을 식 (5)에 적용하면, 차례로 $c_2 = 0$과 $c_1 = r/2k + u_1$을 얻는다. 그러므로

$$\psi(x) = -\frac{r}{2k}x^2 + \left(\frac{r}{2k} + u_1\right)x$$

이다. 마지막으로 식 (3)의 초기조건 $v(x, 0) = u(x, 0) - \psi(x) = f(x) - \psi(x)$를 의미한다. 따라서 $v(x, t)$를 결정하기 위해 새로운 경계값 문제

$$k\frac{\partial^2 v}{\partial x^2} = \frac{\partial v}{\partial t}, \quad 0 < x < 1, \ t > 0$$
$$v(0, t) = 0, \quad v(1, t) = 0, \quad t > 0$$
$$v(x, 0) = f(x) + \frac{r}{2k}x^2 - \left(\frac{r}{2k} + u_1\right)x, \quad 0 < x < 1$$

을 변수분리로 푼다. 기존의 방법을 이용하면

$$v(x, t) = \sum_{n=1}^{\infty} A_n e^{-kn^2\pi^2 t}\sin n\pi x \tag{6}$$

을 구하며, 여기서

$$A_n = 2\int_0^1 \left[f(x) + \frac{r}{2k}x^2 - \left(\frac{r}{2k} + u_1\right)x\right]\sin n\pi x\, dx \tag{7}$$

이다. 원래 문제의 해는 $u(x, t) = v(x, t) + \psi(x)$로 다음과 같이 얻어진다.

$$u(x, t) = -\frac{r}{2k}x^2 + \left(\frac{r}{2k} + u_1\right)x + \sum_{n=1}^{\infty} A_n e^{-kn^2\pi^2 t}\sin n\pi x \tag{8}$$

여기서 A_n은 식 (7)에서 정의한 바와 같다. ≡

(6)을 살펴보면 $t \to \infty$일 때 $v(x, t) \to 0$이 되어 $v(x, t)$는 **과도해**(transient solution)라고 불린다. 그러나 (8)에서 $t \to \infty$일 때 $v(x, t) \to \psi(x)$임을 주목하라. 열전도 방정식의 해를 구하는 과정에서 $\psi(x)$는 **정상상태 해**(steady-state solution)라고 불린다.

시간 종속 편미분방정식과 경계조건 시간 종속 비제차 방정식과 시간 종속 경계조건을 포함한 몇 종류의 경곗값 문제를 푸는 방법을 살펴본다. (1)과 비슷한 문제

$$k\frac{\partial^2 u}{\partial x^2} + F(x, t) = \frac{\partial u}{\partial t}, \quad 0 < x < L, \ t > 0$$
$$u(0, t) = u_0(t), \quad u(L, t) = u_1(t), \ t > 0$$
$$u(x, 0) = f(x), \ 0 < x < L \tag{9}$$

은 열원 항 F와 막대의 양 끝에서의 온도들이 시간에 따라 변하는 길이가 L인 막대의 온도를 나타내는 것이다. 직관적으로 이 문제는 예제 1을 확장하는, 즉 $u(x, t) = v(x, t) + \psi(x, t)$ 형태의 해를 구하는 것이라고 기대할 수 있다. 몇몇의 경우 이런 형태의 해가 올바르지만 $v(x, t)$에 대한 문제를 제차인 문제로 만드는 2 변수 함수 $\psi(x, t)$를 구하는 것은 일반적으로 가능하지 않다. 그 이유를 이해하기 위해 (9)의 편미분방정식에 $u(x, t) = v(x, t) + \psi(x, t)$를 치환하면 어떻게 되는지 살펴보자.

$$\frac{\partial^2 u}{\partial x^2} = \frac{\partial^2 v}{\partial x^2} + \frac{\partial^2 \psi}{\partial x^2}, \qquad \frac{\partial u}{\partial t} = \frac{\partial v}{\partial t} + \frac{\partial \psi}{\partial t} \tag{10}$$

이므로 경곗값 문제 (9)는

$$k\frac{\partial^2 v}{\partial x^2} + k\frac{\partial^2 \psi}{\partial x^2} + F(x, t) = \frac{\partial v}{\partial t} + \frac{\partial \psi}{\partial t}$$
$$v(0, t) + \psi(0, t) = u_0(t), \quad v(L, t) + \psi(L, t) = u_1(t) \tag{11}$$
$$v(x, 0) = f(x) - \psi(x, 0)$$

이 된다. 다음 조건을 부과하면 식 (11)의 v에 대한 경계조건은 제차가 될 것이다.

$$\psi(0, t) = u_0(t), \quad \psi(L, t) = u_1(t). \tag{12}$$

예제 1에 사용된 방법과 동일한 단계를 따르려면, $k\psi_{xx} + F(x, t) = \psi_t$를 풀어 얻은 해 ψ에 식 (11)의 조건을 부과하여 식 (12)의 문제를 제차로 만들어야 한다. 하지만 ψ를 정의한 식이 비제차인 것을 감안한다면 이것은 비현실적인 기대이다. 따라서 단순히 식 (12)의 두 조건을 만족하는 함수 ψ를 구성하는 완전히 새로운 작업을 해야 한다. 이러한 ψ 중 하나가 다음과 같다.

$$\psi(x, t) = u_0(t) + \frac{x}{L}[u_1(t) - u_0(t)]. \tag{13}$$

이상과 같이 선택된 ψ는 $\psi_{xx} = 0$을 만족하므로 식 (11)이 좀 더 간단해짐을 알 수 있다. 즉

$$\frac{\partial^2 v}{\partial x^2} = \sum_{n=1}^{\infty} v_n(t)(-n^2\pi^2)\sin n\pi x \text{ 그리고 } \frac{\partial v}{\partial t} = \sum_{n=1}^{\infty} v_n'(t)\sin n\pi x. \tag{22}$$

편미분방정식을 $v_t - v_{xx} = (1 - x) \sin t$로 쓰고 식 (21)과 (22)를 사용하면 다음을 얻는다.

$$\sum_{n=1}^{\infty} [v_n'(t) + n^2\pi^2 v_n(t)]\sin n\pi x = \sum_{n=1}^{\infty} \frac{2\sin t}{n\pi} \sin n\pi x.$$

sin $n\pi$x의 계수들을 항등식의 각 변에 등식화하면 선형 1차 상미분방정식을 얻는다.

$$v_n'(t) + n^2\pi^2 v_n(t) = \frac{2\sin t}{n\pi}$$

2.3절처럼 진행하고, 마지막 식에 적분 인자 $e^{n^2\pi^2 t}$를 곱하여 다시 정리하면

$$\frac{d}{dt}[e^{n^2\pi^2 t} v_n(t)] = \frac{2}{n\pi} e^{n^2\pi^2 t} \sin t$$

이 된다. 양 변을 적분하면 이 방정식의 일반해를 구한다.

$$v_n(t) = 2\frac{n^2\pi^2 \sin t - \cos t}{n\pi(n^4\pi^4 + 1)} + C_n e^{-n^2\pi^2 t}$$

여기서 C_n은 임의의 상수이다. 따라서 식 (19)의 가정된 형태 $v(x, t)$는 다음과 같이 나타낼 수 있다.

$$v(x, t) = \sum_{n=1}^{\infty} \left[2\frac{n^2\pi^2 \sin t - \cos t}{n\pi(n^4\pi^4 + 1)} + C_n e^{-n^2\pi^2 t} \right] \sin n\pi x. \tag{23}$$

C_n은 초기조건 $v(x, 0)$를 식 (23)에 적용하여 구할 수 있다. Fourier 사인 급수로부터

$$x - 1 = \sum_{n=1}^{\infty} \left[\frac{-2}{n\pi(n^4\pi^4 + 1)} + C_n \right] \sin n\pi x \tag{24}$$

이며 괄호 안은 $x - 1$에 대한 Fourier 사인 계수 b_n을 나타냄을 알 수 있다. 즉

$$\frac{-2}{n\pi(n^4\pi^4 + 1)} + C_n = 2\int_0^1 (x - 1)\sin n\pi x \, dx \quad \text{또는} \quad \frac{-2}{n\pi(n^4\pi^4 + 1)} + C_n = \frac{-2}{n\pi}$$

이다. 따라서,

$$C_n = \frac{2}{n\pi(n^4\pi^4 + 1)} - \frac{2}{n\pi}$$

이다. 마지막 결과를 식 (23)에 대입하여 식 (18)의 해를 구한다

$$v(x, t) = \frac{2}{\pi} \sum_{n=1}^{\infty} \left[\frac{n^2\pi^2 \sin t - \cos t + e^{-n^2\pi^2 t}}{n(n^4\pi^4 + 1)} - \frac{e^{-n^2\pi^2 t}}{n} \right] \sin n\pi x.$$

마침내 식 (17)에서부터 구하는 해 $u(x, t)$는

$$u(x, t) = (1 - x)\cos t + \frac{2}{\pi}\sum_{n=1}^{\infty}\left[\frac{n^2\pi^2\sin t - \cos t + e^{-n^2\pi^2 t}}{n(n^4\pi^4 + 1)} - \frac{e^{-n^2\pi^2 t}}{n}\right]\sin n\pi x. \quad ≡$$

경곗값 문제가 편미분방정식에 제차 경계조건과 시간 종속 항 $F(x, t)$를 지니면, $u(x, t) = v(x, t) + \psi(x, t)$로 종속변수를 치환할 실제적인 이유가 없다. 예로 식 (9)와 같은 문제에서 u_0와 u_1이 모두 0이면 식 (13)으로부터 $\psi(x, t) = 0$이다. 해는 식 (16)의 기호 v와 G가 각각 u와 F로 치환되는 식 (16)에서 $u(x, t)$와 $F(x, t)$에 대한 적절한 직교급수 전개를 가정하는 방법으로 시작한다.

예제 3 시간 종속 편미분방정식과 제차 경계조건

$$\begin{aligned}&\frac{\partial^2 u}{\partial x^2} + (1 - x)\sin t = \frac{\partial u}{\partial t}, \quad 0 < x < 1, \ t > 0\\ &u(0, t) = 0, \quad u(1, t) = 0, \ t > 0\\ &u(x, 0) = 0, \ 0 < x < 1\end{aligned} \tag{25}$$

을 풀어라.

풀이 초기조건을 제외하면, 경곗값 문제 (25)는 기본적으로 식 (18)이다. 이 예제의 앞 문단에서 나타낸 것처럼 경계조건이 모두 제차이므로 $\psi(x, t) = 0$이다. 따라서 (18)의 해에서 사용된 예제 2의 모든 단계들이 초기 조건이 $u(x, 0) = 0$인 것을 제외하면 모두 같아 식 (24)와 유사하게 다음을 얻는다.

$$0 = \sum_{n=1}^{\infty}\left[\frac{-2}{n\pi(n^4\pi^4 + 1)} + C_n\right]\sin n\pi x$$

이와 같은 동일성로부터 $\sin n\pi x$의 계수들이 0임을 알 수 있고 따라서

$$C_n = \frac{2}{n\pi(n^4\pi^4 + 1)}$$

이 된다. 그러므로 식 (25)의 해는 다음과 같다.

$$u(x, t) = \frac{2}{\pi}\sum_{n=1}^{\infty}\left[\frac{n^2\pi^2\sin t - \cos t}{n(n^4\pi^4 + 1)} + \frac{e^{-n^2\pi^2 t}}{n(n^4\pi^4 + 1)}\right]\sin n\pi x. \quad ≡$$

연습문제 13.6의 문제 13~16은 예제 2에서 소개된 것처럼 $\psi(x, t)$를 구하는 것이다. 연습문제 13.6의 문제 17~20에서는 주어진 경계조건이 제차여서 $\psi(x, t) = 0$이라는 가정하에 예제 3처럼 문제를 해결하는 것이다.

$$\frac{\partial^2 u}{\partial x^2} + \frac{\partial^2 u}{\partial y^2} = 0,\ 0 < x < 1,\ 0 < y < 1$$

$$\left.\frac{\partial u}{\partial x}\right|_{x=0} = 0,\ u(1, y) = u_0,\ 0 < y < 1$$

$$u(x, 0) = 0,\ \left.\frac{\partial u}{\partial y}\right|_{y=1} = 0,\ 0 < x < 1.$$

8. 다음 경곗값 문제를 풀어라.

$$\frac{\partial^2 u}{\partial x^2} - u = \frac{\partial u}{\partial t},\ 0 < x < 1,\ t > 0$$

$$\left.\frac{\partial u}{\partial x}\right|_{x=0} = 0,\ u(1, t) = 0,\ \ t > 0$$

$$u(x, 0) = 1 - x^2,\ 0 < x < 1.$$

9. 단위길이의 막대에서 초기 온도가 전체에 걸쳐 $f(x)$이다. 양 끝 $x = 0$과 $x = 1$에서 온도 0으로 유지되는 주변 매질로의 열전달이 있다.

$$u(x, t) = \sum_{n=1}^{\infty} A_n e^{-k\alpha_n^2 t}(\alpha_n \cos\alpha_n x + h\sin\alpha_n x),$$

임을 보여라. 여기서

$$A_n = \frac{2}{(\alpha_n^2 + 2h + h^2)}\int_0^1 f(x)(\alpha_n \cos\alpha_n x + h\sin\alpha_n x)\,dx.$$

이다. 고유값 $\lambda_n = \alpha_2^n$, $n = 1, 2, 3, \ldots$ 이고, 여기서 α_n은 $\tan\alpha = -\alpha h/(\alpha^2 - h^2)$의 계속되는 양의 해이다.

10. 다음 비제차 경곗값 문제를 13.6절 예제 3의 방법을 사용하여 풀어라.

$$k\frac{\partial^2 u}{\partial x^2} + xe^{-2t} = \frac{\partial u}{\partial t},\ 0 < x < 1,\ t > 0$$

$$u(0, t) = 0,\ \left.\frac{\partial u}{\partial x}\right|_{x=1} = -u(1, t),\ t > 0$$

$$u(x, 0) = 0,\ 0 < x < 1.$$

컴퓨터 실습 과제

11. 진동하는 외팔보(cantilever beam)가 왼쪽 끝($x = 0$)에 고정되어 있고 오른쪽 끝($x = 1$)에서는 자유자재로 움직인다. 그림 13.7.2를 참조하라. 보의 횡축 변위 $u(x, t)$가 경곗값 문제

$$\frac{\partial^4 u}{\partial x^4} + \frac{\partial^2 u}{\partial t^2} = 0,\ \ 0 < x < 1,\ \ t > 0$$

$$u(0, t) = 0,\qquad \left.\frac{\partial u}{\partial x}\right|_{x=0} = 0,\ \ t > 0$$

$$\left.\frac{\partial^2 u}{\partial x^2}\right|_{x=1} = 0,\qquad \left.\frac{\partial^3 u}{\partial x^3}\right|_{x=1} = 0,\ \ t > 0$$

$$u(x, 0) = f(x),\qquad \left.\frac{\partial u}{\partial t}\right|_{t=0} = g(x),\ \ 0 < x < 1$$

에 의해 결정된다고 하자. 이 경곗값 문제는 진동하는 비행기 날개의 변위 모형으로 사용될 수 있다.

(a) 문제의 고유값이 방정식 $\cos\alpha\cosh\alpha = -1$에 의해 결정됨을 보여라.

(b) CAS를 사용하여 처음 두 양의 고유값의 근사값을 구하라.[힌트: 연습문제 13.4의 문제 23을 참조하라.]

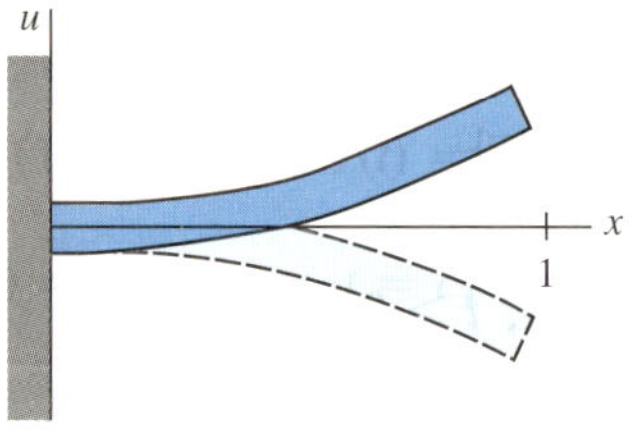

그림 13.7.2 문제 11의 외팔보

12. **(a)** 문제 11에 있는 보의 양 끝이 $x = 0$과 $x = 1$에서 고정되어 있을 때, 고유값을 결정하는 방정식을 구하라.

(b) CAS를 사용하여 처음 두 양의 고유값의 근사값을 구하라.

13.8 2변수 Fourier 급수

소개 앞절에서 열전도 방정식과 파동방정식의 1차원 형태를 풀었다. 이 절에서는 2차원 열 및 파동방정식을 포함하는 문제를 풀기 위해 변수분리법을 확장한다.

2차원 열 및 파동방정식 그림 13.8.1(a)의 사각 영역이 그 내부의 온도 u가 t와 위치 (x, y)의 함수인 박막이라 가정하자. 그러면, 적당한 조건하에서, $u(x, y, t)$는 **2차원 열전도 방정식**

$$k\left(\frac{\partial^2 u}{\partial x^2} + \frac{\partial^2 u}{\partial y^2}\right) = \frac{\partial u}{\partial t} \tag{1}$$

를 만족함을 보일 수 있다. 한편, 그림 13.8.1(b)는 얇고 유연한 박막이 늘어나 사각형 틀을 덮은 모습을 나타낸다고 가정하자. 막이 운동하게 되면, xy 평면으로부터 측정되는 변위 u(상하 방향 진동) 또한 시간 t와 위치 (x, y)의 운동함수이다. 진동이 작고, 외부로부터 하중이 없으며, 비감쇠일 때, $u(x, y, t)$는 **2차원 파동방정식**

$$a^2\left(\frac{\partial^2 u}{\partial x^2} + \frac{\partial^2 u}{\partial y^2}\right) = \frac{\partial^2 u}{\partial t^2} \tag{2}$$

를 만족한다.

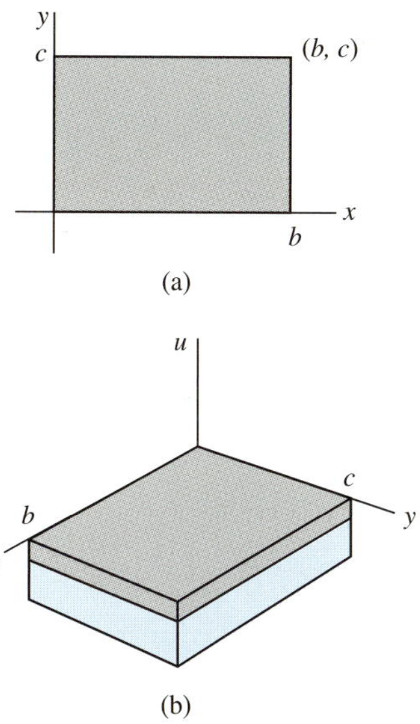

그림 13.8.1 (a) 사각 판 (b) 사각 막

다음 예에서 보듯이, 식 (1)과 (2)를 포함한 경곗값 문제의 변수분리법에 의한 해는 2변수 Fourier 급수 모양으로 된다. 식 (1)과 (2)를 포함하는 문제들의 해석이 매우 비슷하므로, 단지 열전도 방정식 (1)만 설명한다.

예제 1 판의 온도

그림 13.8.1(a)에 나와 있는 판에서 초기 온도가 전체에 걸쳐 $f(x, y)$이고, $t > 0$에서 경계가 온도 0으로 유지될 때, 판의 온도 $u(x, y, t)$를 구하라.

풀이 운동방정식은

$$k\left(\frac{\partial^2 u}{\partial x^2} + \frac{\partial^2 u}{\partial y^2}\right) = \frac{\partial u}{\partial t}, \quad 0 < x < b,\ 0 < y < c,\ t > 0$$

이며, 초기조건과 경계조건은

$$\begin{aligned} &u(0, y, t) = 0, \quad && u(b, y, t) = 0, \quad 0 < y < c,\ t > 0 \\ &u(x, 0, t) = 0, && u(x, c, t) = 0, \quad 0 < x < b,\ t > 0 \\ &u(x, y, 0) = f(x, y), && 0 < x < b,\ 0 < y < c \end{aligned}$$

이다. 편미분방정식을 세 독립변수로 변수분리를 하기 위해 $u(x, y, t) = X(x)Y(y)T(t)$ 형태의 해를 구하려 한다. 대입하면,

$$k(X''YT + XY''T) = XYT' \qquad \text{또는} \qquad \frac{X''}{X} = -\frac{Y''}{Y} + \frac{T'}{kT} \tag{3}$$

을 얻는다. 식 (3)의 좌변이 x에만 의존하고 우변이 y와 t에만 의존하므로, 양변을 상수 $-\lambda$와 같게 만들어야 한다:

$$\frac{X''}{X} = -\frac{Y''}{Y} + \frac{T'}{kT} = -\lambda$$

이고, 따라서

$$X'' + \lambda X = 0 \tag{4}$$

$$\frac{Y''}{Y} = \frac{T'}{kT} + \lambda \tag{5}$$

이다. 같은 이유로 식 (5)에 또 다른 분리상수 $-\mu$를 도입하면

$$\begin{aligned} \frac{Y''}{Y} &= -\mu, \qquad \frac{T'}{kT} + \lambda = -\mu \\ Y'' + \mu Y &= 0, \qquad T' + k(\lambda + \mu)T = 0 \end{aligned} \tag{6}$$

이 된다. 제차 경계조건은 다음과 같다.

$$\left.\begin{matrix} u(0, y, t) = 0, & u(b, y, t) = 0 \\ u(x, 0, t) = 0, & u(x, c, t) = 0 \end{matrix}\right\} \text{이므로} \qquad \left\{\begin{matrix} X(0) = 0, & X(b) = 0 \\ Y(0) = 0, & Y(c) = 0. \end{matrix}\right.$$

따라서 변수 x에 대해

$$X'' + \lambda X = 0, \quad X(0) = 0, \ X(b) = 0 \tag{7}$$

과 변수 y에 대해

$$Y'' + \mu Y = 0, \quad Y(0) = 0, \ Y(c) = 0 \tag{8}$$

인 Sturm-Liouville 문제 두 개를 갖는다. 일반적으로 고려되는 조건들($\lambda = 0$, $\lambda = -\alpha^2 < 0$, $\lambda = \alpha^2 > 0$, $\mu = 0$, $\lambda = -\beta^2 < 0$ 등)은 $\sin \lambda b = 0$와 $\sin \mu c = 0$으로 정의되는 두 개의 독립적인 고유값들의 집합으로 유도한다. 이 식은 각각 다음을 나타낸다.

$$\lambda_m = \frac{m^2\pi^2}{b^2} \qquad \text{그리고} \qquad \mu_n = \frac{n^2\pi^2}{c^2} \tag{9}$$

대응하는 고유함수들은

$$X(x) = c_2 \sin \frac{m\pi}{b} x, \ m = 1, 2, 3, \ldots \ \text{그리고} \ Y(y) = c_4 \sin \frac{n\pi}{c} y, \ n = 1, 2, 3, \ldots \tag{10}$$

식 (9)의 값들을 식 (6)의 1계 미분방정식에 대입하면 일반해는 $T(t) = c_5 e^{-k[(m\pi/b)^2 + (n\pi/c)^2]t}$가 된다. 그러면 제차 경계조건 4개를 만족하는 2차원 열전도 방정식의 곱의 해는

$$u_{mn}(x, y, t) = A_{mn}\, e^{-k[(m\pi/b)^2 + (n\pi/c)^2]t} \sin \frac{m\pi}{b} x \sin \frac{n\pi}{c} y$$

이며, 여기서 A_{mn}은 임의의 상수이다. 2개의 독립적인 고유값 집합을 갖기 때문에, 다음과 같이 이중 합의 중첩의 원리를 이용하자.

$$u(x, y, t) = \sum_{m=1}^{\infty}\sum_{n=1}^{\infty} A_{mn}\, e^{-k[(m\pi/b)^2 + (n\pi/c)^2]t} \sin\frac{m\pi}{b}x \sin\frac{n\pi}{c}y \tag{11}$$

$t = 0$에서 온도 $f(x, y)$가

$$u(x, y, 0) = f(x, y) = \sum_{m=1}^{\infty}\sum_{n=1}^{\infty} A_{mn} \sin\frac{m\pi}{b}x \sin\frac{n\pi}{c}y \tag{12}$$

이어야 한다. 식 (12)의 계수 A_{mn}을 구하는 것은 큰 문제가 아니다; 단순히 이중 합 식 (12)에 곱의 형태 $\sin(m\pi x/b)\sin(n\pi y/c)$을 곱하고 사각 영역 $0 \le x \le b$, $0 \le y \le c$에 대해 적분을 하면 A_{mn}을 구할 수 있다. 따라서

$$A_{mn} = \frac{4}{bc}\int_0^c\int_0^b f(x, y) \sin\frac{m\pi}{b}x \sin\frac{n\pi}{c}y\, dx\, dy \tag{13}$$

이 얻어진다. 따라서 경곗값 문제의 해는 식 (13)에 의해 정의된 A_{mn}을 갖는 식 (11)로 구성된다. ≡

계수 식 (13)을 갖는 급수 식 (11)은 **2변수 사인급수**(sine series in two variables), 혹은 **이중 사인 급수**(double sine series)라 불린다. 함수 $f(x, y)$의 **2변수 코사인 급수**(cosine series in two variables)는 약간 복잡하다. 함수 f가 사각 영역 $0 \le x \le b$, $0 \le y \le c$에 대해 정의되면, **이중 코사인 급수**(double cosine series)는 다음과 같다.

$$f(x, y) = A_{00} + \sum_{m=1}^{\infty} A_{m0} \cos\frac{m\pi}{b}x + \sum_{n=1}^{\infty} A_{0n} \cos\frac{n\pi}{c}y + \sum_{m=1}^{\infty}\sum_{n=1}^{\infty} A_{mn} \cos\frac{m\pi}{b}x \cos\frac{n\pi}{c}y$$

여기서

$$A_{00} = \frac{1}{bc}\int_0^c\int_0^b f(x, y)\, dx\, dy$$

$$A_{m0} = \frac{2}{bc}\int_0^c\int_0^b f(x, y) \cos\frac{m\pi}{b}x\, dx\, dy$$

$$A_{0n} = \frac{2}{bc}\int_0^c\int_0^b f(x, y) \cos\frac{n\pi}{c}y\, dx\, dy$$

$$A_{mn} = \frac{4}{bc}\int_0^c\int_0^b f(x, y) \cos\frac{m\pi}{b}x \cos\frac{n\pi}{c}y\, dx\, dy$$

이다. 이중 코사인 급수의 경곗값 문제에 대해서는 연습문제 13.8의 문제 2를 참조하라.

13.8 연습문제

부록에 선택된 홀수 번 문제의 답이 있다.

문제 1과 2에서는 주어진 조건하에서 열전도 방정식 (1)을 풀어라.

1. $u(0, y, t) = 0,\ u(\pi, y, t) = 0$
$u(x, 0, t) = 0,\ u(x, \pi, t) = 0$
$u(x, y, 0) = u_0$

2. $\left.\dfrac{\partial u}{\partial x}\right|_{x=0} = 0, \quad \left.\dfrac{\partial u}{\partial x}\right|_{x=1} = 0$
$\left.\dfrac{\partial u}{\partial y}\right|_{y=0} = 0, \quad \left.\dfrac{\partial u}{\partial y}\right|_{y=1} = 0$
$u(x, y, 0) = xy$

문제 3과 4에서는 주어진 조건하에서 파동방정식 (2)를 풀어라.

3. $u(0, y, t) = 0,\ u(\pi, y, t) = 0$
$u(x, 0, t) = 0,\ u(x, \pi, t) = 0$
$u(x, y, 0) = xy(x - \pi)(y - \pi)$
$\left.\dfrac{\partial u}{\partial t}\right|_{t=0} = 0$

4. $u(0, y, t) = 0,\ u(b, y, t) = 0$
$u(x, 0, t) = 0,\ u(x, c, t) = 0$
$u(x, y, 0) = f(x, y)$
$\left.\dfrac{\partial u}{\partial t}\right|_{t=0} = g(x, y)$

문제 5~7에서는, **그림 13.8.2**에 나와 있는 사각 평행육면체에서 정상상태 온도 $u(x, y, z)$에 대한 Laplace 방정식

$$\frac{\partial^2 u}{\partial x^2} + \frac{\partial^2 u}{\partial y^2} + \frac{\partial^2 u}{\partial z^2} = 0 \tag{14}$$

을 풀어라.

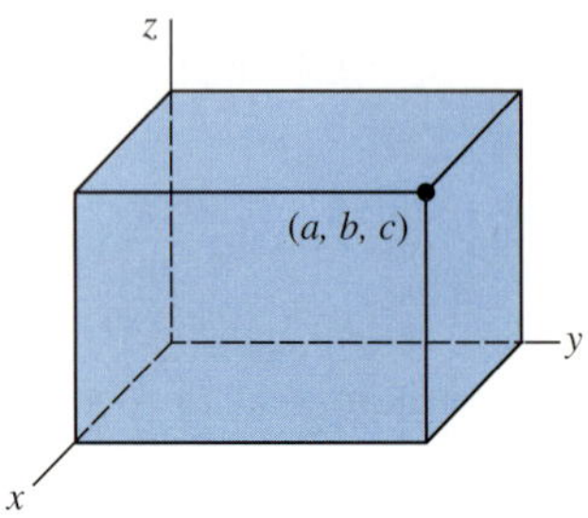

그림 13.8.2 문제 5~7의 사각 평행육면체

5. 평행육면체의 꼭대기($z = c$)가 온도 $f(x, y)$로 유지되고 나머지 면이 온도 0으로 유지되는 경우.

6. 평행육면체의 바닥($z = 0$)이 온도 $f(x, y)$로 유지되고 나머지 면이 온도 0으로 유지되는 경우.

7. 평행육면체가 단위 정육면체($a = b = c = 1$)로서 꼭대기($z = 1$)와 바닥($z = 0$)이 각각 상수 온도 u_0와 $-u_0$로 유지되고 나머지 면이 온도 0으로 유지되는 경우.

13 복습문제

부록에 선택된 홀수 번 문제의 답이 있다.

문제 1~2에서 주어진 편미분방정식의 곱의 해 $u = X(x)Y(y)$를 구하기 위해 변수분리법을 사용하라.

1. $\dfrac{\partial^2 u}{\partial x \partial y} = u$

2. $\dfrac{\partial^2 u}{\partial x^2} + \dfrac{\partial^2 u}{\partial y^2} + 2\dfrac{\partial u}{\partial x} + 2\dfrac{\partial u}{\partial y} = 0$

3. 다음 경곗값 문제의 정상상태 해 $\psi(x)$를 구하라.

$$k\frac{\partial^2 u}{\partial x^2} = \frac{\partial u}{\partial t}, \quad 0 < x < \pi, \quad t > 0$$

$$u(0, t) = u_0, \quad -\left.\frac{\partial u}{\partial x}\right|_{x=\pi} = u(\pi, t) - u_1, \quad t > 0$$

$$u(x, 0) = 0, \quad 0 < x < \pi.$$

4. 문제 3의 경계조건에 대해 물리적 해석을 하라.

5. $t = 0$에서 단위길이를 갖는 현이 양의 x축 상으로 늘어나 있다. 현의 양 끝 $x = 0$과 $x = 1$은 $t > 0$에서 x축에 고정되어 있다. 초기 속도 $g(x)$가 **그림 13.R.1**에 주어진 것과 같을 때, 변위 $u(x, t)$를 구하라.

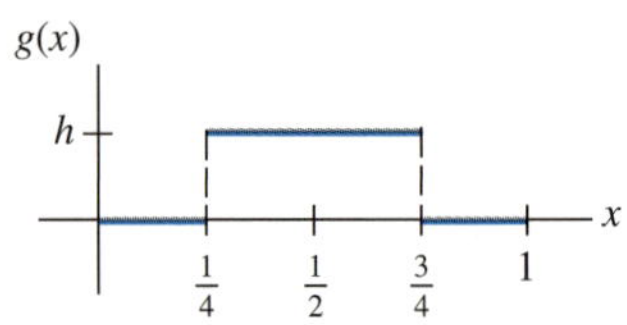

그림 13.R.1 문제 5의 초기 속도

6. 편미분방정식

$$\frac{\partial^2 u}{\partial x^2} + x^2 = \frac{\partial^2 u}{\partial t^2}$$

는 왼쪽 끝에서부터 수평 거리의 제곱에 비례하는 외부 수직력이 현에 작용할 때의 파동방정식이다. 현은 $t > 0$에 대해 $x = 0$에서 x축으로부터 한 단위 위에 고정되어 있고 $x = 1$에서 x축 상에 고정되어 있다. 현이 정지 상태로부터 초기 변위 $f(x)$에서 움직일 때, 변위 $u(x, t)$를 구하라.

7. 그림 13.R.2에 보이는 정사각판에서 정상상태 온도 $u(x, y)$를 구하라.

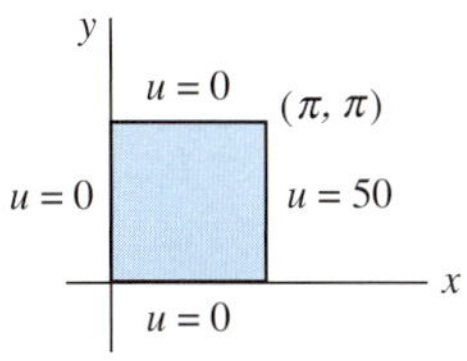

그림 13.R.2 문제 7의 정사각판

8. 그림 13.R.3에 보이는 반무한 판에서 정상상태 온도 $u(x, y)$를 구하라.

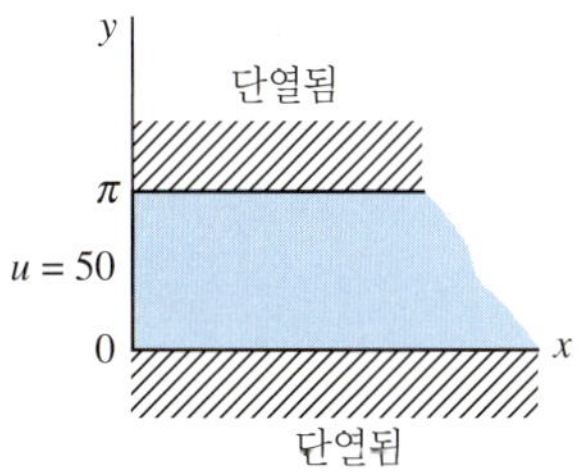

그림 13.R.3 문제 8의 반무한 판

9. 경계 $y = 0$과 $y = \pi$가 항상 온도 0으로 유지될 때, 문제 8을 풀어라.

10. 초기 온도가 전체에 걸쳐 u_0일 때 그림 13.R.4에 보이는 $2L$ 폭의 무한 판에서의 온도 $u(x, t)$를 구하라.[힌트: $u(x, 0) = u_0$, $-L < x < L$은 x의 우함수이다.]

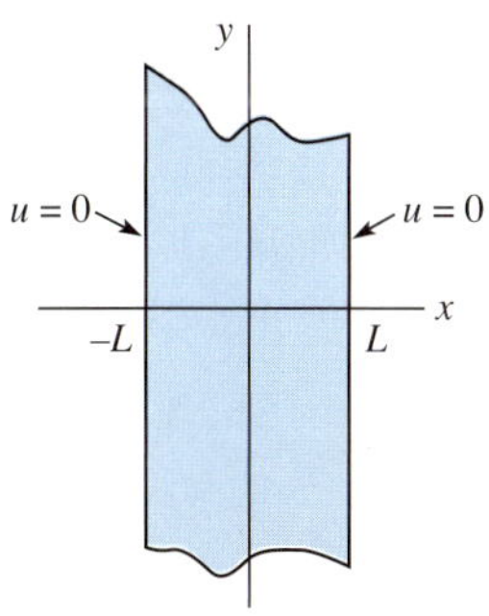

그림 13.R.4 문제 10의 무한 판

11. **(a)** 다음 경곗값 문제를 풀어라.

$$\frac{\partial^2 u}{\partial x^2} = \frac{\partial u}{\partial t}, \quad 0 < x < \pi, \ t > 0$$

$$u(0, t) = 0, \quad u(\pi, t) = 0, \ t > 0$$

$$u(x, 0) = \sin x, \ 0 < x < \pi.$$

(b) 초기 온도가

$$u(x, 0) = 100 \sin 3x - 30 \sin 5x?$$

이면 (a)의 경곗값 문제에 대한 해는 무엇인가?

12. 다음 경곗값 문제를 풀어라.

$$\frac{\partial^2 u}{\partial x^2} + \sin x = \frac{\partial u}{\partial t}, \quad 0 < x < \pi, \ t > 0$$

$$u(0, t) = 400, \ u(\pi, t) = 200, \ t > 0$$

$$u(x, 0) = 400 + \sin x, \ 0 < x < \pi.$$

13. 다음 문제의 급수해를 구하라.

$$\frac{\partial^2 u}{\partial x^2} + 2\frac{\partial u}{\partial x} = \frac{\partial^2 u}{\partial t^2} + 2\frac{\partial u}{\partial t} + u, \ 0 < x < \pi, \ t > 0$$

$$u(0, t) = 0, \quad u(\pi, t) = 0, \ t > 0$$

$$\left.\frac{\partial u}{\partial t}\right|_{t=0} = 0, \ 0 < x < \pi.$$

급수의 계수를 계산할 필요는 없다.

14. 매질 안에서 확산되면서 동시에 유동하는 용질의 농도 $c(x, t)$가 다음 편미분방정식

$$k\frac{\partial^2 c}{\partial x^2} - h\frac{\partial c}{\partial x} = \frac{\partial c}{\partial t}, \ 0 < x < 1, \ t > 0$$

을 만족하며, k와 h는 상수이다. 이 편미분방정식을 다음 조건하에 풀어라.

$$c(0, t) = 0, \quad c(1, t) = 0, \ t > 0$$

$$c(x, 0) = c_0, \ 0 < x < 1,$$

여기서 c_0는 상수이다.

15. 다음 경곗값 문제를 풀어라.

$$\frac{\partial^2 u}{\partial x^2} = \frac{\partial u}{\partial t}, \ 0 < x < 1, \ t > 0$$

$$u(0, t) = u_0, \quad \left.\frac{\partial u}{\partial x}\right|_{x=1} = -u(1, t) + u_1, \ t > 0$$

$$u(x, 0) = u_0, \ 0 < x < 1,$$

여기서 u_0와 u_1은 상수이다.

16. 다음 경계조건이 부여된 직사각형 판에 대한 Laplace 방정식을 풀어라.

$$u(0, y) = 0, \quad u(\pi, y) = 0, \ 0 < y < \pi$$
$$u(x, 0) = x^2 - \pi x, \quad u(x, \pi) = x^2 - \pi x, \ 0 < x < \pi.$$

17. $u(x, y) = v(x, y) + \psi(x)$ 치환과 문제 16의 결과를 이용하여 다음 경곗값 문제를 풀어라.

$$\frac{\partial^2 u}{\partial x^2} + \frac{\partial^2 u}{\partial y^2} = -2, \quad 0 < x < \pi, \ 0 < y < \pi$$
$$u(0, y) = 0, \quad u(\pi, y) = 0, \quad 0 < y < \pi$$
$$u(x, 0) = 0, \quad u(x, \pi) = 0, \quad 0 < x < \pi.$$

18. 다음 경곗값 문제를 풀어라.

$$\frac{\partial^2 u}{\partial x^2} + e^x = \frac{\partial u}{\partial t}, \quad 0 < x < \pi, \ t > 0$$
$$u(0, t) = 0, \quad \left.\frac{\partial u}{\partial x}\right|_{x=\pi} = 0, \ t > 0$$
$$u(x, 0) = f(x), \ 0 < x < \pi.$$

19. 직사각형 판이 xy 평면에서 $0 \le x \le a$, $0 \le y \le b$에 의해 정의된 영역으로 표시된다. 사인파 하중에 의한 변형 $w(x, y)$에 대한 분석에 의해 다음의 선형 4차 편미분방정식이 얻어졌다.

$$\frac{\partial^4 w}{\partial x^4} + 2\frac{\partial^4 w}{\partial x^2 \partial y^2} + \frac{\partial^4 w}{\partial y^4} = \frac{q_0}{D} \sin\frac{\pi x}{a} \sin\frac{\pi y}{b},$$

여기서 q_0와 D는 상수이다. $w(x, y) = C\sin\frac{\pi x}{a}\sin\frac{\pi y}{b}$가 편미분방정식의 특수해가 되도록 상수 C를 구하라.

20. 문제 19의 직사각형 판의 네 모서리가 단순 지지되어 있다면, 특수해가 다음의 경계조건들을 만족시킴을 보여라.

$$w(0, y) = 0, \quad w(a, y) = 0, \quad 0 < y < b$$
$$w(x, 0) = 0, \quad w(x, b) = 0, \quad 0 < x < a$$
$$\left.\frac{\partial^2 w}{\partial x^2}\right|_{x=0} = 0, \quad \left.\frac{\partial^2 w}{\partial x^2}\right|_{x=a} = 0, \quad 0 < y < b$$
$$\left.\frac{\partial^2 w}{\partial y^2}\right|_{y=0} = 0, \quad \left.\frac{\partial^2 w}{\partial y^2}\right|_{y=b} = 0, \quad 0 < x < a.$$

LA PHIL

CHAPTER

14

다른 좌표계에서의 경곗값 문제

Boundary-Value Problems in Other Coordinate Systems

앞의 장에서는 데카르트 좌표 또는 직교좌표 위에 나타난 경곗값 문제를 해결하기 위해 Fourier 급수를 이용했다. 이 장에서는 최종적으로 **원기둥좌표** 또는 **구면좌표** 위에 나타난 경곗값 문제의 해결 방법으로 Fourier-Bessel 급수(14.2절)와 Fourier-Legendre 급수(14.3절) 이론을 실제로 사용해 볼 것이다.

CHAPTER CONTENTS

만약 $\lambda_n = 0$인 동시에 $\lambda_0 = 0$이면 식 (6)의 고유함수는

$$\Theta(\theta) = c_1,\ n = 0 \text{그리고} \quad \Theta(\theta) = c_1 \cos n\theta + c_2 \sin n\theta,\ n = 1, 2, \ldots$$

이다. $\lambda_n = n^2$, $n = 0, 1, 2, \ldots$ 일 때 Cauchy-Euler 미분방정식인 (4)의 해는

$$R(r) = c_3 + c_4 \ln r,\ n = 0, \tag{10}$$

$$R(r) = c_3 r^n + c_4 r^{-n},\ n = 1, 2, \ldots \tag{11}$$

이다. 식 (11)에서 $r^{-n} = 1/r^n$임에 유의하라. 해 u가 원판의 중앙($r = 0$)에서 유계가 되기 위해서는 식 (10)과 (11)의 둘 중 어느 한쪽에는 $c_4 = 0$이라고 정의되어야 한다. 결과적으로 극좌표에서 Laplace 방정식의 곱의 해 $u_n = R(r)\Theta(\theta)$는

$$u_0 = A_0,\ n = 0, \quad \text{그리고} \quad u_n = r^n(A_n \cos n\theta + B_n \sin n\theta),\ n = 1, 2, \ldots$$

이다. 여기서 c_3c_1은 $n = 0$에 대해서 A_0로, $n = 1, 2, \ldots$ 에 대해서는 A_n으로 대체되었고 c_3c_2 조합은 B_n으로 대체되었다. 결합법칙을 적용하면

$$u(r, \theta) = A_0 + \sum_{n=1}^{\infty} r^n(A_n \cos n\theta + B_n \sin n\theta) \tag{12}$$

을 얻는다. 식 (12)의 결과에 $r = c$의 경계조건을 적용함으로써

$$f(\theta) = A_0 + \sum_{n=1}^{\infty} c^n(A_n \cos n\theta + B_n \sin n\theta)$$

가 f의 완전한 Fourier 급수 전개임을 알 수 있다. 결과적으로 관계식

$$A_0 = \frac{a_0}{2}, \quad c^nA_n = a_n, \quad \text{그리고} \quad c^nB_n = b_n$$

을 만들 수 있다. 즉

$$A_0 = \frac{1}{2\pi}\int_0^{2\pi} f(\theta)\, d\theta \tag{13}$$

$$A_n = \frac{1}{c^n\pi}\int_0^{2\pi} f(\theta) \cos n\theta\, d\theta \tag{14}$$

$$B_n = \frac{1}{c^n\pi}\int_0^{2\pi} f(\theta) \sin n\theta\, d\theta \tag{15}$$

이다. 문제의 해는 식 (12)에 주어진 급수로 구성된다. 여기서 계수 A_0와 A_n 그리고 B_n은 식 (13)과 (14) 그리고 식 (15)에 정의되어 있다. ≡

각각의 양의 고유값 $\lambda_n = n^2$, $n = 1, 2, \ldots$ 에 상응하는 다른 두 개의 고유함수

$\cos n\theta$와 $\sin n\theta$가 있음을 주시하라. 간혹 이런 상황의 고유값들을 **이중 고유값**(double eigenvalue)이라고 부른다.

예제 2 반원판의 정상상태 온도

그림 14.1.3의 반원판의 정상상태 온도 $u(r, \theta)$를 구하라.

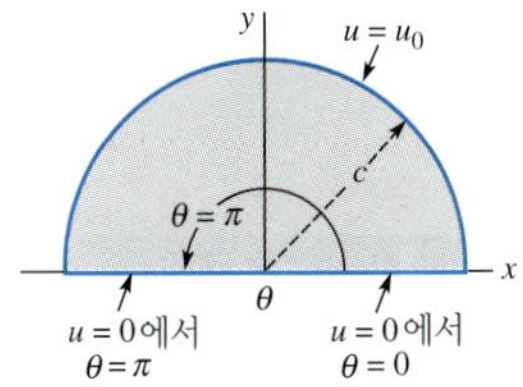

그림 14.1.3 예제 2의 반원판

풀이 경곗값 문제는

$$\frac{\partial^2 u}{\partial r^2} + \frac{1}{r}\frac{\partial u}{\partial r} + \frac{1}{r^2}\frac{\partial^2 u}{\partial \theta^2} = 0, \quad 0 < \theta < \pi, \quad 0 < r < c$$

$$u(c, \theta) = u_0, \quad 0 < \theta < \pi$$

$$u(r, 0) = 0, \quad u(r, \pi) = 0, \quad 0 < r < c$$

이다. $u = R(r)\Theta(u)$라 정의하고 변수 분리를 수행하면

$$\frac{r^2R'' + rR'}{R} = -\frac{\Theta''}{\Theta} = \lambda$$

을 얻고

$$r^2R'' + rR' - \lambda R = 0 \tag{16}$$

$$\Theta'' + \lambda\Theta = 0 \tag{17}$$

이다. 경계 $\theta = 0$과 $\theta = \pi$에서 가정된 균등한 경계조건은 $\Theta(0) = 0$과 $\Theta(\pi) = 0$으로 대체된다. 방정식 (17)과 더불어 이런 조건들이 더해져서 정칙 Sturm-Liouville 문제

$$\Theta'' + \lambda\Theta = 0, \quad \Theta(0) = 0, \quad \Theta(\pi) = 0 \tag{18}$$

가 만들어진다. 이 유명한 문제*는 고유값 $\lambda_n = n^2$와 고유함수 $\Theta(\theta) = c_2 \sin n\theta$, $n = 1, 2, \ldots$을 가지고 있다. 또한 λ를 n^2으로 치환하면 식 (16)의 해는 $R(r) = c_3r^n + c_4r^{-n}$가 된다. 문제의 해인 u가 $r = 0$에서 유계일 것이라는 예제 1의 추론을 맞추기 위해 $c_4 = 0$으로 정의한다. 그 결과 $u_n = R(r)\Theta(\theta) = A_nr^n \sin n\theta$이고

$$u(r, \theta) = \sum_{n=1}^{\infty} A_nr^n \sin n\theta$$

가 된다. 남아 있는 $r = c$의 경계조건으로 사인 급수인

$$u_0 = \sum_{n=1}^{\infty} A_nc^n \sin n\theta$$

을 얻게 된다. 결과적으로

$$A_nc^n = \frac{2}{\pi}\int_0^{\pi} u_0 \sin n\theta \, d\theta$$

이고

---

* 식 (18)과 관련된 문제는 3.9절의 $L = \pi$인 예제 2이다.

$$A_n = \frac{2u_0}{\pi c^n} \frac{1 - (-1)^n}{n}$$

이다. 따라서 문제의 해는 다음과 같다.

$$u(r, \theta) = \frac{2u_0}{\pi} \sum_{n=1}^{\infty} \frac{1 - (-1)^n}{n} \left(\frac{r}{c}\right)^n \sin n\theta. \qquad \equiv$$

14.1 연습문제

부록에 선택된 홀수 번 문제의 답이 있다.

문제 1~4에서는 원주의 온도가 아래와 같을 때 반지름 $r = 1$인 원판의 정상상태 온도 $u(r, \theta)$를 구하라.

1. $u(1, \theta) = \begin{cases} u_0, & 0 < \theta < \pi \\ 0, & \pi < \theta < 2\pi \end{cases}$

2. $u(1, \theta) = \begin{cases} \theta, & 0 < \theta < \pi \\ \pi - \theta, & \pi < \theta < 2\pi \end{cases}$

3. $u(1, \theta) = 2\pi\theta - \theta^2, \quad 0 < \theta < 2\pi$

4. $u(1, \theta) = \theta, \quad 0 < \theta < 2\pi$

5. 반경 2인 반원판의 경계 $\theta = 0$과 $\theta = \pi$는 단열되어 있고, 아래의 수식이 성립한다.

$$\left.\frac{\partial u}{\partial \theta}\right|_{\theta=0} = 0, \quad \left.\frac{\partial u}{\partial \theta}\right|_{\theta=\pi} = 0, \quad 0 < r < 2.$$

여기서 u_0는 상수이며, 위 조건을 만족하는 정상상태온도 $u(r, \theta)$를 구하라.

$$u(2, \theta) = \begin{cases} u_0, & 0 < \theta < \pi/2 \\ 0, & \pi/2 < \theta < \pi, \end{cases}$$

6. 경계조건

$$u(1, \theta) = u_0, \quad 0 < \theta < \pi$$
$$u(r, 0) = 0, \quad u(r, \pi) = u_0, \quad 0 < r < 1,$$

u_0는 상수이며, 경계조건을 만족하는 반경 1인 반원판 내의 정상상태 온도 $u(r, \theta)$를 구하라.

7. **그림 14.1.4**의 부채꼴 원판에 대한 정상상태 온도 $u(r, \theta)$를 구하라.

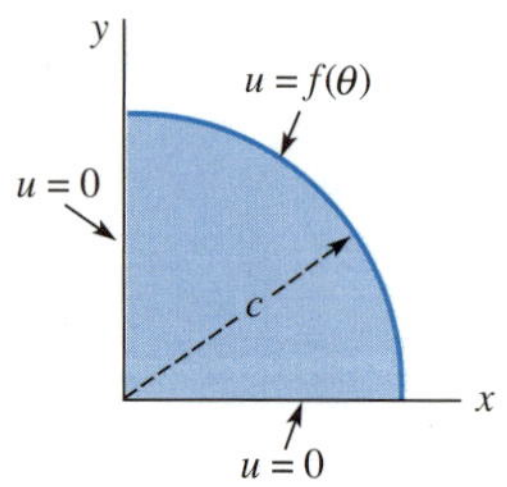

그림 14.1.4 문제 7의 부채꼴 모양 판

8. 그림 14.1.4에서와 같이 사분의 일 원판에서 경계 $\theta = 0$와 $\theta = \pi/2$에서 단열되어 있을 때, 정상상태 온도 $u(r, \theta)$를 구하라,

$$u(c, \theta) = \begin{cases} 1, & 0 < \theta < \pi/4 \\ 0, & \pi/4 < \theta < \pi. \end{cases}$$

9. **그림 14.1.5**의 부채꼴 원판에 대한 정상상태 온도 $u(r, \theta)$를 구하라.

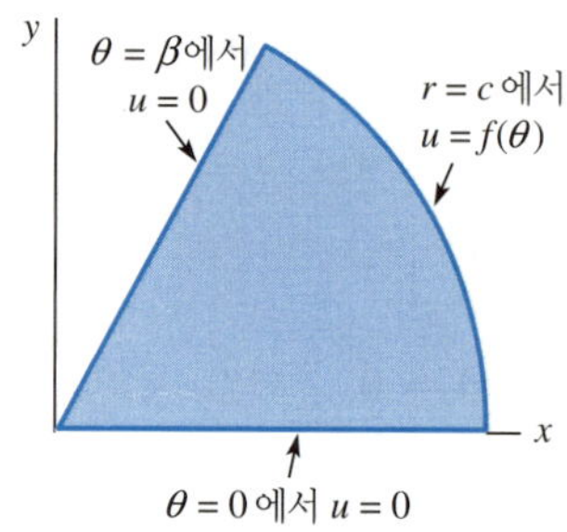

그림 14.1.5 문제 9의 부채꼴 모양 판

10. **그림 14.1.6**처럼 무한한 쐐기 모양 평판의 정상상태 온도 $u(r, \theta)$를 구하라.[힌트: 온도는 $r \to 0$와 $r \to \infty$일 때 유계이다.]

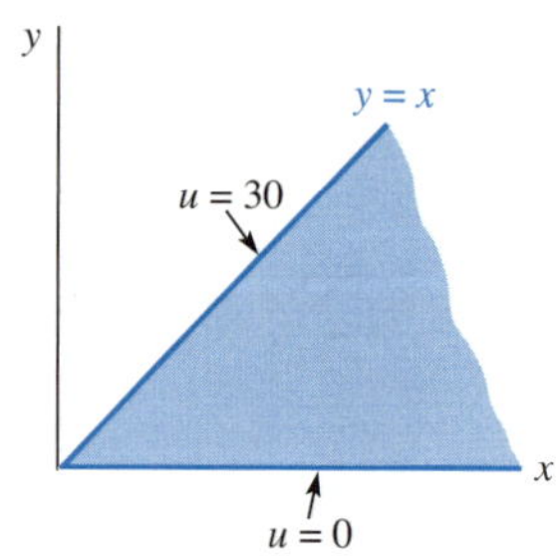

그림 14.1.6 문제 10의 무한한 쐐기 모양 평판

11. **그림 14.1.7**에 있는 반경 a와 b의 동심원으로 경계를 이루는 고리모양의 판 내에서 $a < b$, 정상상태 온도 $u(r, \theta)$를 구하라.[힌트: 예제 1과 같이 진행]

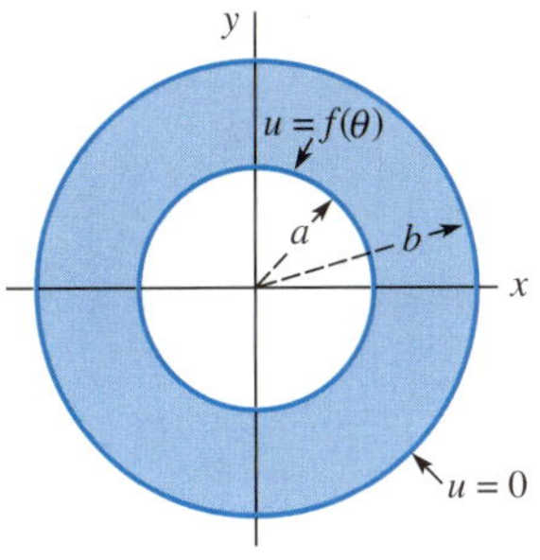

그림 14.1.7 문제 11의 고리모양 원판

12. 그림 14.1.7의 원형 고리에 대한 경계조건이

$$u(a, \theta) = u_0, \quad u(b, \theta) = u_1, \quad 0 < \theta < 2\pi$$

이고 u_0와 u_1이 상수이면 정상상태 온도가

$$u(r, \theta) = \frac{u_0 \ln(r/b) - u_1 \ln(r/a)}{\ln(a/b)}$$

임을 보여라.[힌트: $u(r, \theta) = v(r, \theta) + \psi(r)$ 형태의 해를 시도하라.]

13. 그림 14.1.7의 원형 고리의 정상상태 온도 $u(r, \theta)$를 구하라. 경계조건은

$$\left.\frac{\partial u}{\partial r}\right|_{r=a} = 0, \quad u(b, \theta) = f(\theta), \quad 0 < \theta < 2\pi$$

이다.

14. 그림 14.1.7의 고리모양 판에서 $a = 1$, $b = 2$이고

$$u(1, \theta) = 75\sin\theta, \quad u(2, \theta) = 60\cos\theta, \quad 0 < \theta < 2\pi$$

을 만족할 때 정상상태 온도 $u(r, \theta)$를 구하라.

15. 그림 14.1.8의 반 고리모양 판에서 경계조건

$$u(a, \theta) = \theta(\pi - \theta), \quad u(b, \theta) = 0, \quad 0 < \theta < \pi$$
$$u(r, 0) = 0, \quad u(r, \pi) = 0, \quad a < r < b$$

을 만족하는 정상상태 온도 $u(r, \theta)$를 구하라.

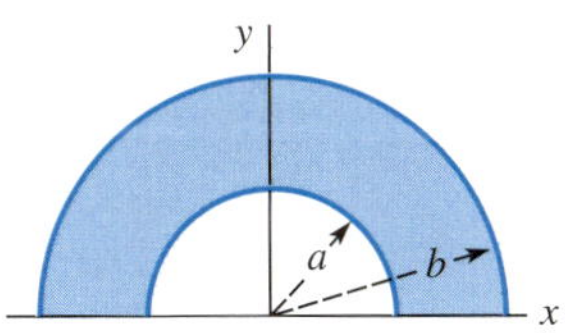

그림 14.1.8 문제 15의 반 고리모양 판

16. 그림 14.1.8의 반 고리모양 판에서 $a = 1$, $b = 2$이고 경계조건

$$u(1, \theta) = 0, \quad u(2, \theta) = u_0, \quad 0 < \theta < \pi$$
$$u(r, 0) = 0, \quad u(r, \pi) = 0, \quad 1 < r < 2$$

u_0는 상수이며, 만족하는 정상상태 온도 $u(r, \theta)$를 구하라.

17. 그림 14.1.9의 사분 고리모양 원판에 대한 정상상태 온도 $u(r, \theta)$를 구하라.

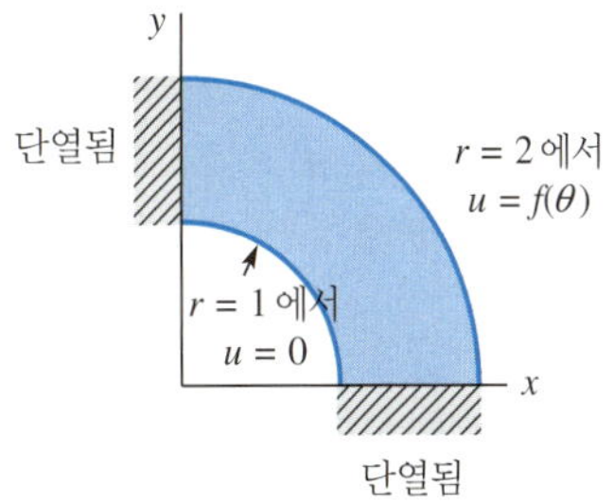

그림 14.1.9 문제 17의 사분(1/4) 고리모양 원판

18. 그림 14.1.10의 일사분면 판은 그림 14.1.7의 고리모양 원판의 8분의 1이다. 정상상태온도 $u(r, \theta)$을 구하라.

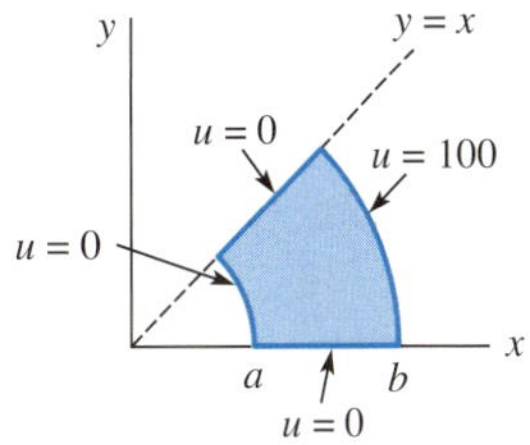

그림 14.1.10 문제 18의 팔분(1/8) 고리모양 원판

19. 그림 14.1.11에서 반경 c인 원판에 대해서 외부 경곗값 문제(Dirichlet 문제)를 풀어라. 즉, 원점으로 부터 반경 c인 원판을 도려낸 나머지 영역에서, 경계인 반경 c원 위에서의 온도는 $f(\theta)$일 때 정상상태 온도 $u(r, \theta)$을 구하라.[힌트: 온도 u는 $r \to \infty$일 때 유계이다.]

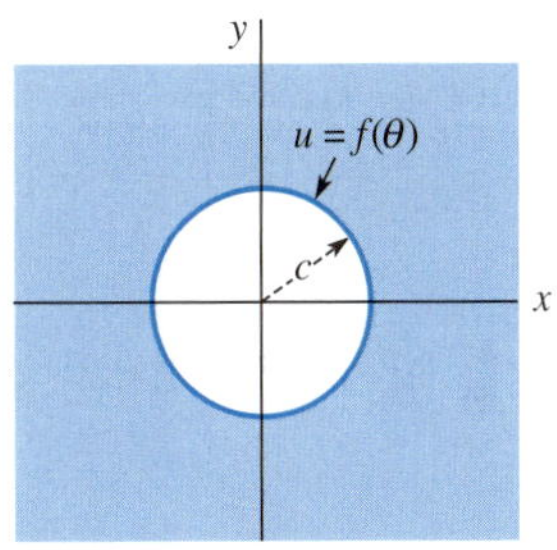

그림 14.1.11 문제 19의 무한 판

20. 그림 14.1.8에서 $a = 1$, $b = 2$의 반고리 모양 판에서 경계조건

$$u(1, \theta) = 0, \quad u(2, \theta) = 0, \quad 0 < \theta < \pi$$
$$u(r, 0) = 0, \quad u(r, \pi) = r, \quad 1 < r < 2$$

을 만족하는 정상상태온도 $u(r, \theta)$을 고려하여, 고유치와 고유함수를 유도하는 식 (4)와 (5)에서 $\lambda = -\alpha^2$임을 증

명하고, 정상상태온도 $u(r, \theta)$을 구하라.

컴퓨터 실습 과제

21. **(a)** 예제 1에서

$$u(1, \theta) = \begin{cases} 100, & 0 < \theta < \pi \\ 0, & \pi < \theta < 2\pi \end{cases}$$

일 때 $u(r, \theta)$에 대한 급수해를 구하라(문제 1 참조).

(b) $r = 0.9$, $r = 0.7$, $r = 0.5$, $r = 0.3$, 그리고 $r = 0.1$에 대해 (a)의 해에서 영이 아닌 첫 5개의 해로 구성된 부분합 $S_5(r, \theta)$를 CAS나 그래프 유틸리티를 이용해서 그려라. 동일한 좌표축 위에 그래프를 포개서 그려라.

(c) 온도 $u(0.9, 1.3)$, $u(0.7, 2)$, $u(0.5, 3.5)$, $u(0.3, 4)$, $u(0.1, 5.5)$의 근사값을 구하라. 그러고 나서 $u(0.9, 2\pi - 1.3)$, $u(0.7, 2\pi - 2)$, $u(0.5, 2\pi - 3.5)$, $\theta(0.3, 2\pi - 4)$, $u(0.1, 2\pi - 5.5)$의 근사값을 구하라.

(d) 원판 중앙의 온도는 얼마인가? 왜 이 값이 평판의 **평균 온도**로 평가되어도 적절한가?[힌트: (b)의 그래프를 보고 (c)의 값들을 살펴보라.]

토의문제

22. 원판에 대한 노이만(Neumann) 문제를 풀어라:

$$\frac{\partial^2 u}{\partial r^2} + \frac{1}{r}\frac{\partial u}{\partial r} + \frac{1}{r^2}\frac{\partial^2 u}{\partial \theta^2} = 0, \quad 0 < \theta < 2\pi, \quad 0 < r < c$$

$$\left.\frac{\partial u}{\partial r}\right|_{r=c} = f(\theta), \quad 0 < \theta < 2\pi$$

호환성 조건을 주어라.[힌트: 연습문제 13.5의 문제 21을 참조]

23. 그림 14.1.7의 원형 고리를 살펴보자. 경계조건이 $u(a, \theta) = f(\theta)$, $u(b, \theta) = g(\theta)$, $0 \le \theta \le 2\pi$일 때 정상상태 온도 $u(r, \theta)$를 어떻게 찾을 수 있는지를 논의하라.

24. $u(r, \theta) = \frac{3}{4}r\sin\theta - \frac{1}{4}r^3 \sin 3\theta$가 경곗값 문제의 해인지 확인하라.

$$\frac{\partial^2 u}{\partial r^2} + \frac{1}{r}\frac{\partial u}{\partial r} + \frac{1}{r^2}\frac{\partial^2 u}{\partial \theta^2} = 0, \quad 0 < \theta < 2\pi, \quad 0 < r < 1$$

$$u(1, \theta) = \sin^3\theta, \quad 0 < \theta < 2\pi.$$

14.2 원기둥좌표계

소개 이 절에서는 극좌표에서의 열방정식과 파동방정식 그리고 원기둥좌표에서의 Laplace 방정식과 관련된 경곗값 문제들을 고찰할 것이다. 예제와 연습문제를 통해 살펴보면 둘 사이에는 공통점이 존재한다. 이 절에 제시된 경곗값 문제들은 방사대칭(radial symmetry)을 지닌다.

방사대칭 2차원 열방정식과 파동방정식

$$k\left(\frac{\partial^2 u}{\partial x^2} + \frac{\partial^2 u}{\partial y^2}\right) = \frac{\partial u}{\partial t}, \quad a^2\left(\frac{\partial^2 u}{\partial x^2} + \frac{\partial^2 u}{\partial y^2}\right) = \frac{\partial^2 u}{\partial t^2}$$

을 극좌표상에서 표현하면 각각

$$k\left(\frac{\partial^2 u}{\partial r^2} + \frac{1}{r}\frac{\partial u}{\partial r} + \frac{1}{r^2}\frac{\partial^2 u}{\partial \theta^2}\right) = \frac{\partial u}{\partial t}, \quad a^2\left(\frac{\partial^2 u}{\partial r^2} + \frac{1}{r}\frac{\partial u}{\partial r} + \frac{1}{r^2}\frac{\partial^2 u}{\partial \theta^2}\right) = \frac{\partial^2 u}{\partial t^2} \tag{1}$$

이 된다. 여기서 $u = u(r, \theta, t)$이다. 이 방정식들 중에 어느 하나와 관련된 경곗값 문제를 변수분리해서 풀기 위해서는 반드시 $u = R(r)\Theta(\theta)T(t)$을 정의해야 한다. 13.8절에서처럼 이 가정은 결국 복합무한급수를 만들어 낸다. 연습문제 14.2의 문제 18을 참조하라. 그 다음 논의로 미지의 함수 θ가 각에 대한 좌표 u에 대해 독립적이 되는, 즉 **방사대칭**(radial symmetry)을 지닌 더 간단하지만 여전히 중요한 문제들을 다룰 것이다. 이 경우에 식 (1)의 열방정식과 파동방정식은 각각

$$k\left(\frac{\partial^2 u}{\partial r^2}+\frac{1}{r}\frac{\partial u}{\partial r}\right)=\frac{\partial u}{\partial t},\quad a^2\left(\frac{\partial^2 u}{\partial r^2}+\frac{1}{r}\frac{\partial u}{\partial r}\right)=\frac{\partial^2 u}{\partial t^2} \tag{2}$$

와 같은 표현식으로 놓는다. 여기서 $u = u(r, t)$이다. 식 (2)에서 두 번째 방정식으로 묘사되는 진동을 **방사진동**(radial vibration)이라 한다.

첫 번째 예제는 원형 막의 비감쇠 방사자유진동을 다루고 있다. 변위는 작고 막의 각 부분들은 xy 평면에 수직 방향(상하 진동)으로 움직인다고 가정한다. 즉 u축은 xy 평면과 수직이다. 예제를 공부하는 동안 염두에 두어야 할 물리적인 모형은 떨리는 북의 가죽이다.

예제 1 원형 막의 방사진동

반지름이 c인 원주를 덮은 원형 막의 변위 $u(r, t)$를 구하라. 초기 변위는 $f(r)$이고 초기 속도는 $g(r)$이다. 그림 14.2.1을 참조하라.

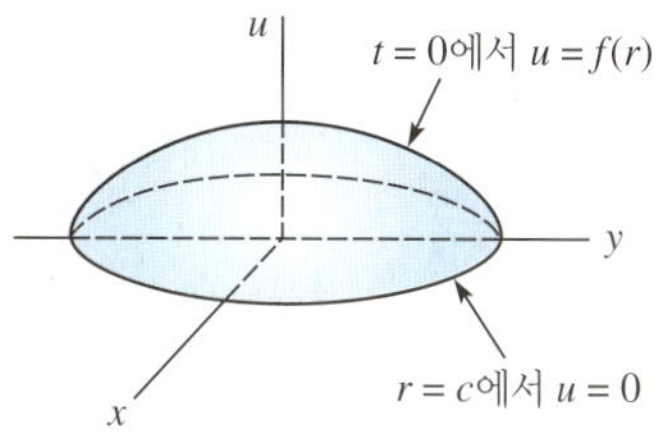

그림 14.2.1 예제 1의 원형 막의 초기 변위

풀이 풀어야 할 경곗값 문제는

$$a^2\left(\frac{\partial^2 u}{\partial r^2}+\frac{1}{r}\frac{\partial u}{\partial r}\right)=\frac{\partial^2 u}{\partial t^2},\quad 0<r<c,\ t>0$$

$$u(c, t) = 0,\quad t>0$$

$$u(r,0)=f(r),\quad \left.\frac{\partial u}{\partial t}\right|_{t=0}=g(r),\quad 0<r<c$$

이다. $u = R(r)T(t)$을 편미분방정식으로 치환하고 변수를 분리하면

$$\frac{R''+\frac{1}{r}R'}{R}=\frac{T''}{a^2T}=-\lambda \tag{3}$$

을 얻는다. 식 (3)에서 우리는 기존의 분리상수 $-\lambda$로 되돌아왔음에 유념하라. 식 (3)을 통해 두 개의 방정식

$$rR''+R'+\lambda rR=0 \tag{4}$$

와

$$T''+a^2\lambda T=0 \tag{5}$$

을 얻는다. 방정식 (5)를 살펴보면 문제의 진동 특성으로 인해 $\lambda = \alpha^2 > 0$, $\alpha > 0$만 사용해야 한다는 것을 알 수 있다. 지금 식 (4)는 Cauchy-Euler 방정식이 아니지만 계수(order) $\nu = 0$인 매개변수 Bessel 미분방정식이다. 즉 $rR'' + R' + \alpha^2 rR = 0$이다. 5.3절의 식 (13)에서 보면 마지막 방정식의 일반해는

$$R(r) = c_1 J_0(\alpha r) + c_2 Y_0(\alpha r) \tag{6}$$

이다. 우리에게 익숙한 방정식 (5)의 일반해는

$$T(t) = c_3 \cos a\alpha t + c_4 \sin a\alpha t$$

이다. 제2의 Bessel 함수의 계수가 영일 때 $r \to 0^+$이면 $Y_0(\alpha r) \to -\infty$인 특성을 가지며 변위 $u(r, t)$는 $r = 0$에서 유계가 되어야 한다는 가정 때문에 식 (6)에서 $c_2 = 0$으로 정의해야 한다는 것을 상기하자. 따라서 $R(r) = c_1 J_0(\alpha r)$이다.

경계조건 $u(c, t) = 0$은 $R(c) = 0$과 같은 의미이기 때문에 $c_1 J_0(\alpha c) = 0$이어야만 한다. 따라서 $c_1 = 0$[편미분방정식의 자명해(trivial solution)를 얻는다]을 제외하면

$$J_0(\alpha c) = 0 \tag{7}$$

이다. 만약 $x_n = \alpha_n c$가 식 (7)의 양의 근이라면 $\alpha_n = x_n/c$이고 문제의 고유값은 $\lambda_n = \alpha_n^2 = x_n^2/c^2$이고 고유함수는 $c_1 J_0(\alpha_n r)$이다. 편미분방정식과 경계조건을 만족하는 곱 형태의 해는

$$u_n = R(r)T(t) = (A_n \cos a\alpha_n t + B_n \sin a\alpha_n t) J_0(\alpha_n r) \tag{8}$$

이고, 여기서 우리는 통상적으로 하듯이 상수의 이름을 바꾸었다. 중첩의 원리에 의해

$$u(r, t) = \sum_{n=1}^{\infty} (A_n \cos a\alpha_n t + B_n \sin a\alpha_n t) J_0(\alpha_n r) \tag{9}$$

을 얻을 수 있다. 주어진 초기조건으로 계수 A_n과 B_n을 정한다.

식 (9)에서 $t = 0$으로 하고 $u(r, 0) = f(r)$을 사용하면

$$f(r) = \sum_{n=1}^{\infty} A_n J_0(\alpha_n r) \tag{10}$$

을 얻는다. 이 마지막 결과를 함수 f의 구간 $(0, c)$ 위에 정의된 Fourier-Bessel 전개로 여긴다. 결과적으로 식 (7)과 (10)을 12.6절의 식 (8), (15)와 직접적으로 비교해 보면 12.6절의 식 (16)에 주어진 계수와 계수 A_n을 동일하다고 받아들일 수 있을 것이다.

$$A_n = \frac{2}{c^2 J_1^2(\alpha_n c)} \int_0^c r J_0(\alpha_n r) f(r)\, dr \tag{11}$$

그 다음에 식 (9)를 t에 대해 미분하고 $t = 0$으로 놓고 $u_t(r, 0) = g(r)$을 이용하면

$$g(r) = \sum_{n=1}^{\infty} a\alpha_n B_n J_0(\alpha_n r)$$

이 된다. 이것이 함수 g에 관한 Fourier-Bessel 전개의 표현이다. 12.6절의 식 (16)과 계수 $a\alpha_n B_n$을 동일시하면

$$B_n = \frac{2}{a\alpha_n c^2 J_1^2(\alpha_n c)} \int_0^c r J_0(\alpha_n r) g(r)\, dr \tag{12}$$

라고 쓸 수 있다. 최종적으로 말하면 주어진 경곗값 문제의 해는 급수 식 (9)이고 계수 A_n과 B_n은 식 (11)과 (12)로 정의된다. ≡

정지파 13.4절의 식 (11)과 유사해서 곱 형태의 해 (8)을 **정지파**(standing wave)라고 부른다. $n = 1, 2, 3, \ldots$ 이며 시간가변인 진폭

$$A_n \cos a\alpha_n t + B_n \sin a\alpha_n t$$

을 가지는 그래프 $J_0(\alpha_n r)$이 기본적인 정지파이다. 그림 14.2.2에 점선으로 그려진 그래프가 시간에 따라 다른 값을 가지는 정지파이다. 구간 $(0, c)$ 안에서 각각의 정지파 중에 영인 지점은 $J_0(\alpha_n r) = 0$의 근이며 이 지점들은 움직임이 전혀 없는 정지파 상의 점들의 집합과 일치한다. 이 점들의 집합을 **마디선**(nodal line)이라 부른다. $J_0(\alpha_n c) = 0$의 양의 근을 x_n이라고 하면 $x_n = \alpha_n c$는 $\alpha_n = x_n/c$가 되고 결과적으로 정지파 중에 영인 지점들은

$$J_0(\alpha_n r) = J_0\left(\frac{x_n}{c} r\right) = 0$$

에서 결정된다. 표 5.3.1을 보면 J_0의 처음 0_+인 지점은 대략 $x_1 = 2.4$, $x_2 = 5.5$, $x_3 = 8.7$이다. 결과적으로 $n = 1$에 대해

$$J_0\left(\frac{x_1}{c} r\right) = 0$$

의 첫 번째 양의 근은

$$\frac{2.4}{c} r = 2.4 \quad \text{또는} \quad r = c$$

이다. 개구간 $(0, c)$ 안에서 정지파가 영인 지점을 찾고 있기 때문에 위의 마지막 결과는 첫 번째 정지파가 마디선을 가지고 있지 않음을 말해 준다. $n = 2$에 대해

$$J_0\left(\frac{x_2}{c} r\right) = 0$$

의 처음 두 양의 근은

$$\frac{5.5}{c} r = 2.4, \quad \frac{5.5}{c} r = 5.5$$

으로부터 결정된다. 그래서 두 번째 정지파는 $r = x_1 c/x_2 = 2.4c/5.5$로 정의된 한 개의 마디선을 가지고 있다. $r \approx 0.44c < c$를 유의하라. $n = 3$일 때 위와 비슷하게 분석해 보면 $r = x_1 c/x_3 = 2.4c/8.7$과 $r = x_2 c/x_3 = 5.5c/8.7$로 정의된 두 개의 마디선을 가지고 있음을 알 수 있다. 일반적으로 n번째 정지파는 $n - 1$개의 마디선 $r = x_1 c/x_n$, $r = x_2 c/x_n$, . . . ,

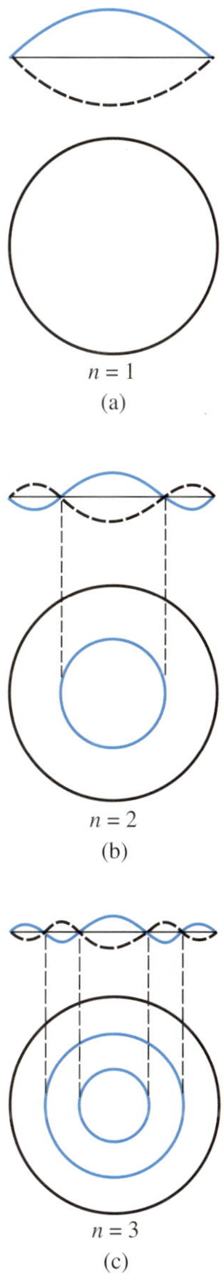

그림 14.2.2 정지파

$r = x_{n-1}c/x_n$을 가진다. $r =$ **상수**가 극좌표 위에서는 원의 방정식이기 때문에 그림 14.2.2에 나와 있는 것처럼 정지파의 마디선들은 동심원을 이루고 있다.

컴퓨터 활용 예제 1에서 해결한 모형에 관하여 단 한 번 북을 치는 효과를 컴퓨터 대수학 시스템(CAS)의 애니메이션 기능을 활용해서 시각화할 수 있다. 연습문제 14.2의 문제 20은

$$c = 1, \quad f(r) = 0, \quad \text{그리고} \quad g(r) = \begin{cases} -v_0, & 0 \le r < b \\ 0, & b \le r < 1. \end{cases}$$

일 때 식 (9)으로 주어진 해를 찾는 것이다. **그림 14.2.3**은 북을 친 후 떨리는 효과를 보여주는 '영상' 프레임 몇 장이다.

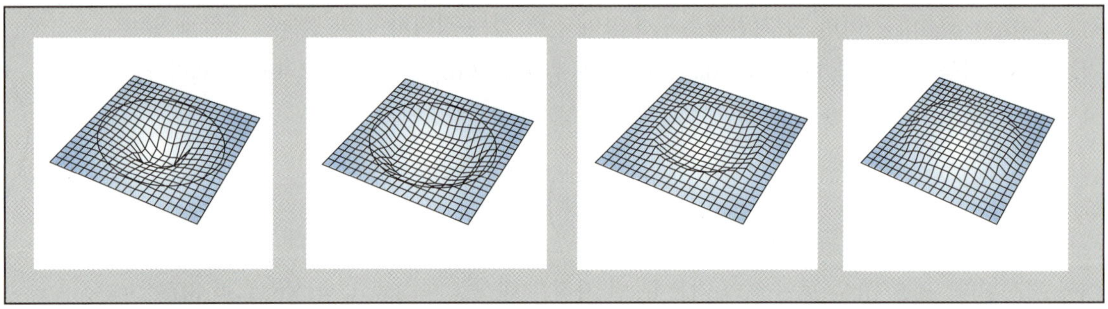

그림 14.2.3 CAS 영상 프레임

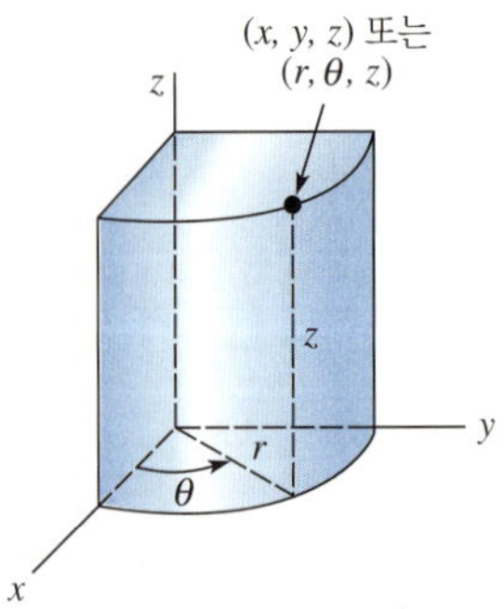

그림 14.2.4 점 (x, y, z)의 원기둥좌표는 (r, θ, z)임

원기둥좌표에서의 라플라시안 **그림 14.2.4**를 보면 공간 상에 있는 한 점의 원기둥좌표와 직교좌표 간의 관계가

$$x = r\cos\theta, \qquad y = r\sin\theta, \qquad z = z$$

임을 알 수 있다. 극좌표에서 라플라시안을 미분하면(14.1절 참조) 원기둥좌표 안의 함수 u의 라플라시안은

$$\nabla^2 u = \frac{\partial^2 u}{\partial r^2} + \frac{1}{r}\frac{\partial u}{\partial r} + \frac{1}{r^2}\frac{\partial^2 u}{\partial \theta^2} + \frac{\partial^2 u}{\partial z^2}$$

가 됨을 바로 알 수 있다.

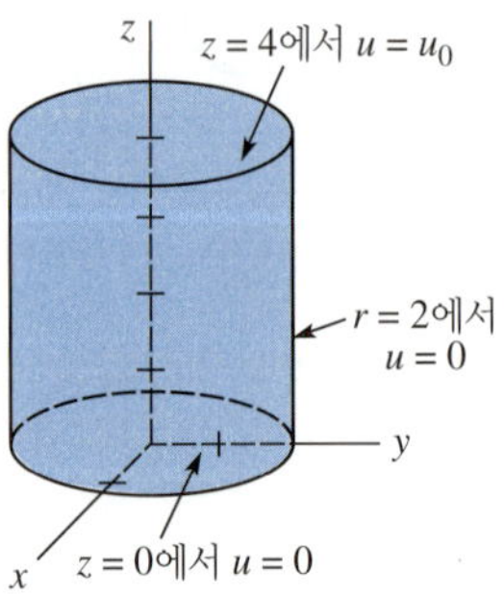

그림 14.2.5 예제 2의 유한 원기둥

예제 2 **원기둥 내부의 정상상태 온도**

그림 14.2.5의 원기둥 내부의 정상상태 온도를 구하라.

풀이 경계조건을 보면 온도 u가 방사대칭임을 알 수 있다. 따라서 $u(r, z)$는

$$\frac{\partial^2 u}{\partial r^2} + \frac{1}{r}\frac{\partial u}{\partial r} + \frac{\partial^2 u}{\partial z^2} = 0, \quad 0 < r < 2, \quad 0 < z < 4$$

$$u(2, z) = 0, \quad 0 < z < 4$$
$$u(r, 0) = 0, \quad u(r, 4) = u_0, \quad 0 < r < 2$$

로부터 결정된다. $u = R(r)Z(z)$을 이용하고 변수를 분리하면

$$\frac{R'' + \frac{1}{r}R'}{R} = -\frac{Z''}{Z} = -\lambda \tag{13}$$

을 얻으며

$$rR'' + R' + \lambda rR = 0 \tag{14}$$

$$Z'' - \lambda Z = 0 \tag{15}$$

이다. $\lambda = \alpha^2 > 0$, $\alpha > 0$이라고 하면 식 (14)의 해는

$$R(r) = c_1 J_0(\alpha r) + c_2 Y_0(\alpha r)$$

이고, 식 (15)의 해는 유한 구간 [0, 2] 위에서 정의되기 때문에 일반해를

$$Z(z) = c_3 \cosh \alpha z + c_4 \sinh \alpha z$$

로 쓸 수 있다. 예제 1처럼 온도 u는 $r = 0$에서 유계라는 가정을 만족하기 위해서는 $c_2 = 0$이어야 한다. 조건 $u(2, z) = 0$은 $R(2) = 0$을 의미한다. 방정식

$$J_0(2\alpha) = 0 \tag{16}$$

은 이 문제의 양의 경곗값 $\lambda_n = \alpha_n^2$을 명확히 정의해 준다. 마지막으로 $Z(0) = 0$은 $c_3 = 0$을 뜻한다. 그러므로 $R = c_1 J_0(\alpha_n r)$과 $Z = c_4 \sinh \alpha_n z$와

$$u_n = R(r)Z(z) = A_n \sinh \alpha_n z J_0(\alpha_n r)$$

그리고

$$u(r, z) = \sum_{n=1}^{\infty} A_n \sinh \alpha_n z J_0(\alpha_n r)$$

을 가지게 된다. 나머지 $z = 4$에서의 경계조건으로 Fourier-Bessel 급수

$$u_0 = \sum_{n=1}^{\infty} A_n \sinh 4\alpha_n J_0(\alpha_n r)$$

을 얻게 되어, 식 (16)을 생각해 보면 계수는 12.6절의 (16)

$$A_n \sinh 4\alpha_n = \frac{2u_0}{2^2 J_1^2(2\alpha_n)} \int_0^2 rJ_0(\alpha_n r)\, dr$$

으로 정의된다. 최종 적분을 하기 위해서 첫 번째로 $t = \alpha_n r$로 치환하고 이어서

문제 5~8에서, 주어진 경계조건을 만족하는 원기둥 $0 \le r \le 1$, $0 \le z \le 1$에서 정상상태 온도 $u(r, z)$를 구하라.

5. $u(1,z) = z, \quad 0 < z < 1$

$\left.\dfrac{\partial u}{\partial z}\right|_{z=0} = 0, \quad 0 < r < 1$

$\left.\dfrac{\partial u}{\partial z}\right|_{z=1} = 0, \quad 0 < r < 1$

6. $u(1,z) = z, \quad 0 < z < 1$

$\left.\dfrac{\partial u}{\partial z}\right|_{z=0} = 0, \quad 0 < r < 1$

$u(r,1) = 0, \quad 0 < r < 1$

7. $u(1,z) = u_0, \quad 0 < z < 1$

$u(r,0) = 0, \quad 0 < r < 1$

$\left.\dfrac{\partial u}{\partial z}\right|_{z=1} = 0, \quad 0 < r < 1$

8. $u(1,z) = 0, \quad 0 < z < 1$

$\left.\dfrac{\partial u}{\partial z}\right|_{z=0} = 0, \quad 0 < r < 1$

$u(r,1) = u_0, \quad 0 < r < 1$

9. 반지름이 c인 원판의 온도는 경곗값 문제

$$k\left(\frac{\partial^2 u}{\partial r^2} + \frac{1}{r}\frac{\partial u}{\partial r}\right) = \frac{\partial u}{\partial t}, \quad 0 < r < c, t > 0$$

$$u(c, t) = 0, \quad t > 0$$

$$u(r, 0) = f(r), \quad 0 < r < c$$

로 결정된다. $u(r, t)$에 대해 풀어라.

10. 문제 9에서 평판의 가장자리 $r = c$가 절연되었을 때 $u(r, t)$를 구하라.

11. 반지름이 1인 무한 원기둥(그림 14.2.6 참조) 표면에서 온도가 0인 주위 매질로 열이 방출되고 있다. 이때 원기둥 내부 온도는

$$k\left(\frac{\partial^2 u}{\partial r^2} + \frac{1}{r}\frac{\partial u}{\partial r}\right) = \frac{\partial u}{\partial t}, \quad 0 < r < 1, t > 0$$

$$\left.\frac{\partial u}{\partial r}\right|_{r=1} = -hu(1, t), \quad h > 0, t > 0$$

$$u(r, 0) = f(r), \quad 0 < r < 1$$

이다. $u(r, t)$에 관해 풀어라.

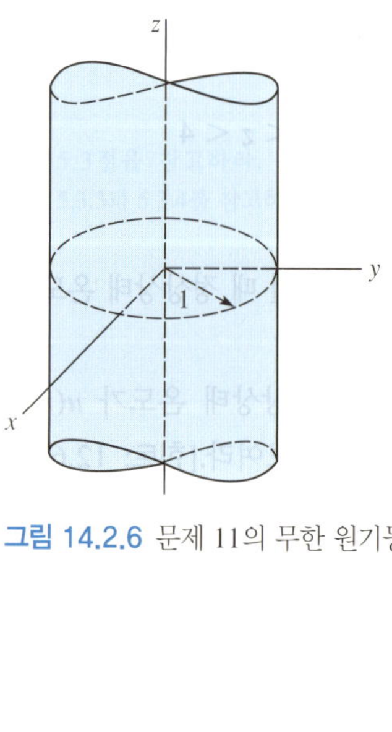

그림 14.2.6 문제 11의 무한 원기둥

12. 반지름이 1인 반무한($z \ge 0$) 원기둥의 정상상태 온도 $u(r, z)$를 구하라. 원기둥 표면에서 온도가 발열되어 현재 온도가 0인 주위 매질로 전달되고 있다. 바닥 $z = 0$은 항온 u_0를 유지하고 있다.

문제 13과 14에서, $u(r, t) = v(r, t) + \psi(r)$로 치환하여 주어진 경곗값 문제를 풀어라.[힌트: 13.6절 참조]

13. 원판은 두 다른 물질이 동심원 형태로 구성되어 있다. 그림 14.2.7 참조. 경곗값 문제로부터 결정되는 원판의 온도 $u(r, t)$를 구하라.

$$\frac{\partial^2 u}{\partial r^2} + \frac{1}{r}\frac{\partial u}{\partial r} = \frac{\partial u}{\partial t}, \quad 0 < r < 2, t > 0$$

$$u(2, t) = 100, \quad t > 0$$

$$u(r, 0) = \begin{cases} 200, & 0 < r < 1 \\ 100, & 1 < r < 2. \end{cases}$$

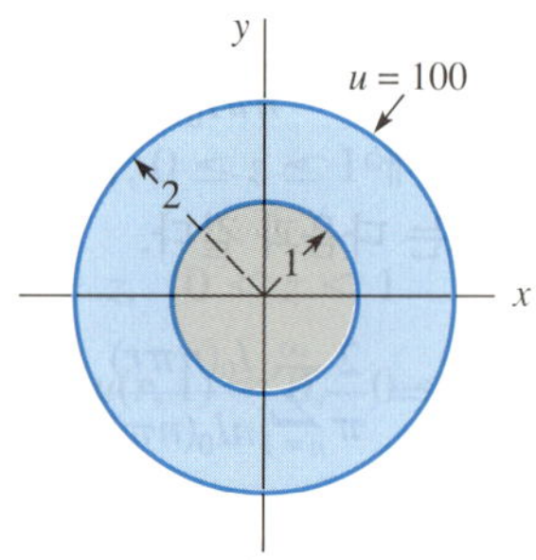

그림 14.2.7 문제 13의 원판

14. $\dfrac{\partial^2 u}{\partial r^2} + \dfrac{1}{r}\dfrac{\partial u}{\partial r} + \beta = \dfrac{\partial u}{\partial t}, \quad 0 < r < 1, t > 0, \beta$는 상수

$u(1, t) = 0, \quad t > 0$

$u(r, 0) = 0, \quad 0 < r < 1$

을 풀어라.

15. 길이가 L인 무거운 쇠사슬이 수직면 위에서 시계추처럼 흔들리고 있다. 이 쇠사슬의 수평 변위 $u(x, t)$가 편미분방정식

$$g\frac{\partial}{\partial x}\left(x\frac{\partial u}{\partial x}\right) = \frac{\partial^2 u}{\partial t^2}, \quad 0 < x < L, t > 0$$

을 만족한다. 그림 14.2.8을 참조하라.

(a) $-\lambda$를 분리상수로 활용해서 공간변수 x의 상미분방정식이 $xX'' + X' + \lambda X = 0$임을 보여라. $x = \tau^2/4$로 치환해서 이 방정식을 풀어라.

(b) (a)의 결과를 활용해서 주어진 편미분방정식을 풀어라. 이 방정식은

$$u(L, t) = 0, \quad t > 0$$

$$u(x, 0) = f(x), \quad \left.\frac{\partial u}{\partial t}\right|_{t=0} = 0, \quad 0 < x < L$$

을 조건으로 한다.[힌트: $x = 0$에서 자유 진동은 유한이다.]

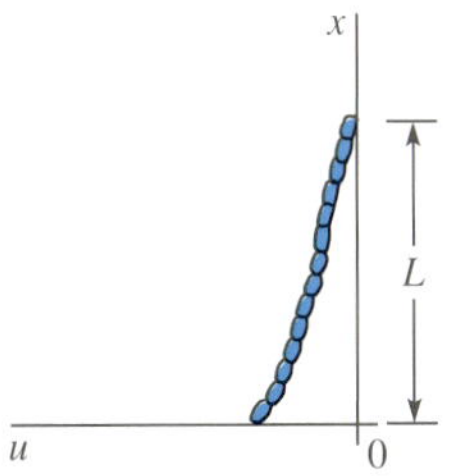

그림 14.2.8 문제 15의 흔들리는 쇠사슬

16. 경곗값 문제를 고려하여,

$$\frac{\partial^2 u}{\partial r^2} + \frac{1}{r}\frac{\partial u}{\partial r} = \frac{\partial u}{\partial t}, \quad 0 < r < 1, t > 0$$

$$\left.\frac{\partial u}{\partial r}\right|_{r=1} = 1, \quad t > 0$$

$$u(r, 0) = 0, \quad 0 < r < 1$$

(a) 앞 문제에서 $u(r, t) = v(r, t) + Bt$로 치환하여, $v(r, t)$가

$$\frac{\partial^2 v}{\partial r^2} + \frac{1}{r}\frac{\partial v}{\partial r} = \frac{\partial v}{\partial t} + B, \quad 0 < r < 1, t > 0$$

$$\left.\frac{\partial v}{\partial r}\right|_{r=1} = 1, \quad t > 0$$

$$v(r, 0) = 0, \quad 0 < r < 1$$

을 만족함을 증명하라. 여기서 B는 정해진 상수이다.

(b) (a)에서 경곗값 문제를 풀기 위해서 치환 $v(r, t) = w(r, t) + \psi(r)$을 사용하라.[힌트: 3.5절 참조]

(c) 처음 문제인 $u(r, t)$의 답은 무엇인가?

17. 다음 경곗값 문제를 풀어라.[힌트: 5.3절 식 (12) 참조]

$$\frac{\partial^2 u}{\partial r^2} + \frac{1}{r}\frac{\partial u}{\partial r} - \frac{1}{r^2}u + \frac{\partial^2 u}{\partial z^2} = 0, \quad 0 < r < 1, 0 < z < 1$$

$$u(1, z) = 0, 0 < z < 1$$

$$u(r, 0) = 0, u(r, 1) = r - r^3, 0 < r < 1.$$

18. 진동하는 원형 막의 일반적인(θ에 종속적인) 경우에 대해 고려해 보자. 반지름은 c이다.

$$a^2\left(\frac{\partial^2 u}{\partial r^2} + \frac{1}{r}\frac{\partial u}{\partial r} + \frac{1}{r^2}\frac{\partial^2 u}{\partial \theta^2}\right) = \frac{\partial^2 u}{\partial t^2}, \quad 0 < r < c, t > 0$$

$$u(c, \theta, t) = 0, \quad 0 < \theta < 2\pi, t > 0$$

$$u(r, \theta, 0) = f(r, \theta), \quad 0 < r < c, 0 < \theta < 2\pi$$

$$\left.\frac{\partial u}{\partial t}\right|_{t=0} = g(r, \theta), \quad 0 < r < c, 0 < \theta < 2\pi.$$

(a) $u = R(r)\Theta(\theta)T(t)$이고 분리상수가 $-\lambda$와 $-\nu$라고 가정하자. 분리된 미분방정식이

$$T'' + a^2\lambda T = 0, \quad \Theta'' + \nu\Theta = 0$$

$$r^2R'' + rR' + (\lambda r^2 - \nu)R = 0$$

임을 증명하라.

(b) $\lambda = \alpha^2$와 $\nu = \beta^2$라고 하자. (a)의 두 미분방정식을 풀어라.

(c) 문제의 고유값과 고유함수를 결정하라.

(d) 복합급수의 해를 중첩의 원리를 이용하여 구하라. 단 계수는 구하지 않아도 된다.

컴퓨터 실습 과제

19. **(a)** $a = 1$, $c = 10$, $g(r) = 0$, 그리고 $f(r) = 1 - r/10$, $0 < r < 10$인 예제 1에 대해 생각해 보자. CAS를 사용해서 경곗값 문제의 처음 세 개의 고유값 $\lambda_1, \lambda_2, \lambda_3$의 값을 찾고 식 (9)에 나타난 해 $u(r, t)$의 처음 세 개의 계수 A_1, A_2, A_3를 찾으라. 급수해 중에 3차까지의 부분합 $S_3(r, t)$를 쓰라.

(b) CAS를 활용해서 $t = 0, 4, 10, 12, 20$에 대한 $S_3(r, t)$의 그래프를 그려라.

20. 경계조건이 $u(c, t) = 200$, $u(r, 0) = 0$인 경우에 문제 9를 풀어라. 이 조건을 가지고 직관적으로 생각해 보면 평면 내부의 임의의 점에서 $t \to \infty$일 때 $u(r, t) \to 200$일 것이라 예상된다. $c = 10$이고 평판이 거의 $k = 0.1$인 무쇠라고 가정하자. CAS를 사용해서 경곗값 문제의 처음 다섯 개의 고유값 $\lambda_1, \lambda_2, \lambda_3, \lambda_4, \lambda_5$와 해 $u(r, t)$의 다섯 개의 계수 A_1, A_2, A_3, A_4, A_5를 구하라. 이에 상응하는 근사해가 $S_5(r, t)$라고 하자. 충분히 큰 시간 구간 $0 \le t \le T$에 대해 $S_5(5, t)$와 $S_5(0, t)$를 그려라. $S_5(5, t)$와 $S_5(0, t)$들의 점을 이용해서 $u(5, t) \approx 100$과 $u(0, t) \approx 100$인 시간(초 단위로)을 추정하라. $u(5, t) \approx 200$과 $u(0, t) \approx 200$에 관해서도 반복하라.

21. 반지름이 1인 원형 틀을 덮고 있는 얇은 막으로 만들어진 가상의 북을 생각해 보자. 그런 북의 중앙을 두드리면 아름다운 음색보다는 둔탁한 소리를 자주 듣게 된다. 예제 1에서 푼 경곗값 문제를 사용해서 한 번 북을 쳤을 때에 대한 진동을 모형화할 수 있다.

(a) $c = 1, f(r) = 0$, 그리고

$$g(r) = \begin{cases} -v_0, & 0 \le r < b \\ 0, & b \le r < 1 \end{cases}$$

일 때 (9)의 해 $u(r, t)$를 구하라.

(b) 정지파 $u_n(r, t)$의 주파수가 $f_n = a\lambda_n/2\pi$임을 보여라. 여기서 λ_n은 $J_0(x)$의 n번째 양의 근인 지점이다. 13.4절에 나온 1차원 파동방정식의 해와는 달리 주파수는 기본 주파수 f_1의 정수배가 아니다. $f_2 \approx 2.295f_1$과 $f_3 \approx 3.598f_1$임을 보여라. 북을 쳤을 때 이런 주파수 유형을 보이는 경우 **비조화 배음**(anharmonic overtone)이 난다고 말한다. 결과적으로 변위 함수 $u(r, t)$는 주기적이지 않고 처음 이야기한 상상의 북은 한결 같은 음색을 낼 수 없는 것이다.

(c) (a)에서 구한 해 중에 $a = 1$, $b = \frac{1}{4}$, 그리고 $v_0 = 1$이라고 하자. CAS를 사용해서 시간 $t = 0, 0.1, 0.2, 0.3, \ldots, 5.9, 6.0$에 관한 5차까지의 부분합 $S_5(r, t)$를 구간 $-1 \le r \le 1$ 위에 그려라. CAS의 애니메이션 효과를 이용해서 진동 동영상을 만들라.

(d) 좀 더 나아가 CAS의 3차원 기능을 사용해서 (c)의 횡단면 안에 나타나는 원형 북의 움직임에 대한 동영상을 만들라.[힌트: 여러 가지 방법들이 있다. 정해진 시간 동안에 $r = \sqrt{x^2 + y^2}$을 사용해서 x와 y의 함수로 그래프 u를 그리거나 *Mathematica*의 **Revolution Plot3D**에 있는 동일한 기능을 이용해서 그려라.]

14.3 구면좌표계

소개 이 절에서는 다른 좌표계 위에 놓인 경곗값 문제를 계속 검토한다. 이번에는 구면좌표에서의 열과 파동 그리고 Laplace 방정식에 관한 문제들을 고찰할 것이다.

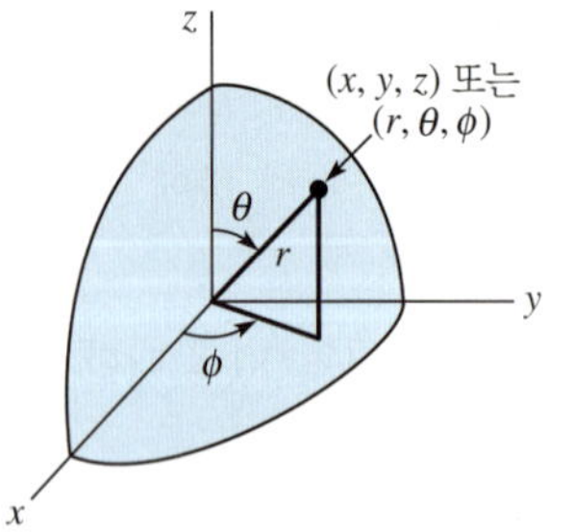

그림 14.3.1 점 (x, y, z)의 구면좌표는 (r, θ, ϕ)임

구면좌표에서의 라플라시안 그림 14.3.1처럼 3차원 공간에 있는 한 점은 직교좌표와 구면좌표의 표현법으로 표시되는데 점의 직교좌표 x, y, z는 방정식

$$x = r\sin\theta\cos\phi, \qquad y = r\sin\theta\sin\phi, \qquad z = r\cos\theta \tag{1}$$

에 의해 구면좌표 r, θ, ϕ와 연관된다. 식 (1)을 이용해서 구면좌표에서의 라플라시안 $\nabla^2 u$가

$$\nabla^2 u = \frac{\partial^2 u}{\partial r^2} + \frac{2}{r}\frac{\partial u}{\partial r} + \frac{1}{r^2\sin^2\theta}\frac{\partial^2 u}{\partial \phi^2} + \frac{1}{r^2}\frac{\partial^2 u}{\partial \theta^2} + \frac{\cot\theta}{r^2}\frac{\partial u}{\partial \theta} \tag{2}$$

임을 알 수 있다. 예상하고 있는 것처럼 식 (1)과 관련된 문제들은 절대로 만만치 않다. 따라서 방위각 ϕ에 의존적이지 않은 조금 더 단순한 문제들만을 고찰할 것이다.

첫 번째 예제는 구에 대한 Dirichlet 문제이다.

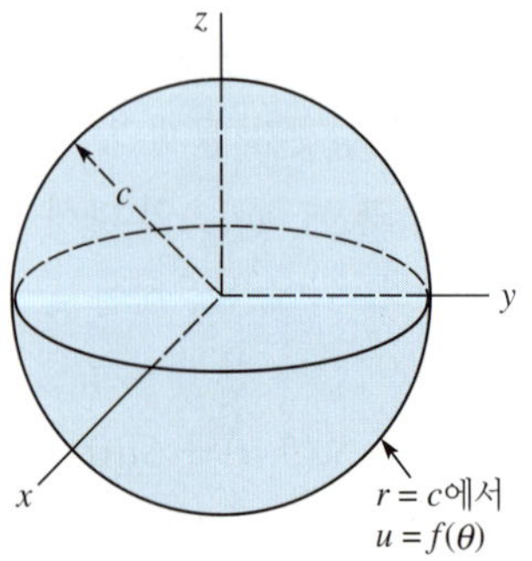

그림 14.3.2 예제 1의 구에 대한 Dirichlet 문제

예제 1 구의 정상상태 온도

그림 14.3.2의 구의 정상상태 온도 $u(r, \theta)$를 구하라.

풀이 온도는

$$\frac{\partial^2 u}{\partial r^2} + \frac{2}{r}\frac{\partial u}{\partial r} + \frac{1}{r^2}\frac{\partial^2 u}{\partial \theta^2} + \frac{\cot\theta}{r^2}\frac{\partial u}{\partial \theta} = 0,\ 0 < r < c, 0 < \theta < \pi$$

$$u(c, \theta) = f(\theta),\ 0 < \theta < \pi.$$

에서 결정된다. 만약 $u = R(r)\Theta(\theta)$이면 편미분방정식은

$$\frac{r^2R'' + 2rR'}{R} = -\frac{\Theta'' + \cot\theta\,\Theta'}{\Theta} = \lambda$$

와 같이 분리되고

$$r^2R'' + 2rR' - \lambda R = 0 \tag{3}$$

$$\sin\theta\,\Theta'' + \cos\theta\,\Theta' + \lambda\sin\theta\,\Theta = 0 \tag{4}$$

이다. $x = \cos\theta$, $0 \le \theta \le \pi$로 치환하면 식 (4)는

$$(1 - x^2)\frac{d^2\Theta}{dx^2} - 2x\frac{d\Theta}{dx} + \lambda\Theta = 0, \quad -1 \le x \le 1 \tag{5}$$

가 된다. 마지막 방정식은 Legendre 방정식 형태이다(5.3절의 문제 52와 53 참조). 식 (5)의 해가 연속이고 도함수가 폐구간 $[-1, 1]$에서 연속이면 그 해는 $\lambda = n(n + 1)$, $n = 0, 1, 2, \ldots$에 대응하는 Legendre 다항식 $P_n(x)$이다. 결과적으로 식 (4)의 해로

$$\Theta(\theta) = P_n(\cos\theta)$$

을 택한다. 더 나아가서 $\lambda = n(n + 1)$일 때 Cauchy-Euler 방정식 (3)의 일반해는

$$R(r) = c_1r^n + c_2r^{-(n+1)}$$

이다. $u(r, \theta)$가 $r = 0$에서 유계일 것으로 예상되기 때문에 $c_2 = 0$으로 정의하면 $u_n = A_nr^nP_n(\cos\theta)$이 되고

$$u(r, \theta) = \sum_{n=0}^{\infty} A_n r^n P_n(\cos\theta)$$

이 된다. $r = c$에서는

$$f(\theta) = \sum_{n=0}^{\infty} A_n c^n P_n(\cos\theta)$$

이 된다. 그러므로 A_nc^n은 12.6절의 Fourier-Legendre 급수 식 (23)의 계수이고

$$A_n = \frac{2n + 1}{2c^n}\int_0^{\pi} f(\theta)P_n(\cos\theta)\sin\theta\,d\theta$$

이다. 따라서 해는 다음과 같다.

$$u(r, \theta) = \sum_{n=0}^{\infty}\left(\frac{2n + 1}{2}\int_0^{\pi} f(\theta)P_n(\cos\theta)\sin\theta\,d\theta\right)\left(\frac{r}{c}\right)^n P_n(\cos\theta). \qquad \equiv$$

14.3 연습문제

부록에 선택된 홀수 번 문제의 답이 있다.

1. $f(\theta) = \begin{cases} 50, & 0 < \theta < \pi/2 \\ 0, & \pi/2 < \theta < \pi \end{cases}$

일 때 예제 1의 정상상태 온도 $u(r, \theta)$를 찾으라. 급수해 중에 영 아닌 첫 번째 4가지 항들을 쓰라.[힌트: 12.6절의 예제 3을 참조하라.]

2. 예제 1의 해 $u(r, \theta)$는 전하 분포 $f(\theta)$ 때문에 구 내부의 퍼텐셜로도 해석된다. 구의 외부 퍼텐셜을 구하라.

3. $f(\theta) = \cos\theta$, $0 < \theta < \pi$일 때 예제 1의 문제를 풀어라.[힌트: $P_1(\cos\theta) = \cos\theta$. 직교성을 이용하라.]

4. $f(\theta) = 1 - \cos 2\theta$, $0 < \theta < \pi$일 때 예제 1의 문제를 풀어라.[힌트: 연습문제 12.6의 문제 18을 참조하라.]

5. 속이 빈 구가 있다. 내부 원의 표면($r = a$)이 온도 $f(\theta)$를 유지하고 있고 외부 표면($r = b$)이 영도를 유지하고 있을 경우, 속이 빈 구의 내부($a < r < b$)의 정상상태 온도 $u(r, \theta)$를 구하라. **그림 14.3.3**은 전체 구의 8분의 1을 보여 주고 있다.

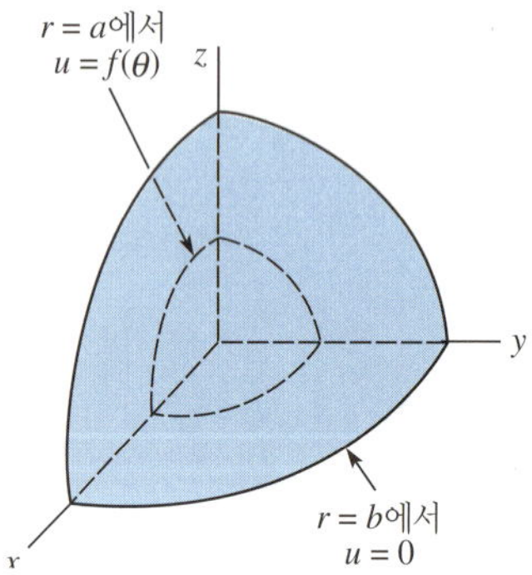

그림 14.3.3 문제 5의 내부가 빈 구

6. 반지름이 $r = c$인 반구의 정상상태 온도는

$$\frac{\partial^2 u}{\partial r^2} + \frac{2}{r}\frac{\partial u}{\partial r} + \frac{1}{r^2}\frac{\partial^2 u}{\partial \theta^2} + \frac{\cot\theta}{r^2}\frac{\partial u}{\partial \theta} = 0, 0 < r < c, 0 < \theta < \pi/2$$

$$u(r, \pi/2) = 0, \quad 0 < r < c$$

$$u(c, \theta) = f(\theta), \quad 0 < \theta < \pi/2.$$

에서 결정된다. $u(r, \theta)$에 대해 풀어라.[힌트: $P_n(0) = 0$이면 n은 홀수이다. 연습문제 12.6의 문제 20을 참조하라.]

7. 반구의 바닥이 절연되었을 때 문제 6을 풀어라. 다시 말해서

$$\left.\frac{\partial u}{\partial \theta}\right|_{\theta = \pi/2} = 0, \quad 0 < r < c$$

일 때 $u(r, \theta)$를 구하라.

8. $r > c$에 대해 문제 6을 풀어라.

9. 반지름이 1인 구의 내부 온도는 시간에 따라 변한다. 이러한 구의 내부 온도는

$$\frac{\partial^2 u}{\partial r^2} + \frac{2}{r}\frac{\partial u}{\partial r} = \frac{\partial u}{\partial t}, \quad 0 < r < 1, t > 0$$

$$u(1, t) = 100, \quad t > 0$$

$$u(r, 0) = 0, \quad 0 < r < 1$$

에서 결정된다. $\theta(r, t)$에 대해 풀어라.[힌트: 편미분방정식의 왼쪽 항을 $\frac{1}{r}\frac{\partial^2}{\partial r^2}(ru)$로 쓸 수 있음을 증명하라. $ru(r, t) = v(r, t) + \psi(r)$이라고 하자. $r \to 0$일 때 유계인 함수만을 사용하라.]

10. 고체로 균일하게 만들어진 구의 반지름은 1이다. 초기 온도는 u_0이다. 이런 구를 온도 $u_1(u_1 > u_0)$으로 유지하고 있는 유체가 들어 있는 용기에 떨어뜨렸다. **그림 14.3.4**를 참조하라. 경계 $r = 1$을 통한 열전달이 있을 것이다. 그렇기 때문에 구 안의 온도 $u(r, t)$는 경곗값 문제

$$\frac{\partial^2 u}{\partial r^2} + \frac{2}{r}\frac{\partial u}{\partial r} = \frac{\partial u}{\partial t}, \quad 0 < r < 1, t > 0$$

$$\left.\frac{\partial u}{\partial r}\right|_{r=1} = -h(u(1, t) - u_1), \quad 0 < h < 1$$

$$u(r, 0) = u_0, \quad 0 < r < 1$$

에서 결정된다. $u(r, t)$에 대해 풀어라.[힌트: 문제 9처럼 진행하라.]

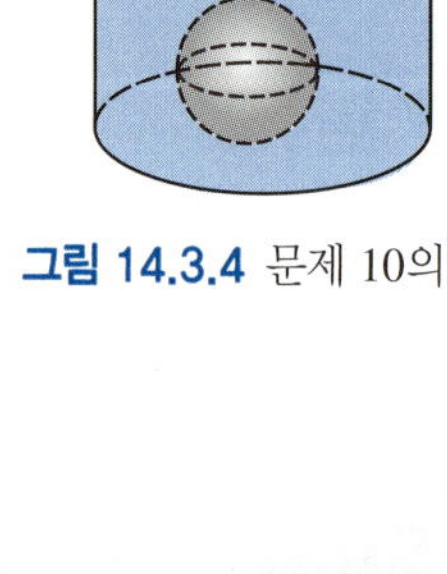

그림 14.3.4 문제 10의 용기

11. 구의 진동과 관련된 경곗값 문제를 풀어라.

$$a^2\left(\frac{\partial^2 u}{\partial r^2} + \frac{2}{r}\frac{\partial u}{\partial r}\right) = \frac{\partial^2 u}{\partial t^2}, \quad 0 < r < c, t > 0$$

$$u(c, t) = 0, \quad t > 0$$

$$u(r, 0) = f(r), \quad \left.\frac{\partial u}{\partial t}\right|_{t=0} = g(r), \quad 0 < r < c$$

[힌트: 편미분방정식의 왼쪽 항을 $a^2\frac{1}{r}\frac{\partial^2}{\partial r^2}(ru)$로 쓰라. $v(r, t) = ru(r, t)$라고 하자.]

12. 구의 반지름 $r = c$이다. 이 구는 전도체이며 현재 접지되어 있고 z 방향으로 전계(intensity) E를 고르게 띠고 있는 전기장 안에 놓여 있다. 구의 외부 퍼텐셜 $u(r, \theta)$는 경곗값 문제

$$\frac{\partial^2 u}{\partial r^2} + \frac{2}{r}\frac{\partial u}{\partial r} + \frac{1}{r^2}\frac{\partial^2 u}{\partial \theta^2} + \frac{\cot\theta}{r^2}\frac{\partial u}{\partial \theta} = 0,$$

$$r > c, 0 < \theta < \pi$$

$$u(c, \theta) = 0, \quad 0 < \theta < \pi$$

$$\lim_{r\to\infty} u(r, \theta) = -Ez = -Er\cos\theta$$

에서 결정된다. $u(r, \theta) = -Er\cos\theta + E\frac{c^3}{r^2}\cos\theta$임을 보여라.[힌트: $n = 1$을 제외한 모든 양의 정수에 대해 $\int_0^\pi \cos\theta\, P_n(\cos\theta)\sin\theta\, d\theta = 0$인 이유를 설명하라. 12.6절의 식 (24)를 참조하라.]

문제 13과 14에서 **헬렘홀츠 편미분방정식** $\nabla^2 u + k^2 u = 0$을 곱형태 해 $u(r, \theta, \phi) = R(r)\Theta(\theta)\Phi(\phi)$로 구하라. 여기서 ∇^2는 식 (2)에서 정의된 라플라시안이다.

13. **(a)** $u(r, \theta, \phi) = R(r)\Theta(\theta)\Phi(\phi)$과 분리상수 $n(n+1)$을 사용하고 예제1의 과정을 진행하여, 해 u의 반경 종속성이 방정식

$$r^2\frac{d^2R}{dr^2} + 2r\frac{dR}{dr} + [k^2r^2 - n(n+1)]R = 0$$

을 만족함을 보여라.

(b) 제2 분리 상수 m^2을 사용하여 나머지 분리된 방정식이

$$\frac{d^2\Phi}{d\phi^2} + m^2\Phi = 0$$

$$\frac{d^2\Theta}{d\theta^2} + \frac{\cos\theta}{\sin\theta}\frac{d\Theta}{d\theta} + \left[n(n+1) - \frac{m^2}{\sin^2\theta}\right]\Theta = 0$$

임을 보여라.

(c) $x = \cos\theta$ 치환을 사용하여 (b)에서의 제2 미분방정식이

$$(1 - x^2)\frac{d^2\Theta}{dx^2} - 2x\frac{d\Theta}{dx} + \left[n(n+1) - \frac{m^2}{1 - x^2}\right]\Theta = 0$$

이 됨을 보여라.

14. **(a)** m과 n은 음이 아닌 정수일때, 문제 13 (a)의 상미방의 일반해, (b)의 첫 번째 미방의 일반해와 두 번째 상미방의 특수해를 사용하여, 헬렘홀츠 편미분방정식의 곱형태 해 $u(r, \theta, \phi) = R(r)\Theta(\theta)\Phi(\phi)$을 구하라.[힌트: 연습문제 5.3의 문제 41, 42(c)와 54 참조]

(b) (a)에서 곱형태 해는 원점에서 얼마로 유계(bound) 되는가?

14 복습문제

부록에 선택된 홀수 번 문제의 답이 있다.

문제 1과 2에서는 반지름이 c인 원판의 정상상태 온도 $u(r, \theta)$를 구하라. 원주의 온도는 아래와 같다.

1. $u(c, \theta) = \begin{cases} u_0, & 0 < \theta < \pi \\ -u_0, & \pi < \theta < 2\pi \end{cases}$

2. $u(c, \theta) = \begin{cases} 1, & 0 < \theta < \pi/2 \\ 0, & \pi/2 < \theta < 3\pi/2 \\ 1, & 3\pi/2 < \theta < 2\pi \end{cases}$

문제 3과 4에서는 반지름이 1인 반원 평판의 정상상태 온도 $u(r, \theta)$를 구하라. 경곗값은 아래와 같다.

3. $u(1, \theta) = u_0(\pi\theta - \theta^2), \quad 0 < \theta < \pi$
$u(r, 0) = 0, \quad u(r, \pi) = 0, \quad 0 < r < 1$

4. $u(1, \theta) = \sin\theta, \quad 0 < \theta < \pi$
$u(r, 0) = 0, \quad u(r, \pi) = 0, \quad 0 < r < 1$

5. 반지름이 c인 반원 평판의 정상상태 온도 $u(r, \theta)$를 구하라. 경계 $\theta = 0$과 $\theta = \pi$에서는 절연되어 있고 $u(c, \theta) =$

$f(\theta)$, $0 < \theta < \pi$이다.

6. 반지름이 c인 반원 평판의 정상상태 온도 $u(r, \theta)$를 구하라. 경계 $\theta = 0$에서는 영도를 유지하고 있고 경계 $\theta = \pi$에서는 절연되어 있다. 그리고 $u(c, \theta) = f(\theta)$, $0 < \theta < \pi$이다.

문제 7과 8에서는 그림에 나타난 평판의 정상상태 온도 $u(r, \theta)$를 구하라.

7.

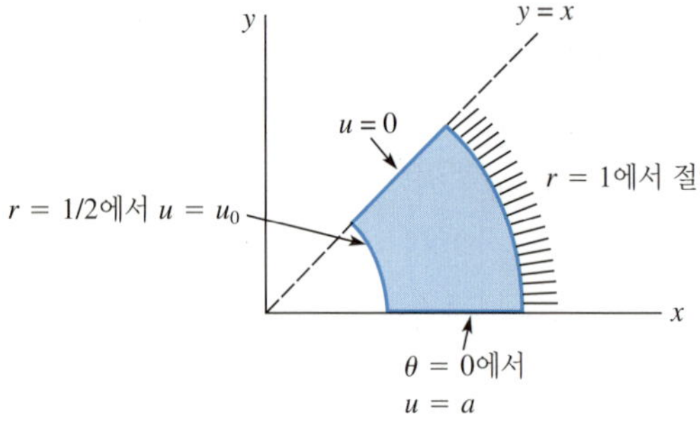

그림 14.R.1 문제 7의 평판

8.

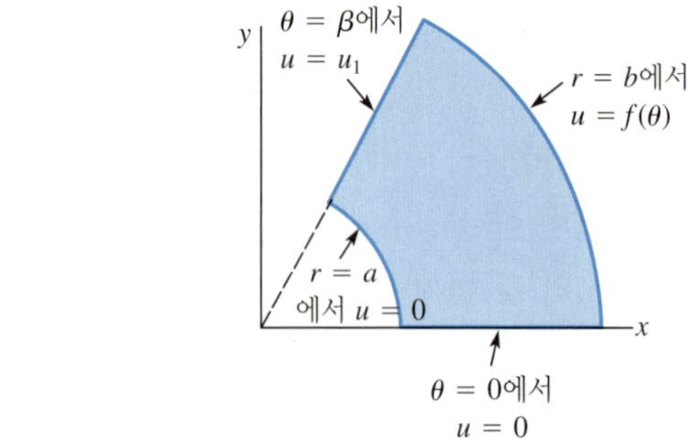

그림 14.R.2 문제 8의 평판

9. $1 < r < 2$로 정의된 원형 고리에 대한 경계 조건이

$$u(1, \theta) = \sin^2\theta, \quad \left.\frac{\partial u}{\partial r}\right|_{r=2} = 0, \quad 0 < \theta < 2\pi$$

이라면, 정상상태 온도가

$$u(r, \theta) = \frac{1}{2} - \left(\frac{1}{34}r^2 + \frac{8}{17}r^{-2}\right)\cos 2\theta$$

임을 보여라.[**힌트**: 그림 14.1.4를 보라. 그리고 $\sin^2\theta = \frac{1}{2}(1 - \cos 2\theta)$ 관계를 이용하라.]

10. 그림 14.R.3에 나타난 무한 평판의 정상상태 온도 $u(r, \theta)$를 구하라.

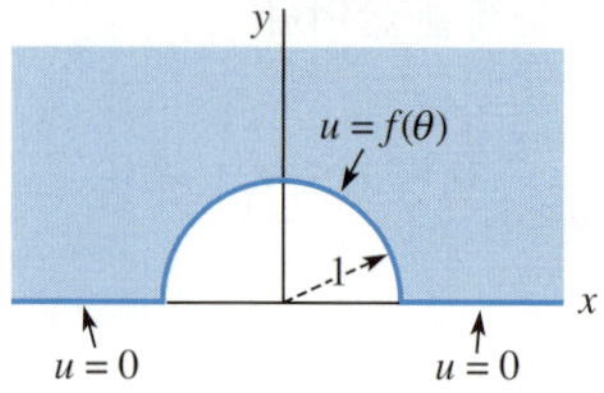

그림 14.R.3 문제 10의 무한 평판

11. 반지름이 1인 매우 얇은 원형 원판의 열이 원판의 표면을 통해 현재 온도가 0도인 주변 매질로 빠져 나간다고 가정하자. 열전달에 선형법칙을 적용하면 열방정식은

$$\frac{\partial^2 u}{\partial r^2} + \frac{1}{r}\frac{\partial u}{\partial r} - hu = \frac{\partial u}{\partial t}, \quad h > 0, 0 < r < 1, t > 0$$

와 같은 형태를 가질 것이다. 그림 14.R.4를 참조하라. 만약 모서리 $r = 1$의 온도가 0도를 유지하고 평판 전체의 초기 온도가 1도일 때 온도 $u(r, t)$를 구하라.

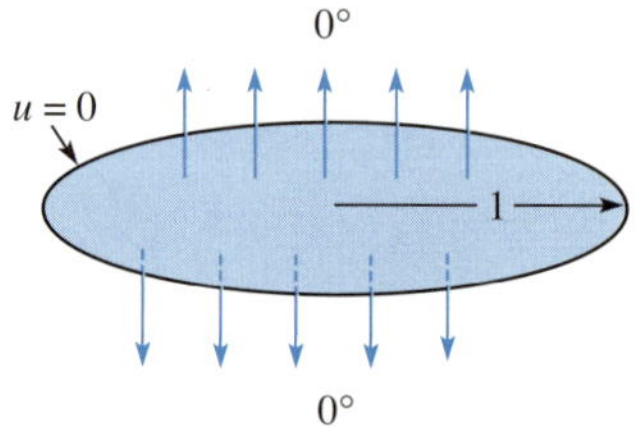

그림 14.R.4 문제 11의 원판

12. x_k가 J_0의 양의 근이라 하자. 경곗값 문제

$$a^2\left(\frac{\partial^2 u}{\partial r^2} + \frac{1}{r}\frac{\partial u}{\partial r}\right) = \frac{\partial^2 u}{\partial t^2}, \quad 0 < r < 1, t > 0$$

$$u(1, t) = 0, \quad t > 0$$

$$u(r, 0) = u_0 J_0(x_k r), \quad \left.\frac{\partial u}{\partial t}\right|_{t=0} = 0, \quad 0 < r < 1$$

의 해가 $u(r, t) = u_0 J_0(x_k r)\cos a x_k t$임을 보여라.

13. 그림 14.2.5의 원기둥의 정상상태 온도 $u(r, z)$를 구하라. 옆면은 영도를 유지하고 있고 꼭대기 $z = 4$는 50도를 유지하고 있으며 바닥 $z = 0$은 절연되어 있다.

14. 경곗값 문제

$$\frac{\partial^2 u}{\partial r^2} + \frac{1}{r}\frac{\partial u}{\partial r} + \frac{\partial^2 u}{\partial z^2} = 0, \quad 0 < r < 1, 0 < z < 1$$

$$\left.\frac{\partial u}{\partial r}\right|_{r=1} = 0, \quad 0 < z < 1$$

$$u(r, 0) = f(r), \quad u(r, 1) = g(r), \quad 0 < r < 1$$

을 풀어라.

15. 반지름이 1인 구의 정상상태 온도 $u(r, \theta)$를 구하라. 구 표면은

$$u(1, \theta) = \begin{cases} 100, & 0 < \theta < \pi/2 \\ -100, & \pi/2 < \theta < \pi \end{cases}$$

을 유지하고 있다.[힌트: 연습문제 12.6의 문제 22를 참조하라.]

16. 경곗값 문제

$$\frac{\partial^2 u}{\partial r^2} + \frac{2}{r}\frac{\partial u}{\partial r} = \frac{\partial^2 u}{\partial t^2}, \quad 0 < r < 1, t > 0$$

$$\left.\frac{\partial u}{\partial r}\right|_{r=1} = 0, \quad t > 0$$

$$u(r, 0) = f(r), \quad \left.\frac{\partial u}{\partial t}\right|_{t=0} = g(r), \quad 0 < r < 1$$

을 풀어라.[힌트: 연습문제 14.3의 문제 9와 10처럼 진행하라. 하지만 $v(r, t) = ru(r, t)$로 두라. 13.7절을 참조하라.]

17. 함수 $u(x) = Y_0(\alpha a)J_0(\alpha_x) - J_0(\alpha a)Y_0(\alpha x)$, $\alpha > 0$는 Bessel 매개방정식

$$x^2\frac{d^2u}{dx^2} + x\frac{du}{dx} + \alpha^2 x^2 u = 0$$

의 구간 $[a, b]$ 위에 존재하는 해이다. 만약 고유값 $\lambda_n = \alpha_n^2$이 방정식

$$Y_0(\alpha a)J_0(\alpha b) - J_0(\alpha a)Y_0(\alpha b) = 0$$

의 양의 근으로 정의된다면 함수

$$u_m(x) = Y_0(\alpha_m a)J_0(\alpha_m x) - J_0(\alpha_m a)Y_0(\alpha_m x)$$
$$u_n(x) = Y_0(\alpha_n a)J_0(\alpha_n x) - J_0(\alpha_n a)Y_0(\alpha_n x)$$

가 구간 $[a, b]$ 위에서 가중함수 $p(x) = x$에 관해서 직교임을 보여라. 즉

$$\int_a^b x\, u_m(x)u_n(x)\, dx = 0, \quad m \neq n$$

임을 보여라.[힌트: 12.5절에 있는 절차를 따라가라.]

18. 문제 17의 결과를 사용해서 원형 고리의 온도 $u(r, t)$에 대한 아래의 경곗값 문제를 풀어라.

$$\frac{\partial^2 u}{\partial r^2} + \frac{1}{r}\frac{\partial u}{\partial r} = \frac{\partial u}{\partial t}, \quad a < r < b, t > 0$$

$$u(a, t) = 0, \quad u(b, t) = 0, \quad t > 0$$

$$u(r, 0) = f(r), \quad a < r < b.$$

19. 그림 14.R.5에 나타나 있는 경계조건을 가지고 있는

$$\frac{\partial^2 u}{\partial r^2} + \frac{1}{r}\frac{\partial u}{\partial r} + \frac{\partial^2 u}{\partial z^2} = 0, \quad 0 < r < c, 0 < z < L$$

을 푸는 방법에 대해 논의하라.

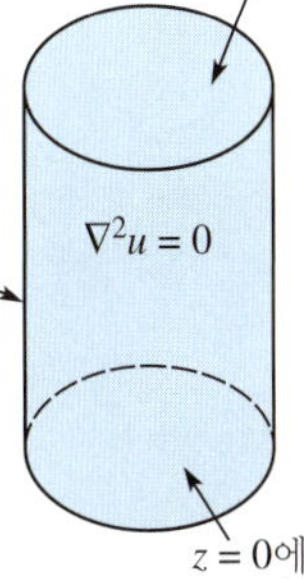

그림 14.R.5 문제 19의 원기둥

20. 문제 19에서 논의한 방법대로 수행하고 $u(r, z)$를 구하라.[힌트: 13.5절의 식 (11) 참조]

문제 21~24에서, 주어진 경곗값 문제를 풀어라.

21. $$\frac{\partial^2 u}{\partial r^2} + \frac{1}{r}\frac{\partial u}{\partial r} + \frac{\partial^2 u}{\partial z^2} = 0, \quad 0 < r < 1, 0 < z < 1$$

$$u(1, z) = 100, \quad 0 < z < 1$$

$$\left.\frac{\partial u}{\partial z}\right|_{z=0} = 0, \quad 0 < r < 1$$

$$u(r, 1) = 200, \quad 0 < r < 1.$$

22. $$\frac{\partial^2 u}{\partial r^2} + \frac{1}{r}\frac{\partial u}{\partial r} + \frac{\partial^2 u}{\partial z^2} = 0, \quad 0 < r < 3, 0 < z < 1$$

$$u(3, z) = u_0, \quad 0 < z < 1$$

$$u(r, 0) = 0, \quad 0 < r < 3$$

$$u(r, 1) = 0, \quad 0 < r < 3.$$

23. $$\frac{\partial^2 u}{\partial r^2} + \frac{1}{r}\frac{\partial u}{\partial r} + \frac{\partial^2 u}{\partial z^2} = 0, \quad 0 < r < 1, z > 0$$

$$u(1, z) = 0, \quad z > 0$$

$$u(r, 0) = 100, \quad 0 < r < 1$$

24. $$\frac{\partial^2 u}{\partial r^2} + \frac{1}{r}\frac{\partial u}{\partial r} + \frac{\partial^2 u}{\partial z^2} = 0, \quad 0 < r < 1, z > 0$$

$$u(1, z) = 0, \quad z > 0$$

$$u(r, 0) = u_0(1 - r^2), \quad 0 < r < 1$$

CHAPTER

15

적분 변환법

Integral Transform Method

13장과 14장에서 배운 변수분리법은 유용하기는 하나 모든 경곗값 문제에 일반적으로 적용되는 방법은 아니다. 만일 주어진 편미분방정식이 비동차이거나, 경계조건이 시간에 종속된 경우이거나, 또는 공간변수의 영역이 무한대:$(-\infty, \infty)$ 또는 반무한대:(a, ∞)일 경우 **적분 변환법**을 적용하여 문제를 해결할 수 있다. 15.2절에서는 앞에서 배운 **Laplace 변환**을 이용하여 열방정식 및 파동방정식과 관련된 문제를 해결한다. 15.4절에서는 **Fourier 변환**이라 불리는 세 개의 새로운 적분변환을 소개하고 이를 이용한다.

CHAPTER CONTENTS

15.1 오차함수

소개 수학에는 적분으로 정의된 함수가 많이 있다. 예를 들어 많은 미적분 교재에서 자연로그는 $\ln x = \int_1^x dt$, $x > 0$와 같이 적분으로 정의한다. 앞 장에서 오차함수 $\text{erf}(x)$, 여오차함수 $\text{erfc}(x)$, 사인적분함수 $\text{Si}(x)$, Fresnel 사인적분 $S(x)$, 감마 함수 $\Gamma(\alpha)$ 등을 간단하게나마 배운 바 있다. 이 함수들은 모두 적분의 형태로 정의되어 있다. Laplace 변환을 경곗값 문제에 적용하기에 앞서 오차함수와 여오차함수에 대해서 좀더 알아볼 필요가 있다. 이 절에서는 $\text{erf}(x)$와 $\text{erfc}(x)$의 그래프와 몇 가지 분명한 성질을 살펴본다.

성질과 그래프 2.3절의 식 (14)에서 **오차함수**(error function) $\text{erf}(x)$와 **여오차함수**(complementary error function) $\text{erfc}(x)$의 정의가 각각

$$\text{erf}(x) = \frac{2}{\sqrt{\pi}}\int_0^x e^{-u^2}\,du \qquad \text{그리고} \qquad \text{erfc}(x) = \frac{2}{\sqrt{\pi}}\int_x^\infty e^{-u^2}\,du \tag{1}$$

부록 II를 보라.

▶ 이었음을 상기하라. 극좌표를 이용하면

$$\int_0^\infty e^{-u^2}\,du = \frac{\sqrt{\pi}}{2} \qquad \text{또는} \qquad \frac{2}{\sqrt{\pi}}\int_0^\infty e^{-u^2}\,du = 1 \tag{2}$$

식 (2)의 두 번째 적분을 $\int_0^\infty = \int_0^x + \int_x^\infty$로 쓰면, 오차함수와 여오차함수에 대한 등식

$$\text{erf}(x) + \text{erfc}(x) = 1 \tag{3}$$

을 얻을 수 있다. 이는 2.3절의 식 (15)에서 이미 살펴본 바 있다.

그림 15.1.1에서 $x > 0$일 때 $\text{erf}(x)$는 구간 $[0, x]$에서 $f(t) = (2/\sqrt{\pi})e^{-t^2}$의 그래프 아래의 파란색 영역의 면적이고, $\text{erfc}(x)$는 $[x, \infty)$ 위의 회색 영역의 면적이다. 함수 f의 그래프는 때때로 **종형곡선**이라 부른다.

$\text{erf}(x)$와 $\text{erfc}(x)$는 편미분 방정식의 해와 확률 및 통계이론에서 중요하므로 컴퓨터 대수 시스템의 내장함수이다. 따라서 *Mathematica*를 이용하면 **그림 15.1.2**에 있는 $\text{erf}(x)$(파란선)와 $\text{erfc}(x)$(검정선)의 그래프를 그릴 수 있다.

두 그래프의 y-절편으로부터

- $\text{erf}(0) = 0$, $\text{erfc}(0) = 1$

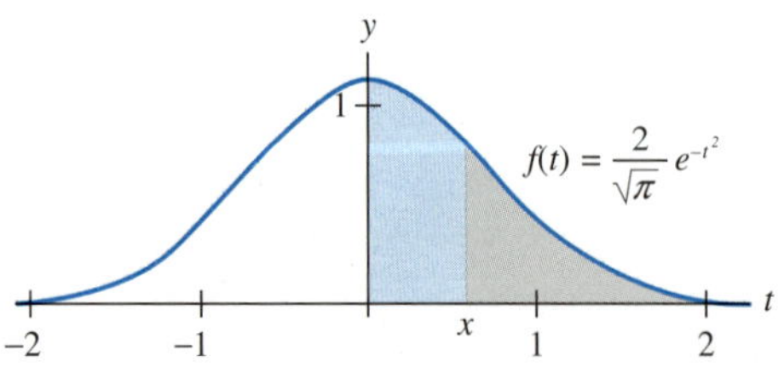

그림 15.1.1 종형곡선

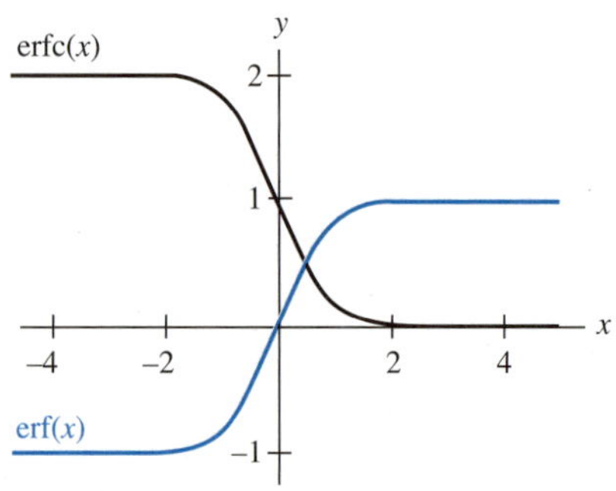

그림 15.1.2 $\text{erf}(x)$와 $\text{erfc}(x)$의 그래프

임을 알 수 있다. erf(x)와 erfc(x)의 다른 값들은 CAS로부터 직접 얻을 수 있다. 두 그래프를 좀 더 살펴보면 다음과 같은 사실을 알 수 있다.

- erf(x)와 erfc(x)의 정의역은 $(-\infty, \infty)$이다.
- erf(x)와 erfc(x)은 연속함수이다.
- $\lim_{x\to\infty} \text{erf}(x) = 1, \quad \lim_{x\to-\infty} \text{erf}(x) \to -1$
- $\lim_{x\to\infty} \text{erfc}(x) \to 0, \quad \lim_{x\to-\infty} \text{erfc}(x) \to 2$

오차함수의 그래프는 원점대칭임이 분명하므로 erf(x)는 기함수이고

$$\text{erf}(-x) = -\text{erf}(x) \tag{4}$$

이다. 식 (4)는 연습문제 15.1의 문제 14에서 증명해 보라.

표 15.1은 오차함수와 여오차함수와 관련 있는 함수들의 Laplace 변환을 보여준다. 이러한 결과는 다음 절의 연습문제에 유용할 것이다.

표 15.1.1

$f(t), a < 0$	$\mathscr{L}\{f(t)\} = F(s)$	$f(t), a > 0$	$\mathscr{L}\{f(t)\} = F(s)$
1. $\dfrac{1}{\sqrt{\pi t}} e^{-a^2/4t}$	$\dfrac{e^{-a\sqrt{s}}}{\sqrt{s}}$	**4.** $2\sqrt{\dfrac{t}{\pi}} e^{-a^2/4t} - a\,\text{erfc}\left(\dfrac{a}{2\sqrt{t}}\right)$	$\dfrac{e^{-a\sqrt{s}}}{s\sqrt{s}}$
2. $\dfrac{a}{2\sqrt{\pi t^3}} e^{-a^2/4t}$	$e^{-a\sqrt{s}}$	**5.** $e^{ab} e^{b^2 t}\,\text{erfc}\left(b\sqrt{t} + \dfrac{a}{2\sqrt{t}}\right)$	$\dfrac{e^{-a\sqrt{s}}}{\sqrt{s}(\sqrt{s} + b)}$
3. $\text{erfc}\left(\dfrac{a}{2\sqrt{t}}\right)$	$\dfrac{e^{-a\sqrt{s}}}{s}$	**6.** $-e^{ab} e^{b^2 t}\,\text{erfc}\left(b\sqrt{t} + \dfrac{a}{2\sqrt{t}}\right) + \text{erfc}\left(\dfrac{a}{2\sqrt{t}}\right)$	$\dfrac{be^{-a\sqrt{s}}}{s(\sqrt{s} + b)}$

참고

표 15.1의 결과에 대한 증명은 길고 복잡하므로 본문에서 제외하였다. 예를 들어 표의 2와 3을 증명하려면 몇 번의 변수변환과 합성곱 정리가 필요하다. 궁금한 독자는 *Introduction to the Laplace Transform* (Holl, Maple, Vinograde 저, 출판사: Appleton-Century-Crofts, 1959)의 142~143페이지를 보라. 이와 유사한 형태의 증명을 연습문제 15.1의 문제 1에 소개하였다.

15.1 연습문제

부록에 선택된 홀수 번 문제의 답이 있다.

1. (a) $\text{erf}(\sqrt{t}) = \dfrac{1}{\sqrt{\pi}}\displaystyle\int_0^t \frac{e^{-\tau}}{\sqrt{\tau}}\,d\tau$임을 보여라.

(b) 합성곱 정리와 연습문제 4.1의 문제 43의 결과를 이용하여

$$\mathscr{L}\{\text{erf}(\sqrt{t})\} = \frac{1}{s\sqrt{s+1}}$$

임을 보여라.

2. 문제 1의 결과를 이용하여

$$\mathscr{L}\{\operatorname{erfc}(\sqrt{t})\} = \frac{1}{s}\left[1 - \frac{1}{\sqrt{s+1}}\right]$$

임을 보여라.

3. 문제 1의 결과를 이용하여

$$\mathscr{L}\{e^t \operatorname{erf}(\sqrt{t})\} = \frac{1}{\sqrt{s}(s-1)}$$

임을 보여라.

4. 문제 2의 결과를 이용하여

$$\mathscr{L}\{e^t \operatorname{erfc}(\sqrt{t})\} = \frac{1}{\sqrt{s}(\sqrt{s}+1)}$$

임을 보여라.

5. 문제 4의 결과를 이용하여

$$\mathscr{L}\left\{\frac{1}{\sqrt{\pi t}} - e^t \operatorname{erfc}(\sqrt{t})\right\} = \frac{1}{\sqrt{s}+1}$$

임을 보여라.

6. 역변환을 구하라.

$$\mathscr{L}^{-1}\left\{\frac{1}{1+\sqrt{s+1}}\right\}$$

[힌트: 분모를 유리화하고, 그 다음에 다시 분자를 유리화하라.]

7. C, G, R과 x를 상수라고 하자. 표 15.1.1을 이용하여

$$\mathscr{L}^{-1}\left\{\frac{C}{Cs+G}\left(1 - e^{-x\sqrt{RCs+RG}}\right)\right\} = e^{-Gt/C}\operatorname{erf}\left(\frac{x}{2}\sqrt{\frac{RC}{t}}\right)$$

임을 보여라.

8. a를 상수라고 할 때

$$\mathscr{L}^{-1}\left\{\frac{\sinh a\sqrt{s}}{s\sinh\sqrt{s}}\right\} =$$

$$\sum_{n=0}^{\infty}\left[\operatorname{erf}\left(\frac{2n+1+a}{2\sqrt{t}}\right) - \operatorname{erf}\left(\frac{2n+1-a}{2\sqrt{t}}\right)\right]$$

임을 보여라.[힌트: 쌍곡사인함수의 지수적 정의를 이용하라. $1/(1-e^{-2\sqrt{s}})$을 기하급수로 전개하라.]

9. Laplace 변환과 표 15.1.1을 이용하여 적분방정식

$$y(t) = 1 - \int_0^t \frac{y(\tau)}{\sqrt{t-\tau}}\,d\tau$$

를 풀어라.

10. 표 15.1.1의 3과 5를 이용하여 표의 6을 유도하라.

11. $\int_a^b e^{-u^2}\,du = \frac{\sqrt{\pi}}{2}[\operatorname{erf}(b) - \operatorname{erf}(a)]$임을 보여라.

12. $\int_{-a}^{a} e^{-u^2}\,du = \sqrt{\pi}\operatorname{erf}(a)$임을 보여라.

13. $\lim_{x\to 0}\frac{\operatorname{erf}(x)}{x} = \frac{2}{\sqrt{\pi}}$을 보여라.

14. $\operatorname{erf}(x)$가 기함수임을 증명하라.

15. $\operatorname{erfc}(-x) = 1 + \operatorname{erf}(x)$을 보여라.

15.2 Laplace 변환의 적용

소개 4장에서 함수 $f(t)$, $t \geq 0$의 Laplace 변환을, 다음 이상적분이 수렴할 때

$$\mathscr{L}\{f(t)\} = \int_0^{\infty} e^{-st} f(t)\,dt,$$

로 정의하였다. 이러한 적분은 함수 $f(t)$를 변환 매개변수 s의 함수 F로 변환한다. 즉 $\mathscr{L}\{f(t)\} = F(s)$이다. 4장에서 Laplace 변환을 적용하는 주된 문제는 상수계수 선형 상미분방정식과 관련된 초기값 문제의 해를 구하는 것이었다. 그러한 형태의 방정식에 Laplace 변환을 적용하면 상미분방정식이 대수방정식으로 바뀌었음을 기억하라. 이 절에서는 Laplace 변환을 선형 편미분방정식에 적용할 것이다. 그러면 편미분방정식이 상미분방정식으로 변환된다.

편도함수의 변환 이 절에서 고려하는 경곗값 문제는 1차원 파동방정식, 1차원 열방정식 또는 이러한 방정식이 약간 변형된 형태이다. 이러한 편미분방정식은 두 개의 독립변수

를 가진 미지 함수 $u(x, t)$와 관련된다. 여기서 변수 t는 시간 $t \geq 0$을 나타낸다. $u(x, t)$의 t에 대한 Laplace 변환은

$$\mathcal{L}\{u(x, t)\} = \int_0^{\infty} e^{-st} u(x, t)\, dt = U(x, s)$$

로 정의한다. 여기서 x는 매개변수로 취급한다. 이 절에서는, 4.2, 4.3, 4.4절의 연산자에 대한 성질을 2변수 함수에도 적용할 수 있다고 가정한다. 예를 들어 정리 4.2.2에 의해, 편도함수 $\partial u/\partial t$의 변환은

$$\mathcal{L}\left\{\frac{\partial u}{\partial t}\right\} = s\mathcal{L}\{u(x, t)\} - u(x, 0)$$

즉

$$\mathcal{L}\left\{\frac{\partial u}{\partial t}\right\} = sU(x, s) - u(x, 0) \tag{1}$$

이다. 마찬가지로

$$\mathcal{L}\left\{\frac{\partial^2 u}{\partial t^2}\right\} = s^2 U(x, s) - su(x, 0) - u_t(x, 0) \tag{2}$$

이 성립한다. 변수 t에 대한 변환이기 때문에 $\partial^2 u/\partial x^2$의 변환에서는 다음과 같이 적분과 미분의 순서를 바꾸는 것이 가능하다고 가정한다.

$$\mathcal{L}\left\{\frac{\partial^2 u}{\partial x^2}\right\} = \int_0^{\infty} e^{-st} \frac{\partial^2 u}{\partial x^2}\, dt = \int_0^{\infty} \frac{\partial^2}{\partial x^2} [e^{-st} u(x, t)]\, dt$$

$$= \frac{d^2}{dx^2} \int_0^{\infty} e^{-st} u(x, t)\, dt = \frac{d^2}{dx^2} \mathcal{L}\{u(x, t)\}$$

즉,

$$\mathcal{L}\left\{\frac{\partial^2 u}{\partial x^2}\right\} = \frac{d^2 U}{dx^2} \tag{3}$$

식 (1)과 (2)에서 Laplace 변환은 열방정식 또는 파동방정식과 관련된 초기값 문제에 적합하다는 것을 알 수 있다. 15.4절에서는 공간변수 중 하나(또는 둘다)가 무한 구간으로 정의되는 Laplace 방정식을 포함하는 경곗값 문제를 종종 다른 적분 변환을 사용하여 구할 수 있음을 알 수 있다.

예제 1 편미분방정식의 Laplace 변환

파동방정식 $a^2 \dfrac{\partial^2 u}{\partial x^2} = \dfrac{\partial^2 u}{\partial t^2}$, $t > 0$의 Laplace 변환을 구하라.

풀이 식 (2)와 (3)에서

$$\mathscr{L}\left\{a^2 \frac{\partial^2 u}{\partial x^2}\right\} = \mathscr{L}\left\{\frac{\partial^2 u}{\partial t^2}\right\}$$

은

$$a^2 \frac{d^2}{dx^2} \mathscr{L}\{u(x, t)\} = s^2 \mathscr{L}\{u(x, t)\} - su(x, 0) - u_t(x, 0)$$

즉

$$a^2 \frac{d^2 U}{dx^2} - s^2 U = -su(x, 0) - u_t(x, 0) \tag{4}$$

이 된다. ≡

파동방정식이나 열방정식에서 t에 대한 Laplace 변환은 변수 t를 제거한다. 그리고 1차원 방정식에 대해 변환된 방정식은 공간변수 x에 대한 **상미분방정식**이 된다. 변환된 방정식을 풀 때 s는 매개변수로 취급한다.

예제 2 경곗값 문제에 Laplace 변환을 적용

$$\frac{\partial^2 u}{\partial x^2} = \frac{\partial^2 u}{\partial t^2}, \quad 0 < x < 1, \ t > 0$$

을 풀어라. 단

$$u(0, t) = 0, \quad u(1, t) = 0, \ t > 0$$

$$u(x, 0) = 0, \quad \left.\frac{\partial u}{\partial t}\right|_{t=0} = \sin \pi x, \ 0 < x < 1$$

이다.

풀이 주어진 편미분방정식은 $a = 1$인 파동방정식이다. $U(x, s) = \mathscr{L}\{u(x, t)\}$라고 할 때, 식 (4)와 주어진 초기조건으로부터 변환된 방정식은

$$\frac{d^2 U}{dx^2} - s^2 U = -\sin \pi x \tag{5}$$

이다. 경계조건 또한 t의 함수이므로 이것의 Laplace 변환도 구해야 한다.

$$\mathscr{L}\{u(0, t)\} = U(0, s) = 0 \qquad \text{그리고} \qquad \mathscr{L}\{u(1, t)\} = U(1, s) = 0. \tag{6}$$

식 (6)의 결과는 상미분방정식 (5)의 경계조건이 된다. 유한구간에서 식 (5)가 정의되어 있으므로 상미분방정식의 여함수는 쌍곡함수를 이용하여

$$U_c(x, s) = c_1 \cosh sx + c_2 \sinh sx$$

로 쓴다. 미정계수법을 이용하면 특수해는

$$U_p(x, s) = \frac{1}{s^2 + \pi^2} \sin \pi x$$

이다. 따라서 상미분방정식의 일반해는

$$U(x, s) = c_1 \cosh sx + c_2 \sinh sx + \frac{1}{s^2 + \pi^2} \sin \pi x$$

이다. 그러나 조건 $U(0, s) = 0$과 $U(1, s) = 0$에서 차례로 $c_1 = 0$과 $c_2 = 0$을 얻는다. 따라서

$$U(x, s) = \frac{1}{s^2 + \pi^2} \sin \pi x$$

$$u(x, t) = \mathscr{L}^{-1}\left\{\frac{1}{s^2 + \pi^2} \sin \pi x\right\} = \frac{1}{\pi} \sin \pi x \, \mathscr{L}^{-1}\left\{\frac{\pi}{s^2 + \pi^2}\right\}$$

이다. 그러므로 해는 다음과 같다.

$$u(x, t) = \frac{1}{\pi} \sin \pi x \sin \pi t. \qquad ≡$$

예제 3 경계값 문제에 Laplace 변환을 적용

매우 긴 현이 초기에는 양의 x축 위에 놓여 있다. 현은 $x = 0$에서는 고정되어 있고 멀리 떨어진 오른쪽 끝은 마찰력 없는 수직 지지대에서 아래로 미끄러져 내려온다. 현은 그 자체의 무게로 아래로 떨어지며 운동을 하게 된다. 변위 $u(x, t)$를 구하라.

풀이 중력을 고려하여야 하므로 파동방정식은

$$a^2 \frac{\partial^2 u}{\partial x^2} - g = \frac{\partial^2 u}{\partial t^2}, \quad x > 0, \ t > 0$$

와 같은 형태를 갖는다는 것을 보일 수 있다. 여기서 g는 중력 가속도이다. 경계조건과 초기조건은 각각

$$u(0, t) = 0, \quad \lim_{x \to \infty} \frac{\partial u}{\partial x} = 0, \ t > 0$$

$$u(x, 0) = 0, \quad \left.\frac{\partial u}{\partial t}\right|_{t=0} = 0, \ x > 0$$

이다. 두 번째 경계조건 $\lim_{x \to \infty} \partial u/\partial x = 0$은 현이 왼쪽 끝에서 멀리 떨어진 곳에서는 수평이라는 것을 나타낸다. 식 (2)와 (3)으로부터

$$\mathscr{L}\left\{a^2 \frac{\partial^2 u}{\partial x^2}\right\} - \mathscr{L}\{g\} = \mathscr{L}\left\{\frac{\partial^2 u}{\partial t^2}\right\}$$

은

$$a^2 \frac{d^2U}{dx^2} - \frac{g}{s} = s^2U - su(x, 0) - u_t(x, 0)$$

이 되고, 초기조건을 반영하면

$$\frac{d^2U}{dx^2} - \frac{s^2}{a^2}U = \frac{g}{a^2s}$$

이다. 경계조건을 변환하면

$$\mathscr{L}\{u(0, t)\} = U(0, s) = 0 \qquad \text{그리고} \qquad \mathscr{L}\left\{\lim_{x\to\infty} \frac{\partial u}{\partial x}\right\} = \lim_{x\to\infty} \frac{dU}{dx} = 0$$

이다. 미정계수법을 이용하면, 변환된 방정식의 일반해는

$$U(x, s) = c_1e^{-(x/a)s} + c_2e^{(x/a)s} - \frac{g}{s^3}$$

이다. 경계조건 $\lim_{x\to\infty} dU/dx = 0$은 $c_2 = 0$을 의미하고 $U(0, s) = 0$에서 $c_1 = g/s^3$을 얻는다. 따라서

$$U(x, s) = \frac{g}{s^3}e^{-(x/a)s} - \frac{g}{s^3}$$

이다. 이제 두 번째 평행이동정리에 의해

$$u(x, t) = \mathscr{L}^{-1}\left\{\frac{g}{s^3}e^{-(x/a)s} - \frac{g}{s^3}\right\} = \frac{1}{2}g\left(t - \frac{x}{a}\right)^2 \mathcal{U}\left(t - \frac{x}{a}\right) - \frac{1}{2}gt^2$$

즉

$$u(x, t) = \begin{cases} -\dfrac{1}{2}gt^2, & 0 \le t < \dfrac{x}{a} \\ -\dfrac{g}{2a^2}(2axt - x^2), & t \ge \dfrac{x}{a} \end{cases}$$

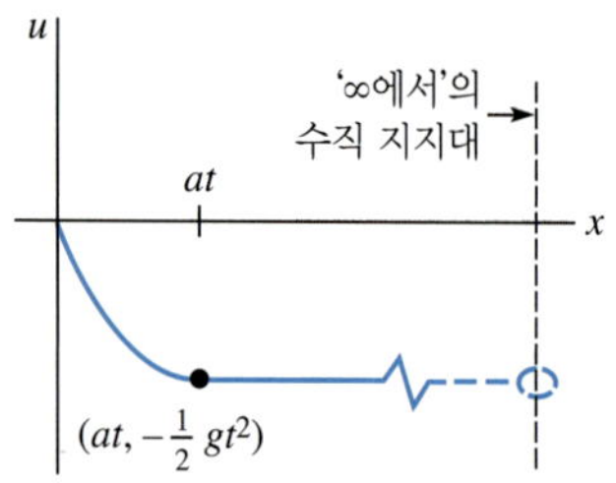

그림 15.2.1 자체의 무게로 떨어지는 긴 현

이다. 해의 의미를 알아보기 위해서 $t > 0$이 고정되어 있다고 가정하자. $0 \le x \le at$에서 현은 $(0, 0)$과 $(at, -\frac{1}{2}gt^2)$를 지나는 포물선 모양이다. $x > at$에서 현은 x축에 평행한 직선 $u = -\frac{1}{2}gt^2$이다. **그림 15.2.1**을 보라. ≡

다음 예제에서 소개하는 문제는 13.6절의 방법으로도 풀 수 있음을 주목하라. Laplace 변환은 다른 형태의 해를 보여준다.

예제 4 erf(x)에 의한 해

열방정식

$$\frac{\partial^2 u}{\partial x^2} = \frac{\partial u}{\partial t}, \quad 0 < x < 1, \ t > 0$$

을 풀어라. 단

$$u(0, t) = 0, \quad u(1, t) = u_0, \quad t > 0$$
$$u(x, 0) = 0, \quad 0 < x < 1$$

이다.

풀이 식 (1), (3)과 주어진 초기조건으로부터

$$\mathscr{L}\left\{\frac{\partial^2 u}{\partial x^2}\right\} = \mathscr{L}\left\{\frac{\partial u}{\partial t}\right\}$$

는

$$\frac{d^2U}{dx^2} - sU = 0 \tag{7}$$

이 된다. 경계조건을 변환하면

$$U(0, s) = 0 \qquad \text{그리고} \qquad U(1, s) = \frac{u_0}{s} \tag{8}$$

이다. x축 위의 유한구간에서의 경곗값 문제이므로 식 (7)의 일반해는

$$U(x, s) = c_1 \cosh(\sqrt{s}x) + c_2 \sinh(\sqrt{s}x)$$

와 같은 형태로 쌍곡함수를 이용하여 쓴다. 식 (8)의 두 개의 경계조건을 적용하면 각각 $c_1 = 0$, $c_2 = u_0/(s \sinh\sqrt{s})$이다. 따라서 다음과 같다.

$$U(x, s) = u_0 \frac{\sinh(\sqrt{s}x)}{s \sinh\sqrt{s}}.$$

위의 함수의 역변환은 표에서는 대부분 찾을 수 없다. 그러나

$$\frac{\sinh(\sqrt{s}x)}{s \sinh\sqrt{s}} = \frac{e^{\sqrt{s}x} - e^{-\sqrt{s}x}}{s(e^{\sqrt{s}} - e^{-\sqrt{s}})} = \frac{e^{(x-1)\sqrt{s}} - e^{-(x+1)\sqrt{s}}}{s(1 - e^{-2\sqrt{s}})}$$

과 같이 쓰고 기하급수

$$\frac{1}{1 - e^{-2\sqrt{s}}} = \sum_{n=0}^{\infty} e^{-2n\sqrt{s}}$$

를 이용하면

$$\frac{\sinh(\sqrt{s}x)}{s \sinh\sqrt{s}} = \sum_{n=0}^{\infty}\left[\frac{e^{-(2n+1-x)\sqrt{s}}}{s} - \frac{e^{-(2n+1+x)\sqrt{s}}}{s}\right]$$

을 얻는다. 만일 역 Laplace 변환을 무한급수에 항별로 적용할 수 있다고 가정하면 표 15.1.1의 3으로부터

연습문제 15.1의 문제 8도 ▶ 보라.

$$
\begin{aligned}
u(x, t) &= u_0 \mathscr{L}^{-1}\left\{\frac{\sinh(\sqrt{s}x)}{s \sinh\sqrt{s}}\right\} \\
&= u_0 \sum_{n=0}^{\infty}\left[\mathscr{L}^{-1}\left\{\frac{e^{-(2n+1-x)\sqrt{s}}}{s}\right\} - \mathscr{L}^{-1}\left\{\frac{e^{-(2n+1+x)\sqrt{s}}}{s}\right\}\right] \\
&= u_0 \sum_{n=0}^{\infty}\left[\operatorname{erfc}\left(\frac{2n+1-x}{2\sqrt{t}}\right) - \operatorname{erfc}\left(\frac{2n+1+x}{2\sqrt{t}}\right)\right]
\end{aligned} \tag{9}
$$

을 얻는다. 해 식 (9)는 $\operatorname{erfc}(x) = 1 - \operatorname{erf}(x)$을 이용하면 오차함수로 다시 적을 수 있다.

$$
u(x, t) = u_0 \sum_{n=0}^{\infty}\left[\operatorname{erf}\left(\frac{2n+1+x}{2\sqrt{t}}\right) - \operatorname{erf}\left(\frac{2n+1-x}{2\sqrt{t}}\right)\right]. \tag{10}
$$
≡

그림 15.2.2(a)에는 CAS의 3D 플롯 함수를 이용해 직사각형 영역 $0 \le x \le 1$, $0 \le t \le 6$에서 해 식 (10)의 부분합 $S_{10}(x, t)$에 의해 정의되는 곡면을 표시하였다. 그림의 곡면과 2차원 그래프로부터 온도 $u(x, t)$는 고정된 x 값에서(구간 [0, 1]에서 x축에 수직인 평면과 주어진 곡면의 교선), 시간이 지남에 따라 상수 값으로 빠르게 증가하는 것을 볼 수 있다. 그림

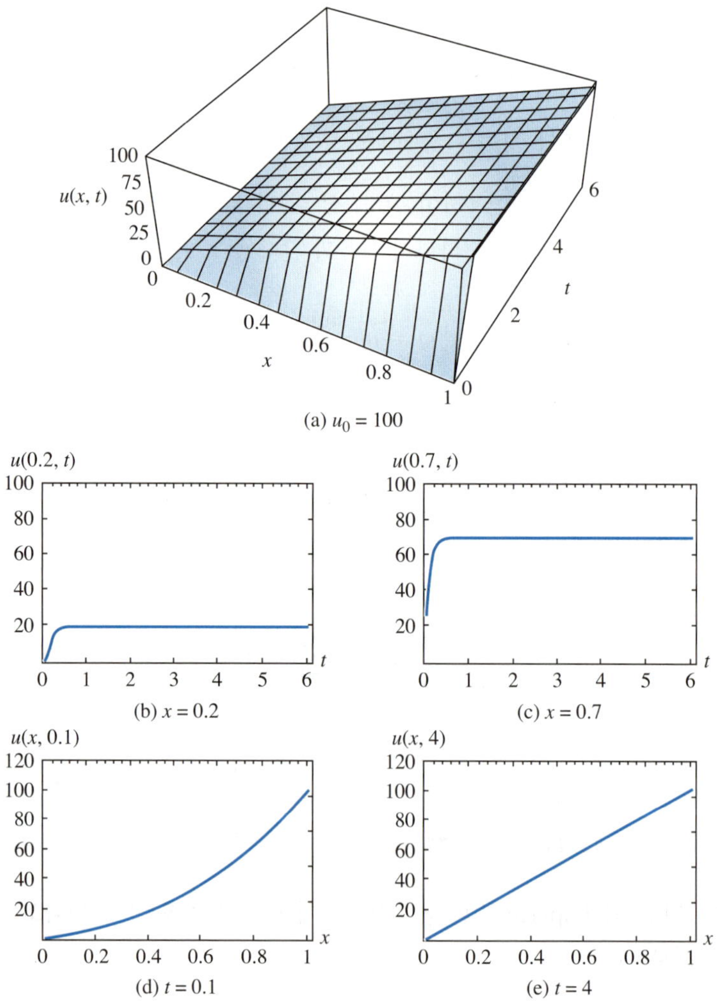

그림 15.2.2 해 (10)의 그래프. (b)와 (c)에서는 x가 상수로 고정되고, (d)와 (e)에서는 t가 상수로 고정됨

15.2.2(b)와 15.2.2(c)를 보라. 시간 t가 고정되면 (t축에 수직인 평면과 주어진 곡면의 교선) 온도 $u(x, t)$는 자연히 0에서 100으로 증가한다. 그림 15.2.2(d)와 15.2.2(e)를 보라.

15.2 연습문제

부록에 선택된 홀수 번 문제의 답이 있다.

다음 문제에서 필요에 따라 표를 이용하라.

1. 현의 양 끝이 x축 위의 두 점 (0, 0)과 $(L, 0)$에 고정되어 있다. 현이 초기 위치 $A\sin(\pi x/L)$에 정지해 있다가 운동을 시작한다고 할 때 변위 $u(x, t)$를 구하라.

2. 다음 경곗값 문제를 풀어라.

$$\frac{\partial^2 u}{\partial x^2} = \frac{\partial^2 u}{\partial t^2}, \quad 0 < x < 1, \ t > 0$$

$$u(0, t) = 0, \quad u(1, t) = 0$$

$$u(x, 0) = 0, \quad \left.\frac{\partial u}{\partial t}\right|_{t=0} = 2\sin\pi x + 4\sin 3\pi x.$$

3. 반무한 탄성 현의 변위가 다음 식에 의해 결정된다.

$$a^2\frac{\partial^2 u}{\partial x^2} = \frac{\partial^2 u}{\partial t^2}, \quad x > 0, \ t > 0$$

$$u(0, t) = f(t), \quad \lim_{x\to\infty} u(x, t) = 0, \ t > 0$$

$$u(x, 0) = 0, \quad \left.\frac{\partial u}{\partial t}\right|_{t=0} = 0, \ x > 0.$$

$u(x, t)$를 구하라.

4. $f(t)$가

$$f(t) = \begin{cases} \sin\pi t, & 0 \le t \le 1 \\ 0, & t > 1 \end{cases}$$

일 때 문제 3의 경곗값 문제를 풀어라. $t > 1$에서 변위 $u(x, t)$를 그려라.

5. 예제 3에서 $x = 0$에서의 현의 왼쪽 끝이 $f(t) = A\sin\omega t$에 의한 진동운동을 할 때 변위 $u(x, t)$를 구하라.

6. 외부력에 의해 움직이는 현의 변위 $u(x, t)$가 다음 식에 의해 결정된다.

$$\frac{\partial^2 u}{\partial x^2} + \sin\pi x\sin\omega t = \frac{\partial^2 u}{\partial t^2}, \quad 0 < x < 1, \ t > 0$$

$$u(0, t) = 0, \quad u(1, t) = 0, \ t > 0$$

$$u(x, 0) = 0, \quad \left.\frac{\partial u}{\partial t}\right|_{t=0} = 0, \ 0 < x < 1.$$

$u(x, t)$를 구하라.

7. 균질한 막대가 $x = 0$에 고정되어 있고 처음에는 정지해 있다. 만일 일정한 힘 F_0가 고정되지 않은 반대편 끝 $x = L$에 작용한다면 막대 단면의 신축 변위 $u(x, t)$는 다음 식에 의해 결정된다.

$$a^2\frac{\partial^2 u}{\partial x^2} = \frac{\partial^2 u}{\partial t^2}, \quad 0 < x < L, \ t > 0$$

$$u(0, t) = 0, \quad E\left.\frac{\partial u}{\partial x}\right|_{x=L} = F_0, \quad E\text{는 상수}, \quad t > 0$$

$$u(x, 0) = 0, \quad \left.\frac{\partial u}{\partial t}\right|_{t=0} = 0, \ 0 < x < L.$$

$u(x, t)$를 구하라.[힌트: $1/(1 + e^{-2sL/a})$를 기하급수로 전개하라.]

8. 균질한 반무한 탄성보가 일정한 속력 $-v_0$으로 x축을 따라 움직이다가 시각 $t = 0$에서 벽에 부딪쳐 멈추었다. 그림 15.2.3을 보라. 신축 변위 $u(x, t)$는 다음 식에 의해 결정된다.

$$a^2\frac{\partial^2 u}{\partial x^2} = \frac{\partial^2 u}{\partial t^2}, \quad x > 0, \ t > 0$$

$$u(0, t) = 0, \quad \lim_{x\to\infty}\frac{\partial u}{\partial x} = 0, \ t > 0$$

$$u(x, 0) = 0, \quad \left.\frac{\partial u}{\partial t}\right|_{t=0} = -v_0, \ x > 0.$$

$u(x, t)$를 구하라.

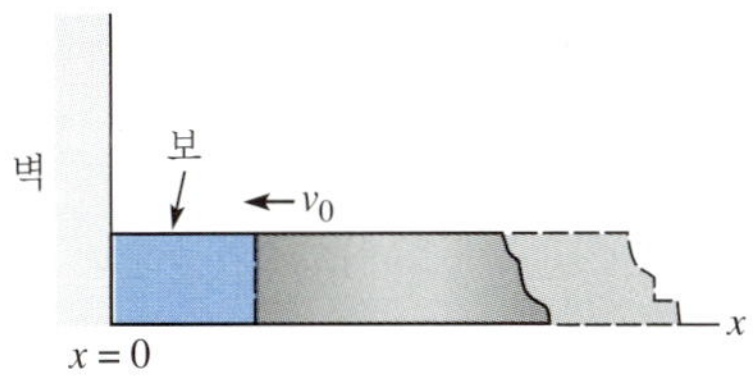

그림 15.2.3 문제 8의 움직이는 탄성보

9. 다음 경곗값 문제를 풀어라.

$$\frac{\partial^2 u}{\partial x^2} = \frac{\partial^2 u}{\partial t^2}, \quad x > 0, \ t > 0$$

$$u(0, t) = 0, \quad \lim_{x\to\infty} u(x, t) = 0, \ t > 0$$

$$u(x, 0) = xe^{-x}, \quad \left.\frac{\partial u}{\partial t}\right|_{t=0} = 0, \ x > 0.$$

10. 다음 경곗값 문제를 풀어라.

$$\frac{\partial^2 u}{\partial x^2} = \frac{\partial^2 u}{\partial t^2}, \quad x > 0, \ t > 0$$

$$u(0, t) = 1, \quad \lim_{x\to\infty} u(x, t) = 0, \ t > 0$$

$$u(x, 0) = e^{-x}, \quad \left.\frac{\partial u}{\partial t}\right|_{t=0} = 0, \ x > 0.$$

문제 11~18에서는 Laplace 변환을 이용하여 주어진 조건에서 열방정식 $u_{xx} = u_t$, $x > 0$, $t > 0$을 풀어라.

11. $u(0, t) = u_0, \quad \lim_{x\to\infty} u(x, t) = u_1, \quad u(x, 0) = u_1$

12. $u(0, t) = u_0, \quad \lim_{x\to\infty} \dfrac{u(x, t)}{x} = u_1, \quad u(x, 0) = u_1 x$

13. $\left.\dfrac{\partial u}{\partial x}\right|_{x=0} = u(0, t), \quad \lim_{x\to\infty} u(x, t) = u_0, \quad u(x, 0) = u_0$

14. $\left.\dfrac{\partial u}{\partial x}\right|_{x=0} = u(0, t) - 50, \quad \lim_{x\to\infty} u(x, t) = 0, \quad u(x, 0) = 0$

15. $u(0, t) = f(t), \quad \lim_{x\to\infty} u(x, t) = 0, \quad u(x, 0) = 0$

[힌트: 합성곱 정리를 이용하라.]

16. $\left.\dfrac{\partial u}{\partial x}\right|_{x=0} = -f(t), \quad \lim_{x\to\infty} u(x, t) = 0, \quad u(x, 0) = 0$

17. $u(0, t) = 60 + 40\,\mathcal{U}(t - 2), \quad \lim_{x\to\infty} u(x, t) = 60,$

$u(x, 0) = 60$

18. $u(0, t) = \begin{cases} 20, & 0 < t < 1 \\ 0, & t \geq 1 \end{cases}, \quad \lim_{x\to\infty} u(x, t) = 100,$

$u(x, 0) = 100$

19. 다음 경곗값 문제를 풀어라.

$$\frac{\partial^2 u}{\partial x^2} = \frac{\partial u}{\partial t}, \quad -\infty < x < 1, \ t > 0$$

$$\left.\frac{\partial u}{\partial x}\right|_{x=1} = 100 - u(1, t), \quad \lim_{x\to-\infty} u(x, t) = 0, \ t > 0$$

$$u(x, 0) = 0, \quad -\infty < x < 1.$$

20. 다음 경곗값 문제

$$k\frac{\partial^2 u}{\partial x^2} + r = \frac{\partial u}{\partial t}, \quad x > 0, \ t > 0$$

$$u(0, t) = 0, \quad \lim_{x\to\infty} \frac{\partial u}{\partial x} = 0, \ t > 0$$

$$u(x, 0) = 0, \ x > 0$$

의 해가

$$u(x, t) = rt - r\int_0^t \operatorname{erfc}\left(\frac{x}{2\sqrt{k\tau}}\right) d\tau$$

임을 보여라. 여기서 r은 상수이다.

21. 길이가 L인 막대가 양 끝 $x = 0$과 $x = L$에서 일정한 온도 u_0으로 유지된다. 막대의 초기 온도가 $u_0 + u_0 \sin(x\pi/L)$일 때, 열방정식 $u_{xx} = u_t$, $0 < x < L$, $t > 0$을 온도 $u(x, t)$에 대해 풀어라.

22. 만일 길이가 L인 가는 철사의 측면으로부터 매체로 일정 온도 u_m으로 열전달이 일어난다면 열방정식은

$$k\frac{\partial^2 u}{\partial x^2} - h(u - u_m) = \frac{\partial u}{\partial t}, \quad 0 < x < L, \ t > 0$$

과 같은 형태를 가진다. 여기서 h는 상수이다. 초기 온도는 철사 전체에서 u_0이고 양 끝 $x = 0$과 $x = L$은 절연되어 있다. 온도 $u(x, t)$를 구하라.

23. 단위길이의 막대가 $x = 0$에서 절연되어 있고 $x = 1$에서 온도 0으로 유지된다. 막대의 초기 온도는 상수 u_0이다. $ku_{xx} = u_t$, $0 < x < 1$, $t > 0$을 온도 $u(x, t)$에 대해서 풀어라.[힌트: $1/(1 + e^{-2\sqrt{s/k}})$를 기하급수로 전개하라.]

24. 폭은 단위길이이고 길이는 무한인 침투성 평판을 농도가 c_0으로 일정한 용액에 담근다. 용액에 용해된 물질이 평판으로 확산된다. 평판의 농도 $c(x, t)$는 다음 식

$$D\frac{\partial^2 c}{\partial x^2} = \frac{\partial c}{\partial t}, \quad 0 < x < 1, \ t > 0$$

$$c(0, t) = c_0, \quad c(1, t) = c_0, \ t > 0$$

$$c(x, 0) = 0, \quad 0 < x < 1$$

으로 결정된다. 여기서 D는 상수이다. $c(x, t)$를 구하라.

25. 매우 긴 전화 전송선로의 초기 전위는 일정하게 u_0이다. 선은 $x = 0$에서 접지되어 있고 멀리 떨어진 오른쪽 끝에서는 절연되어 있다. 선 위의 한 점 x, 시각 t에서의 전위 $u(x, t)$는 다음 식

$$\frac{\partial^2 u}{\partial x^2} - RC\frac{\partial u}{\partial t} - RGu = 0, \quad x > 0,\ t > 0$$

$$u(0, t) = 0, \quad \lim_{x\to\infty} \frac{\partial u}{\partial x} = 0,\ t > 0$$

$$u(x, 0) = u_0,\ x > 0$$

으로 결정된다. 여기에서 R, C와 G는 각각 저항, 전기용량과 전도도를 나타내는 상수이다. $u(x, t)$를 구하라.[힌트: 연습문제 15.1의 문제 7를 보라.]

26. $t = 0$에서 시작하여 크기 F_0인 집중하중이 반무한 현을 따라 일정한 속도 v_0으로 움직인다. 이 경우 파동방정식은

$$a^2\frac{\partial^2 u}{\partial x^2} = \frac{\partial^2 u}{\partial t^2} + F_0\delta\left(t - \frac{x}{v_0}\right)$$

이 된다. 여기서 $\delta(t - x/v_0)$는 Dirac 델타 함수이다. 다음과 같은 조건에서 위의 편미분방정식을 풀어라.

$$u(0, t) = 0, \quad \lim_{x\to\infty} u(x, t) = 0,\ t > 0$$

$$u(x, 0) = 0, \quad \left.\frac{\partial u}{\partial t}\right|_{t=0} = 0,\ x > 0$$

(a) $v_0 \neq a$일 때

(b) $v_0 = a$일 때

27. 연습문제 14.3의 문제 9는 반지름이 1인 구의 내부에서 시간에 따라 변하는 온도 $u(r, t)$를 구하는 것이었다. 구의 외부에서의 온두는 경곗값 문제

$$\frac{\partial^2 u}{\partial r^2} + \frac{2}{r}\frac{\partial u}{\partial r} = \frac{\partial u}{\partial t}, \quad r > 1,\ t > 0$$

$$u(1, t) = 100,\ t > 0$$

$$\lim_{r\to\infty} u(r, t) = 0$$

$$u(r, 0) = 0,\ r > 1$$

로 표현된다. 라플라스 변환을 이용하여 $u(r, t)$를 구하라. [힌트: PDE를 변환한 후, $\mathscr{L}\{u(r, t)\} = U(r, s)$일 때 $v(r, s) = rU(r, s)$로 놓아라.]

28. 다음 경곗값 문제

$$\frac{\partial^2 u}{\partial x^2} - hu = \frac{\partial u}{\partial t}, \quad x > 0,\ t > 0,\ h\text{는 상수}$$

$$u(0, t) = u_0, \quad \lim_{x\to\infty} u(x, t) = 0,\ t > 0$$

$$u(x, 0) = 0, \quad x > 0$$

의 해가

$$u(x, t) = \frac{u_0 x}{2\sqrt{\pi}}\int_0^t \frac{e^{-h\tau - x^2/4\tau}}{\tau^{3/2}}\,d\tau$$

임을 보여라.

29. 반무한 고체의 온도가 다음 경곗값 문제로 모형화되었다.

$$k\frac{\partial^2 u}{\partial x^2} = \frac{\partial u}{\partial t}, \quad x > 0,\ t > 0$$

$$u(0, t) = u_0, \quad \lim_{x\to\infty} u(x, t) = 0,\ t > 0$$

$$u(x, 0) = 0,\ x > 0$$

$u(x, t)$를 구하라. 구해진 해를 사용하여 $\lim_{t\to\infty} u(x, t)$, $x > 0$의 값을 해석적으로 구하라.

30. 문제 29에서 고체의 왼쪽 경계에서 고체로 열이 일정하게 유입된다면, 경계조건은 $\left.\frac{\partial u}{\partial x}\right|_{x=0} = -u_0,\ u_0 > 0,\ t > 0$이다. $u(x, t)$를 구하라. 해를 이용하여 $\lim_{t\to\infty} u(x, t)$, $x > 0$의 값을 해석적으로 구하라.

컴퓨터 실습 과제

31. CAS를 사용하여 $0 \le x \le 10$, $0 \le t \le 15$으로 정의된 직사각형 영역에서 문제 29의 $u(x, t)$의 그래프를 그려라. $u_0 = 100$, $k = 1$로 둔다. 그래프에 두 개의 경계조건과 초기조건을 표시하라. $u(x, t)$의 2D 및 3D 플롯 모양을 보고 $\lim_{t\to\infty} u(x, t)$의 값을 확인하라.

32. CAS를 사용하여 $0 \le x \le 10$, $0 \le t \le 15$으로 정의된 직사각형 영역에서 문제 30의 $u(x, t)$의 그래프를 그려라. $u_0 = 100$, $k = 1$로 둔다. $u(x, t)$의 2D 및 3D 플롯 모양을 보고 $\lim_{t\to\infty} u(x, t)$의 값을 확인하라.

33. 인간은 외부로부터의 대부분의 정보를 시각과 청각을 통하여 얻는다. 그러나 많은 생물은 주된 전달 수단으로 화학물질을 이용한다. 예를 들어 꿀벌은 경계상태일 때 화학물질을 방출하고 빠르게 날갯짓을 하여 여왕벌 근처의 벌에게 경고 신호를 전달한다. 이러한 동종 간의 분자를 이용한 연락수단을 페로몬이라고 한다. 이 신호는 공기나 물의 이동, 또는 기체 분자의 무작위적 움직임에 의하여 화학물질이 전달되는 현상인 확산작용에 의하여 전해진다. **그림 15.2.4**는 정적인 공기 터널 안에서 개미가 경보 화학물질을 방출하는 모습이다. $c(x, t)$가 시각 t에서 발생지로부터 x cm 떨어진 곳에서 화학물질의 농도라고 하면 $c(x, t)$는

$$k\frac{\partial^2 c}{\partial x^2} = \frac{\partial c}{\partial t}, \quad x > 0,\ t > 0$$

$$\begin{aligned} A(\alpha) &= \int_{-\infty}^{\infty} f(x)\cos\alpha x\,dx \\ &= \int_{-\infty}^{0} f(x)\cos\alpha x\,dx + \int_{0}^{2} f(x)\cos\alpha x\,dx + \int_{2}^{\infty} f(x)\cos\alpha x\,dx \\ &= \int_{0}^{2} \cos\alpha x\,dx = \frac{\sin 2\alpha}{\alpha} \\ B(\alpha) &= \int_{-\infty}^{\infty} f(x)\sin\alpha x\,dx = \int_{0}^{2} \sin\alpha x\,dx = \frac{1-\cos 2\alpha}{\alpha} \end{aligned}$$

위의 계수를 식 (4)에 대입하면

$$f(x) = \frac{1}{\pi}\int_{0}^{\infty}\left[\left(\frac{\sin 2\alpha}{\alpha}\right)\cos\alpha x + \left(\frac{1-\cos 2\alpha}{\alpha}\right)\sin\alpha x\right]d\alpha$$

를 얻는다. 삼각함수의 공식을 이용하면 마지막 적분은 간단히

$$f(x) = \frac{2}{\pi}\int_{0}^{\infty}\frac{\sin\alpha\cos\alpha(x-1)}{\alpha}\,d\alpha \tag{7}$$

가 된다. ≡

Fourier 적분은 적분 값을 구할 때 이용되기도 한다. 예를 들어 정리 15.3.1로부터 식 (7)은 $x = 1$에서 $f(1)$로 수렴한다. 즉

$$\int_{0}^{\infty}\frac{\sin\alpha}{\alpha}\,d\alpha = \frac{\pi}{2}$$

이다. 이 결과는 특별히 주목할 필요가 있다. 왜냐하면 이 적분은 '일반적인' 방법으로는 구할 수 없기 때문이다. 피적분함수 $(\sin x)/x$는 기본함수 형태의 역도함수를 갖지 않는다.

코사인 적분과 사인 적분 f가 구간 $(-\infty, \infty)$에서 우함수일 때 곱 $f(x)\cos\alpha x$ 또한 우함수이고 $f(x)\sin\alpha$는 기함수이다. 12.3.1절의 성질 (g)로부터, $B(\alpha) = 0$이고 따라서 (4)는

$$f(x) = \frac{2}{\pi}\int_{0}^{\infty}\left(\int_{0}^{\infty} f(t)\cos\alpha t\,dt\right)\cos\alpha x\,d\alpha$$

가 된다. 여기서 12.3.1절의 성질 (f)

$$\int_{-\infty}^{\infty} f(t)\cos\alpha t\,dt = 2\int_{0}^{\infty} f(t)\cos\alpha t\,dt$$

를 이용하였다. 마찬가지로 f가 $(-\infty, \infty)$에서 기함수이면, 곱 $f(x)\cos\alpha x$와 $f(x)\sin\alpha x$는 각각 기함수와 우함수이다. 따라서 $A(\alpha) = 0$이고

$$f(x) = \frac{2}{\pi}\int_0^\infty \left(\int_0^\infty f(t)\sin \alpha t\, dt\right)\sin \alpha x\, d\alpha$$

이다. 다음 정의에서 이를 요약하였다.

정의 15.3.2 Fourier 코사인 적분과 사인 적분

(*i*) 구간 $(-\infty, \infty)$에서 우함수의 Fourier 적분은 **코사인 적분**(cosine integral)

$$f(x) = \frac{2}{\pi}\int_0^\infty A(\alpha)\cos \alpha x\, d\alpha \tag{8}$$

이다. 여기서

$$A(\alpha) = \int_0^\infty f(x)\cos \alpha x\, dx. \tag{9}$$

(*ii*) 구간 $(-\infty, \infty)$에서 기함수의 Fourier 적분은 **사인 적분**(sine integral)

$$f(x) = \frac{2}{\pi}\int_0^\infty B(\alpha)\sin \alpha x\, d\alpha \tag{10}$$

이다. 여기서

$$B(\alpha) = \int_0^\infty f(x)\sin \alpha x\, dx. \tag{11}$$

예제 2 **코사인 적분의 표현**

함수

$$f(x) = \begin{cases} 1, & |x| < a \\ 0, & |x| > a \end{cases}$$

의 Fourier 적분 표현을 구하라.

풀이 **그림 15.3.2**에서 f가 우함수임이 명확하다. 따라서 f를 Fourier 코사인 적분 식 (8)로 나타낸다. 식 (9)로부터

$$A(\alpha) = \int_0^\infty f(x)\cos \alpha x\, dx = \int_0^a f(x)\cos \alpha x\, dx + \int_a^\infty f(x)\cos \alpha x\, dx$$

$$= \int_0^a \cos \alpha x\, dx = \frac{\sin a\alpha}{\alpha}$$

를 얻고, 따라서 다음과 같이 된다.

$$f(x) = \frac{2}{\pi}\int_0^\infty \frac{\sin a\alpha \cos \alpha x}{\alpha}\, d\alpha. \tag{12}$$ ≡

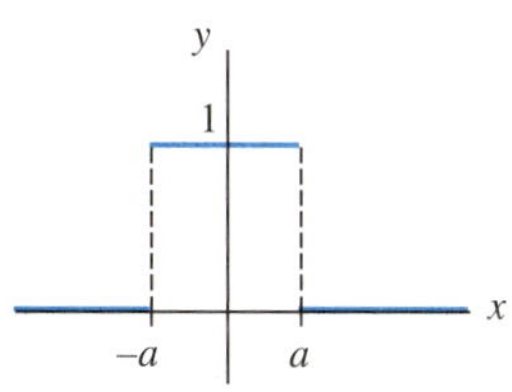

그림 15.3.2 예제 2의 함수

적분 식 (8)과 (10)은 f가 우함수 또는 기함수가 아니어도 단지 반무한 구간 $(0, \infty)$에서 정의되어 있으면 사용할 수 있다. 이 경우 식 (8)은 구간 $(0, \infty)$에서 f를 나타내고 $(-\infty, 0)$에서는 우함수로 확장(우확장)된 (그러나 주기함수는 아닌) 함수를 나타낸다. 반면 식 (10)은 $(0, \infty)$에서는 f를, 구간 $(-\infty, 0)$에서는 기함수로 확장(기확장)된 함수를 나타낸다. 다음 예제는 이러한 개념을 설명한다.

예제 3 코사인과 사인 적분의 표현

$f(x) = e^{-x}$, $x > 0$을 **(a)** 코사인 적분으로, **(b)** 사인 적분으로 나타내라.

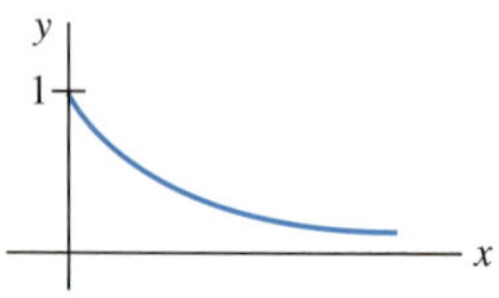

그림 15.3.3 예제 3의 함수

풀이 이 함수의 그래프는 그림 15.3.3에 있다.

(a) 부분적분을 이용하면

$$A(\alpha) = \int_0^\infty e^{-x}\cos \alpha x \, dx = \frac{1}{1 + \alpha^2}$$

이다. 따라서 f의 코사인 적분은 다음과 같다.

$$f(x) = \frac{2}{\pi}\int_0^\infty \frac{\cos \alpha x}{1 + \alpha^2}\, d\alpha. \tag{13}$$

(b) 마찬가지로

$$B(\alpha) = \int_0^\infty e^{-x}\sin \alpha x \, dx = \frac{\alpha}{1 + \alpha^2}$$

이다. 따라서 f의 사인 적분은

$$f(x) = \frac{2}{\pi}\int_0^\infty \frac{\alpha \sin \alpha x}{1 + \alpha^2}\, d\alpha \tag{14}$$

이다. 그림 15.3.4는 함수와 두 적분에 의해 표현되는 확장된 함수의 그래프이다. ≡

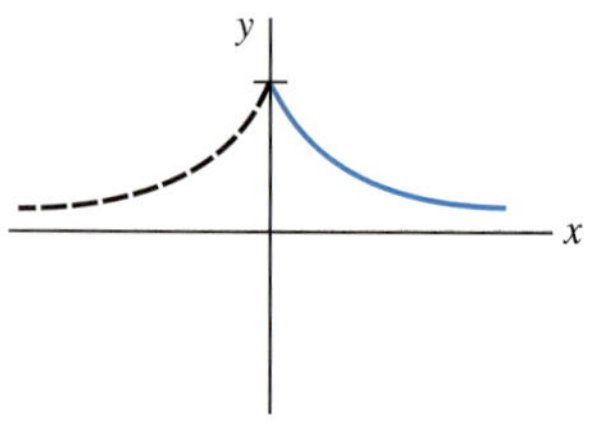

(a) 코사인 적분

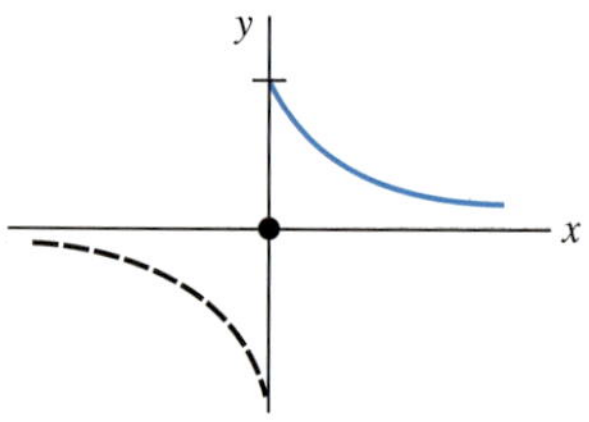

(b) 사인 적분

그림 15.3.4 예제 3에서 (a)는 f의 우확장, (b)는 f의 기확장임

복소 형태 Fourier 적분 식 (4)는 또한 **복소 형태**(complex form) 또는 **지수 형태**(exponential form)로도 표현된다. 이것은 Fourier 급수의 복소 형태와도 유사하다(12.4절을 보라). 식 (5)와 (6)을 (4)에 대입하면

$$\begin{aligned} f(x) &= \frac{1}{\pi}\int_0^\infty \int_{-\infty}^\infty f(t)[\cos \alpha t \cos \alpha x + \sin \alpha t \sin \alpha x]\, dt\, d\alpha \\ &= \frac{1}{\pi}\int_0^\infty \int_{-\infty}^\infty f(t)\cos \alpha(t - x)\, dt\, d\alpha \\ &= \frac{1}{2\pi}\int_{-\infty}^\infty \int_{-\infty}^\infty f(t)\cos \alpha(t - x)\, dt\, d\alpha \end{aligned} \tag{15}$$

$$= \frac{1}{2\pi}\int_{-\infty}^{\infty}\int_{-\infty}^{\infty} f(t)[\cos\alpha(t-x) + i\sin\alpha(t-x)]\,dt\,d\alpha \tag{16}$$

$$= \frac{1}{2\pi}\int_{-\infty}^{\infty}\int_{-\infty}^{\infty} f(t)\,e^{i\alpha(t-x)}\,dt\,d\alpha$$

$$= \frac{1}{2\pi}\int_{-\infty}^{\infty}\left(\int_{-\infty}^{\infty} f(t)e^{i\alpha t}\,dt\right)e^{-i\alpha x}\,d\alpha \tag{17}$$

이다. 식 (15)는 피적분함수가 α에 대한 우함수이기 때문에 성립한다. 식 (16)은 피적분함수에 단순히 0을 더한 것이다.

$$i\int_{-\infty}^{\infty}\int_{-\infty}^{\infty} f(t)\sin\alpha(t-x)\,dt\,d\alpha = 0$$

위의 피적분함수는 α에 대한 기함수이므로 0이 된다. 식 (17)의 적분은

$$f(x) = \frac{1}{2\pi}\int_{-\infty}^{\infty} C(\alpha)\,e^{-i\alpha x}\,d\alpha, \tag{18}$$

$$C(\alpha) = \int_{-\infty}^{\infty} f(x)\,e^{i\alpha x}\,dx \tag{19}$$

로 표현된다.

이러한 Fourier 적분의 형태는 다음 절에서 경곗값 문제의 해를 구할 때 이용할 것이다.

컴퓨터의 사용 Fourier 적분의 수렴은 Fourier 급수의 부분합을 그래프로 그려 보는 것과 유사한 방법으로 확인해 볼 수 있다. 이를 살펴보기 위해서, 예제 3의 (a)와 (b)의 결과를 이용하자. 이상적분의 정의에 의해서, 식 (13)의 $f(x) = e^{-x}$, $x > 0$의 Fourier 코사인 적분 표현은 $F_b(x)$를

$$F_b(x) = \frac{2}{\pi}\int_0^b \frac{\cos\alpha x}{1+\alpha^2}\,d\alpha$$

라고 할 때 $f(x) = \lim_{b\to\infty} F_b(x)$로 쓸 수 있다. 여기서 x는 매개변수로 취급한다. 마찬가지로 식 (14)의 $f(x) = e^{-x}$, $x > 0$의 Fourier 사인 적분 표현은 $G_b(x)$를

$$G_b(x) = \frac{2}{\pi}\int_0^b \frac{\alpha\sin\alpha x}{1+\alpha^2}\,d\alpha$$

라고 할 때 $f(x) = \lim_{b\to\infty} G_b(x)$로 쓸 수 있다. 식 (13)과 (14)의 Fourier 적분이 수렴하므로, 지정된 값 $b > 0$에 대한 부분적분 $F_b(x)$와 $G_b(x)$의 그래프는 각각 그림 15.3.4(a)와 그림 15.3.4(b)에 있는 f의 우확장 그래프와 기확장 그래프의 근사 그래프가 된다. $b = 20$에 대한 $F_b(x)$와 $G_b(x)$의 그래프가 **그림 15.3.5**에 있다. 이 그림은 *Mathematica*와 그 내장함수 **NIntegrate**를 활용하여 그렸다. 연습문제 15.3의 문제 21을 보라.

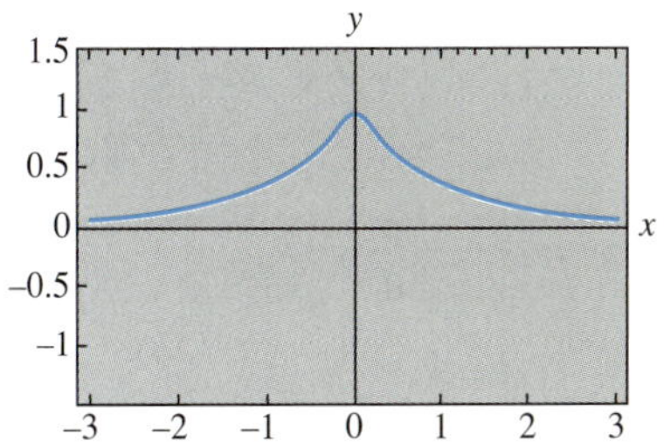

(a) $F_{20}(x)$

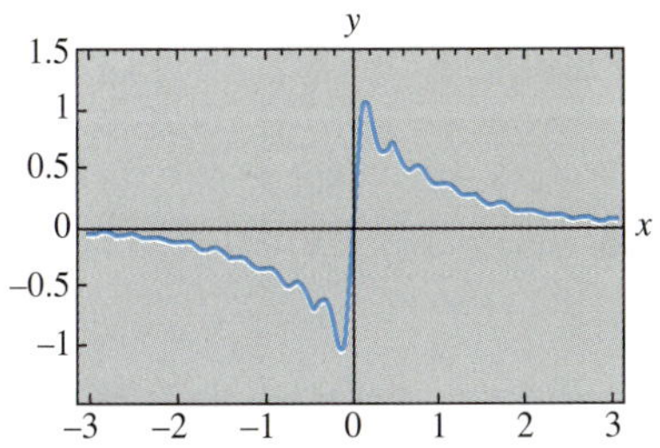

(b) $G_{20}(x)$

그림 15.3.5 부분적분의 그래프

15.3 연습문제

부록에 선택된 홀수 번 문제의 답이 있다.

문제 1~6에서는 주어진 함수의 Fourier 적분 표현을 구하라.

1. $f(x) = \begin{cases} 0, & x < -1 \\ -1, & -1 < x < 0 \\ 2, & 0 < x < 1 \\ 0, & x > 1 \end{cases}$

2. $f(x) = \begin{cases} 0, & x < \pi \\ 4, & \pi < x < 2\pi \\ 0, & x > 2\pi \end{cases}$

3. $f(x) = \begin{cases} 0, & x < 0 \\ x, & 0 < x < 3 \\ 0, & x > 3 \end{cases}$

4. $f(x) = \begin{cases} 0, & x < 0 \\ \sin x, & 0 \le x \le \pi \\ 0, & x > \pi \end{cases}$

5. $f(x) = \begin{cases} 0, & x < 0 \\ e^{-x}, & x > 0 \end{cases}$ **6.** $f(x) = \begin{cases} e^{x}, & |x| < 1 \\ 0, & |x| > 1 \end{cases}$

문제 7~12에서는 주어진 함수를 알맞은 코사인 또는 사인 적분으로 나타내라.

7. $f(x) = \begin{cases} 0, & x < -1 \\ -5, & -1 < x < 0 \\ 5, & 0 < x < 1 \\ 0, & x > 1 \end{cases}$

8. $f(x) = \begin{cases} 0, & |x| < 1 \\ \pi, & 1 < |x| < 2 \\ 0, & |x| > 2 \end{cases}$

9. $f(x) = \begin{cases} |x|, & |x| < \pi \\ 0, & |x| > \pi \end{cases}$ **10.** $f(x) = \begin{cases} x, & |x| < \pi \\ 0, & |x| > \pi \end{cases}$

11. $f(x) = e^{-|x|}\sin x$ **12.** $f(x) = xe^{-|x|}$

문제 13~16에서는 주어진 함수의 코사인과 사인 적분 표현을 구하라.

13. $f(x) = e^{-kx}, k > 0, x > 0$ **14.** $f(x) = e^{-x} - e^{-3x}, x > 0$

15. $f(x) = xe^{-2x}, x > 0$ **16.** $f(x) = e^{-x}\cos x, x > 0$

문제 17과 18에서는 함수 f에 대해서 주어진 적분 방정식을 풀어라.

17. $\int_0^\infty f(x)\cos\alpha x\,dx = e^{-\alpha}$

18. $\int_0^\infty f(x)\sin\alpha x\,dx = \begin{cases} 1, & 0 < \alpha < 1 \\ 0, & \alpha > 1 \end{cases}$

19. **(a)** (7)을 이용하여 $\int_0^\infty \frac{\sin 2x}{x}dx = \frac{\pi}{2}$임을 보여라.

[힌트: α는 적분의 가변수(dummy variable)이다.]

(b) 일반적으로 $k > 0$에 대해서 $\int_0^\infty \frac{\sin kx}{x}dx = \frac{\pi}{2}$임을 보여라.

20. 식 (19)의 복소 형태를 이용하여 $f(x) = e^{-|x|}$의 Fourier 적분 표현을 구하라. 구한 결과가 (8), (9)에서 얻은 결과와 동일함을 보여라.

컴퓨터 실습 과제

21. 적분 식 (12)의 그래프는 그림 15.3.5를 그릴 때 설명한 것과 동일한 방법으로 그릴 수 있다. 그러나 CAS의 특수 함수를 이용할 수도 있다.

(a) 삼각함수의 공식을 이용하여 예제 2 ($a = 1$일 때)의 함수 f의 Fourier 적분 표현 식 (12)의 다른 형태가

$$f(x) = \frac{1}{\pi}\int_0^\infty \frac{\sin\alpha(x+1) - \sin\alpha(x-1)}{\alpha}d\alpha$$

임을 보여라.

(b) (a)의 결과로, $F_b(x)$를

$$F_b(x) = \frac{1}{\pi}\int_0^b \frac{\sin\alpha(x+1) - \sin\alpha(x-1)}{\alpha}d\alpha$$

라고 할 때 $f(x) = \lim_{b\to\infty} F_b(x)$이다. $F_b(x)$는

$$F_b(x) = \frac{1}{\pi}[\mathrm{Si}(b(x+1)) - \mathrm{Si}(b(x-1))]$$

과 같이 쓸 수 있음을 보여라. 여기서 $\mathrm{Si}(x)$는 **사인 적분 함수**(sine integral function)이다. 연습문제 2.3의 문제 43을 보라.

(c) CAS와 (b)에서 구한 사인 적분 형태를 이용하여 $F_b(x)$의 그래프를 그려라. b의 값이 4, 6, 15일 때 구간 $[-3, 3]$에서 그려라. 그리고 더 큰 $b > 0$의 값에 대해서 $F_b(x)$의 그래프를 그려라.

15.4 Fourier 변환

소개 지금까지는 단지 하나의 적분변환인 Laplace 변환을 배우고 이를 이용하였다. 그러나 15.3절에서 Fourier 적분이 세 가지 변형된 형태를 가진다는 것을 배웠다. 이는 코사인 적분, 사인 적분, 그리고 복소 형태 또는 지수 형태를 말한다. 이 절에서는 이러한 세 가지 형태의 Fourier 적분을 세 가지 새로운 적분변환으로 발전시킨다. 이러한 적분변환은 자연스럽게 **Fourier 변환**(Fourier transform)이라 불린다. 또한 변환쌍이라는 개념을 전개한다. 이는 적분변환과 그것의 역변환을 말한다. 또한 적분변환의 역변환 자체가 또 다른 적분변환이라는 사실을 배울 것이다.

변환쌍 함수 $f(t)$의 Laplace 변환 $F(s)$는 적분으로 정의된다. 그러나 지금까지는 기호 $f(t) = \mathscr{L}^{-1}\{F(s)\}$를 이용하여 $F(s)$의 역 Laplace 변환을 나타내었다. 사실상, 역 Laplace 변환 또한 **적분변환**이다. 만일

$$\mathscr{L}\{f(t)\} = \int_0^{\infty} e^{-st} f(t)\, dt = F(s) \tag{1}$$

이면 **역 Laplace 변환**은

$$\mathscr{L}^{-1}\{F(s)\} = \frac{1}{2\pi i}\int_{\gamma - i\infty}^{\gamma + i\infty} e^{st} F(s)\, ds = f(t) \tag{2}$$

이다. 위의 적분은 **경로적분**(contour integral)이라 불린다. 이 값을 구하려면 복소변수를 이용하여야 하며 이는 현재 논의 밖의 내용이다. 여기서의 요점은 다음과 같다: 적분변환은 **변환쌍**(transform pair)으로 나타난다. 만일 $f(x)$가 **적분변환**(integral transform)

$$F(\alpha) = \int_a^b f(x)\, K(\alpha, x)\, dx \tag{3}$$

에 의해 $F(\alpha)$로 변환된다면, 함수 f는 다른 적분변환

$$f(x) = \int_c^b F(\alpha)\, H(\alpha, x)\, d\alpha \tag{4}$$

에 의해 다시 구해질 수 있다. 위의 변환을 **역변환**(inverse transform)이라 부른다. 식 (3)과 (4)의 피적분함수에 있는 함수 K와 H는 각 변환의 **핵**(kernel)이라고 불린다. Laplace 변환의 핵은 $K(s, t) = e^{-st}$이고 역 Laplace 변환의 핵은 $H(s, t) = e^{st}/2\pi i$임을 알 수 있다.

Fourier 변환쌍 Fourier 적분은 세 가지 새로운 적분변환의 근원이다. 앞 절의 식 (8)과 (9), (10)과 식 (11), (18)과 식 (19)로부터 다음 **Fourier 변환쌍**(Fourier transform pair)을 정의할 수 있다.

정의 15.4.1 Fourier 변환쌍

(*i*) Fourier 변환: $\mathscr{F}\{f(x)\} = \int_{-\infty}^{\infty} f(x)e^{i\alpha x}\,dx = F(\alpha)$ (5)

역 Fourier 변환: $\mathscr{F}^{-1}\{F(\alpha)\} = \dfrac{1}{2\pi}\int_{-\infty}^{\infty} F(\alpha)e^{-i\alpha x}\,d\alpha = f(x)$ (6)

(*ii*) Fourier 사인 변환: $\mathscr{F}_s\{f(x)\} = \int_{0}^{\infty} f(x)\sin\alpha x\,dx = F(\alpha)$ (7)

역 Fourier 사인 변환: $\mathscr{F}_s^{-1}\{F(\alpha)\} = \dfrac{2}{\pi}\int_{0}^{\infty} F(\alpha)\sin\alpha x\,d\alpha = f(x)$ (8)

(*iii*) Fourier 코사인 변환: $\mathscr{F}_c\{f(x)\} = \int_{0}^{\infty} f(x)\cos\alpha x\,dx = F(\alpha)$ (9)

역 Fourier 코사인 변환: $\mathscr{F}_c^{-1}\{F(\alpha)\} = \dfrac{2}{\pi}\int_{0}^{\infty} F(\alpha)\cos\alpha x\,d\alpha = f(x)$ (10)

존재성 식 (5), (7)과 식 (9)가 존재하기 위한 조건은 Laplace 변환의 경우보다 더 까다롭다. 예를 들어 $\mathscr{F}\{1\}$, $\mathscr{F}_s\{1\}$과 $\mathscr{F}_c\{1\}$이 존재하지 않는다는 것을 보일 수 있다. 존재성에 대한 충분조건은 f가 적절한 구간에서 절대 적분 가능하고 f와 f'이 모든 유한 구간에서 조각적 연속이어야 한다는 것이다.

연산의 성질 이 절에서는 이러한 새로운 변환을 적용하여 경곗값 문제를 풀고자 한다. 따라서 미분의 변환을 알아야 한다.

Fourier 변환 f가 구간 $(-\infty, \infty)$에서 연속이고 절대 적분 가능하다고 하자. 또한 f'은 모든 유한 구간에서 조각적 연속이라고 하자. 만일 $x \to \pm\infty$일 때 $f(x) \to 0$이면, 부분적분에 의해

$$\begin{aligned}\mathscr{F}\{f'(x)\} &= \int_{-\infty}^{\infty} f'(x)e^{i\alpha x}\,dx \\ &= f(x)e^{i\alpha x}\Big]_{-\infty}^{\infty} - i\alpha\int_{-\infty}^{\infty} f(x)e^{i\alpha x}\,dx \\ &= -i\alpha\int_{-\infty}^{\infty} f(x)e^{i\alpha x}\,dx\end{aligned}$$

을 얻는다. 즉

$$\mathscr{F}\{f'(x)\} = -i\alpha F(\alpha) \tag{11}$$

이다. 마찬가지로 f'이 $(-\infty, \infty)$에서 연속이고, $f''(x)$가 모든 유한 구간에서 조각적 연속이고, $x \to \pm\infty$ 일 때 $f'(x) \to 0$이라는 추가적인 가정하에서는

$$\mathscr{F}\{f''(x)\} = (-i\alpha)^2\,\mathscr{F}\{f(x)\} = -\alpha^2 F(\alpha) \tag{12}$$

을 얻는다. 일반적으로, 식 (12)에서와 유사한 가정에서

$$\mathcal{F}\{f^{(n)}(x)\} = (-i\alpha)^n \mathcal{F}\{f(x)\} = (-i\alpha)^n F(\alpha)$$

을 얻는다. 여기서 $n = 0, 1, 2. . .$ 이다.

사인과 코사인 변환은 1계 도함수(또는 같은 이유로, 임의의 **홀수** 계수의 도함수)를 변환하기에는 적합하지 않다는 것을 알 필요가 있다. 다음 식

$$\mathcal{F}_s\{f'(x)\} = -\alpha\mathcal{F}_c\{f(x)\} \qquad \text{그리고} \qquad \mathcal{F}_c\{f'(x)\} = \alpha\mathcal{F}_s\{f(x)\} - f(0)$$

은 쉽게 보일 수 있다. 어려운 점이 무엇인지는 명확하다. $f'(x)$의 변환이 원래의 적분변환으로 표현되지 않는다는 것이다.

Fourier 사인 변환 f와 f'이 연속이고, f는 구간 $[0, \infty)$에서 절대적으로 적분 가능하고, f''은 모든 유한 구간에서 조각적 연속이라고 가정하자. 만일 $x \to \infty$일 때 $f \to 0$이고 $f' \to 0$이면

$$\begin{aligned}\mathcal{F}_s\{f''(x)\} &= \int_0^\infty f''(x)\sin\alpha x\,dx \\ &= f'(x)\sin\alpha x\Big]_0^\infty - \alpha\int_0^\infty f'(x)\cos\alpha x\,dx \\ &= -\alpha\left[f(x)\cos\alpha x\Big|_0^\infty + \alpha\int_0^\infty f(x)\sin\alpha x\,dx\right] \\ &= \alpha f(0) - \alpha^2\mathcal{F}_s\{f(x)\}\end{aligned}$$

이다. 즉 다음과 같다.

$$\mathcal{F}_s\{f''(x)\} = -\alpha^2 F(\alpha) + \alpha f(0) \tag{13}$$

Fourier 코사인 변환 식 (9)가 유도된 것과 동일한 가정하에서, $f''(x)$의 Fourier 코사인 변환은 다음과 같다.

$$\mathcal{F}_c\{f''(x)\} = -\alpha^2 F(\alpha) - f'(0) \tag{14}$$

식 (12), (13)과 (14)의 변환의 성질은, Fourier 변환은 Laplace 변환과 달리, 공간 변수 x (또는 y)가 무한대나 반무한대의 구간에서 정의되어 있는 문제에 적절함을 보여준다. 그러나 자연스럽게 다음과 같은 질문을 하게 된다.

주어진 경곗값 문제에서 어떤 변환을 이용하는지 어떻게 알 수 있는가?

명확하게, Fourier 변환 (5)를 이용하려면 소거할 변수의 영역이 $(-\infty, \infty)$이어야 한다. 사인이나 코사인 변환을 이용하려면 문제에 있는 적어도 하나의 공간변수의 영역이 $[0, \infty)$이어야 한다. 그러나 사인 변환 (7)이나 코사인 변환 (9)를 선택하는 데 있어서 결정적인 요인은 $x = 0$ (또는 $y = 0$)에서 주어진 경계조건의 형태이다. 즉, u 또는 u의 일계 편도함수가 이 경계에서 주어졌는지 아닌지 하는 것이다.

이러한 가정은 실제 해를 구하는 과정에서 때때로 이용된다. 연습문제 15.4의 문제 13, 14와 26을 보라. ▶

적분변환을 이용하여 경곗값 문제를 풀 때, 대부분의 경우 해 u와 u의 편도함수에 대한 가정이 명확히 서술되어 있지는 않다. 그러나 한 가지 가정은 꼭 명심해야 한다. 아래의 예제에서 특별한 언급 없이 u와 $\partial u/\partial x$(또는 $\partial u/\partial y$)가 $x \to \pm\infty$(또는 $y \to \pm\infty$)일 때 0으로 수렴한다고 가정할 것이다. 이러한 조건은 대부분의 응용에서 성립하므로 심각한 제한 조건은 아니다.

예제 1 Fourier 변환의 적용

방정식 $k\dfrac{\partial^2 u}{\partial x^2} = \dfrac{\partial u}{\partial t}$, $-\infty < x < \infty$, $t > 0$을 풀어라. 단

$$u(x, 0) = f(x) \qquad \text{여기서} \qquad f(x) = \begin{cases} u_0, & |x| < 1, \\ 0, & |x| > 1. \end{cases}$$

풀이 이 문제는 무한 막대의 온도 $u(x, t)$를 구하는 문제로 해석할 수 있다. x의 영역이 무한 구간 $(-\infty, \infty)$이므로, Fourier 변환 (5)를 사용하고, $u(x, t)$의 변환은

$$\mathscr{F}\{u(x, t)\} = \int_{-\infty}^{\infty} u(x, t)\, e^{i\alpha x}\, dx = U(\alpha, t)$$

로 정의한다.

$$\mathscr{F}\left\{\frac{\partial^2 u}{\partial x^2}\right\} = -\alpha^2 U(\alpha, t) \qquad \text{그리고} \qquad \mathscr{F}\left\{\frac{\partial u}{\partial t}\right\} = \frac{d}{dt}\mathscr{F}\{u(x, t)\} = \frac{dU}{dt}$$

라고 하면, 주어진 편미분 방정식의 Fourier 변환

$$\mathscr{F}\left\{k\frac{\partial^2 u}{\partial x^2}\right\} = \mathscr{F}\left\{\frac{\partial u}{\partial t}\right\}$$

은 상미분방정식

$$-k\alpha^2 U(\alpha, t) = \frac{dU}{dt} \qquad \text{또는} \qquad \frac{dU}{dt} + k\alpha^2 U(\alpha, t) = 0$$

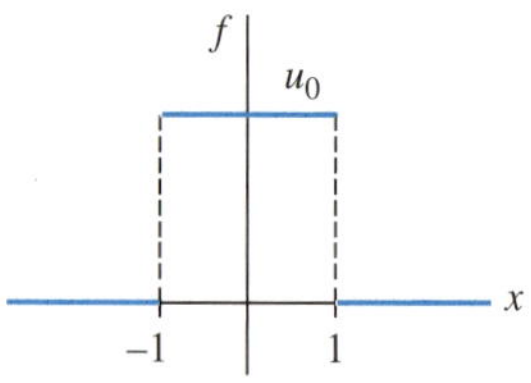

그림 15.4.1 예제 1의 적분 온도 f

이 된다. 2.3절의 방법으로 마지막 방정식을 풀면 $U(\alpha, t) = ce^{-k\alpha^2 t}$이다. 막대의 초기온도 $u(x, 0) = f(x)$는 **그림 15.4.1**에 있고, 이 초기조건의 Fourier 변환은

$$\mathscr{F}\{u(x, 0)\} = U(\alpha, 0) = \int_{-\infty}^{\infty} f(x)\, e^{i\alpha x}\, dx = \int_{-1}^{1} u_0\, e^{i\alpha x}\, dx = u_0\frac{e^{i\alpha} - e^{-i\alpha}}{i\alpha}$$

이다. 오일러 공식

$$e^{i\alpha} = \cos\alpha + i\sin\alpha$$
$$e^{-i\alpha} = \cos\alpha - i\sin\alpha$$

에서 두 식을 빼고 $\sin\alpha$에 대해서 풀면 $\sin\alpha = \dfrac{e^{i\alpha} - e^{-i\alpha}}{2i}$이다. 따라서 초기조건의 변환

은 $U(\alpha, 0) = 2u_0 \dfrac{\sin\alpha}{\alpha}$로 다시 쓸 수 있다. 이 조건을 해 $U(\alpha, t) = ce^{-k\alpha^2 t}$에 적용하면 $U(\alpha, 0) = c = 2u_0 \dfrac{\sin\alpha}{\alpha}$이고, 따라서

$$U(\alpha, t) = 2u_0 \frac{\sin\alpha}{\alpha} e^{-k\alpha^2 t}$$

이다. 그리고 역 Fourier 변환 (6)으로부터

$$u(x, t) = \frac{u_0}{\pi} \int_{-\infty}^{\infty} \frac{\sin\alpha}{\alpha} e^{-k\alpha^2 t} e^{-i\alpha x}\, d\alpha$$

가 된다. 이 적분은 오일러 공식 $e^{-i\alpha x} = \cos\alpha x - \quad \sin\alpha x$과

$$\int_{-\infty}^{\infty} \frac{\sin\alpha}{\alpha} e^{-k\alpha^2 t} \sin\alpha x\, d\alpha = 0$$

을 이용하면 좀 더 간단하게 적을 수 있다. 위의 식은 피적분 함수가 α에 대한 기함수이므로 성립한다. 결론적으로 다음과 같은 해를 갖는다.

$$u(x, t) = \frac{u_0}{\pi} \int_{-\infty}^{\infty} \frac{\sin\alpha \cos\alpha x}{\alpha} e^{-k\alpha^2 t}\, d\alpha \tag{15}$$ ≡

해 식 (15)는 오차함수로 표현될 수 있다. 이것을 보이는 것은 각자에게 맡긴다. 연습문제 15.4의 문제 23을 보라.

예제 2 두 개의 유용한 Fourier 변환

부분적분을 이용하면 $f(x) = e^{-bx}$, $x > 0$, $b > 0$의 Fourier 사인 변환과 코사인 변환이 각각

$$\mathscr{F}_s\{e^{-bx}\} = \int_0^{\infty} e^{-bx} \sin\alpha x\, dx = \frac{\alpha}{b^2 + \alpha^2} \tag{16}$$

$$\mathscr{F}_c\{e^{-bx}\} = \int_0^{\infty} e^{-bx} \cos\alpha x\, dx = \frac{b}{b^2 + \alpha^2} \tag{17}$$

임을 보이는 것은 어렵지 않은 문제이다. 두 개의 식을 빠르게 얻는 (그리고 기억하는) 방법은 두 개의 적분을 좀 더 익숙한 4.1절의 식 (2)의 Laplace 변환으로 보는 것이다. Laplace 변환의 t, s와 k에 각각 x, b와 α를 대입하면, 식 (16)과 (17)은 정리 4.1.1의 (d), (e)와 동일한 식이 된다. ≡

예제 3 코사인 변환의 적용

반무한 판의 정상상태의 온도가 방정식

$$\frac{\partial^2 u}{\partial x^2} + \frac{\partial^2 u}{\partial y^2} = 0, \quad 0 < x < \pi, \quad y > 0$$

$$u(0, y) = 0, \quad u(\pi, y) = e^{-y}, \quad y > 0$$

$$\left.\frac{\partial u}{\partial y}\right|_{y=0} = 0, \quad 0 < x < \pi$$

으로 결정된다. $u(x, y)$를 구하라.

풀이 변수 y의 영역과 주어진 $y = 0$에서의 조건으로부터 Fourier 코사인 변환이 문제에 적합하다는 것을 알 수 있다. $U(x, \alpha)$를

$$\mathscr{F}_c\{u(x, y)\} = \int_0^\infty u(x, y) \cos \alpha y \, dy = U(x, \alpha)$$

로 정의한다. 식 (14)에 의해

$$\mathscr{F}_c\left\{\frac{\partial^2 u}{\partial x^2}\right\} + \mathscr{F}_c\left\{\frac{\partial^2 u}{\partial y^2}\right\} = \mathscr{F}_c\{0\}$$

은

$$\frac{d^2 U}{dx^2} - \alpha^2 U(x, \alpha) - u_y(x, 0) = 0 \qquad \text{또는} \qquad \frac{d^2 U}{dx^2} - \alpha^2 U = 0$$

이 된다. x의 영역이 유한 구간이므로 상미분방정식의 해를

$$U(x, \alpha) = c_1 \cosh \alpha x + c_2 \sinh \alpha x \tag{18}$$

로 쓴다. 이제 $\mathscr{F}_c\{u(0, y)\} = \mathscr{F}_c\{0\}$와 $\mathscr{F}_c\{u(\pi, y)\} = \mathscr{F}_c\{e^{-y}\}$은 차례로

$$U(0, \alpha) = 0, \qquad U(\pi, \alpha) = \frac{1}{1 + \alpha^2} \tag{19}$$

식 (19)의 $U(\pi, \alpha)$의 값은 $b = 1$인 예제 2의 식 (17)임을 주목하라. 식 (19)의 두 조건을 식 (18)의 해에 적용하면 $c_1 = 0$, $c_2 = 1/[(1 + \alpha^2) \sinh \alpha]$를 얻는다. 따라서

$$U(x, \alpha) = \frac{\sinh \alpha x}{(1 + \alpha^2) \sinh \alpha \pi}$$

이고, 식 (10)으로부터

$$u(x, y) = \frac{2}{\pi} \int_0^\infty \frac{\sinh \alpha x}{(1 + \alpha^2) \sinh \alpha \pi} \cos \alpha y \, d\alpha \tag{20}$$

를 얻는다. ≡

예제 3에서 $u_y(x, 0)$ 대신 $u(x, 0)$가 주어지면, 사인 변환이 적절할 것이다.

15.4 연습문제

부록에 선택된 홀수 번 문제의 답이 있다.

문제 1~18과 24~26에서 적절한 Fourier 적분변환을 사용하여 주어진 경곗값 문제를 풀어라. 필요하면 유계에 대한 가정을 설정하라.

1. $k\dfrac{\partial^2 u}{\partial x^2} = \dfrac{\partial u}{\partial t},\ -\infty < x < \infty,\ t > 0$

$u(x, 0) = e^{-|x|},\ -\infty < x < \infty$

2. $k\dfrac{\partial^2 u}{\partial x^2} = \dfrac{\partial u}{\partial t},\ -\infty < x < \infty,\ t > 0$

$$u(x, 0) = \begin{cases} 0, & x < -1 \\ -100, & -1 < x < 0 \\ 100, & 0 < x < 1 \\ 0, & x > 1 \end{cases}$$

3. 반무한 막대에서 온도 $u(x, t)$를 구하라. $u(0, t) = u_0,\ t > 0$이고 $u(x, 0) = 0,\ x > 0$이다.

4. $\displaystyle\int_0^\infty \frac{\sin \alpha x}{\alpha}\, d\alpha = \frac{\pi}{2},\ x > 0$을 이용하여 문제 3의 해를

$$u(x, t) = u_0 - \frac{2u_0}{\pi}\int_0^\infty \frac{\sin \alpha x}{\alpha} e^{-k\alpha^2 t}\, d\alpha$$

으로 쓸 수 있음을 보여라.

5. 반무한 막대에서 온도 $u(x, t)$를 구하라. $u(0, t) = 0,\ t > 0$이고

$$u(x, 0) = \begin{cases} 1, & 0 < x < 1 \\ 0, & x > 1 \end{cases}$$

이다.

6. 왼쪽 경계에서의 조건이

$$\left.\frac{\partial u}{\partial x}\right|_{x=0} = -A,\quad t > 0$$

일 때 문제 3을 풀어라.

7. 한쪽 끝 $x = 0$에서 절연되어 있을 때 문제 5를 풀어라.

8. 반무한 막대에서 온도 $u(x, t)$를 구하라. $u(0, t) = 1,\ t > 0$이고 $u(x, 0) = e^{-x},\ x > 0$이다.

9. (a) $a^2\dfrac{\partial^2 u}{\partial x^2} = \dfrac{\partial u}{\partial t},\quad -\infty < x < \infty,\quad t > 0$

$$u(x, 0) = f(x),\quad \left.\frac{\partial u}{\partial t}\right|_{t=0} = g(x),\quad -\infty < x < \infty$$

(b) $g(x) = 0$이면 (a)에서의 해는 $u(x, t) = \frac{1}{2}[f(x + at) + f(x - at)]$로 쓸 수 있음을 보여라.

10. 반무한 현의 변위 $u(x, t)$를 구하라. $u(x, t)$는

$$u(0, t) = 0,\quad t > 0$$

$$u(x, 0) = xe^{-x},\quad \left.\frac{\partial u}{\partial t}\right|_{t=0} = 0,\quad x > 0$$

을 만족한다.

11. 예제 3에서 $x = 0$과 $x = \pi$에서의 경계조건이 바뀌었을 때, 즉

$$u(0, y) = e^{-y},\quad u(\pi, y) = 0,\ y > 0$$

일 때, 문제를 풀어라.

12. 예제 3에서 $y = 0$에서의 경계조건이 $u(x, 0) = 1,\ 0 < x < \pi$일 때 문제를 풀어라.

13. $x \ge 0,\ y \ge 0$에서 정의된 판에서 정상상태의 온도 $u(x, y)$를 구하라. 경계 $x = 0$에서는 절연되어 있고 $y = 0$에서는

$$u(x, 0) = \begin{cases} 50, & 0 < x < 1 \\ 0, & x > 1 \end{cases}$$

이다.

14. $x = 0$에서의 경계조건이 $u(0, y) = 0,\ y > 0$일 때 문제 13을 풀어라.

15. $\dfrac{\partial^2 u}{\partial x^2} + \dfrac{\partial^2 u}{\partial y^2} = 0,\ x > 0,\ 0 < y < 2$

$u(0, y) = 0,\quad 0 < y < 2$

$u(x, 0) = f(x),\quad u(x, 2) = 0,\quad x > 0$

16. $\dfrac{\partial^2 u}{\partial x^2} + \dfrac{\partial^2 u}{\partial y^2} = 0,\ 0 < x < \pi,\ y > 0$

$u(0, y) = f(y),\ \left.\dfrac{\partial u}{\partial x}\right|_{x=\pi} = 0,\ y > 0$

$\left.\dfrac{\partial u}{\partial y}\right|_{y=0} = 0,\ 0 < x < \pi$

문제 17과 18에서는 그림에 있는 판의 정상상태의 온도 $u(x, y)$를 구하라.[힌트: 한 가지 방법은 문제 17과 18을 각각 두 개와 세 개의 경곗값 문제로 나타내는 것이다. 중첩의 원리를 사용하라(13.5절을 보라).]

17.

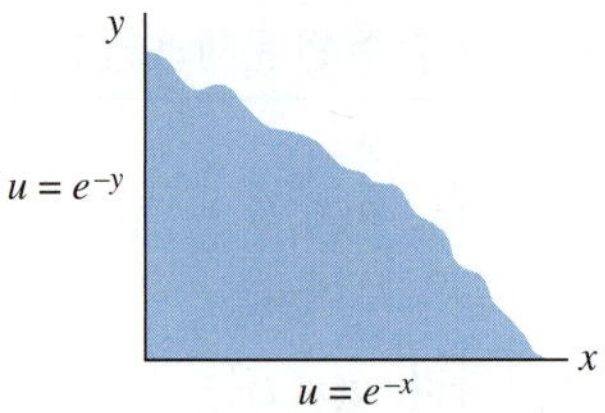

그림 15.4.2 문제 17의 무한판

18.

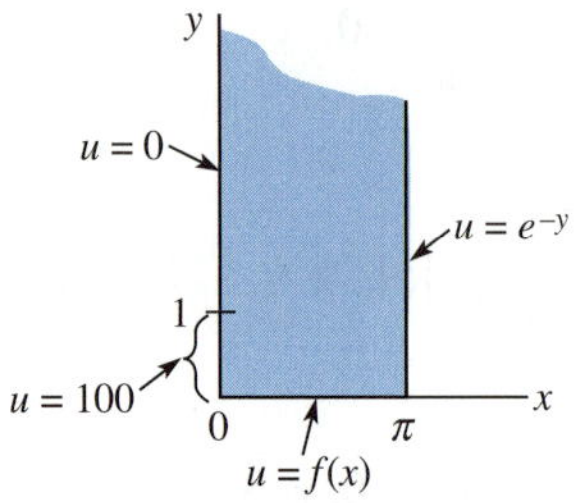

그림 15.4.3 문제 18의 반무한판

19. $\mathscr{F}\{e^{-x^2/4p^2}\} = 2\sqrt{\pi}pe^{-p^2\alpha^2}$을 이용하여 경계값 문제

$$k\frac{\partial^2 u}{\partial x^2} = \frac{\partial u}{\partial t}, \quad -\infty < x < \infty, \quad t > 0$$
$$u(x, 0) = e^{-x^2}, \quad -\infty < x < \infty$$

을 풀어라.

20. $\mathscr{F}\{f(x)\} = F(\alpha)$이고 $\mathscr{F}\{g(x)\} = G(\alpha)$일 때 Fourier 변환에 대한 **합성곱 정리**(convolution theorem)는

$$\int_{-\infty}^{\infty} f(\tau)g(x - \tau)\,d\tau = \mathscr{F}^{-1}\{F(\alpha)G(\alpha)\}$$

이다. 이 결과와 문제 19에 있는 변환 $\mathscr{F}\{e^{-x^2/4p^2}\}$을 사용하여 경곗값 문제

$$k\frac{\partial^2 u}{\partial x^2} = \frac{\partial u}{\partial t}, \quad -\infty < x < \infty, \quad t > 0$$
$$u(x, 0) = f(x), \quad -\infty < x < \infty$$

의 해가

$$u(x, t) = \frac{1}{2\sqrt{k\pi t}}\int_{-\infty}^{\infty} f(\tau)e^{-(x-\tau)^2/4kt}\,d\tau$$

임을 보여라.

21. 문제 19에 있는 변환 $\mathscr{F}\{e^{-x^2/4p^2}\}$을 사용하여 **그림 15.4.4**에 있는 무한 띠의 정상상태의 온도 $u(x, y)$를 구하라.

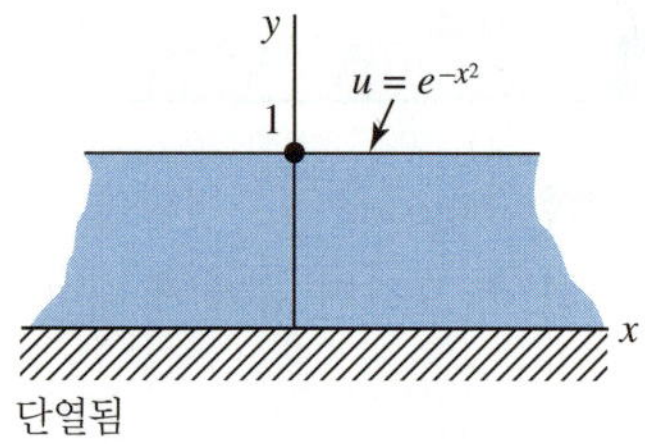

그림 15.4.4 문제 21의 무한판

22. 문제 14의 해는 적분 가능하다. 부록 III에 있는 표의 46과 47을 이용하여

$$u(x, y) = \frac{100}{\pi}\left[\arctan\frac{x}{y} - \frac{1}{2}\arctan\frac{x-1}{y} - \frac{1}{2}\arctan\frac{x-1}{y}\right]$$

임을 보여라.

23. 문제 20과 $v = (x - \tau)/2\sqrt{kt}$로의 변수변환과 연습문제 15.1의 문제 11을 사용하여 예제 1의 해를

$$u(x, t) = \frac{u_0}{2}\left[\operatorname{erf}\left(\frac{x+1}{2\sqrt{kt}}\right) - \operatorname{erf}\left(\frac{x-1}{2\sqrt{kt}}\right)\right]$$

으로 나타낼 수 있음을 보여라.

24. 반무한 원기둥의 정상상태 온도는 경곗값 문제

$$\frac{\partial^2 u}{\partial r^2} + \frac{1}{r}\frac{\partial u}{\partial r} + \frac{\partial^2 u}{\partial z^2} = 0, \quad 0 < r < 1, \quad z > 0$$
$$u(1, z) = 0, \quad z > 0$$
$$u(r, 0) = u_0, \quad 0 < r < 1$$

로 표현된다. 적절한 Fourier 변환을 이용하여 $u(r, z)$를 구하라.[힌트: 문제 4와 5.3절 수정 Bessel 함수 참고.]

25. 문제 24에서 원기둥의 바닥은 절연되어 있고

$$u(1, z) = \begin{cases} u_0, & 0 < z < 1 \\ 0, & z > 1 \end{cases}$$

이다. 이때, 반무한 원기둥의 정상상태의 온도 $u(r, z)$를 구하라.

26. $-\infty < x < \infty$, $y > 0$에서 정의된 무한 판에서 $y = 0$에서의 경계조건이

$$u(x, 0) = \begin{cases} u_0, & |x| < 1 \\ 0, & |x| > 1 \end{cases}$$

이다. 정상상태의 온도 $u(x, y)$를 구하라.
[힌트: 변환 후 얻게 되는 상미분방정식을 풀 때, $\alpha > 0$과 $\alpha < 0$인 두 가지 경우를 고려하라.]

컴퓨터 실습 과제

27. 문제 23의 해에서 $u_0 = 100$과 $k = 1$로 둔다. CAS를 사용하여 직사각형 영역 $-4 \le x \le 4$, $0 \le t \le 6$에서 $u(x, t)$의 그래프를 그려라. 2D 플롯을 사용하여 $-4 \le x \le 4$, $t = 0.05, 0.125, 0.5, 1, 2, 4, 6, 15$에서 $u(x, t)$의 그래프를 겹쳐서 그려라. 그래프를 이용하여 극한값 $\lim_{t\to\infty} u(x, t)$와 $\lim_{x\to\infty} u(x, t)$을 추측하라. 그리고 오차함수의 성질을 이용하여 이 결과를 해석적으로 증명하라.

토의 과제

28. (a)

$$\int_0^\infty f(x)\cos\alpha x\,dx = F(\alpha),$$

$$F(\alpha) = \begin{cases} 1-\alpha, & 0 \le \alpha \le 1 \\ 0, & \alpha > 1 \end{cases}$$

라고 가정하자. $f(x)$를 구하라.

(b) (a)를 이용하여

$$\int_0^\infty \frac{\sin^2 x}{x^2}\,dx = \frac{\pi}{2}$$

임을 보여라.

15.5 빠른 Fourier 변환

소개 구간 $[0, 2p]$에서 정의되어 있는 연속인 함수 f가 있다. $x_0, x_1, x_2, \ldots, x_n, \ldots$이 그 구간에서 등간격인 점이라고 할 때, **그림 15.5.1**에 있는 해당하는 함수 값 $f_0, f_1, f_2, \ldots, f_n, \ldots$은 함수 f의 이산 **표본추출**(sampling)을 나타낸다. 함수의 이산 표본추출의 개념은 연속 신호의 분석에 중요하다.

이 절에서는 Fourier 급수의 복소 또는 지수 형태가 설명에 매우 중요한 역할을 한다. 12.4절을 복습할 것을 권한다.

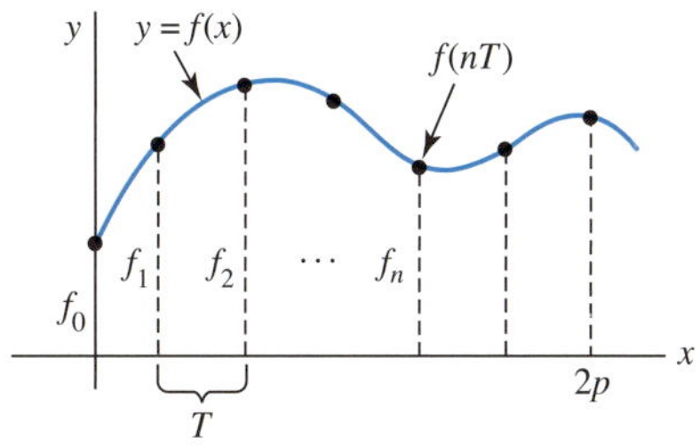

그림 15.5.1 연속함수의 표본추출

이산 Fourier 변환

구간 $[0, 2p]$에서 정의되어 있는 함수 f가 있다. 12.4절의 식 (11)로부터 f는 복소 Fourier 급수

$$f(x) = \sum_{n=-\infty}^{\infty} c_n e^{in\omega x} \qquad \text{여기서} \qquad c_n = \frac{1}{2p}\int_0^{2p} f(x)e^{-in\omega x}\,dx \tag{1}$$

로 쓸 수 있음을 배웠다. 여기서 $\omega = 2\pi/2p = \pi/p$는 기본 각진동수(angular frequency)이고 $2p$는 기본 주기이다. 그러나 이산형인 경우에 입력은 $f_0, f_1, f_2, \ldots$ 인데 이는 등간격인 점 $x = nT$, $n = 0, 1, 2, \ldots$ 에서 함수 f의 값이다. 숫자 T를 **표본추출 비율**(sampling rate) 또는 표본 간격의 길이라고 한다.* 만일 f가 T에서 연속이면 T에서 f의 **표본**(sample)은 $f(x)\delta(x - T)$로 정의한다. 여기서 $\delta(x - T)$는 Dirac 델타 함수이다(4.5절을 보라). 이러한 f의 이산형, 즉 **이산 신호**(discrete signal)는 $x = nT$에서 함수에 작용하는 단위 충격의 합

$$\sum_{n=-\infty}^{\infty} f(x)\delta(x - nT) \tag{2}$$

으로 나타낼 수 있다. 만일 이산 신호 식 (2)에 Fourier 변환을 적용하면

* 여기서 쓰인 기호 T는 12.4절에서의 의미와 같지 않음에 주의하라.

$$\int_{-\infty}^{\infty} \sum_{n=-\infty}^{\infty} f(x)\delta(x - nT)e^{i\alpha x}\,dx \tag{3}$$

가 된다. Dirac 델타 함수의 발췌 성질에 의해서 (4.5절 끝의 **참고**를 보라), 식 (3)은

$$F(\alpha) = \sum_{n=-\infty}^{\infty} f(nT)e^{i\alpha nT} \tag{4}$$

와 같다. 식 (4)의 식 $F(\alpha)$를 함수 f의 **이산 Fourier 변환**(DFT: discrete Fourier transform)이라고 한다. 식 (4)의 계수 $f(nT)$는 주로 $f(n)$ 또는 f_n으로 표기한다. $e^{i\alpha x}$는 α에 대한 주기함수이고 $e^{i\alpha T} = e^{i(\alpha T + 2\pi)} = e^{i(\alpha + 2\pi/T)T}$이므로 α의 함수값을 $[0, 2\pi/T]$에서만 생각하면 된다는 사실에 주목할 필요가 있다. $N = 2\pi/T$이라고 하자. 그러면 x는 구간 $[0, 2\pi]$에 있게 된다. 한 주기에서만 표본을 추출하므로, 식 (4)의 합은 실제로 유한하다.

이제 구간 $[0, 2\pi]$에서 N개의 등간격인 점 $x = nT$, $n = 0, 1, 2, \ldots, N-1$에서 함수 값 $f(x)$, 즉 $f_0, f_1, f_2, \ldots, f_{N-1}$을 생각하자. 이 N개의 항을 이용한 (유한) 이산 Fourier 급수 $f(x) = \sum_{n=-\infty}^{\infty} c_n e^{inx}$는

$$\begin{aligned}
f_0 &= c_0 + c_1 e^{i1\cdot 0} + c_2 e^{i2\cdot 0} + \cdots + c_{N-1}e^{i(N-1)\cdot 0}\\
f_1 &= c_0 + c_1 e^{i2\pi/N} + c_2 e^{i4\pi/N} + \cdots + c_{N-1}e^{i2(N-1)\pi/N}\\
f_2 &= c_0 + c_1 e^{i4\pi/N} + c_2 e^{i8\pi/N} + \cdots + c_{N-1}e^{i4(N-1)\pi/N}\\
&\vdots\\
f_{N-1} &= c_0 + c_1 e^{i2(N-1)\pi/N} + c_2 e^{i4(N-1)\pi/N} + \cdots + c_{N-1}e^{i2(N-1)2\pi/N}
\end{aligned}$$

이 된다. $\omega_n = e^{i2\pi/n} = \cos\dfrac{2\pi}{n} + i\sin\dfrac{2\pi}{n}$이라 하고 지수 법칙을 이용하면, 위의 연립 방정식은

$$\begin{aligned}
f_0 &= c_0 + c_1 + c_2 + \cdots + c_{N-1}\\
f_1 &= c_0 + c_1\omega_N + c_2\omega_N^2 + \cdots + c_{N-1}\omega_N^{N-1}\\
f_2 &= c_0 + c_1\omega_N^2 + c_2\omega_N^4 + \cdots + c_{N-1}\omega_N^{2(N-1)}\\
&\vdots\\
f_{N-1} &= c_0 + c_1\omega_N^{N-1} + c_2\omega_N^{2(N-1)} + \cdots + c_{N-1}\omega_N^{(N-1)^2}
\end{aligned} \tag{5}$$

과 같다. 행렬 표기법(8.1절과 8.2절을 보라)를 이용하면 식 (5)는

$$\begin{pmatrix} f_0 \\ f_1 \\ f_2 \\ \vdots \\ f_{N-1} \end{pmatrix} = \begin{pmatrix} 1 & 1 & 1 & \cdots & 1 \\ 1 & \omega_N & \omega_N^2 & & \omega_N^{N-1} \\ 1 & \omega_N^2 & \omega_N^4 & & \omega_N^{2(N-1)} \\ \vdots & & & & \vdots \\ 1 & \omega_N^{N-1} & \omega_N^{2(N-1)} & \cdots & \omega_N^{(N-1)^2} \end{pmatrix} \begin{pmatrix} c_0 \\ c_1 \\ c_2 \\ \vdots \\ c_{N-1} \end{pmatrix} \tag{6}$$

이다. 식 (6)의 $N \times N$ 행렬을 기호 $\mathbf{F}_N$으로 나타내자. 입력 $f_0, f_1, f_2, \ldots, f_{N-1}$이 주어졌을 때, Fourier 계수 $c_0, c_1, c_2, \ldots, c_{N-1}$을 구하는 간편한 방법이 있는가? $\overline{\mathbf{F}}_N$를 $\mathbf{F}_N$의 원소의 켤레 복소수로 이루어진 행렬이라 하고 $\mathbf{I}$를 $N \times N$ 단위행렬이라고 하면

$$\mathbf{F}_N\overline{\mathbf{F}}_N = \overline{\mathbf{F}}_N\mathbf{F}_N = N\mathbf{I} \text{이고} \qquad \mathbf{F}_N^{-1} = \frac{1}{N}\overline{\mathbf{F}}_N$$

이다. 식 (6)과 마지막 식에서

$$\begin{pmatrix} c_0 \\ c_1 \\ c_2 \\ \vdots \\ c_{N-1} \end{pmatrix} = \frac{1}{N}\overline{\mathbf{F}}_N \begin{pmatrix} f_0 \\ f_1 \\ f_2 \\ \vdots \\ f_{N-1} \end{pmatrix}$$

을 얻는다.

이산 변환쌍 15.4절의 Fourier 변환쌍에서 함수 $f(x)$를 입력하여 각각의 진동수 k(주기 2π인 주기함수의 경우에는 c_k)에 대해서 진폭을 결정하는 계수를 계산하거나 각각의 진동수 α[비주기 함수의 경우에는 $F(\alpha)$]에 대해서 진폭을 결정하는 계수를 계산하였다.

또한 이 진동수와 계수가 주어지면 원래의 함수 $f(x)$를 구할 수 있었다. 이산형인 경우, 함수 $f(x)$의 N개의 표본 값을 입력으로 이용하여 추출된 진동수에 대한 진폭에 해당하는 계수를 계산한다. 이러한 진동수와 계수가 주어지면, $f(x)$의 n개의 표본 값을 다시 구하는 것이 가능하다. 이러한 **이산 Fourier 변환쌍**(discrete Fourier transform pair)은

$$\mathbf{c} = \frac{1}{N}\overline{\mathbf{F}}_N\mathbf{f} \qquad \text{그리고} \qquad \mathbf{f} = \mathbf{F}_N\mathbf{c} \tag{7}$$

으로 주어진다. 여기서

$$\mathbf{c} = \begin{pmatrix} c_0 \\ c_1 \\ c_2 \\ \vdots \\ c_{N-1} \end{pmatrix} \qquad \text{그리고} \qquad \mathbf{f} = \begin{pmatrix} f_0 \\ f_1 \\ f_2 \\ \vdots \\ f_{N-1} \end{pmatrix}$$

이다.

예제 1 이산 Fourier 변환

$N = 4$라고 하자. 따라서 입력은 네 개의 점 $x = 0, \pi/2, \pi, 3\pi/2$에서 f_0, f_1, f_2, f_3이다. $\omega_4 = e^{i\pi/2} = \cos(\pi/2) + i\sin(\pi/2) = i$이므로 행렬 $\mathbf{F}_4$는

$$\mathbf{F}_4 = \begin{pmatrix} 1 & 1 & 1 & 1 \\ 1 & i & -1 & -i \\ 1 & -1 & 1 & -1 \\ 1 & -i & -1 & i \end{pmatrix}$$

이다. 따라서 식 (7)로부터 Fourier 계수는 $\mathbf{c} = \frac{1}{4}\overline{\mathbf{F}}_4\mathbf{f}$

$$\begin{pmatrix} c_0 \\ c_1 \\ c_2 \\ c_3 \end{pmatrix} = \frac{1}{4}\begin{pmatrix} 1 & 1 & 1 & 1 \\ 1 & -i & -1 & i \\ 1 & -1 & 1 & -1 \\ 1 & i & -1 & -i \end{pmatrix}\begin{pmatrix} f_0 \\ f_1 \\ f_2 \\ f_3 \end{pmatrix}$$

이다. f_0, f_1, f_2, f_3을 각각 0, 2, 4, 6이라 하면 앞의 행렬의 곱에 의해서

$$\mathbf{c} = \begin{pmatrix} c_0 \\ c_1 \\ c_2 \\ c_3 \end{pmatrix} = \begin{pmatrix} 3 \\ -1+i \\ -1 \\ -1-i \end{pmatrix}$$

이다. 식 (4)번 식 $F(\alpha) = \sum_{n=0}^{3} f(nT)e^{i\alpha nT}$, $T = \pi/2$, $\alpha = 0, 1, 2, 3$을 이용해서도 같은 결과를 얻음에 주목하라. $|c_n|$, $n = 0, 1, 2, 3$의 그래프, 또는 같은 값인 $|F(\alpha)|$, $\alpha = 0, 1, 2, 3$의 그래프는 **그림 15.5.2**에 있다. ☰

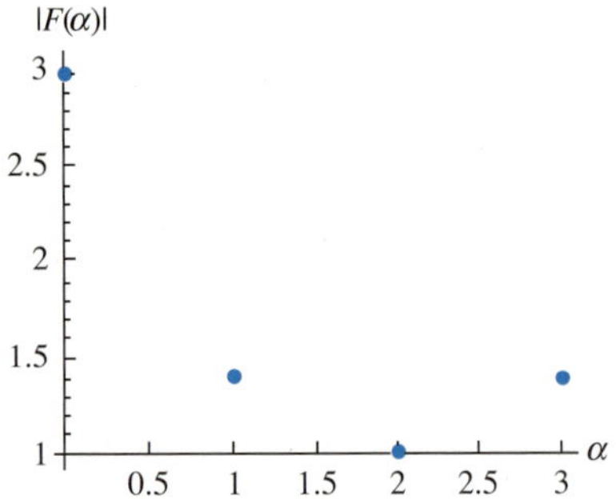

그림 15.5.2 예제 1의 $|F(\alpha)|$의 그래프

계수를 구하는 데에는 행렬 $\mathbf{F}_n$과 $\overline{\mathbf{F}}_n$에 의한 곱셈이 필요하다. 이 행렬들의 성질을 이용하면 행렬 곱셈을 **빠른 Fourier 변환**(FFT: Fast Fourier Transform)을 이용한 매우 효율적인 방법으로 계산할 수 있다. 이 절의 후반부에서는 이러한 내용을 다룬다.

열방정식과 이산 Fourier 급수 초기값 문제

$$k\frac{\partial^2 u}{\partial x^2} = \frac{\partial u}{\partial t}, \quad -\infty < x < \infty, \quad t > 0$$
$$u(x, 0) = f(x), \quad -\infty < x < \infty \tag{8}$$

에서 함수 f가 주기 2π인 주기함수이면, 해는 $f(x)$의 Fourier 급수로 나타낼 수 있다. 이 해는 또한 유한 합

$$u(x, t) = \sum_{k=0}^{n-1} c_k(t)e^{ikx}$$

로 근사화할 수 있다. 식 (8)의 1차원 열방정식의 양변을 살펴보면, $\dfrac{d^2e^{ijx}}{dx^2} = (ij)^2e^{ijx}$이므로

$$\frac{\partial u}{\partial t} = \sum_{j=0}^{n-1}\frac{dc_j}{dt}e^{ijx}$$

이고

$$k\frac{\partial^2 u}{\partial x^2} = k\sum_{j=0}^{n-1}c_j(t)(ij)^2e^{ijx}$$

임을 알 수 있다.

마지막 두 식을 비교하면, 1계 미분방정식

$$\frac{dc_j}{dt} = -kj^2c_j(t)\text{를 얻고 해는} \qquad c_j(t) = c_j(0)e^{-kj^2t}$$

이다. 마지막으로 $c_j(0)$의 값을 구해야 한다. 그러나 $u(x, t) = \sum_{k=0}^{n-1} c_k(t)e^{ikx}$이고 $u(x, 0) = f(x)$이므로 $c_j(0)$은 $f(x)$의 이산 Fourier 급수의 계수가 됨을 상기하라. 13.3절을 보라.

열방정식과 이산 Fourier 변환 초기값 문제 식 (8)은 무한히 긴 막대의 온도 $u(x, t)$에 대한 수학적 모형으로 해석할 수 있다. 15.4절에서 식 (8)을 Fourier 변환을 이용해서 풀 수 있고 해 $u(x, t)$는 $f(x)$의 Fourier 변환 $F(\alpha)$와 관계된다는 것을 보았다. 이산 Fourier 변환을 다른 시각에서 봄으로써 $F(\alpha)$를 근사화할 수 있다.

우선 적분 $\mathscr{F}\{f(x)\} = F(\alpha) = \int_{-\infty}^{\infty} f(x)\, e^{i\alpha x}\, dx$를 이산화하여 변환의 근사값을 구한다. 구간 $[a, b]$의 등간격인 n개의 점

$$x_j = a + \frac{b-a}{n}j, \quad j = 0, 1, 2, \ldots, \quad n-1$$

에서 $f(x)$의 값이 주어진다고 하자. 이제 다음과 같이 근사화한다.

$$\begin{aligned} F(\alpha) &\approx \frac{b-a}{n}\sum_{j=0}^{n-1} f(x_j)e^{i\alpha x_j} \\ &= \frac{b-a}{n}\sum_{j=0}^{n-1} f\left(a + \frac{b-a}{n}j\right)e^{i\alpha x_j} \\ &= \frac{b-a}{n}\sum_{j=0}^{n-1} f\left(a + \frac{b-a}{n}j\right)e^{i\alpha a}e^{i\alpha\frac{b-a}{n}j} \\ &= \frac{b-a}{n}e^{i\alpha a}\sum_{j=0}^{n-1} f\left(a + \frac{b-a}{n}j\right)e^{i\alpha\frac{b-a}{n}j} \end{aligned}$$

만일 편리한 α 값, 예를 들면 $\dfrac{2\pi M}{b-a}$(M은 정수)을 택하면

$$\begin{aligned} F\left(\frac{2\pi M}{b-a}\right) &\approx \frac{b-a}{n}e^{i\frac{2\pi Ma}{b-a}}\sum_{j=0}^{n-1} f\left(a + \frac{b-a}{n}j\right)e^{i\frac{2\pi jM}{n}} \\ &= \frac{b-a}{n}e^{i\frac{2\pi Ma}{b-a}}\sum_{j=0}^{n-1} f\left(a + \frac{b-a}{n}j\right)\omega_n^{jM} \end{aligned}$$

이 된다. 여기서 $\omega_n = e^{i2\pi/n}$임을 상기하라. 이것이 점 $\dfrac{2\pi M}{b-a}$(M은 정수)에서 계산된 $f(x)$의 Fourier 변환의 수치적 근사값이다.

예제 2 **15.4절의 예제 1—재고**

15.4절의 예제 1 ($u_0 = 1$)에서

$$f(x) = \begin{cases} 1, & |x| < 1 \\ 0, & |x| > 1 \end{cases}$$

로 정의된 직사각형 펄스의 Fourier 변환은

$$F(\alpha) = \frac{2\sin\alpha}{\alpha}$$

임을 상기하라. **그림 15.5.3(a)**에 있는 $|F(\alpha)|$의 그래프는 진동수 스펙트럼이다. $a = -2$와 $b = 2$ 사이에서 등간격인 $n = 16$개의 점과 $-6 \le M \le 6$인 M을 이용하여 $f(x)$의 이산 Fourier 변환을 구하고, 그림 15.5.3(b)와 같이 $|F(\alpha)|$의 그래프 위에 겹쳐 그렸다. ≡

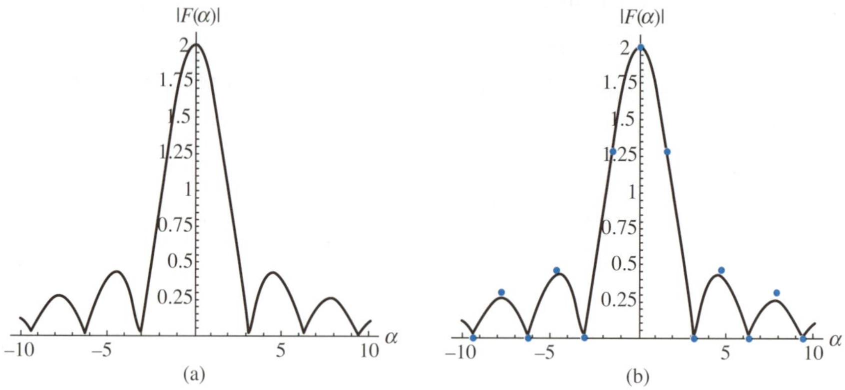

그림 15.5.3 예제 2의 (a)는 $|F(\alpha)|$의 그래프, (b)는 f의 이산 Fourier 변환

위신호 자료를 등간격으로 표본추출할 때 위신호(aliasing)라고 알려진 문제가 나타나기도 한다. 영화에서 회전하는 바퀴가 느리게(또는 심지어 거꾸로) 돌아가는 듯한 현상을 본 적이 있다면 위신호를 경험한 것이다. 바퀴는 빠른 속도로 회전하지만, 영화에서의 화면은 등간격에서 '표본추출'되었기 때문에 회전이 느리게 보이는 것이다.

계산기에서 그래프를 그릴 때도 위신호로 인한 문제가 생긴다. 이는 점을 표본추출하여 그래프를 그리는 방식 때문이다. 예를 들어 진동수 10인 삼각함수 $y = \sin 20\pi x$를 계산기의 일종인 Texas Instrument TI-92에서 그리면 **그림 15.5.4(a)**의 보기 좋은 그래프가 얻어진다. 더 높은 진동수에서, 예를 들어 진동수 50인 $y = \sin 100\pi x$에서는 주기는 올바르나 그림 15.5.4(b)의 그래프에서 볼 수 있듯 진폭이 정확하게 1이 아니다.

Texas Instrument TI-83과 같은 계산기에서는 **그림 15.5.5**의 그래프와 같이 위신호가 좀

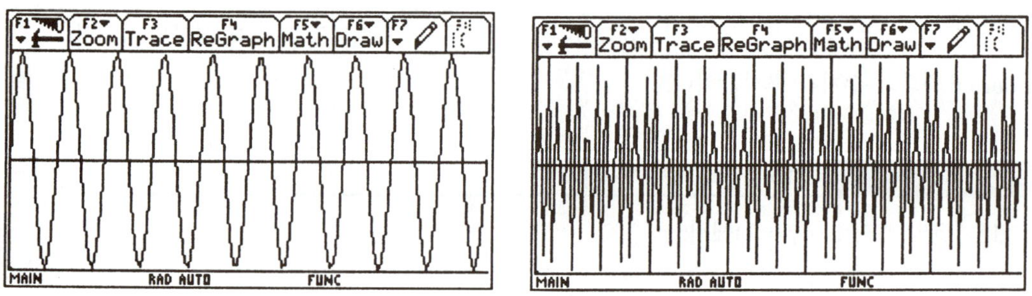

(a) $y = \sin 20\pi x$; x range: [0, 1]; y range: [−1, 1]　　(b) $y = \sin 100\pi x$; x range: [0, 1]; y range: [−1, 1]

그림 15.5.4 TI-92

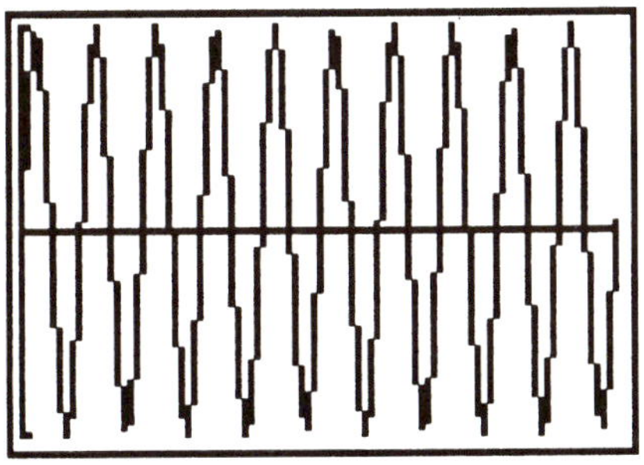

(a) $y = \sin 20\pi x$; x range: [0, 1]; y range: [–1, 1]

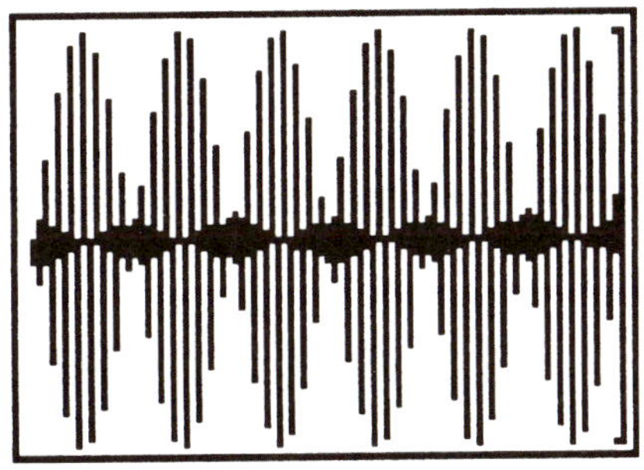

(b) $y = \sin 100\pi x$; x range: [0, 1]; y range: [–1, 1]

그림 15.5.5 TI-83

더 확실하게 나타난다.

문제는 모든 정수 값 n에서 $e^{2n\pi i} = \cos 2n\pi + i \sin 2n\pi = 1$이라는 것에 있다. 이산 Fourier 급수는 표본추출된 점 $x = 2k\pi/n$에서 함수 값이 같으므로 e^{inx}와 1을 구별하지 못한다. 이로 인해 높은 진동수가 낮은 진동수를 가지는 것처럼 보인다. 함수 $\cos (\pi n/2)$과 $\cos (7\pi n/2)$을 비교하자. 점 $n = 0, 1, 2, \ldots$ 에서 표본을 추출하면 이 두 함수는 같은 것으로 보이고 그 중 낮은 진동수의 함수로 취급된다. 그리고 높은 진동수에 해당하는 진폭(Fourier 계수)이 낮은 진동수의 진폭에 더해진다. 그러나 높은 진동수에서의 Fourier 계수가 작다면 그리 큰 문제가 되지는 않는다. 아래의 표본추출 정리에서는 이 문제를 어떻게 다루는지에 대해 알아본다.

신호처리 이 절에서의 기본 개념은 앞에서와 같이 편미분방정식을 푸는 것뿐만 아니라, **신호처리**(signal processing)에도 유용하다. 지금까지 다루어온 함수를 발신지에서의 **신호**(signal)로 간주하자. 발신된 신호를 이산점에서의 표본추출로부터 재구성하고자 한다. 무한 개의 Fourier 계수를 계산하고 무한급수를 더해서 신호(함수)를 재구성하는 문제는 실용적이지 않다. 유한 합이 좋은 근사가 될 수도 있으나, 어떤 신호는 유한 개의 표본으로부터 재구성될 수도 있다.

정리 15.5.1 표본추출 정리

신호 $f(x)$가 **대역제한**(band-limited)되었다면, 즉 신호의 진동수 범위가 $-A < k < A$이면, 현재 가장 높은 진동수의 각 주기에서 두 배로 표본추출을 함으로써 신호를 재구성할 수 있다. 실제로

$$f(x) = \sum_{n=-\infty}^{\infty} f\left(\frac{n\pi}{A}\right) \frac{\sin (Ax - n\pi)}{Ax - n\pi}$$

가 된다.

정리 15.5.1이 성립함을 보기 위해서 $f(x)$의 Fourier 변환 $F(\alpha)$의 주기적 확장을 생각하자. 그러면 $F(\alpha)$는 $-A < k < A$의 값에서뿐만 아니라 모든 α 값에서 정의된다. Fourier 변

CHAPTER 16

편미분방정식의 수치해

Numerical Solutions of Partial Differential Equations

2계 경곗값 문제의 근사적인 해를 얻는 한 가지 방법이 선형 상미분방정식을 유한 차분방정식으로 교체하는 것임을 6.5절에서 보았다. 상미분도함수 d^2y/dx^2와 dy/dx를 차분계수로 교체하여 차분방정식을 구한다. 본 장에서는 동일한 방법을 선형 편미분방정식을 포함하는 경곗값 문제에도 적용할 수 있음을 볼 수 있다.

CHAPTER CONTENTS

16.1 Laplace 방정식

소개 13.1절의 내용에 따라 2개 독립변수를 갖는 선형 2계 편미분방정식은 **타원**, **포물**, **쌍곡** 편미분방정식으로 분류할 수 있다. 대략적으로 표현한다면, 타원 편미분방정식은 단지 공간변수에 관한 편도함수만을 포함하고, 따라서 해는 경계조건에 의해서만 결정된다. 포물과 쌍곡 편미분방정식은 공간과 시간변수에 관한 편도함수를 포함한다. 그러므로 해는 일반적으로 경계조건과 초기조건 모두에 의해서 결정된다. Laplace 방정식 같은 타원 편미분방정식의 해는 평형상태(정상상태)에 있는 물리적 계통을 표현할 수 있다. 열방정식 같은 포물 편미분방정식의 해는 확산상태를 기술하고, 파동방정식 같은 쌍곡 편미분방정식의 해는 진동상태를 표현한다.

이 절에서는 타원방정식에 적절한 근사방법에 대해 먼저 논의한다. 타원 편미분방정식 중에서 가장 간단하지만 가장 중요한 Laplace 방정식에 초점을 맞춘다.

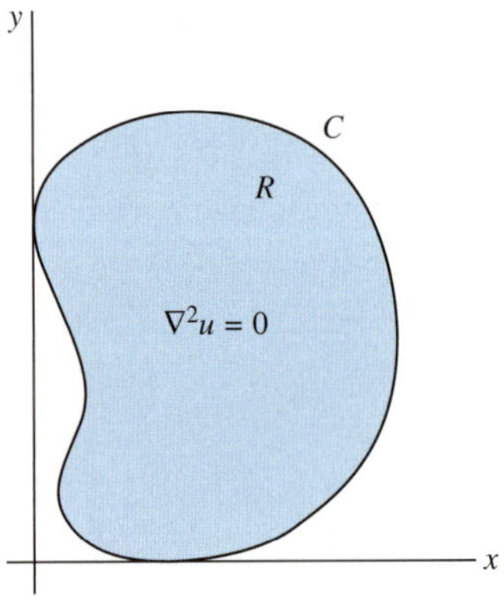

그림 16.1.1 경계 C를 갖는 평면영역 R

차분방정식으로 교체

Laplace 방정식

$$\frac{\partial^2 u}{\partial x^2} + \frac{\partial^2 u}{\partial y^2} = 0$$

의 해 $u(x, y)$를 곡선 C로 둘러싸인 평면영역 R에서 구한다고 가정하자. **그림 16.1.1**을 보라. 6.5절의 식 (6)과 비슷하게 중앙차분(central difference)

$$u(x + h, y) - 2u(x, y) + u(x - h, y), \qquad u(x, y + h) - 2u(x, y) + u(x, y - h)$$

을 이용하고 차분계수(difference quotient)

$$\frac{\partial^2 u}{\partial x^2} \approx \frac{1}{h^2}[u(x + h, y) - 2u(x, y) + u(x - h, y)] \tag{1}$$

$$\frac{\partial^2 u}{\partial y^2} \approx \frac{1}{h^2}[u(x, y + h) - 2u(x, y) + u(x, y - h)] \tag{2}$$

를 이용하여 2계 편도함수 u_{xx}와 u_{yy}의 근사를 얻을 수 있다. 식 (1)과 (2)를 합하여 다음과 같이 Laplacian의 **다섯 점 근사**(five-point approximation)를 얻는다.

$$\frac{\partial^2 u}{\partial x^2} + \frac{\partial^2 u}{\partial y^2} \approx \frac{1}{h^2}[u(x + h, y) + u(x, y + h) + u(x - h, y) + u(x, y - h) - 4u(x, y)]$$

따라서 Laplace 방정식을 다음의 차분방정식으로 교체할 수 있다.

$$u(x + h, y) + u(x, y + h) + u(x - h, y) + u(x, y - h) - 4u(x, y) = 0. \tag{3}$$

다음의 표기법을 채택한다면

$$u(x+h, y) = u_{i+1,\,j}, \qquad u(x, y+h) = u_{i,\,j+1}$$
$$u(x-h, y) = u_{i-1,\,j}, \qquad u(x, y-h) = u_{i,\,j-1}$$

식 (3)은 다음 식이 된다.

$$u_{i+1,\,j} + u_{i,\,j+1} + u_{i-1,\,j} + u_{i,\,j-1} - 4u_{ij} = 0. \tag{4}$$

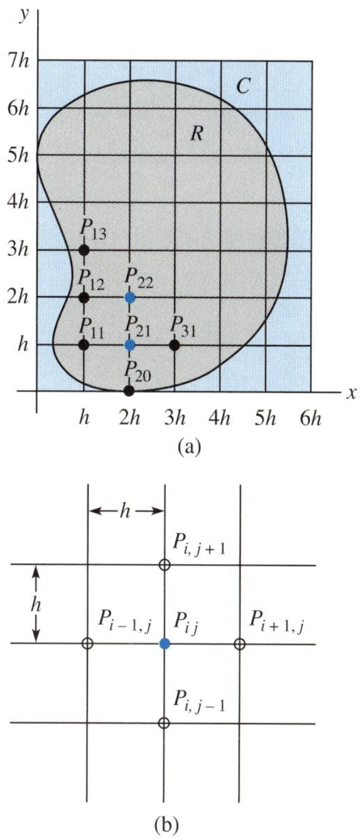

그림 16.1.2 직사각형 격자를 겹쳐 놓은 영역 R

식 (4)를 더 잘 이해하기 위해서 h 간격을 갖는 수평선과 수직선으로 구성된 직사각형의 격자를 영역 R 위에 놓는다고 가정하자. 이때 h를 **그물코 크기**(mesh size)라 한다. 그림 16.1.2(a)를 보자. 수평선과 수직선의 교점 $P_{ij} = P(i_h, j_h)$(i와 j는 정수)를 **그물코 점**(mesh point) 또는 **격자점**(lattice point)이라 부른다. 가장 가까이 이웃하는 4개의 그물코 점들이 영역 R 상의 점이면 격자점은 **내부점**(interior point)이라 부른다. 영역 R이나 경계 C 상의 격자점 중에서 내부점이 아니면 **경계점**(boundary point)이라 한다. 예를 들어 그림 16.1.2(a)에는

$$P_{20} = P(2h, 0), \quad P_{11} = P(h, h), \quad P_{21} = P(2h, h), \quad P_{22} = P(2h, 2h)$$

등의 격자점들이 있다. 이들 중에서 P_{21}과 P_{22}는 내부점이지만 P_{20}과 P_{11}은 경계점이다. 그림 16.1.2(a)에서 내부점들은 파란색으로, 경계점들은 검정색으로 표시되어 있다. 한편, 식 (4)로부터 다음의 관계를 얻는다.

$$u_{ij} = \tfrac{1}{4}\left[u_{i+1,\,j} + u_{i,\,j+1} + u_{i-1,\,j} + u_{i,\,j-1}\right] \tag{5}$$

따라서 그림 16.1.2(b)에 나와 있는 바와 같이 영역 R의 내부 그물코 점에서 u_{ij}의 값은 4개의 이웃하는 그물코 점들의 평균이다. 이웃하는 점 $P_{i+1,\,j}$, $P_{i,\,j+1}$, $P_{i-1,\,j}$, $P_{i,\,j-1}$은 각각 나침반의 E, N, W, S에 대응한다.

Dirichlet 문제 Laplace 방정식, $\nabla^2 u = 0$에 대한 **Dirichlet 문제**(Dirichlet problem)에서 $u(x, y)$의 값은 영역 R의 경계 C에서 미리 결정되어 있다. 기본 개념은 편미분방정식을 식 (4)의 차분방정식으로 교체하여 내부 그물코 점에서 Laplace 방정식의 근사해를 찾는 것이다. 그러므로 그물코 점에서 u—즉 u_{ij}—의 근사값은 서로 상관되어 있으며, 그물코 점이 경계 C에 있으면 이미 알고 있는 u 값과 결부되어 있다. 이런 형태로 선형 대수 연립방정식을 얻고, 이의 해로부터 미지의 u_{ij} 값을 얻는다. 다음의 예제는 정사각형 영역에 대한 방법을 설명한다.

예제 1 경곗값 문제 재조명

연습문제 13.5의 문제 16에서 중첩의 원리를 이용하여 다음의 경곗값 문제를 해결하였다.

$$\frac{\partial^2 u}{\partial x^2} + \frac{\partial^2 u}{\partial y^2} = 0, \quad 0 < x < 2, \quad 0 < y < 2$$

$$u(0, y) = 0, \qquad u(2, y) = y(2-y), \quad 0 < y < 2$$

$$u(x, 0) = 0, \qquad u(x, 2) = \begin{cases} x, & 0 < x < 1 \\ 2 - x, & 1 \le x < 2 \end{cases}$$

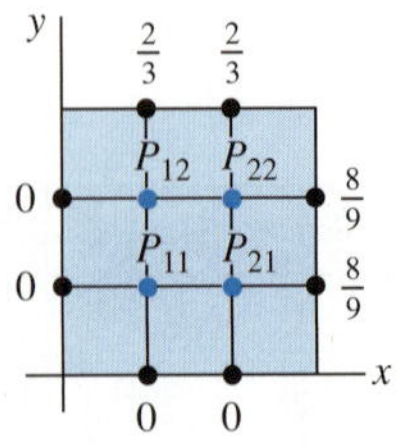

그림 16.1.3 예제 1의 정사각형 영역 R

현재의 수치해법을 적용하기 위해서 그물코 크기 $h = \frac{2}{3}$로 시작한다. **그림 16.1.3**에 나와 있는 바와 같이 $h = \frac{2}{3}$로 선택하면 4개의 내부점과 8개의 경계점을 갖는다. 경계점 옆에 병기한 수치는 경계조건으로부터 얻은 u의 값이다. 예를 들어 $P_{31} = P(3h, h) = P(2, \frac{2}{3})$에서 $x = 2$, $y = \frac{2}{3}$이고, $u(2, y)$의 경계조건에서 $u(2, \frac{2}{3}) = \frac{2}{3}(2 - \frac{2}{3}) = \frac{8}{9}$이다. 동일한 방법으로, $P_{13} = P(\frac{2}{3}, 2)$에서 $u(x, 2) = x$의 경계조건으로부터 $u(\frac{2}{3}, 2) = \frac{2}{3}$를 얻는다. 이제 각각의 내부점에 식 (4)의 관계를 적용한다. 예를 들어 P_{11}에서 $i = 1, j = 1$이므로 식 (4)로부터 다음의 관계를 얻는다.

$$u_{21} + u_{12} + u_{01} + u_{10} - 4u_{11} = 0$$

$u_{01} = \mathrm{u}(0, \frac{2}{3}) = 0$, $u_{10} = u(\frac{2}{3}, 0) = 0$이므로 위의 식은 $-4u_{11} + u_{21} + u_{12} = 0$이 된다. 동일한 방법을 차례로 적용하면 P_{21}, P_{12}, P_{22}에서 3개의 식을 추가로 얻는다.

$$\begin{aligned} -4u_{11} + u_{21} + u_{12} \qquad\qquad &= 0 \\ u_{11} - 4u_{21} + \qquad\qquad u_{22} &= -\tfrac{8}{9} \\ u_{11} \qquad\quad - 4u_{12} + u_{22} &= -\tfrac{2}{3} \\ u_{21} + u_{12} - 4u_{22} &= -\tfrac{14}{9}. \end{aligned} \tag{6}$$

컴퓨터를 이용하여 대수 연립방정식을 풀면 4개의 내부점에서 근사적인 온도는 다음과 같다.

$$u_{11} = \tfrac{7}{36} = 0.1944, \qquad u_{21} = \tfrac{5}{12} = 0.4167,$$
$$u_{12} = \tfrac{13}{36} = 0.3611, \qquad u_{22} = \tfrac{7}{12} = 0.5833. \qquad ≡$$

상미분방정식에서와 마찬가지로, h의 값을 작게 하면 근사해법의 정확성을 개선할 수 있다. 그러나 작은 값의 그물코 크기를 사용하면 당연히 내부 그물코 점들이 많이 생기고, 풀이해야 할 연립방정식의 수가 증가한다. 변의 길이가 L인 **정사각형** 영역에 그물코 크기 $h = L/n$을 선택하면 $(n - 1)^2$개의 내부 그물코 점들이 생긴다. 예제 1에서 $n = 8$을 선택하면 그물코 크기는 보다 정확한 근사해법을 얻기에 적절하게 $h = \frac{2}{8} = \frac{1}{4}$이 된다. 그러나 내부점이 $(8 - 1)^2 = 49$개로 증가한다. 그러므로 49개의 미지수를 갖는 49개의 방정식을 갖게 된다. 다음의 예제에서 그물코 크기 $h = \frac{1}{2}$의 경우를 살펴보자.

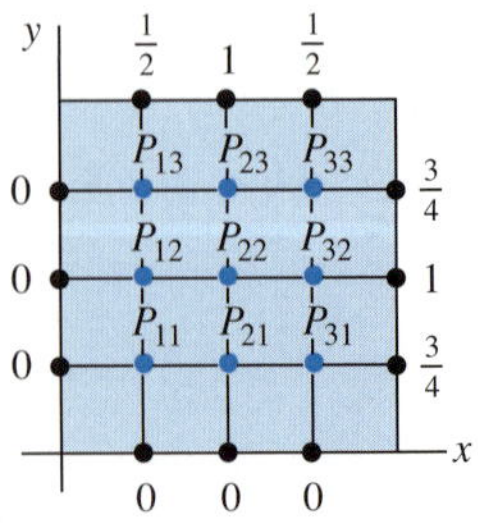

그림 16.1.4 그물코 점들을 추가한 예제 1의 영역

예제 2 예제 1에서 그물코 점들을 늘린 경우

그림 16.1.4에 나와 있듯이 $n = 4$로 하면 그물코 크기는 $h = \frac{2}{4} = \frac{1}{2}$이 되고 예제 1과 동일한 정사각형 영역에 대해 내부 그물코 점들은 $3^2 = 9$개가 된다. 내부점에 식 (4)를 적용하고 경계조건을 이용하여 9개의 미지수를 갖는 9개의 방정식을 얻는다. 결과를 증명하여 볼 수 있도록 연립방정식을 다음과 같이 단순화하지 않은 형태로 둔다.

$$
\begin{aligned}
u_{21} + u_{12} + \quad 0 + \quad 0 - 4u_{11} &= 0 \\
u_{31} + u_{22} + u_{11} + \quad 0 - 4u_{21} &= 0 \\
\tfrac{3}{4} + u_{32} + u_{21} + \quad 0 - 4u_{31} &= 0 \\
u_{22} + u_{13} + u_{11} + \quad 0 - 4u_{12} &= 0 \\
u_{32} + u_{23} + u_{12} + u_{21} - 4u_{22} &= 0 \\
1 + u_{33} + u_{22} + u_{31} - 4u_{32} &= 0 \\
u_{23} + \tfrac{1}{2} + \quad 0 + u_{12} - 4u_{13} &= 0 \\
u_{33} + \quad 1 + u_{13} + u_{22} - 4u_{23} &= 0 \\
\tfrac{3}{4} + \tfrac{1}{2} + u_{23} + u_{32} - 4u_{33} &= 0.
\end{aligned} \tag{7}
$$

이 경우에 CAS를 이용하여 다음의 결과를 얻는다.

$$
\begin{aligned}
&u_{11} = \tfrac{7}{64} = 0.1094, && u_{21} = \tfrac{51}{224} = 0.2277, && u_{31} = \tfrac{177}{448} = 0.3951 \\
&u_{12} = \tfrac{47}{224} = 0.2098, && u_{22} = \tfrac{13}{32} = 0.4063, && u_{32} = \tfrac{135}{224} = 0.6027 \\
&u_{13} = \tfrac{145}{448} = 0.3237, && u_{23} = \tfrac{131}{224} = 0.5848, && u_{33} = \tfrac{39}{64} = 0.6094.
\end{aligned}
$$

≡

식 (7)을 단순화하면 다음과 같은 9×9 계수행렬을 얻을 수 있다.

$$
\begin{pmatrix}
-4 & 1 & 0 & 1 & 0 & 0 & 0 & 0 & 0 \\
1 & -4 & 1 & 0 & 1 & 0 & 0 & 0 & 0 \\
0 & 1 & -4 & 0 & 0 & 1 & 0 & 0 & 0 \\
1 & 0 & 0 & -4 & 1 & 0 & 1 & 0 & 0 \\
0 & 1 & 0 & 1 & -4 & 1 & 0 & 1 & 0 \\
0 & 0 & 1 & 0 & 1 & -4 & 0 & 0 & 1 \\
0 & 0 & 0 & 1 & 0 & 0 & -4 & 1 & 0 \\
0 & 0 & 0 & 0 & 1 & 0 & 1 & -4 & 1 \\
0 & 0 & 0 & 0 & 0 & 1 & 0 & 1 & -4
\end{pmatrix} \tag{8}
$$

이것은 많은 원소들이 영인 **희박한 행렬**(sparse matrix)의 예가 된다. 행렬 식 (8)은 또한 **띠 행렬**(banded matrix)의 예도 된다. 이런 종류의 행렬들은 주대각선이나 이에 평행한 대각선(또는 띠)의 원소들이 모두 영이 아닌 특성을 갖는다. 식 (8)에서 파란색으로 표시한 띠는 모두 영이거나 그렇지 않은 대각선에 의해 분리되어 있다.

Gauss-Seidel 반복법 편미분방정식의 근사해법을 요구하는 문제들은 거의 모두 큰 연립 선형 대수방정식이 된다. 수백 개의 방정식을 포함하는 경우도 흔히 있다. Gauss 소거법처럼 해를 얻기 위한 직접적인 방법으로 행렬 식 (8)의 경우에서처럼 띠 밖의 영 원소들을 변화 없이 놔둔 채 띠 사이에는 영이 아닌 원소들로 채운다. 매우 큰 행렬을 저장하기 위해서는 메모리를 많이 필요하므로 큰 연립방정식은 간접적인 방법으로 해결하는 것이 일반적이다. 많이 사용하는 간접적인 방법으로 **Gauss-Seidel 반복법**(Gauss-Seidel iteration)이 있다.

다음에서는 Gauss-Seidel 반복법을 식 (6)의 경우에 적용하여 설명한다. 단순화하기 위해서 변수 $u_{11}, u_{21}, u_{12}, u_{22}$를 각각 x_1, x_2, x_3, x_4로 한다.

예제 3 Gauss-Seidel 반복법

1단계: 연립방정식의 주대각선에 있는 변수들에 관한 각각의 방정식을 푼다. 즉 식 (6)의 경우에, 첫 번째 식을 x_1에 관하여 풀고, 두 번째 식을 x_2에 관하여 푼다.

$$\begin{aligned} x_1 &= 0.25x_2 + 0.25x_3 \\ x_2 &= 0.25x_1 + 0.25x_4 + 0.2222 \\ x_3 &= 0.25x_1 + 0.25x_4 + 0.1667 \\ x_4 &= 0.25x_2 + 0.25x_3 + 0.3889. \end{aligned} \tag{9}$$

내부점에 식 (4)보다는 식 (5)를 이용하여 이 식들을 직접 얻을 수도 있다.

2단계: 반복. x_1, x_2, x_3, x_4의 값에 대한 초기 추측으로부터 시작한다. 만약 이 문제가 선형 연립방정식이며 해에 관한 정보가 전혀 없다면 $x_1 = 0, x_2 = 0, x_3 = 0, x_4 = 0$의 경우로부터 시작할 수 있다. 그러나 식 (9)의 해는 경곗값 문제의 근사해를 표현하므로 모든 경계조건의 평균값을 $x_1 = u_{11}, x_2 = u_{21}, x_3 = u_{12}, x_4 = u_{22}$의 초기 추측으로 사용하는 것이 논리적이다. 이 경우에 그림 16.1.2에 나타난 8개 경계점의 평균값은 약 0.4이다. 그러므로 $x_1 = 0.4, x_2 = 0.4, x_3 = 0.4, x_4 = 0.4$의 초기값을 사용한다. Gauss-Seidel 방법의 반복에서는 x 값을 계산하면 곧장 다시 이를 이용하여 계산을 한다. 식 (9)의 첫 식은 x_2와 x_3만을 사용하므로 $x_2 = 0.4, x_3 = 0.4$를 대입하여 $x_1 = 0.2$를 얻는다. 둘째와 세 번째 식은 x_1과 x_4만을 사용하므로 새롭게 계산한 값 $x_1 = 0.2$와 $x_4 = 0.4$를 대입하여 $x_2 = 0.3722$와 $x_3 = 0.3167$을 얻는다. 네 번째 식은 x_2와 x_3를 사용하므로 새롭게 계산한 값 $x_2 = 0.3722, x_3 = 0.3167$을 대입하여 $x_4 = 0.5611$을 얻는다. 결국 첫째 반복의 결과 다음의 값을 얻는다.

$$x_1 = 0.2, \quad x_2 = 0.3722, \quad x_3 = 0.3167, \quad x_4 = 0.5611.$$

예제 1의 마지막에 있는 실제값과 비교하여, 첫째 반복의 결과로 벌써 근접한 값을 얻었음을 주목하라.

두 번째 반복에서는 첫 식에 $x_2 = 0.3722$와 $x_3 = 0.3167$을 대입하는 것으로 시작한다. 그 결과 $x_1 = 0.1722$를 얻는다. $x_1 = 0.1722$와 최종 x_4의 값(즉 $x_4 = 0.5611$)을 둘째와 세 번째 식에 대입하여 $x_2 = 0.4055$와 $x_3 = 0.3500$을 얻는다. 이 마지막 두 값을 이용하여 네 번째 식으로부터 $x_4 = 0.5678$을 얻는다. 두 번째 반복의 결과 다음 값을 얻는다.

$$x_1 = 0.1722, \quad x_2 = 0.4055, \quad x_3 = 0.3500, \quad x_4 = 0.5678.$$

세 번째부터 일곱 번째까지의 반복 결과를 표 16.1.1에 정리하였다.

표 16.1.1 반복법

	3번째	4번째	5번째	6번째	7번째
x_1	0.1889	0.1931	0.1941	0.1944	0.1944
x_2	0.4139	0.4160	0.4165	0.4166	0.4166
x_3	0.3584	0.3605	0.3610	0.3611	0.3611
x_4	0.5820	0.5830	0.5833	0.5833	0.5833

≡

◀ 주의

Gauss-Seidel 반복법을 n개의 미지수를 갖는 n개의 일반적인 선형 연립방정식에 적용하기 위해서는 변수 x_i가 i번째 방정식에 반드시 나타나야 한다. 또한 n개의 각 식을 풀어 x_i, $i = 1, 2, \ldots, n$을 얻은 결과, 연립방정식이 $\mathbf{X} = \mathbf{AX} + \mathbf{B}$의 형태가 되어야 한다. 이때 $\mathbf{A}$의 주대각선의 모든 원소는 0이어야 한다.

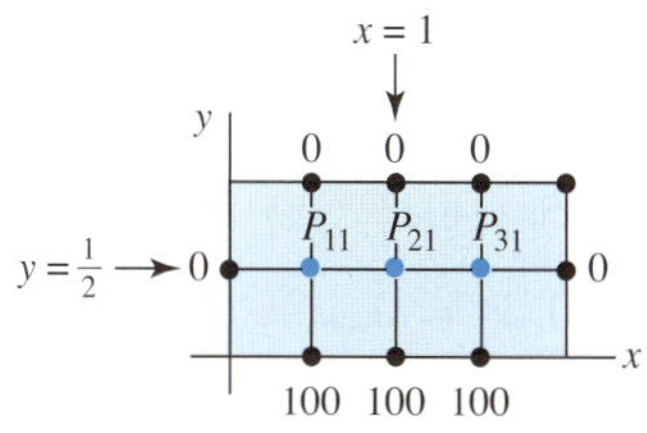

그림 16.1.5 직사각형 영역 R

참고

(*i*) 이 절의 예제에서 u_{ij}의 값은 경계점에서 u의 알려진 값을 이용하여 결정한다. 그러나 경계점들이 영역 R의 실제 경계 C와 일치하지 않을 경우에는 어떻게 대처할 것인가? 이 경우에는 보간법(interpolation)에 의해 요구되는 값들을 얻을 수 있다.

(*ii*) 대칭성을 이용하여 계산에 필요한 방정식의 수를 줄일 수 있다. 그림 16.1.5에 나타난 직사각형 영역 $0 \le x \le 2$, $0 \le y \le 1$을 생각하여 보자. 경계조건은 다음과 같다. $x = 0$, $x = 2$, $y = 1$인 경계를 따라 $u = 0$, 그리고 $y = 0$인 경계를 따라 $u = 100$이다. 주어진 영역은 $x = 1$, $y = \frac{1}{2}$의 선에 대해 대칭이며, 내부점 P_{11}과 P_{31}은 이웃하는 경계점들의 u 값이 동일한 곳에 위치해 있다. 그러므로 $u_{11} = u_{31}$이라고 가정할 수 있고, 따라서 3개의 미지수를 갖는 3개의 식으로 구성되는 연립방정식이 2개의 미지수를 갖는 2개의 식으로 간소한다. 연습문제 16.1의 문제 2를 보라.

(*iii*) Laplace 방정식 근사해를 구하는 관점에 있어, 예제 3에서 설명한 반복기법은 보통 **Liebman의 방법**(Liebman's method)이라 부른다.

(*iv*) 컴퓨터에서는 눈에 뜨이지 않을지 모르지만, Gauss-Seidel 반복법(또는 Liebman의 방법)의 수렴속도가 아주 빠르지 않을 수도 있다. 또한 보다 더 일반적인 경우에 Gauss-Seidel 반복법은 아예 수렴하지 않을 수도 있다. Gauss-Seidel 반복법의 수렴을 위한 충분조건에 대해서는 수치해석법에 관한 교재를 참고하기 바란다.

16.1 연습문제

부록에 선택된 홀수 번 문제의 답이 있다.

문제 1~8에서는 계산을 돕기 위하여 컴퓨터를 이용하라.

문제 1~4에서는 주어진 영역의 내부점에서 Laplace 방정식 근사해를 얻기 위해 식 (4)를 이용하라. 가능하면 대칭성을 이용하라.

1. $u(0, y) = 0$, $u(3, y) = y(2 - y)$, $0 < y < 2$

$u(x, 0) = 0$, $u(x, 2) = x(3 - x)$, $0 < x < 3$

그물코 크기: $h = 1$

2. $u(0, y) = 0$, $u(2, y) = 0$, $0 < y < 1$

$u(x, 0) = 100$, $u(x, 1) = 0$, $0 < x < 2$

그물코 크기: $h = \frac{1}{2}$

3. $u(0, y) = 0$, $u(1, y) = 0$, $0 < y < 1$

$u(x, 0) = 0,\ u(x, 1) = \sin \pi x,\ 0 < x < 1$

그물코 크기: $h = \frac{1}{3}$

4. $u(0, y) = 10^8 y^2(1 - y),\ u(1, y) = 0,\ 0 < y < 1$

$u(x, 0) = 0,\ u(x, 1) = 0,\ 0 < x < 1$

그물코 크기: $h = \frac{1}{3}$

문제 5와 6에서는 단위 정사각형 영역의 내부점에서 Laplace 방정식 근사해를 얻기 위해 식 (5)와 Gauss-Seidel 반복법을 이용하라. 그물코 크기 $h = \frac{1}{4}$을 이용하라. 문제 5에는 경계조건이 주어져 있으며, 문제 6에는 경계점에서의 u의 값이 **그림 16.1.6**에 나타나 있다.

5. $u(0, y) = 0,\ u(1, y) = 100y,\ 0 < y < 1$

$u(x, 0) = 0,\ u(x, 1) = 100x,\ 0 < x < 1$

6.

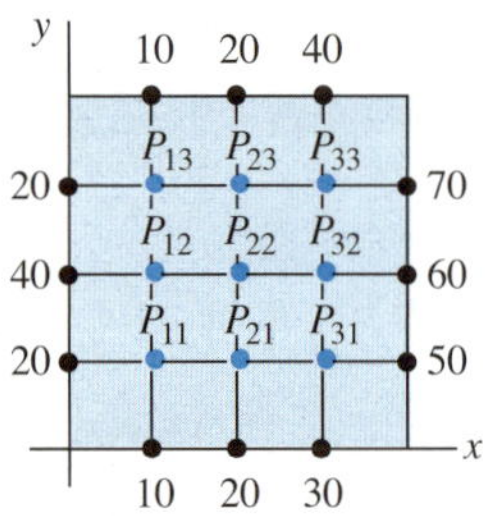

그림 16.1.6 문제 6의 영역

7. **(a)** 연습문제 13.6의 문제 12에서 Poisson 방정식 $\frac{\partial^2 u}{\partial x^2} + \frac{\partial^2 u}{\partial y^2} = f(x, y)$의 특별한 형태를 이용하여 퍼텐셜 문제 풀이를 하였다. Poisson 방정식에 대한 차분방정식 교체가 다음처럼 되는 것을 보여라.

$$u_{i+1,j} + u_{i,j+1} + u_{i-1,j} + u_{i,j-1} - 4u_{ij} = h^2 f(x, y).$$

(b) **그림 16.1.7**에 나와 있는 영역의 내부점에서 Poisson 방정식 $\frac{\partial^2 u}{\partial x^2} + \frac{\partial^2 u}{\partial y^2} = -2$의 근사해를 얻기 위해 (a)의 결과를 이용하라. 그물코 크기 $h = \frac{1}{2}$이고, $ABCD$를 따라 모든 점에서 $u = 1$이며, $DEFGA$를 따라 모든 점에서 $u = 0$이다. 대칭성을 이용하고, 필요하면 Gauss-Seidel 반복법을 이용하라.

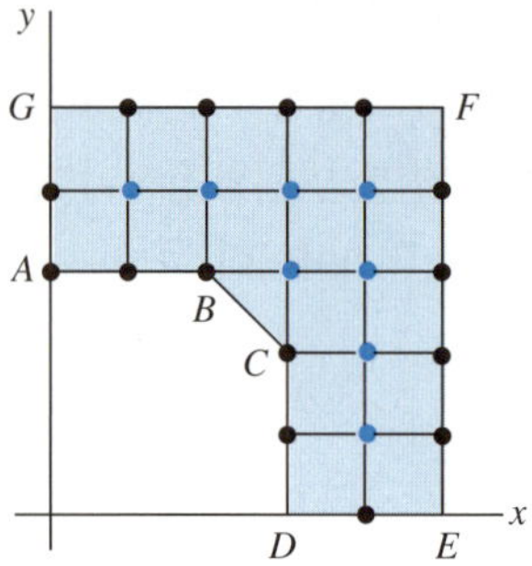

그림 16.1.7 문제 7의 영역

8. **그림 16.1.8**에 나와 있는 영역의 내부점에서 Poisson 방정식 $\frac{\partial^2 u}{\partial x^2} + \frac{\partial^2 u}{\partial y^2} = -64$의 근사해를 얻기 위해 문제 7(a)의 결과를 이용하라. 그물코 크기 $h = \frac{1}{8}$이고, 영역의 모든 경계점에서 $u = 0$이다. 필요하면 Gauss-Seidel 반복법을 이용하라.

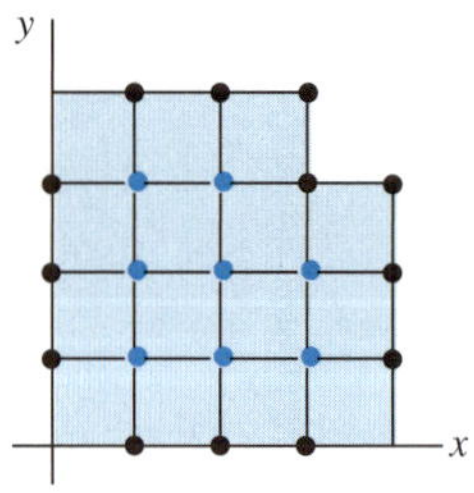

그림 16.1.8 문제 8의 영역

16.2 열방정식

소개 이 절에서의 기본적인 논의는 16.1절의 내용과 동일하다. 즉 포물 편미분방정식을 유한 차분방정식으로 교체하여 근사해를 얻는다. 그러나 다른 점은 포물 편미분방정식에 대해 두 개의 근사 방법, 즉 양의 유한 차분방정식 방법과 음의 유한 차분방정식 방법을 다룬다는 것이다. 명확성을 위해 1차원의 열방정식만을 다룬다.

차분방정식으로 교체 1차원 열방정식

$$c\frac{\partial^2 u}{\partial x^2} = \frac{\partial u}{\partial t} \tag{1}$$

의 해 $u(x, t)$를 근사적으로 얻기 위해 도함수를 다시 차분계수로 교체한다. 16.1절의 중앙차분 근사식 (2)

$$\frac{\partial^2 u}{\partial x^2} \approx \frac{1}{h^2}[u(x+h, t) - 2u(x, t) + u(x-h, t)]$$

와 6.5절의 전진차분 근사식 (3)

$$\frac{\partial u}{\partial t} \approx \frac{1}{h}[u(x, t+h) - u(x, t)]$$

을 이용하면 식 (1)은

$$\frac{c}{h^2}[u(x+h, t) - 2u(x, t) + u(x-h, t)] = \frac{1}{k}[u(x, t+k) - u(x, t)] \tag{2}$$

가 된다. $\lambda = ck/h^2$

$$u(x, t) = u_{ij},\ \ u(x+h, t) = u_{i+1,\,j},\ \ u(x-h, t) = u_{i-1,\,j},\ \ u(x, t+k) = u_{i,\,j+1}$$

로 표기하고 단순화하면 식 (2)를 다음과 같이 쓸 수 있다.

$$u_{i,\,j+1} = \lambda u_{i+1,\,j} + (1 - 2\lambda)u_{ij} + \lambda u_{i-1,\,j}, \tag{3}$$

열방정식 (1)의 경우에는 보통 경계조건이 $u(0, t) = u_1$, $u(a, t) = u_2$, $t > 0$이고, 초기조건은 $u(x, 0) = f(x)$, $0 < x < a$가 된다. 함수 f는 $x = 0$에서 $x = a$까지 균일한 막대에서의 초기 온도분포로 해석하며, u_1과 u_2는 막대의 양 끝에서의 상수 온도로 해석한다. 증명하지는 않겠지만, 두 개의 경계조건과 하나의 초기조건을 갖는 식 (1)의 경곗값 문제는 함수 f가 닫힌 범위 $[0, a]$에서 연속이면 유일한 해를 갖는다. 이 조건을 가정한다면, 초기조건을 $u(x, 0) = f(x)$, $0 \le x \le a$로 할 수 있다. 또한 부등식 $0 \le x \le a$, $t \ge 0$으로 정의되는 xt 평면의 반무한 영역에서 문제를 다루는 것이 아니라, $0 \le x \le a$, $0 \le t \le T$ (T는 주어진 시간 값)로 정의되는 직사각형 영역에서 다룬다. 이 영역 위에 h 간격을 갖는 수직선과 k 간격을 갖는 수평선으로 구성된 직사각형 격자를 놓는다. **그림 16.2.1**을 보자. 양의 정수 n과 m을 선택하여 다음처럼 정의하면

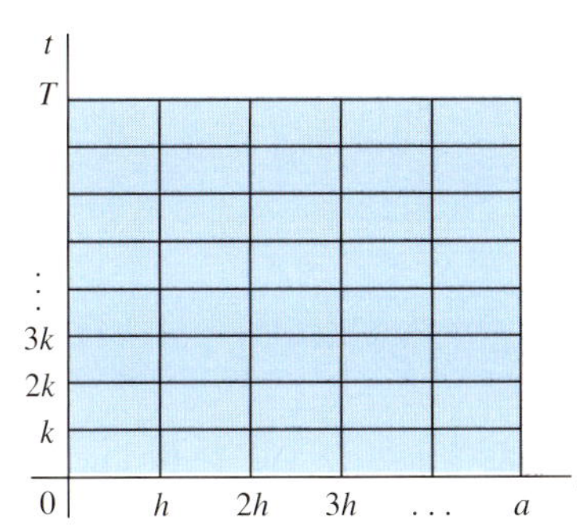

그림 16.2.1 xt 평면에서의 직사각형 영역

$$h = \frac{a}{n}, \qquad k = \frac{T}{m}$$

수직과 수평 격자선을 다음처럼 정의할 수 있다.

$$x_i = ih, \quad i = 0, 1, 2, \ldots, n, \qquad t_j = jk, \quad j = 0, 1, 2, \ldots, m.$$

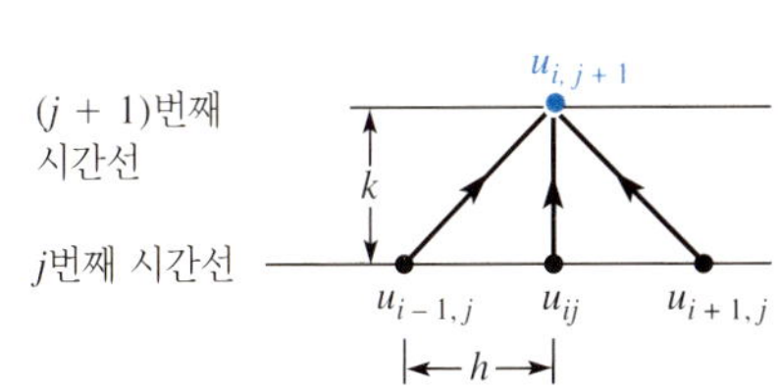

그림 16.2.2 $t = j + 1$에서의 u 값을 $t = j$에서의 u 값 세 개로 결정함

그림 16.2.2에 묘사한 것처럼, 여기에서 고려할 사항은 공식 (3)을 이용하여 $(j + 1)$번째 시간에서의 해 $u(x, t)$를 단지 j번째 시간에서의 값을 이용하여 추정하는 것이다. 예를 들어 첫 번째 시간$(j = 1)$에서 해의 값은 영 번째 시간$(j = 0)$에서 주어진 초기조건 $u_{i,0} = u(x_i, 0)$

안정성 파동방정식의 경우에 이 절에서 논의한 양의 유한차분법은 $\lambda \le 1$인 경우에 안정하며, $\lambda > 1$인 경우에 불안정하다.

16.3 연습문제

부록에 선택된 홀수 번 문제의 답이 있다.

문제 1, 3, 5, 6에서는 계산에 도움이 되도록 컴퓨터를 이용하라.

1. 다음의 각 경우에 아래 경곗값 문제의 근사해를 얻기 위해 차분방정식 (3)을 이용하라.

$$c^2 \frac{\partial^2 u}{\partial x^2} = \frac{\partial^2 u}{\partial t^2}, \quad 0 < x < a, \quad 0 < t < T$$

$$u(0, t) = 0, \quad u(a, t) = 0, \quad 0 \le t \le T$$

$$u(x, 0) = f(x), \quad \left.\frac{\partial u}{\partial t}\right|_{t=0} = 0, \quad 0 \le x \le a,$$

(a) $c = 1,\ a = 1,\ T = 1,\ f(x) = x(1 - x);\ n = 4,\ m = 10$

(b) $c = 1,\ a = 2,\ T = 1,\ f(x) = e^{-16(x-1)^2};\ n = 5,\ m = 10$

(c) $c = \sqrt{2},\ a = 1,\ T = 1,$

$$f(x) = \begin{cases} 0, & 0 \le x \le 0.5 \\ 0.5, & 0.5 < x \le 1; \end{cases}$$

$n = 10,\ m = 25$이다.

2. 다음의 경곗값 문제를 고려하자.

$$\frac{\partial^2 u}{\partial x^2} = \frac{\partial^2 u}{\partial t^2}, \quad 0 < x < 1, \quad 0 < t < 0.5$$

$$u(0, t) = 0, \quad u(1, t) = 0, \quad 0 \le t \le 0.5$$

$$u(x, 0) = \sin \pi x, \quad \left.\frac{\partial u}{\partial t}\right|_{t=0} = 0, \quad 0 \le x \le 1.$$

(a) 13장의 방법을 사용하여 이 문제의 해가 $u(x, t) = \sin \pi x \cos \pi t$임을 증명하라.

(b) 컴퓨터 프로그램의 도움 없이 이 절의 방법을 이용하여 근사해를 얻으라. $n = 4,\ m = 5$로 한다.

(c) 각각의 격자 내부점에서 절대오차를 계산하라.

3. 다음 각각의 경우에 컴퓨터 프로그램을 이용하여 문제 2의 경곗값 문제의 근사해를 구하라.

(a) $n = 5,\ m = 10$

(b) $n = 5,\ m = 20$

4. 주어진 다음의 경곗값 문제에 대해

$$\frac{\partial^2 u}{\partial x^2} = \frac{\partial^2 u}{\partial t^2}, \quad 0 < x < 1, \quad 0 < t < 1$$

$$u(0, t) = 0, \quad u(1, t) = 0, \quad 0 \le t \le 1$$

$$u(x, 0) = x(1 - x), \quad \left.\frac{\partial u}{\partial t}\right|_{t=0} = 0, \quad 0 \le x \le 1$$

수작업으로 $u_{i,1}$의 값을 계산하기 위해 식 (6)에서 $h = k = \frac{1}{5}$을 사용하라.

5. T는 줄의 상수 장력, ρ가 단위길이당 질량일 때, 진동하는 줄의 방정식이 다음처럼 표현됨을 13.2절에서 보았다.

$$\frac{T}{\rho} \frac{\partial^2 u}{\partial x^2} = \frac{\partial^2 u}{\partial t^2}$$

60 cm 길이의 줄이 양 끝이 x축에 고정되어 있고, 다음과 같은 초기 변위에서 초기 속도 0으로 풀어 놓는다고 가정한다.

$$f(x) = \begin{cases} 0.01x, & 0 \le x \le 30 \\ 0.30 - \dfrac{x - 30}{100}, & 30 < x \le 60. \end{cases}$$

$h = 10,\ k = 5\sqrt{\rho/T},\ \rho = 0.0225$ g/cm, $T = 1.4 \times 10^7$ 다인(dyne), $m = 50$인 경우에 이 절의 식 (3)을 이용하여 경곗값 문제의 근사해를 얻으라.

6. $h = 10,\ k = 2.5\sqrt{\rho/T},\ m = 50$이며, 초기 변위가 다음과 같을 때 문제 5를 반복하라.

$$f(x) = \begin{cases} 0.02x, & 0 \le x \le 15 \\ 0.30 - \dfrac{x - 15}{150}, & 15 < x \le 60 \end{cases}$$

16 복습문제

부록에 선택된 홀수 번 문제의 답이 있다.

1. 다음의 경곗값 문제를 고려하자.

$$\frac{\partial^2 u}{\partial x^2} + \frac{\partial^2 u}{\partial y^2} = 0, \quad 0 < x < 2, \quad 0 < y < 1$$

$$u(0, y) = 0, \ u(2, y) = 50, \quad 0 < y < 1$$

$$u(x, 0) = 0, \ u(x, 1) = 0, \quad 0 < x < 2.$$

그물코 크기 $h = 1/2$인 경우에 영역의 내부점에서 위의 미분방정식의 근사해를 구하라. Gauss 소거법이나 Gauss-Seidel 반복법을 이용하라.

2. 그물코 크기 $h = 1/4$인 경우에 Gauss-Seidel 반복법을 이용하여 문제 1을 풀라.

3. 다음의 경곗값 문제를 고려하자.

$$\frac{\partial^2 u}{\partial x^2} = \frac{\partial u}{\partial t}, \quad 0 < x < 1, \quad 0 < t < 0.05$$

$$u(0, t) = 0, \quad u(1, t) = 0, \quad t > 0$$

$$u(x, 0) = x, \quad 0 < x < 1.$$

(a) 온도의 초기조건이 $u(x, 0) = x$이기 때문에 $x = 1$의 오른쪽 경계에서의 온도는 $u(1, 0) = 1$이어야 한다. 그러나 경계조건으로부터 $u(1, 0) = 0$임을 주목하자. $t = 0$을 포함하여 고려한 모든 시간 범위에서 경계조건이 우선하도록 양의 유한차분법을 위한 컴퓨터 프로그램을 작성하라. 프로그램을 이용하여 표 16.R.1를 완성하라.

(b) $t = 0$과 경계에서 초기조건이 우선하도록 컴퓨터 프로그램을 수정하라. 이 프로그램을 이용하여 표 16.R.2을 완성하라.

(c) 표 16.R.1과 표 16.R.2는 서로 연관되어 있는가? 필요하다면 더 넓은 시간 범위를 사용하라.

표 16.R.1

시간	$x = 0.00$	$x = 0.20$	$x = 0.40$	$x = 0.60$	$x = 0.80$	$x = 1.00$
0.00	0.0000	0.2000	0.4000	0.6000	0.8000	0.0000
0.01	0.0000					0.0000
0.02	0.0000					0.0000
0.03	0.0000					0.0000
0.04	0.0000					0.0000
0.05	0.0000					0.0000

표 16.R.2

시간	$x = 0.00$	$x = 0.20$	$x = 0.40$	$x = 0.60$	$x = 0.80$	$x = 1.00$
0.00	0.0000	0.2000	0.4000	0.6000	0.8000	1.0000
0.01	0.0000					0.0000
0.02	0.0000					0.0000
0.03	0.0000					0.0000
0.04	0.0000					0.0000
0.05	0.0000					0.0000

CHAPTER 17

복소함수

Functions of a Complex Variable

소수의 존재와 성질은 초급 대수학(algebra)에서 이미 공부한 바 있다. 하지만 미적분학(calculus) 같은 과목에서는 복소수를 다루지 않았을 것이다. 미적분학 개론의 대상이 기본적으로 실함수(real function)이기 때문이다. 그래서 복소수를 사용하는 것은 미적분학의 고급과정에 이르러야 이따금 있을 법한 일이다(3.3, 8.8, 10.2절을 보라). 다음 네 장에서는 **복소해석학**(complex analysis)을 소개하고, 복소함수를 주제로 공부하고자 한다. 실수 해석학에 견줄 때 닮은 점이 많이 있지만, 흥미로운 차이점도 적지 않고 그 중에는 놀랄 만한 내용도 들어 있다.

CHAPTER CONTENTS

17.1 복소수

소개 복소수를 대하는 게 처음인 학생은 아마 없을 것이다. 2차 방정식 $ax^2 + bx + c = 0$의 풀이법을 배울 때, 판별식 $b^2 - 4ac$가 음수면 방정식의 근이 실수가 아니라 복소수가 됨을 이미 본 적이 있을 것이기 때문이다. 이를테면 $x^2 + 5 = 0$이나 $x^2 + x + 1 = 0$ 같은 간단한 방정식은 실수 해를 지니지 않는다. $x^2 + x + 1 = 0$의 예를 들면, 방정식의 근은 $-\frac{1}{2} + \frac{\sqrt{-3}}{2}$과 $-\frac{1}{2} + \frac{\sqrt{-3}}{2}$이다. 이때 $\sqrt{-3} = \sqrt{3}\sqrt{-1}$이면, 이 두 근을 $-\frac{1}{2} + \frac{\sqrt{3}}{2}\sqrt{-1}$과 $-\frac{1}{2} - \frac{\sqrt{3}}{2}\sqrt{-1}$이라 쓸 수 있다.

정의 수학자들 사이에서 복소수가 어느 정도 받아들여지던 무렵인 200년 전, $\sqrt{-1}$이라는 당혹스런 기호를 대신하는 일종의 가면으로 기호 i가 처음 사용되었다. 이제는 기호 i를 단순히 **허수단위**(imaginary unit)라 부르며, $i^2 = -1$이라는 성질을 만족하는 것으로 정의한다. 허수단위를 사용하여 두 개의 실수로 일반적인 복소수를 만든다.

정의 17.1.1 복소수

복소수(complex number)란 $z = a + ib$의 형식으로 표현되는 수를 말하며, 여기서 a와 b는 실수고 i는 허수단위다.

용어 정의 17.1.1에서 i는 위에서 이미 말했듯이 **허수단위**다. 복소수 $z = x + iy$에 대해, x를 z의 **실수부분**(real part), y를 z의 **허수부분**(imaginary part)이라 일컫는다. 그리고 z의 실수부분과 허수부분을 각각 Re(z)와 Im(z)로 줄여 쓴다. 예를 들어 $z = 4 - 9i$이면, Re(z) = 4이고 Im(z) = −9가 된다. 실수부분이 0인 복소수는 **순허수**(pure imaginary number)라 부른다. 이를테면 $z = \pm i$는 순허수다. 두 복소수의 실수부분이 같고 허수부분도 같으면, 이 두 복소수는 **같다**(equal). 이 등식 개념은 쓸모가 있으므로, 아래 다시 정의한다.

복소수 $z = 4 - 9i$의 허수부분은 $-9i$가 아니라 -9이다. ▶

정의 17.1.2 상등

복소수 $z_1 = x_1 + iy_1$과 $z_2 = x^2 + iy_2$에 대해, Re(z_1) = Re(z^2)이고 Im(z_1) = Im(z_2)이면, z_1과 z_2는 **같다**. 즉 $z_1 = z_2$다.

어떤 복소수가 0이란 말은 실수부분과 허수부분이 모두 0임을 뜻한다. 즉 $x = 0$이고 $y = 0$이면, $x + iy = 0$이다.

산술연산 복소수는 더하고, 빼고, 곱하고, 나눌 수 있다. 복소수 $z_1 = x_1 + iy_1$과 $z_2 = x_2 + iy_2$에 대해, 다음과 같이 산술연산을 정의한다.

더하기: $z_1 + z_2 = (x_1 + iy_1) + (x_2 + iy_2) = (x_1 + x_2) + i(y_1 + y_2)$

빼기: $z_1 - z_2 = (x_1 + iy_1) - (x_2 + iy_2) = (x_1 - x_2) + i(y_1 - y_2)$

곱하기:
$$z_1 \cdot z_2 = (x_1 + iy_1)(x_2 + iy_2) = x_1x_2 - y_1y_2 + i(y_1x_2 + x_1y_2)$$

나누기:
$$\frac{z_1}{z_2} = \frac{x_1 + iy_1}{x_2 + iy_2} = \frac{x_1x_2 + y_1y_2}{x_2^2 + y_2^2} + i\frac{y_1x_2 - x_1y_2}{x_2^2 + y_2^2}$$

낯익은 교환법칙과 결합법칙, 그리고 분배법칙은 다음과 같이 복소수에서도 성립한다.

교환법칙:
$$\begin{cases} z_1 + z_2 = z_2 + z_1 \\ z_1z_2 = z_2z_1 \end{cases}$$

결합법칙:
$$\begin{cases} z_1 + (z_2 + z_3) = (z_1 + z_2) + z_3 \\ z_1(z_2z_3) = (z_1z_2)z_3 \end{cases}$$

분배법칙: $z_1(z_2 + z_3) = z_1z_2 + z_1z_3$

이런 법칙들을 보면, 덧셈과 뺄셈, 그리고 곱셈의 정의를 외우려 할 필요가 없음을 알 수 있다. 복소수를 더하거나 뺄 때는 그냥 실수부분은 실수부분끼리, 허수부분은 허수부분끼리 더하거나 뺀다. 아울러 곱셈은 $i^2 = -1$이라는 사실과 분배법칙을 이용하면 된다.

예제 1 곱셈과 나눗셈

복소수 $z_1 = 2 + 4i$와 $z_2 = -3 + 8i$에 대해, **(a)** $z_1 + z_2$와 **(b)** z_1z_2를 구하라.

풀이 **(a)** 두 복소수의 실수부분과 허수부분을 각각 더하여

$$(2 + 4i) + (-3 + 8i) = (2 - 3) + (4 + 8)i = -1 + 12i$$

를 얻는다.

(b) 분배법칙을 적용하면, z_1z_2는

$$\begin{aligned}(2 + 4i)(-3 + 8i) &= (2 + 4i)(-3) + (2 + 4i)(8i) \\ &= -6 - 12i + 16i + 32i^2 \\ &= (-6 - 32) + (16 - 12)i = -38 + 4i\end{aligned}$$

가 된다. ≡

덧셈과 뺄셈, 곱셈뿐 아니라 나눗셈에서도 굳이 정의를 외울 필요가 없다. 이를 따져 보기에 앞서 우선 다음과 같이 켤레라는 개념을 도입한다.

켤레 복소수 z에 대해, 실수부분은 그대로 두고 허수부분의 부호만을 바꾼 복소수를 z의 **켤레복소수**(complex conjugate) 또는 줄여서 z의 **켤레**(conjugate)라 하고, $\bar{z}$로 표시한다. 즉 $z = x + iy$이면, 그 켤레복소수 $\bar{z}$는

$$\bar{z} = x - iy$$

이다. 이를테면 $z = 6 + 3i$면 $\bar{z} = 6 - 3i$고, $z = -5 - i$면 $\bar{z} = -5 + i$다. 만약 z가 실수면 $\bar{z} = z$다. 두 복소수를 더한 것의 켤레복소수가 두 복소수의 켤레복소수를 더한 것과 같다는 사실은 덧셈의 정의에서 쉽게 확인할 수 있다. 즉

$$\overline{z_1 + z_2} = \bar{z}_1 + \bar{z}_2.$$

또한 다음 세 등식도 성립한다.

$$\overline{z_1 - z_2} = \bar{z}_1 - \bar{z}_2, \quad \overline{z_1 z_2} = \bar{z}_1 \bar{z}_2, \quad \overline{\left(\frac{z_1}{z_2}\right)} = \frac{\bar{z}_1}{\bar{z}_2}.$$

복소수 z와 켤레복소수 $\bar{z}$를 더하거나 곱하면 실수가 된다는 사실은, 덧셈과 곱셈의 정의를 이용하여 아래와 같이 보일 수 있다.

$$z + \bar{z} = (x + iy) + (x - iy) = 2x \tag{1}$$

$$z\bar{z} = (x + iy)(x - iy) = x^2 - i^2y^2 = x^2 + y^2. \tag{2}$$

복소수 z와 켤레복소수 $\bar{z}$의 차이는 다음과 같이 순허수다.

$$z - \bar{z} = (x + iy) - (x - iy) = 2iy. \tag{3}$$

식 (1)과 (3)에서 $x = \text{Re}(z)$이고 $y = \text{Im}(z)$이므로

$$\text{Re}(z) = \frac{z + \bar{z}}{2} \quad \text{그리고} \quad \text{Im}(z) = \frac{z - \bar{z}}{2i}$$

이 성립하는데, 이 두 공식은 쓸모가 많다. 식 (2)를 이용하면 좀 더 쉽게 나눗셈을 할 수도 있다. 복소수 z_1을 z_2로 나눌 때, z_1/z_2의 분모와 분자에 먼저 z_2의 켤레복소수를 곱하면 그 뒤의 계산이 편리해지기 때문이다. 다음 예제를 보자.

예제 2 나눗셈

복소수 $z_1 = 2 - 3i$와 $z_2 = 4 + 6i$에 대해, **(a)** $\dfrac{z_1}{z_2}$과 **(b)** $\dfrac{1}{z_1}$을 구하라.

풀이 (a)와 (b) 모두 분모의 켤레복소수를 분모와 분자에 곱한 다음, 식 (2)를 이용하여 아래와 같이 계산한다.

(a) $$\frac{2-3i}{4+6i}=\frac{2-3i}{4+6i}\frac{4-6i}{4-6i}=\frac{8-12i-12i+18i^2}{16+36}$$

$$=\frac{-10-24i}{52}=-\frac{5}{26}-\frac{6}{13}i.$$

(b) $$\frac{1}{2-3i}=\frac{1}{2-3i}\frac{2+3i}{2+3i}=\frac{2+3i}{4+9}=\frac{2}{13}+\frac{3}{13}i.$$ ≡

기하적 해석 복소수 $z = x + iy$는 두 실수의 **순서쌍** (x, y)로 유일하게 결정된다. 순서쌍의 첫째와 둘째 성분은 각각 복소수의 실수부분과 허수부분에 대응한다. 이를테면 순서쌍 $(2, -3)$은 복소수 $z = 2 - 3i$에 대응한다. 거꾸로 복소수 $z = 2 - 3i$는 순서쌍 $(2, -3)$을 결정한다. 이 같은 방식으로, 우리는 복소수 $z = x + iy$를 좌표 평면에 있는 점 (x, y)에 대응하게 할 수 있다. 그런데 7.1절에서 본 것처럼 실수들의 순서쌍은 벡터의 성분으로 해석할 수 있다. 따라서 복소수 $z = x + iy$도 시작점이 원점이고 끝점이 (x, y)인 **벡터**로 볼 수 있다. 이러한 관계를 **그림 17.1.1**에 나타내는데, 그림에 보이는 좌표 평면을 **복소평면**(complex plane) 또는 간단히 **z 평면**(z-plane)이라 부른다. 수평축 또는 x축은 **실축**(real axis)이라 하고, 수직축 또는 y축은 **허축**(imaginary axis)이라고 부른다. 벡터 z의 길이, 즉 원점에서 점 (x, y)까지의 거리는 물론 $\sqrt{x^2+y^2}$이다. 이 실수에 특별한 이름을 붙인다.

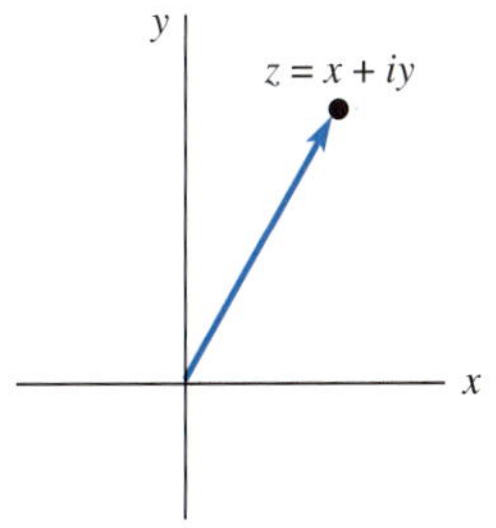

그림 17.1.1 벡터로 해석한 복소수 z

정의 17.1.3 절대값

복소수 $z = x + iy$의 **절대값**(modulus 또는 absolute value)은 $|z|$로 표시하고

$$|z|=\sqrt{x^2+y^2}=\sqrt{z\bar{z}}. \tag{4}$$

예제 3 복소수의 절대값

복소수 $z = 2 - 3i$의 절대값은 $|z|=\sqrt{2^2+(-3)^2}=\sqrt{13}$이다. ≡

그림 17.1.2에는 두 벡터 z_1과 z_2의 합을 그려 놓았다. 그림의 삼각형을 보면 알 수 있듯이, 벡터 $z_1 + z_2$에 대응하는 변의 길이는 나머지 두 변의 길이를 더한 것보다 클 수 없다. 즉

$$|z_1+z_2|\le|z_1|+|z_2|. \tag{5}$$

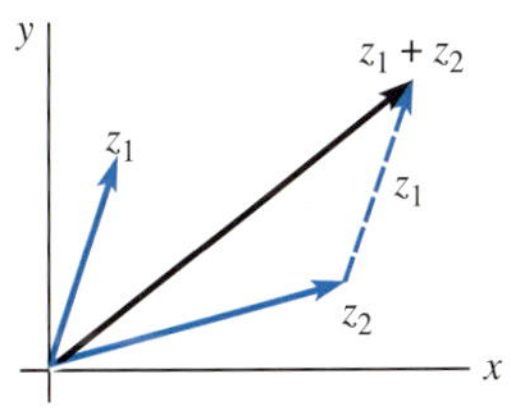

그림 17.1.2 벡터의 합

부등식 (5)는 **삼각부등식**(triangle inequality)이라 알려져 있는데, 이를 임의의 유한 합으로 일반화하면

$$|z_1+z_2+z_3+\cdots+z_n|\le|z_1|+|z_2|+|z_3|+\cdots+|z_n| \tag{6}$$

이 된다. 복소수 z_1을 $(z_1 + z_2) + (-z_2)$로 표현한 다음 식 (5)를 이용하면

$$|z_1+z_2|\ge|z_1|-|z_2| \tag{7}$$

을 얻는데, 이 부등식도 쓸모가 있다.

참고

실수의 세계에서 성립하는 많은 성질은 복소수에서도 그대로 들어맞는다. 그러나 주목할 만한 차이점도 있다. 이를테면 허수부분이 0이 아닌 두 복소수 $z_1 = x_1 + iy_1$ $(y_1 \neq 0)$과 $z_2 = x_2 + iy_2$ $(y_2 \neq 0)$는 부등식으로서 비교할 수 없다. 다시 말해 $z_1 < z_2$ 또는 $z_2 \geq z_1$ 같은 부등식은, z_1과 z_2가 모두 실수일 때를 빼고는 아무 의미가 없어 쓸 수 없다. 그러나 절대값의 크기는 견줄 수 있다. 만약 $z_1 = 3 + 4i$이고 $z_2 = 5 - i$이면, $|z_1| = 5$이고 $|z_2| = \sqrt{26}$이어서 $|z_1| < |z_2|$가 성립한다. 이 부등식은 점 (3, 4)가 점 (5, −1)보다 원점에 더 가깝다는 것을 뜻한다.

17.1 연습문제

부록에 선택된 홀수 번 문제의 답이 있다.

문제 1~26에서는 주어진 복소수를 $a + ib$의 꼴로 표시하라.

1. $2i^3 - 3i^2 + 5i$

2. $3i^5 - i^4 + 7i^3 - 10i^2 - 9$

3. i^8

4. i^{11}

5. $(5 - 9i) + (2 - 4i)$

6. $3(4 - i) - 3(5 + 2i)$

7. $i(5 + 7i)$

8. $i(4 - i) + 4i(1 + 2i)$

9. $(2 - 3i)(4 + i)$

10. $(\frac{1}{2} - \frac{1}{4}i)(\frac{2}{3} + \frac{5}{3}i)$

11. $(2 + 3i)^2$

12. $(1 - i)^3$

13. $\dfrac{2}{i}$

14. $\dfrac{i}{1 + i}$

15. $\dfrac{2 - 4i}{3 + 5i}$

16. $\dfrac{10 - 5i}{6 + 2i}$

17. $\dfrac{(3 - i)(2 + 3i)}{1 + i}$

18. $\dfrac{(1 + i)(1 - 2i)}{(2 + i)(4 - 3i)}$

19. $\dfrac{(5 - 4i) - (3 + 7i)}{(4 + 2i) + (2 - 3i)}$

20. $\dfrac{(4 + 5i) + 2i^3}{(2 + i)^2}$

21. $i(1 - i)(2 - i)(2 + 6i)$

22. $(1 + i)^2(1 - i)^3$

23. $(3 + 6i) + (4 - i)(3 + 5i) + \dfrac{1}{2 - i}$

24. $(2 + 3i)\left(\dfrac{2 - i}{1 + 2i}\right)^2$

25. $\left(\dfrac{i}{3 - i}\right)\left(\dfrac{1}{2 + 3i}\right)$

26. $\dfrac{1}{(1 + i)(1 - 2i)(1 + 3i)}$

문제 27~32에서 $z = x + iy$로 놓고 주어진 식을 정리하라.

27. $\text{Re}(1/z)$

28. $\text{Re}(z^2)$

29. $\text{Im}(2z + 4\bar{z} - 4i)$

30. $\text{Im}(\bar{z}^2 + z^2)$

31. $|z - 1 - 3i|$

32. $|z + 5\bar{z}|$

문제 33~38에서는 정의 17.1.2를 이용해서 주어진 식을 만족하는 복소수 z를 찾아라.

33. $2z = i(2 + 9i)$

34. $z - 2\bar{z} + 7 - 6i = 0$

35. $z^2 = i$

36. $\bar{z}^2 = 4z$

37. $z + 2\bar{z} = \dfrac{2 - i}{1 + 3i}$

38. $\dfrac{z}{1 + \bar{z}} = 3 + 4i$

문제 39과 40에서 주어진 두 복소수 가운데 어느 것이 원점에 더 가까운지 밝히라.

39. $10 + 8i, \quad 11 - 6i$

40. $\frac{1}{2} - \frac{1}{4}i, \quad \frac{2}{3} + \frac{1}{6}i$

41. $|z_1 - z_2|$가 복소평면에 있는 두 점 z_1과 z_2 사이의 거리임을 보여라.

42. $x^2 + y^2 = 4$를 만족하는 모든 복소수 $z = x + iy$에 대해, $|z + 6 + 8i| \leq 12$가 성립함을 보여라.

토의문제

43. n을 0보다 크거나 같은 정수라 할 때, i^n의 값은 i, -1, $2i$, 1 넷 중 하나다. 다음 네 등식을 만족하는 n을, 기호 k ($k = 0, 1, 2, \ldots$ 를 이용해 각각 표시하라.

(a) $i^n = \text{i}$ **(b)** $i^n = -1$ **(c)** $i^n = -i$ **(d)** $i^n = 1$

44. (a) 곱하기 연산을 반복하거나 이항정리를 사용하는 것과 같은 심각한 작업을 하지 않고, $(1 + i)^8$을 쉽게 계산하는 방법을 생각해보라.

(b) (a)에서 찾은 방법을 이용해 $(1 + i)^{64}$를 계산하라.

17.2 거듭제곱과 근

소개 미적분학에서 보았듯이, 직교좌표(rectangular coordinates)의 점 (x, y)는 극좌표(polar coordinates) (r, θ)로도 표현할 수 있다. 이 절에서는 복소수 $z = x + iy$를 r과 θ로 나타내어 z의 거듭제곱과 제곱근을 아주 쉽게 찾는다.

극형식 직교좌표 (x, y)와 극좌표 (r, θ)의 관계는 $x = r\cos\theta$와 $y = r\sin\theta$로 표현된다(14.1절을 보라). 따라서 0이 아닌 복소수 $z = x + iy$는 $z = (r\cos\theta) + i(r\sin\theta)$로 쓸 수 있다. 즉

$$z = r(\cos\theta + i\sin\theta). \tag{1}$$

식 (1)을 복소수 z의 **극형식**(polar form)이라 일컫는다. 그림 17.2.1에서 볼 수 있듯이, 극좌표 r은 점 (x, y)와 원점 사이의 거리를 나타낸다. 따라서 r이 음수가 되지 않도록, r을 z의 절대값, 즉 $r = |z|$로 잡는다. 극좌표 u는 벡터 z의 경사도(inclination)를 뜻하며, 단위는 라디안(radian)이다. 양의 실축을 기준으로 반시계 방향으로 재면 양수고, 시계 방향으로 재면 음수다. 이러한 각도 θ를 z의 **편각**(argument)이라 부르고, $\theta = \arg z$로 쓴다. 그림 17.2.1에서 알 수 있듯이, 복소수 z의 편각 θ는 $\tan\theta = y/x$를 만족한다. 이 방정식의 해는 유일하지 않다. 만약 θ_0이 z의 편각이면, $\theta_0 \pm 2\pi$, $\theta_0 \pm 4\pi$, . . . 따위도 모두 편각이기 때문이다. 구간 $(-\pi, \pi]$에 있는, 즉 $-\pi < \theta \le \pi$를 만족하는 편각을 z의 **주편각**(principal argument)이라 하고 $\theta = \text{Arg } z$로 쓰는데, 이 주편각은 유일하다. 이를테면 $\text{Arg }(i) = \pi/2$이다.

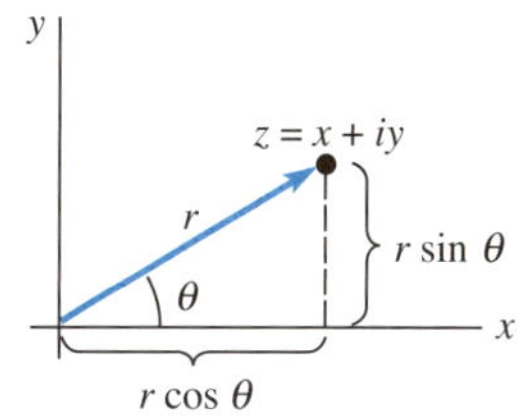

그림 17.2.1 극좌표

예제 1 **극좌표로 표시한 복소수**

$1 - \sqrt{3}i$를 극좌표로 표시하라.

풀이 $x = 1$이고 $y = -\sqrt{3}$이므로, $r = |z| = \sqrt{(1)^2 + (-\sqrt{3})^2} = 2$이다. 그리고 점 $(1, -\sqrt{3})$이 4사분면에 있으므로, $\tan\theta = -\sqrt{3}/1 = -\sqrt{3}$이 되어 $\theta = \arg z$임 $5\pi/3$임을 알 수 있다. 따라서 이 복소수의 극형식은

$$z = 2\left(\cos\frac{5\pi}{3} + i\sin\frac{5\pi}{3}\right)$$

이다. 그림 17.2.2에 나타나듯이, 구간 $(-\pi, \pi]$에 있는 $1 - \sqrt{3}i$의 주편각은 $\text{Arg } z = -\pi/3$이다. 따라서 이 복소수의 또 다른 극형식을 아래와 같이 쓸 수 있다.

$$z = 2\left[\cos\left(-\frac{\pi}{3}\right) + i\sin\left(-\frac{\pi}{3}\right)\right]. \qquad \equiv$$

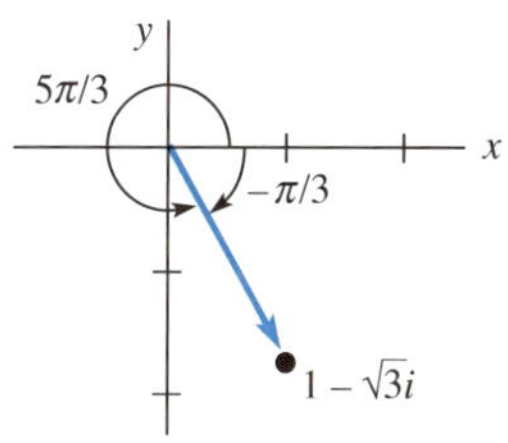

그림 17.2.2 $z = 1 - \sqrt{3}i$의 두 편각

곱셈과 나눗셈 복소수의 극형식은 두 복소수를 곱하거나 나눌 때 특히 쓸모가 있다. 편각이 각각 θ_1과 θ_2인 두 복소수 z_1과 z_2를

$$z_1 = r_1(\cos\theta_1 + i\sin\theta_1) \quad \text{그리고} \quad z_2 = r_2(\cos\theta_2 + i\sin\theta_2)$$

라 하자. 그러면

$$z_1 z_2 = r_1 r_2[(\cos\theta_1\cos\theta_2 - \sin\theta_1\sin\theta_2) + i(\sin\theta_1\cos\theta_2 + \cos\theta_1\sin\theta_2)] \tag{2}$$

가 성립하고, 복소수 z_2가 0이 아닐 때

$$\frac{z_1}{z_2} = \frac{r_1}{r_2}[(\cos\theta_1\cos\theta_2 + \sin\theta_1\sin\theta_2) + i(\sin\theta_1\cos\theta_2 - \cos\theta_1\sin\theta_2)] \tag{3}$$

가 된다. 삼각법의 덧셈 공식을 이용하면, 식 (2)와 (3)은 아래와 같이 다시 쓸 수 있다.

$$z_1 z_2 = r_1 r_2[\cos(\theta_1 + \theta_2) + i\sin(\theta_1 + \theta_2)] \tag{4}$$

$$\frac{z_1}{z_2} = \frac{r_1}{r_2}[\cos(\theta_1 - \theta_2) + i\sin(\theta_1 - \theta_2)]. \tag{5}$$

식 (4)와 (5)에서 절대값과 편각을 따져 보면

$$|z_1 z_2| = |z_1||z_2|, \qquad \left|\frac{z_1}{z_2}\right| = \frac{|z_1|}{|z_2|}, \tag{6}$$

$$\arg(z_1 z_2) = \arg z_1 + \arg z_2, \qquad \arg\left(\frac{z_1}{z_2}\right) = \arg z_1 - \arg z_2 \tag{7}$$

이 됨을 알 수 있다.

예제 2 곱과 몫의 편각

$z_1 = i$일 때, $\text{Arg}\, z_1 = \pi/2$임은 이미 앞에서 확인한 바 있다. 그리고 예제 1에서 $z_2 = 1 - \sqrt{3}i$일 때, $\text{Arg}\, z_2 = 2\pi/3$가 되는 것도 보았다. 이제 z_1z_2와 z_1/z_2를 계산하면

$$z_1 z_2 = i(1 - \sqrt{3}i) = \sqrt{3} + i \qquad \text{그리고} \qquad \frac{z_1}{z_2} = \frac{i}{1 - \sqrt{3}i} = -\frac{\sqrt{3}}{4} + \frac{1}{4}i$$

식 (7)로부터 이들의 편각은 다음과 같다.

$$\arg(z_1 z_2) = \frac{\pi}{2} - \frac{\pi}{3} = \frac{\pi}{6} \qquad \text{그리고} \ \arg\left(\frac{z_1}{z_2}\right) = \frac{\pi}{2} - \left(-\frac{\pi}{3}\right) = \frac{5\pi}{6}$$ ≡

예제 2에서는 $\arg(z_1z_2) = \text{Arg}(z_1z_2)$와 $\arg(z_1/z_2) = \text{Arg}(z_1/z_2)$이 성립하였다. 그런데 사실 이것은 우연히 일어난 일일 뿐이다. 식 (7)은 임의의 복소수 z_1, z_2의 편각에 대해 항상 성립하지만, 주편각에 대해서는 반드시 그런 것은 아니다. 즉 $\text{Arg}(z_1z_2) = \text{Arg}\, z_1 + \text{Arg}\, z_2$나 $\text{Arg}(z_1/z_2) = \text{Arg}\, z_1 - \text{Arg}\, z_2$는 일반적으로 성립하지 않는다. 연습문제 17.2의 문제 39를 보라.

z의 거듭제곱 식 (4)와 (5)를 이용하면 복소수 z의 거듭제곱(integer power)을 구할 수 있다. 이를테면 $z = r(\cos\theta + \sin\theta)$일 때, $z_1 = z$, $z_2 = z$로 놓고 식 (4)를 적용하면

$$z^2 = r^2[\cos(\theta + \theta) + i\sin(\theta + \theta)] = r^2(\cos 2\theta + i\sin 2\theta)$$

을 얻는다. 그리고 $z^3 = z^2z$이므로

$$z^3 = r^3(\cos 3\theta + i\sin 3\theta)$$

이 된다. 또한, $\arg(1) = 0$이기에, 식 (5)에서

$$\frac{1}{z^2} = z^{-2} = r^{-2}[\cos(-2\theta) + i\sin(-2\theta)]$$

이 성립함을 알 수 있다. 이런 과정을 계속하여, 임의의 정수 n에 대해 복소수 z의 n차 거듭제곱을 다음과 같이 구한다.

$$z^n = r^n(\cos n\theta + i\sin n\theta). \tag{8}$$

예제 3 **복소수의 거듭제곱**

복소수 $z = 1 - \sqrt{3}i$에 대해, z^3을 계산하라.

풀이 예제 1에서 보았듯이, 복소수 z의 극형식은

$$z = 2\left[\cos\left(-\frac{\pi}{3}\right) + i\sin\left(-\frac{\pi}{3}\right)\right]$$

이다. 따라서 식 (8)에 $r = 2$, $\theta = -\pi/3$, $n = 3$을 대입하면 다음과 같다.

$$(1 - \sqrt{3}i)^3 = 2^3\left[\cos\left(3\left(-\frac{\pi}{3}\right)\right) + i\sin\left(3\left(-\frac{\pi}{3}\right)\right)\right]$$
$$= 8[\cos(-\pi) + i\sin(-\pi)] = -8.$$ ≡

DeMoivre 공식 $z = \cos\theta + i\sin\theta$이면, $|z| = r = 1$이므로 식 (8)은

$$(\cos\theta + i\sin\theta)^n = \cos n\theta + i\sin n\theta \tag{9}$$

이 된다. 이 결과는 **DeMoivre 공식**(DeMoivre' formula)으로 알려져 있는데, 삼각법에 관한 몇몇 등식을 유도하는 데 쓸 수 있다. 연습문제 17.2의 문제 37과 38을 보라.

제곱근 0이 아닌 복소수 z에 대해 복소수 w가 $w^n = z$를 만족할 때, w를 z의 ***n*제곱근**(*n*th root)이라 한다. w와 z의 극형식을 $w = \rho(\cos\phi + i\sin\phi)$와 $z = r(\cos\theta + i\sin\theta)$라 하면, $w^n = z$는

$$\rho^n(\cos n\phi + i \sin n\phi) = r(\cos\theta + i \sin\theta)$$

이 된다. 이로써 $\rho^n = r$ 또는 $\rho = r^{1/n}$이 성립하고

$$\cos n\phi + i \sin n\phi = \cos\theta + i \sin\theta.$$

이 됨을 알 수 있다. 또한 이 식 양변의 실수부분과 허수부분이 같다는 사실에서 다음을 얻는다.

$$\cos n\phi = \cos\theta \qquad \text{그리고} \qquad \sin n\phi = \sin\theta$$

따라서 임의의 정수 k에 대해 $n\phi = \theta + 2k\pi$가 성립한다. 즉

$$\phi = \frac{\theta + 2k\pi}{n}.$$

정수 k를 0부터 $n - 1$까지 차례대로 바꿔 가며 정하면, 즉 $k = 0, 1, 2, \ldots, n - 1$로 놓으면, 절대값은 같고 편각이 서로 다른 n개의 근을 얻는다. 그러나 $k \geq n$이면 같은 근들이 반복해서 나타나게 된다. 삼각함수가 주기함수고 그 주기가 2π이기 때문이다. 이 점을 확인하기 위해 $k = n + m$이라 하자($m = 0, 1, 2, \ldots$). 그러면

$$\phi = \frac{\theta + 2(n + m)\pi}{n} = \frac{\theta + 2m\pi}{n} + 2\pi$$

가 되고, 이에 따라 다음이 성립한다.

$$\sin\phi = \sin\left(\frac{\theta + 2m\pi}{n}\right), \qquad \cos\phi = \cos\left(\frac{\theta + 2m\pi}{n}\right).$$

이제 결과를 요약해 보자. 0이 아닌 복소수 $z = r(\cos\theta + i \sin\theta)$의 n제곱근은

$$w_k = r^{1/n}\left[\cos\left(\frac{\theta + 2k\pi}{n}\right) + i \sin\left(\frac{\theta + 2k\pi}{n}\right)\right] \tag{10}$$

로 표현되며, 여기서 $k = 0, 1, 2, \ldots, n - 1$이다.

예제 4 복소수의 제곱근

복소수 $z = i$의 세제곱근 세 개를 찾아라.

풀이 복소수 z의 극형식이 $z = \cos(\pi/2) + i \sin(\pi/2)$이므로, 그 세제곱근은 식 (10)에 $r = 1$, $u = \arg z = \pi/2$, $n = 3$을 대입하여 구한다. 즉

$$w_k = (1)^{1/3}\left[\cos\left(\frac{\pi/2 + 2k\pi}{3}\right) + i \sin\left(\frac{\pi/2 + 2k\pi}{3}\right)\right], \quad k = 0, 1, 2$$

이다. 따라서 세제곱근 세 개는 다음과 같다.

$$k = 0, \quad w_0 = \cos\frac{\pi}{6} + i\sin\frac{\pi}{6} = \frac{\sqrt{3}}{2} + \frac{1}{2}i$$

$$k = 1, \quad w_1 = \cos\frac{5\pi}{6} + i\sin\frac{5\pi}{6} = -\frac{\sqrt{3}}{2} + \frac{1}{2}i$$

$$k = 2, \quad w_2 = \cos\frac{3\pi}{2} + i\sin\frac{3\pi}{2} = -i.$$

≡

복소수 z의 제곱근 가운데, $k = 0$이고 $\theta = \text{Arg } z$일 때의 것을 **주 n제곱근**(principal nth root)이라 일컫는다. 예제 4에서는 $\text{Arg}(i) = \pi/2$이므로, $w_0 = \sqrt{3}/2 + (1/2)i$가 i의 주세제곱근이 된다.

식 (8)로 표현되는 복소수는 크기가 같으므로, 0이 아닌 복소수의 n제곱근은 복소평면에서 중심이 원점에 있고 반지름이 $r^{1/n}$인 원 위에 있게 된다. 또한 가까이 있는 두 제곱근의 편각 차이가 항상 $2\pi/n$이기에, n제곱근은 이 원 위에서 같은 간격을 두고 놓여 있다. 그림 17.2.3에 복소수 i의 세제곱근을 나타내는데, 가까이 있는 두 제곱근, 즉 w_k와 w_{k+1}의 편각 차이가 항상 $2\pi/3$임을 알 수 있다.

다음 예제에서는 복소수의 제곱근이 예제 3에서처럼 '깔끔하게' 표현되지 않을 수도 있음을 볼 수 있다.

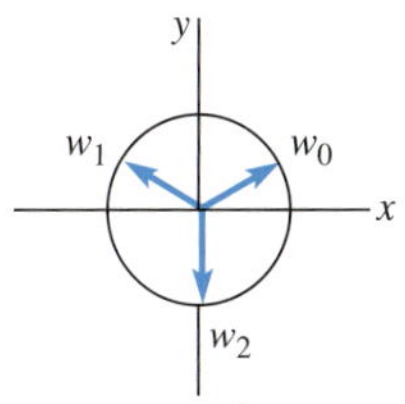

그림 17.2.3 복소수 i의 세제곱근

예제 5 복소수의 제곱근

복소수 $z = 1 + i$의 네제곱근 네 개를 찾아라.

풀이 이 예에서는 $r = \sqrt{2}$, $\theta = \arg z = \pi/4$이다. 그리고 $n = 4$이므로, 식 (10)에서 다음을 얻는다.

$$w_k = (\sqrt{2})^{1/4}\left[\cos\left(\frac{\pi/4 + 2k\pi}{4}\right) + i\sin\left(\frac{\pi/4 + 2k\pi}{4}\right)\right], \quad k = 0, 1, 2, 3.$$

즉 네제곱근 네 개는

$$k = 0, \quad w_0 = (\sqrt{2})^{1/4}\left[\cos\frac{\pi}{16} + i\sin\frac{\pi}{16}\right] = 1.0696 + 0.2127i$$

$$k = 1, \quad w_1 = (\sqrt{2})^{1/4}\left[\cos\frac{9\pi}{16} + i\sin\frac{9\pi}{16}\right] = -0.2127 + 1.0696i$$

$$k = 2, \quad w_2 = (\sqrt{2})^{1/4}\left[\cos\frac{17\pi}{16} + i\sin\frac{17\pi}{16}\right] = -1.0696 - 0.2127i$$

$$k = 3, \quad w_3 = (\sqrt{2})^{1/4}\left[\cos\frac{25\pi}{16} + i\sin\frac{25\pi}{16}\right] = 0.2127 - 1.0696i$$

이다.

≡

17.2 연습문제

부록에 선택된 홀수 번 문제의 답이 있다.

문제 1~10에서는 주어진 복소수를 극형식으로 표시하라.

1. 2
2. -10
3. $-3i$
4. $6i$
5. $1+i$
6. $5-5i$
7. $-\sqrt{3}+i$
8. $-2-2\sqrt{3}i$
9. $\dfrac{3}{-1+i}$
10. $\dfrac{12}{\sqrt{3}+i}$

문제 11~14에서는 극형식으로 주어진 복소수를 $a+ib$의 꼴로 표시하라.

11. $z=5\left(\cos\dfrac{7\pi}{6}+i\sin\dfrac{7\pi}{6}\right)$
12. $z=8\sqrt{2}\left(\cos\dfrac{11\pi}{4}+i\sin\dfrac{11\pi}{4}\right)$
13. $z=6\left(\cos\dfrac{\pi}{8}+i\sin\dfrac{\pi}{8}\right)$
14. $z=10\left(\cos\dfrac{\pi}{5}+i\sin\dfrac{\pi}{5}\right)$

문제15와 16에서는 z_1z_2와 z_1/z_2를 계산하고, $a+ib$의 꼴로 표현하라.

15. $z_1=2\left(\cos\dfrac{\pi}{8}+i\sin\dfrac{\pi}{8}\right),\ z_2=4\left(\cos\dfrac{3\pi}{8}+i\sin\dfrac{3\pi}{8}\right)$
16. $z_1=\sqrt{2}\left(\cos\dfrac{\pi}{4}+i\sin\dfrac{\pi}{4}\right),$

    $z_2=\sqrt{3}\left(\cos\dfrac{\pi}{12}+i\sin\dfrac{\pi}{12}\right)$

문제 17~20에서 주어진 모든 복소수를 극형식으로 표시하고, 식 (4)나 (5)를 이용하여 다음의 복소수를 극형식의 형태로 찾아라. 그리고 그 극형식을 $a+ib$의 꼴로 표시하라.

17. $(3-3i)(5+5\sqrt{3}i)$
18. $(4+4i)(-1+i)$
19. $\dfrac{-i}{2-2i}$
20. $\dfrac{\sqrt{2}+\sqrt{6}i}{-1+\sqrt{3}i}$

문제 21~26에서는 식 (8)을 이용하여 주어진 거듭제곱을 계산하라.

21. $(1+\sqrt{3}i)^9$
22. $(2-2i)^5$
23. $(\frac{1}{2}+\frac{1}{2}i)^{10}$
24. $(-\sqrt{2}+\sqrt{6}i)^4$
25. $\left(\cos\dfrac{\pi}{8}+i\sin\dfrac{\pi}{8}\right)^{12}$
26. $\left[\sqrt{3}\left(\cos\dfrac{2\pi}{9}+i\sin\dfrac{2\pi}{9}\right)\right]^6$

문제 27~32에서는 식 (10)을 이용하여 주어진 제곱근을 계산하라. 그리고 그 제곱근들을 중심이 원점인 원 위에 그려라.

27. $(8)^{1/3}$
28. $(1)^{1/8}$
29. $(i)^{1/2}$
30. $(-1+i)^{1/3}$
31. $(-1+\sqrt{3}i)^{1/2}$
32. $(-1-\sqrt{3}i)^{1/4}$

문제 33과 34에서는 방정식의 해를 모두 구하라.

33. $z^4+1=0$
34. $z^8-2z^4+1=0$

문제 35과 36에서는 주어진 복소수를 먼저 극형식으로 표시한 다음, $a+ib$의 꼴로 다시 표시하라.

35. $\left(\cos\dfrac{\pi}{9}+i\sin\dfrac{\pi}{9}\right)^{12}\left[2\left(\cos\dfrac{\pi}{6}+i\sin\dfrac{\pi}{6}\right)\right]^5$
36. $\dfrac{\left[8\left(\cos\dfrac{3\pi}{8}+i\sin\dfrac{3\pi}{8}\right)\right]^3}{\left[2\left(\cos\dfrac{\pi}{16}+i\sin\dfrac{\pi}{16}\right)\right]^{10}}$
37. $(\cos\theta+i\sin\theta)^2=\cos 2\theta+i\sin 2\theta$를 이용해, $\cos 2\theta$와 $\sin 2\theta$에 관한 삼각법 등식(trigonometric identity)을 유도하라.
38. $(\cos\theta+i\sin\theta)^3=\cos 3\theta+i\sin 3\theta$를 이용해, $\cos 3\theta$와 $\sin 3\theta$에 관한 삼각법 등식을 유도하라.
39. **(a)** $z_1=-1$이고 $z_2=5i$일 때

    $$\mathrm{Arg}(z_1z_2)\neq\mathrm{Arg}(z_1)+\mathrm{Arg}(z_2)$$

    임을 보여라.

(b) $z_1 = -1$이고 $z_2 = -5i$일 때

$$\text{Arg}(z_1/z_2) \neq \text{Arg}(z_1) - \text{Arg}(z_2)$$

임을 보여라.

40. 문제 39의 (a)와 (b)에 나온 복소수들에 대해 다음이 성립함을 보여라.

$$\arg(z_1z_2) = \arg(z_1) + \arg(z_2)$$

$$\arg\left(\frac{z_1}{z_2}\right) = \arg(z_1) - \arg(z_2).$$

17.3 복소수의 집합

소개 앞절에서는 기본적인 복소수 대수와 기하학을 살펴보았다. 그러나 복소해석학이라는 주제의 겉만을 살짝 건드렸을 뿐이다. 하나의 복소수 $z = x + iy$를 독립변수로 하는 복소함수와 그 미분 · 적분에 관해 따져 보는 것이 뒤에 남은 점과 앞으로 나올 장에서 할 일이다.

복소함수의 개념을 설명하기 전에, 우선 복소평면에 있는 점들의 집합, 즉 복소수의 집합에 관한 기본적인 용어부터 정의하자.

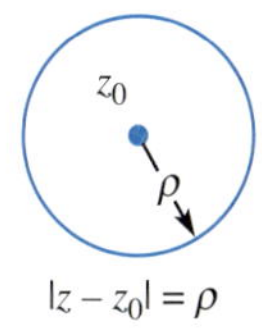

그림 17.3.1 반지름이 ρ인 원

용어 먼저 복소수의 집합에 관한 핵심 용어를 정의한다.

두 복소수 $z = x + iy$와 $z_0 = x_0 + iy_0$에 대해, $|z - z_0| = \sqrt{(x - x_0)^2 + (y - y_0)^2}$는 z와 z_0 사이의 거리다. 따라서 그림 17.3.1에 나와 있듯이,

$$|z - z_0| = \rho$$

를 만족하는 점 z는 중심이 z_0이고 빈지름이 $\rho\ (> 0)$인 **원**(circle) 위에 있다.

예제 1 원

(a) $|z| = 1$은 중심이 원점인 단위원(반지름이 1인 원)의 방정식이다.

(b) $|z - 1 - 2i| = 5$는 중심이 $1 + 2i$이고 반지름이 5인 원의 방정식이다. ≡

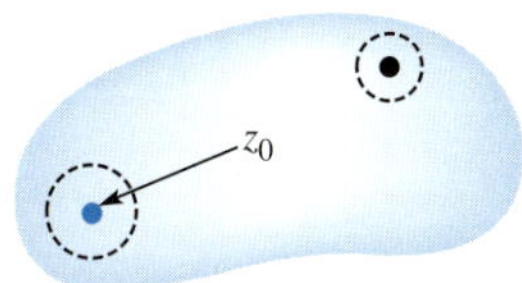

그림 17.3.2 열린 집합

부등식 $|z - z_0| < \rho\ (\rho > 0)$를 만족하는 점 z는 중심이 z_0이고 반지름이 ρ인 원 안에 있으나 원 위에 있지는 않다. 이런 집합을 z_0의 **근방**(neighborhood) 또는 **열린 원판**(open disk)이라 한다. 복소수 집합 S에 대해, 복소수 z_0의 적당한 근방이 S 안에 완전히 포함되면, z_0를 S의 **내부점**(interior point)이라 일컫는다. 만약 그림 17.3.2에서처럼 S의 모든 원소가 다 내부점이면, S를 **열린 집합**(open set)이라 부른다. 이를테면 부등식 $\text{Re}(z) > 1$을 만족하는 점 z의 집합은 오른쪽 반평면(right half-plane)을 구성하는데, 이 집합은 열려 있다. $x > 1$인 모든 복소수 $z = x + iy$가 다 이 집합 안에 있는데, 예를 들어 $z_0 = 1.1 + 2i$이면 $|z - z_0| < 0.05$로 표현되는 z_0의 근방은 그림 17.3.3에서 볼 수 있듯이 열린 집합 안에 완전히 포함된다. 한편 $\text{Re}(z) \geq 1$을 만족하는 z의 집합은 열려 있지 않다. 그림 17.3.4에 나타나 있듯이 직선 $x = 1$ 위에 있는 점의 어떤 근방도 그 집합 S에 있는 점과 S에 있지 않은 점을 다 포함하기 때문이다.

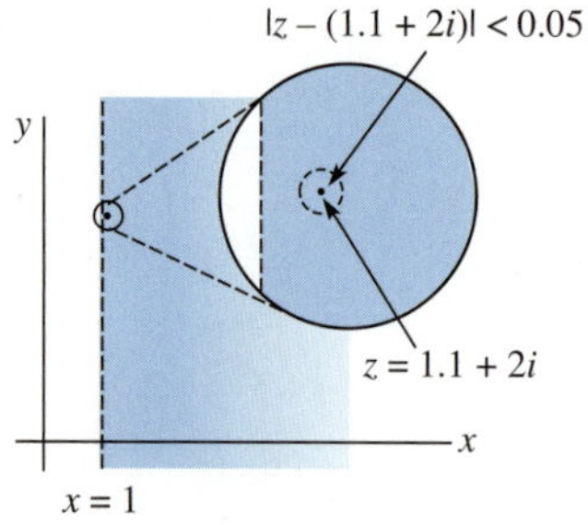

그림 17.3.3 열린 집합 $x = 1$ 주변에 있는 한 점을 확대한 장면

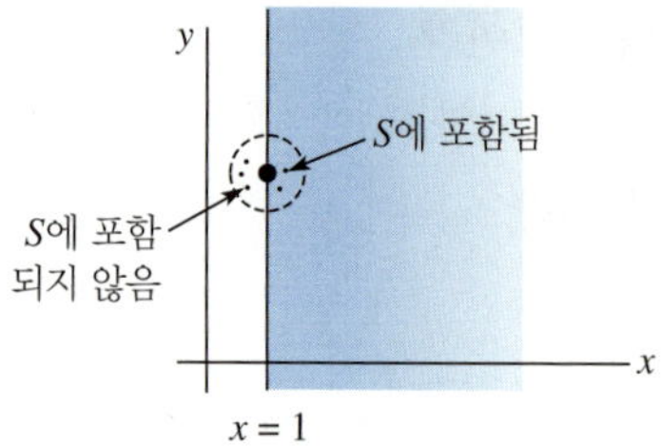

그림 17.3.4 열리지 않은 집합

예제 2 열린 집합

열린 집합의 몇 가지 예를 **그림 17.3.5**에 나타낸다.

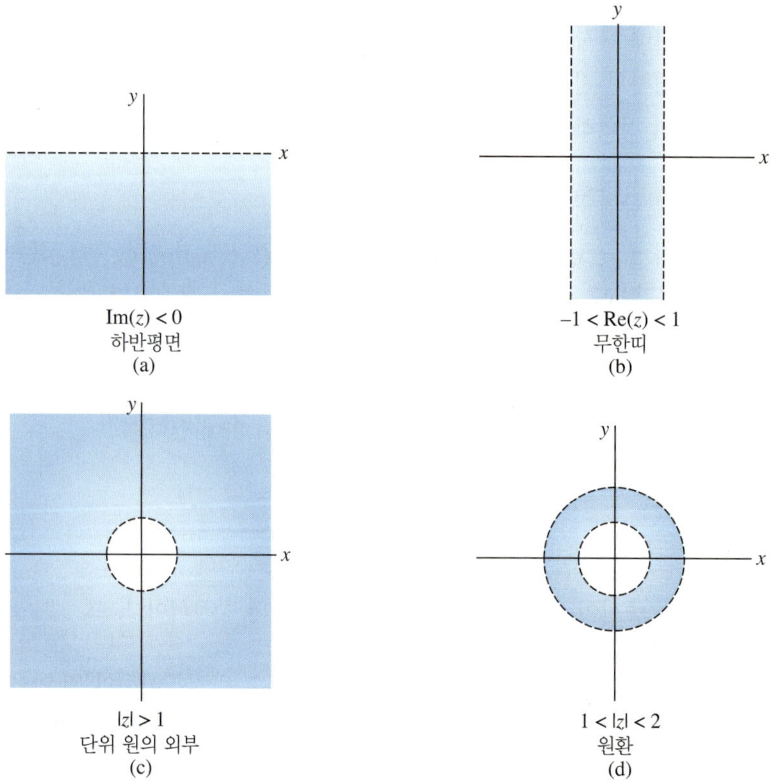

그림 17.3.5 열린 집합의 네 가지 예

그림 17.3.5(d)에서처럼

$$\rho_1 < |z - z_0| < \rho_2$$

과 같은 부등식을 만족하는 복소수의 집합을 **열린 원환**(open annulus)이라 일컫는다.

만약 z_0의 모든 근방에 집합 S의 원소가 적어도 하나 있고 동시에 S의 원소가 아닌 점도 적어도 하나 있으면, z_0을 S의 **경계점**(boundary point)이라 부른다. 그리고 이런 경계점들의 집합을 S의 **경계**(boundary)라 한다. $\text{Re}(z) \geq 1$을 만족하는 z의 집합에서는 직선 $x = 1$ 위

에 있는 복소수가 다 경계점임을 알 수 있다. $|z - i| = 2$로 표현되는 원 위에 있는 점은 모두 원판 $|z - i| \le 2$의 경계점이다.

열린 집합 S 안에 있는 임의의 두 점 z_1과 z_2를 S 안에 완전히 포함된 꺾은선(polygonal line)으로 그림 17.3.6에서처럼 연결할 수 있으면, S를 **연결**(connected)집합이라 일컫는다. 그리고 열린 연결집합을 열린 **영역**(domain)이라 한다. 그림 17.3.5에 나온 모든 집합은 열려있고 동시에 연결되어 있으므로 다 열린 영역이다. 한편, $\text{Re}(z) \neq 4$를 만족하는 z의 집합은 열려 있지만 연결되어 있지는 않다. 직선 $x = 4$의 왼편과 오른편에 있는 점들을 꺾은선으로 연결할 수 없기 때문이다(이런 점들을 연결하려면 직선 $x = 4$를 지나야 하는데, 이 직선은 문제의 집합 안에 있지 않다).

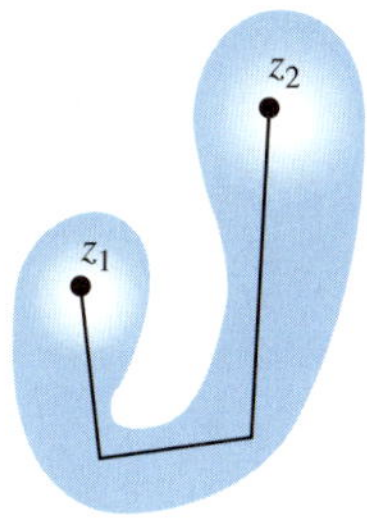

그림 17.3.6 연결집합

열린 영역에다 그 경계점의 일부 또는 전부를 덧붙인 것을 **영역**(region)이라 한다. 영역은 경계점을 전혀 포함하지 않을 수도 있다. 따라서 열린 영역도 영역이다. 모든 경계점을 다 포함한 영역은 **닫혀 있다**(closed)고 한다. $|z - i| \le 2$로 표현되는 집합은 닫힌 영역의 한 예며, **닫힌 원판**이라 일컫는다. 한편, 닫혀 있지도 않고 열려 있지도 않은 영역도 있다. 이를테면 $1 \le |z - 5| < 3$을 만족하는 z의 집합은 경계점의 일부만을 원소로 포함하고 있기에, 열려 있지도 닫혀 있지도 않다.

참고

수학에서는 이따금 같은 용어를 다른 뜻으로 쓸 때가 있다. 위에서 정의한 열린 영역은 영어로 '도메인(domain)'이라 하는데, 이는 '함수의 정의역'을 말할 때도 쓴다. 혼동하지 않도록 문맥을 잘 살펴야 한다.(우리말로는 도메인을 열린 영역과 정의역으로 나누어 옮기므로 뜻이 뒤섞일 가능성이 없다.)

17.3 연습문제

부록에 선택된 홀수 번 문제의 답이 있다.

문제 1~8에서는 주어진 방정식을 그래프로 대략 그려라.

1. $\text{Re}(z) = 5$
2. $\text{Im}(z) = -2$
3. $\text{Im}(\bar{z} + 3i) = 6$
4. $\text{Im}(z - i) = \text{Re}(z + 4 - 3i)$
5. $|z - 3i| = 2$
6. $|2z + 1| = 4$
7. $|z - 4 + 3i| = 5$
8. $|z + 2 + 2i| = 2$

문제 9~22에서 주어진 부등식을 만족하는 z의 집합을 복소평면에 대략적으로 그려라. 집합이 열린 영역인지 아닌지도 결정하여라.

9. $\text{Re}(z) < -1$
10. $|\text{Re}(z)| > 2$
11. $\text{Im}(z) > 3$
12. $\text{Im}(z - i) < 5$
13. $2 < \text{Re}(z - 1) < 4$
14. $-1 \le \text{Im}(z) < 4$
15. $\text{Re}(z^2) > 0$
16. $\text{Im}(1/z) < \frac{1}{2}$
17. $0 \le \arg(z) \le 2\pi/3$
18. $|\arg(z)| < \pi/4$
19. $|z - i| > 1$
20. $|z - i| > 0$
21. $2 < |z - i| < 3$
22. $1 \le |z - 1 - i| < 2$

23. 복소평면에서 $|z + 1| = |z - i|$를 만족하는 점의 집합에 관해 설명하라.
24. 복소평면에서 $|\text{Re}(z)| \le |z|$를 만족하는 점의 집합에 관해 설명하라.
25. 복소평면에서 $z^2 + \bar{z}^2 = 2$를 만족하는 점의 집합에 관해 설명하라.
26. 복소평면에서 $|z - i| + |z + i| = 1$을 만족하는 점의 집합에 관해 설명하라.

17.4 복소함수

소개 함수는 수학에서 가장 중요한 개념 가운데 하나다. 우선 함수가 두 집합 사이에 일종의 대응 관계라는 사실을 떠올려 보자. 구체적으로 말하면, A라는 집합에 B라는 집합을 대응시키는 **함수**(function) f란 A에 있는 원소 a에 B의 원소 b를 단 하나 대응시키는 규칙을 뜻한다. 이때 b를 a의 **상**(image)이라 하고 $b = f(a)$라 쓴다. 그리고 집합 A를 함수 f의 **정의역**(domain)이라 부른다[정의역이 꼭 17.3절에서 얘기한 열린 영역(domain)일 필요는 없다]. 집합 B에 있는 모든 상들의 집합을 함수의 **치역**(range)이라 일컫는다. 예를 들어 A가 $3 \le x < \infty$를 만족하는 모든 실수의 집합이고, $f(x) = \sqrt{x-3}$이면, $f(3) = 0$, $f(4) = 1$, $f(8) = \sqrt{5}$ 등의 대응 관계가 성립한다. 그리고 함수 f의 치역은 $0 \le y < \infty$를 만족하는 모든 실수의 집합이다. 정의역 A가 실수 집합이기에, 이 함수를 **실변수 x의 함수**(function of a real variable x) 또는 실함수(real function)라 한다.

복소함수 위의 정의에서 정의역 A가 복소수 z의 집합일 때, f를 **복소변수 z의 함수**(function of a complex variable z) 또는 줄여서 **복소함수**(complex function)라 일컫는다. 복소수 $z\,(= u + iv)$의 상을 w라 하고, w의 실수부분과 허수부분을 각각 u와 v라 하면

$$w = f(z) = u(x, y) + iv(x, y) \tag{1}$$

로 쓸 수 있다. 식 (1)을 보면 알 수 있듯이, 복소함수 $w = f(z)$를 그래프로 그릴 수는 없다. 왜냐하면 이것을 그리기 위해서는 4차원 좌표계를 나타내는 축이 네 개 필요하기 때문이다.

다음은 복소함수의 몇 가지 예다.

$$f(z) = z^2 - 4z, \qquad z\text{는 임의의 복소수}$$

$$f(z) = \frac{z}{z^2+1}, \qquad z \ne i, \quad z \ne -i$$

$$f(z) = z + \mathrm{Re}(z), \qquad z\text{는 임의의 복소수}$$

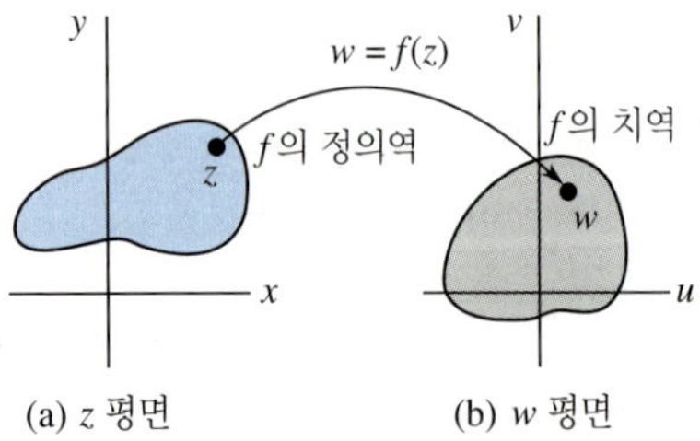

그림 17.4.1 z 평면에서 w 평면으로 가는 사상

이 함수들은 모두 식 (1)의 꼴로 쓸 수 있다. 이를테면

$$f(z) = z^2 - 4z = (x + iy)^2 - 4(x + iy) = (x^2 - y^2 - 4x) + i(2xy - 4y)$$

이다. 따라서 $u(x, y) = x^2 - y^2 - 4x$이고, $v(x, y) = 2xy - 4y$이다.

비록 복소함수 $w = f(z)$를 그래프로 그릴 수는 없어도, z 평면에서 w 평면으로 가는 **사상**(mapping) 또는 **변환**(transformation)으로 **그림 17.4.1**에서처럼 해석할 수는 있다.

예제 1 x축에 수직인 선의 상

사상 $f(z) = z^2$에 대해, 직선 $\mathrm{Re}(z) = 1$의 상을 구하라.

풀이 $f(z) = z^2$이므로, $u(x, y) = x^2 - y^2$이고 $v(x, y) = 2xy$이다. 따라서 $\mathrm{Re}(z) = x = 1$이면, $u = 1 - y^2$와 $v = 2y$이 성립한다. 이들은 w 평면에서 곡선의 방정식을 구성한다.

이것을 구하기 위해 $y = v/2$를 $u = 1 - y^2$에 대입하여 $u = 1 - v^2/4$을 얻는다. 즉 함수 $f(z) = z^2$는 **그림 17.4.2(a)**의 직선을 그림 17.4.2(b)의 포물선으로 변환한다. ☰

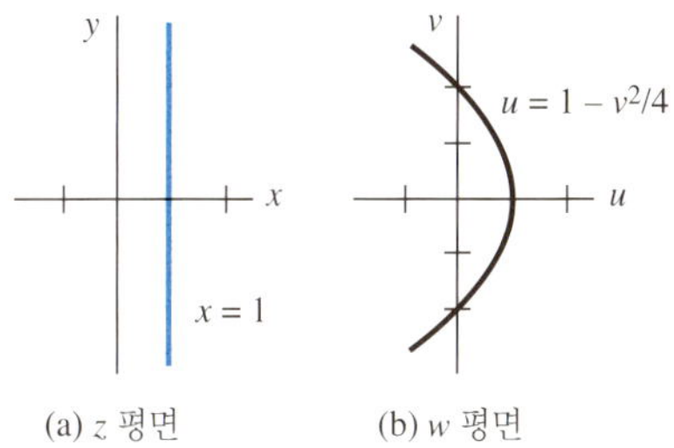

그림 17.4.2 $x = 1$의 상인 포물선

20장에서는 함수를 사상이라는 관점에서 자세히 다룰 것이다.

복소함수는 두 실함수 u와 v로 완전하게 결정된다. 따라서 $f(z)$를 기호 z만을 사용하여 우리에게 친숙한 형태로 표현할 수 없더라도, u와 v를 지정하여 $f(z) = u + iv$의 형태로 정의할 수 있다. 예를 들어 $u(x, y) = xy^2$이고 $v(x, y) = x^2 - 4y^3$이면, 이 두 함수로 $f(z) = xy^2 + i(x^2 - 4y^3)$라는 복소함수를 정의할 수 있다. 함수값, 이를테면 $f(3 + 2i)$를 계산할 때는, u와 v에 $x = 3$과 $y = 2$를 대입하여 $f(3 + 2i) = 12 - 23i$를 얻는다.

흐름이라는 측면에서 본 복소함수 복소함수 $w = f(z)$를 z가 시작점인 벡터로 여기면, 이 함수를 **유체의 2차원 흐름**(two-dimensional fluid flow)으로도 볼 수 있다. 이때 벡터 $f(z)$는 주어진 점 z에서 흐름의 속력과 방향을 나타내게 된다. 이를테면 **그림 17.4.3**과 **그림 17.4.4**는 복소함수 $f_1(z) = \bar{z}$와 $f_2(z) = z^2$에 대응하는 흐름을 보여 준다.

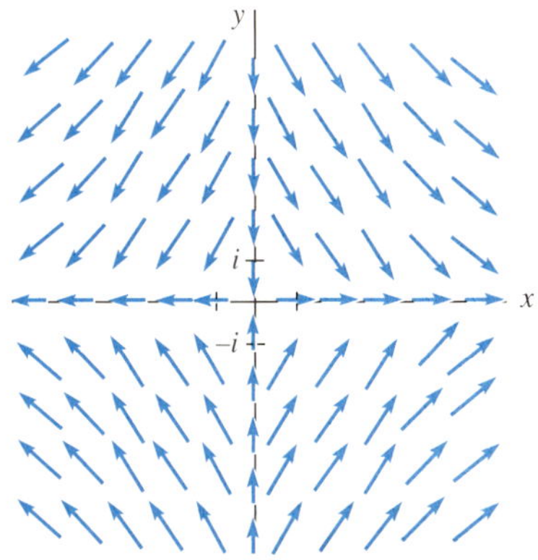

그림 17.4.3 $f_1(z) = \bar{z}$에 대응하는 흐름

만약 $x(t) + iy(t)$가 어떤 흐름 속 입자의 경로를 매개변수로 표현한 것이라면, 접선 벡터(tangent vector) $\mathbf{T} = x'(t) + iy'(t)$는 함수 $f(x(t) + iy(t))$와 일치해야 한다. 따라서 $f(z) = u(x, y) + iv(x, y)$이면, 입자의 경로는 다음의 연립 미분방정식(system of differential equation)을 만족한다.

$$\frac{dx}{dt} = u(x, y)$$

$$\frac{dy}{dt} = v(x, y).$$

이 미분방정식을 만족하는 해의 모임(family of solutions)을 $f(z)$로 표현되는 흐름의 **유선**(streamline)이라 일컫는다.

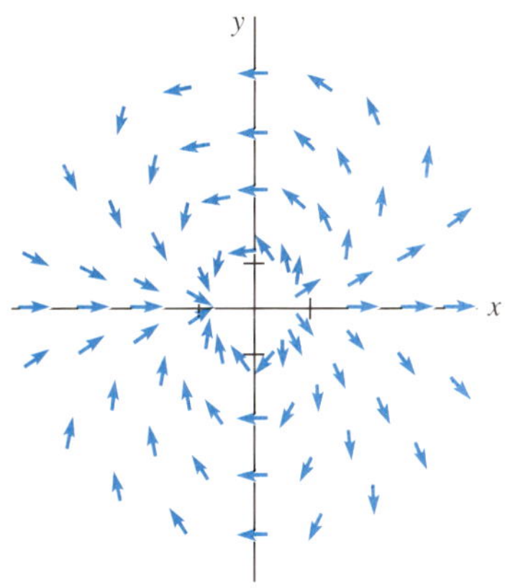

그림 17.4.4 $f_2(z) = z^2$에 대응하는 흐름

예제 2 유선

복소함수 **(a)** $f_1(z) = \bar{z}$, **(b)** $f_2(z) = z^2$에 대응하는 흐름의 유선을 구하라.

풀이 **(a)** 복소함수 $f_1(z) = x - iy$와 관련한 유선은 미분방정식

$$\frac{dx}{dt} = x$$

$$\frac{dy}{dt} = -y$$

을 만족한다. 따라서 $x(t) = c_1e^t$이고 $y(t) = c_2e^{-t}$이다. 이 두 매개함수를 곱하면, 점 $x(t) + iy(t)$가 쌍곡선 $xy = c_1c_2$ 위에 있음을 알 수 있다.

(b) 복소함수 $f_2(z) = (x^2 - y^2) + i2xy$에 대응하는 유선은 $dx/dt = x^2 - y^2$과 $dy/dt = 2xy$를 만족하므로

$$\frac{dy}{dx} = \frac{2xy}{x^2 - y^2}$$

$$Z = |Z|e^{j\theta} \quad \text{여기서} \quad \tan\theta = \frac{L\gamma - \dfrac{1}{C\gamma}}{R}$$

따라서 $A = E_0/Z = E_0/(|Z|e^{j\theta})$이고, 정상상태 전류는

$$i_p(t) = \text{Im}\,\frac{E_0}{|Z|}e^{-j\theta}e^{j\gamma t}$$

이 된다. 이 식이 3.8절의 식 (35)와 같다는 것을 확인하는 일은 독자의 몫으로 남겨 둔다.

로그함수 0이 아닌 복소수 $z = x + iy$의 로그는 지수함수의 역함수로 정의한다. 즉

$$z = e^w\text{이면,} \qquad w = \ln z \tag{5}$$

으로 정의한다. 식 (5)에서 $e^w = 0$을 만족하는 w는 없으므로, $\ln z$는 $z = 0$일 때 정의할 수 없다. $\ln z$의 실수부분과 허수부분을 찾기 위해, $w = u + iv$로 놓고 식 (3)과 (5)를 이용하면

$$x + iy = e^{u+iv} = e^u(\cos v + i\sin v) = e^u\cos v + ie^u\sin v$$

이 됨을 알 수 있다. 따라서 $x = e^u\cos v$과 $y = e^u\sin v$이 성립한다. 이 두 식을 만족하는 u와 v를 찾기 위해, 이들을 제곱해서 더한다. 그리하여

$$e^{2u} = x^2 + y^2 = r^2 = |z|^2, \qquad u = \log_e|z|$$

을 얻는데, 여기서 $\log_e|z|$는 $|z|$의 **실변수 자연로그**를 뜻한다. 다음으로 v를 구하기 위해 두 식을 나누면

$$\tan v = \frac{y}{x}$$

이 된다. 이로써 v가 z의 편각, 즉 $v = u = \arg z$임을 알 수 있다. 그러나 복소수의 편각은 유일하지 않아, u가 z의 편각이면 $\theta + 2n\pi$, $n = 0, \pm1, \pm2, \ldots$ z의 편각이다.

정의 17.6.2 복소수의 로그

$z \neq 0$이고 $\theta = \arg z$일 때, $\ln z$는 다음과 같이 정의한다.

$$\ln z = \log_e|z| + i(\theta + 2n\pi), \qquad n = 0, \pm1, \pm2, \ldots. \tag{6}$$

식 (6)에서 분명하게 나타나듯이, 복소수 z의 로그값은 무한히 많다. 지수함수가 주기함수이기에 이는 당연한 결과다.

실변수 로그함수는 독립변수가 음수일 때 정의되지 않지만, 다음 예제에서 보듯이 복소해석학에서는 사정이 다르다.

예제 2 복소수 로그의 값

로그 **(a)** $\ln(-2)$, **(b)** $\ln i$, **(c)** $\ln(-1-i)$의 값을 구하라.

풀이 **(a)** $\theta = \arg(-2) = \pi$이고 $\log_e|-2| = 0.6932$이므로, 식 (6)에 따라 로그값은

$$\ln(-2) = 0.6932 + i(\pi + 2n\pi)$$

이 된다.

(b) $\theta = \arg(i) = \pi/2$이고 $\log_e|i| = \log_e 1 = 0$이므로, 식 (6)에 따라 로그값은

$$\ln i = i\left(\frac{\pi}{2} + 2n\pi\right)$$

이 된다. 즉 $\ln i = \pi i/2, -3\pi i/2, 5\pi i/2, -7\pi i/2$ 등이다.

(c) $\theta = \arg(-1-i) = -5\pi/4$이고 $\log_e|-1-i| = \log_e\sqrt{2} = 0.3466$이므로, 식 (6)에 따라 로그값은 다음과 같다.

$$\ln(-1-i) = 0.3466 + i\left(\frac{5\pi}{4} + 2n\pi\right).$$ ≡

예제 3 지수방정식의 해

$e^z = \sqrt{3} + i$를 만족하는 z를 모두 찾아라.

풀이 식 (5)에서 w를 z로 바꾸면, $z = \ln(\sqrt{3} + i)$가 된다. $|\sqrt{3} + i| = 2$이고 $\tan\theta = 1/\sqrt{3}$, 즉 $\arg(\sqrt{3} + i) = \pi/6$이므로, 식 (6)에서 다음을 얻는다.

$$z = \log_e 2 + i\left(\frac{\pi}{6} + 2n\pi\right) \quad \text{또는} \quad z = 0.6931 + i\left(\frac{\pi}{6} + 2n\pi\right)$$ ≡

주값 식 (6)에 따르면, z가 양의 실수일 때도 로그는 여러 값을 지니게 된다. 예를 들어 실해석학에서는 5의 로그가 $\log_e 5 = 1.6094$라는 값 하나만을 뜻하지만, 복소해석학에서는 $\ln 5 = 1.6094 + 2n\pi i$로 표현되는 여러 값을 나타내게 된다. 따라서 $n = 0$일 때에 해당하는 $\ln 5$의 값만 실수 로그 $\log_e 5$와 같게 되는데, 이 값을 $\ln 5$의 **주값**(principal value)이라 한다. 17.2절에서 구간 $(-\pi, \pi]$에 있는 복소수 z의 편각을 $\text{Arg}\, z$로 쓰며 주편각이라 부르기로 한 바 있는데, 일반적으로 로그함수의 **주값**이란 $u = \text{Arg}\, z$이고 $n = 0$일 때의 값을 뜻한다. 강조하기 위해 로그의 주값은 $\text{Ln}\, z$로 표기한다. 즉

$$\text{Ln}\, z = \log_e|z| + i\,\text{Arg}\, z. \tag{7}$$

$\text{Arg}\, z$가 유일하므로, $z \neq 0$인 모든 z에 대해 $\text{Ln}\, z$의 값은 유일하다.

예제 4 주값

예제 2에 나온 로그의 주값은 다음과 같다.

(a) $\text{Arg}(-2) = \pi$이므로, 예제 2(a)의 결과에 $n = 0$을 대입하여

$$\text{Ln}(-2) = 0.6932 + \pi i$$

를 얻는다.

(b) $\text{Arg}(i) = \pi/2$이므로, 마찬가지로 예제 2(b)의 결과에 $n = 0$을 대입하면

$$\text{Ln}\, i = \frac{\pi}{2} i$$

가 된다.

(c) 예제 2(c)에서 $\arg(-1 - i) = 5\pi/4$라 했는데, 이는 $z = -1 - i$의 주편각이 아니다. 구간 $(-\pi, \pi]$에 있는 z의 주편각은 $-3\pi/4$이므로, 식 (7)에 따라 $\text{Ln}(-1 - i)$는 다음과 같게 된다.

$$\text{Ln}(-1 - i) = 0.3466 - \frac{3\pi}{4} i.$$

≡

지금까지는 로그에 **함수**란 말을 붙여 쓰지 않았다. 식 (6)에서 나타나듯 여러 값을 지니는 로그는 엄밀한 의미에서 함수가 아니기 때문이다. 그런데도 보통은 $f(z) = \ln z$라 표기하며, 이를 모순적인 용어인 **다가함수**(multiple-valued function)라 일컫기도 한다. 여기서 자세히 다루지는 않겠지만, (함수란 말의 표준적인 정의에 따르면) 식 (6)은 로그함수들의 무한 모음(infinite collection)으로 볼 수 있다. 이 모음 안에 있는 각각의 함수를 $\ln z$의 **가지**(branch)라 한다. 그리고 $f(z) = \text{Ln}\, z$를 $\ln z$의 **주가지**(principal branch) 또는 **주로그함수**(principal logarithmic function)라 일컫는다. 혼동을 줄이기 위해, 이제부터는 $f(z) = \ln z$나 $f(z) = \text{Ln}\, z$를 모두 그냥 **로그함수**라는 말로 표현하기로 한다.

다음과 같이 로그함수의 낯익은 성질들은 복소로그에서도 그대로 성립한다.

$$\ln(z_1 z_2) = \ln z_1 + \ln z_2, \qquad \ln\left(\frac{z_1}{z_2}\right) = \ln z_1 - \ln z_2. \tag{8}$$

여기서 두 항의 값이 결정되면 등식이 성립하도록 나머지 항의 값을 정할 수 있다. 이것이 식 (8)이 뜻하는 바다.

예제 5 로그의 성질

$z_1 = 1$이고 $z_2 = -1$이라 하자. 이들의 로그를 $\ln z_1 = 2\pi i$과 $\ln z_2 = \pi i$로 정하면

$$\ln(z_1 z_2) = \ln(-1) = \ln z_1 + \ln z_2 = 2\pi i + \pi i = 3\pi i$$

$$\ln\left(\frac{z_1}{z_2}\right) = \ln(-1) = \ln z_1 - \ln z_2 = 2\pi i - \pi i = \pi i$$

이 된다.

≡

17.2절의 식 (7)이 $\arg z$를 $\text{Arg}\, z$로 바꾸면 성립하지 않듯이, 식 (8)도 $\ln z$를 $\text{Ln}\, z$로 바꿀 때 일반적으로 성립하지 않는다. 연습문제 17.6의 문제 45와 46을 보라.

해석성 로그함수 $f(z) = \text{Ln } z$는 $z = 0$에서 연속이 아니다. $f(0)$을 정의할 수 없기 때문이다. 그리고 $f(z) = \text{Ln } z$는 음의 실수축 위에 있는 모든 점에서도 불연속이다. 함수의 허수부분인 $v = \text{Arg } z$가 편각이 π인 모든 점에서 불연속이기 때문이다. 이를 확인하기 위해 음의 실수축 위에 있는 한 점 x_0을 생각하자. 그러면 위 반평면(upper half-plane)에서 $z \to x_0$일 때, $\text{Arg } z \to \pi$가 성립한다. 반면에 아래 반평면(lower half-plane)에서 $z \to x_0$이면, $\text{Arg } z \to -\pi$가 된다. 이는 곧 음의 실수축 위에서 $f(z) = \text{Ln } z$가 불연속임을 뜻한다. 그러나 0과 음의 실수축 위에 있는 점들을 제외한 모든 복소수의 집합 D에서 $f(z) = \text{Ln } z$는 해석적이다. 이런 열린 영역 D는 복소평면에서 원점과 음의 실수축을 잘라 내고 남은 부분이다. $f(z) = \text{Ln } z$가 $\ln z$의 주가지이므로, 원점을 포함한 음의 실수축을 로그함수의 **가지절단**(branch cut)이라 한다(그림 17.6.3 참조). D 안의 모든 z에서, $\text{Ln } z$는 Cauchy-Riemann 방정식을 만족하고 도함수는

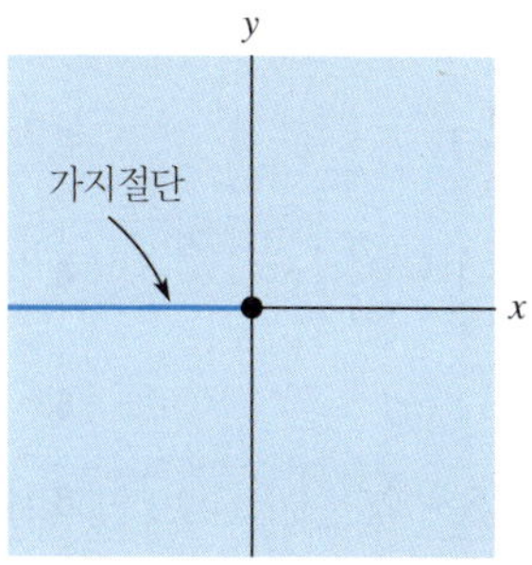

그림 17.6.3 Ln z의 가지절단

$$\frac{d}{dz}\text{Ln } z = \frac{1}{z} \tag{9}$$

이 되는데, 그 증명은 독자의 몫으로 남겨 둔다.

Ln z에 대응하는 흐름을 그림 17.6.4에 나타낸다. 그림에서도 볼 수 있듯이, 벡터장은 가지절단에서 불연속이다.

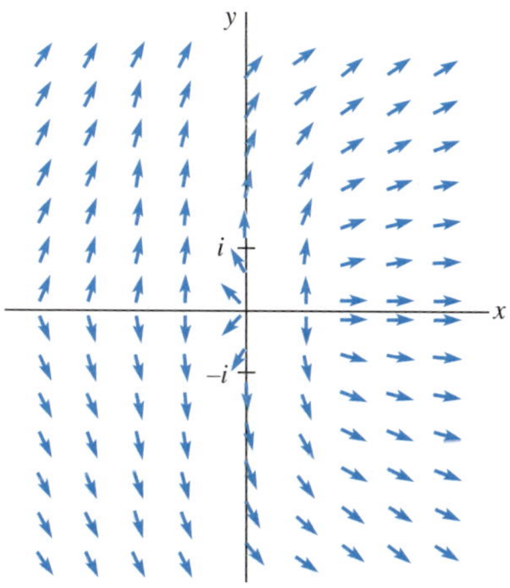

그림 17.6.4 Ln z에 대응하는 흐름

복소거듭제곱 실함수에서 $x^a = e^{a \ln x}$이 되는 것에 착안하여, 복소함수에서도 이와 비슷하게 복소거듭제곱을 정의할 수 있다. α가 복소수고 $z = x + iy$라 할 때, z^α를 다음과 같이 정의한다.

$$z^\alpha = e^{\alpha \ln z}, \quad z \neq 0. \tag{10}$$

$\ln z$가 여러 값을 지니므로, z^α의 값 역시 여러 개다. 그러나 α가 정수면($\alpha = n$, $n = 0, \pm1, \pm2, \ldots$), z^2, z^3, z^{-1} 등과 같이 식 (10)은 하나의 값만을 갖게 된다. 이를 확인하기 위해, $\alpha = 2$이고 $z = re^{i\theta}$인 때를 살펴보자. 그러면

$$e^{2\ln z} = e^{2(\log_e r + i\theta)} = e^{2\log_e r + 2i\theta} = e^{2\log_e r}e^{2i\theta} = r^2e^{i\theta}e^{i\theta} = (re^{i\theta})(re^{i\theta}) = z^2$$

이 됨을 볼 수 있다. z^α의 **주치**는 식 (10)에서 $\ln z$를 Ln z로 바꿔 얻는다.

예제 6 복소거듭제곱

i^{2i}의 값을 구하라.

풀이 $z = i$이므로 $\arg z = \pi/2$이다. 그리고 $\alpha = 2i$이다. 따라서 식 (10)에서

$$i^{2i} = e^{2i[\log_e 1 + i(\pi/2 + 2n\pi)]} = e^{-(1+4n)\pi}$$

를 얻는다. 여기서 n은 정수인데, 그 값이 어떻든 i^{2i}는 실수가 됨을 알 수 있다. 또한 $z = i$의 주편각이 $\pi/2$이기에, i^{2i}의 주치는 $n = 0$일 때의 값이다. 소수점 아래 넷째 자리까지 나타낸 주치는 $i^{2i} = e^{-\pi} = 0.0432$이다. ≡

17.6 연습문제

부록에 선택된 홀수 번 문제의 답이 있다.

문제 1~10에서는 e^z를 $a + ib$의 꼴로 표현하라.

1. $z = \frac{\pi}{6}i$

2. $z = -\frac{\pi}{3}i$

3. $z = -1 + \frac{\pi}{4}i$

4. $z = 2 - \frac{\pi}{2}i$

5. $z = \pi + \pi i$

6. $z = -\pi + \frac{3\pi}{2}i$

7. $z = 1.5 + 2i$

8. $z = -0.3 + 0.5i$

9. $z = 5i$

10. $z = -0.23 - i$

문제 11과 12에서 주어진 복소수를 $a + ib$의 꼴로 나타내라.

11. $e^{1+5\pi i/4}e^{-1-\pi i/3}$

12. $\frac{e^{2+3\pi i}}{e^{-3+\pi i/2}}$

문제 13~16에서는 정의 17.6.1을 사용하여 주어진 함수를 $f(z) = u + iv$의 형태로 표현하라.

13. $f(z) = e^{-iz}$

14. $f(z) = e^{2\bar{z}}$

15. $f(z) = e^{z^2}$

16. $f(z) = e^{1/z}$

문제 17~20에서는 주어진 관계가 성립함을 증명하라.

17. $|e^z| = e^x$

18. $\frac{e^{z_1}}{e^{z_2}} = e^{z_1 - z_2}$

19. $e^{z+\pi i} = e^{z-\pi i}$

20. $(e^z)^n = e^{nz}$, n은 정수

21. $f(z) = e^{\bar{z}}$는 어떤 점에서도 해석적이지 않음을 보여라.

22. (a) 문제 15의 결과를 이용하여, $f(z) = e^{z^2}$가 완전함수임을 보여라.

(b) $u(x, y) = \text{Re}(e^{z^2})$가 조화함수임을 보여라.

문제 23~28에서는 $\ln z$를 $a + ib$의 꼴로 표현하라.

23. $z = -5$

24. $z = -ei$

25. $z = -2 + 2i$

26. $z = 1 + i$

27. $z = \sqrt{2} + \sqrt{6}i$

28. $z = -\sqrt{3} + i$

문제 29~34에서는 $\text{Ln}\, z$를 $a + ib$의 꼴로 표현하라.

29. $z = 6 - 6i$

30. $z = -e^3$

31. $z = -12 + 5i$

32. $z = 3 - 4i$

33. $z = (1 + \sqrt{3}i)^5$

34. $z = (1 + i)^4$

문제 35~38에서는 주어진 방정식을 만족하는 z를 모두 찾으라.

35. $e^z = 4i$

36. $e^{1/z} = -1$

37. $e^{z-1} = -ie^2$

38. $e^{2z} + e^z + 1 = 0$

문제 39~42에서는 주어진 식이 나타내는 값을 모두 찾으라.

39. $(-i)^{4i}$

40. $3^{i/\pi}$

41. $(1 + i)^{(1+i)}$

42. $(1 + \sqrt{3}i)^{3i}$

문제 43과 44에서는 주어진 식의 주값을 구하라. 답은 $a + ib$의 꼴로 나타내라.

43. $(-1)^{(-2i/\pi)}$

44. $(1 - i)^{2i}$

45. $z_1 = i$이고 $z_2 = -1 + i$일 때

$$\text{Ln}(z_1 z_2) \neq \text{Ln}\, z_1 + \text{Ln}\, z_2$$

임을 보여라.

46.

$$\text{Ln}(z_1/z_2) \neq \text{Ln}\, z_1 - \text{Ln}\, z_2$$

이 성립하도록 하는 두 복소수 z_1과 z_2를 찾아라.

47. 다음 문장이 참인지 거짓인지 밝히라.

(a) $\text{Ln}(-1 + i)^2 = 2\,\text{Ln}(-1 + i)$

(b) $\text{Ln}\, i^3 = 3\,\text{Ln}\, i$

(c) $\ln i^3 = 3 \ln i$

48. 복소수 α와 β에 대해 다음의 지수법칙이 성립한다.

$$z^\alpha z^\beta = z^{\alpha+\beta}, \quad \frac{z^\alpha}{z^\beta} = z^{\alpha-\beta}, \quad (z^\alpha)^n = z^{n\alpha}, \quad n\text{은 정수}$$

그러나 마지막 법칙은 n이 복소수이면 성립하지 않는다. $(i^i)^2 = i^{2i}$이지만 $(i^2)^i \neq i^{2i}$임을 보여라.

49. $\text{Re}(z) > 0$을 만족하는 복소수 z에 대해, 식 (7)을

$$\text{Ln}\, z = \frac{1}{2}\log_e(x^2 + y^2) + i\tan^{-1}\frac{y}{x}$$

와 같이 다시 쓸 수 있음을 증명하라.

50. 문제 49의 함수는 해석적이다.

(a) $u(x, y) = \log_e(x^2 + y^2)$가 조화함수임을 보여라.

(b) $v(x, y) = \tan^{-1}(y/x)$가 조화함수임을 보여라.

17.7 삼각함수와 쌍곡선함수

소개 이 절에서는 복소변수 삼각함수(trigonometric function)와 쌍곡선함수를 정의한다. 앞 절에서 복소변수 지수함수와 로그함수를 정의할 때처럼, 여기서도 z가 실수면 실변수 삼각함수와 쌍곡선함수를 얻게 된다. 더불어 도함수 공식과 그 밖의 다른 여러 항등식도 실변수 함수에서처럼 그대로 성립함을 보인다.

삼각함수 변수 x가 실수이면, Euler 공식에서

$$e^{ix} = \cos x + i \sin x, \quad e^{-ix} = \cos x - i \sin x$$

이 성립함을 알 수 있다. 이 식들을 더하고 빼서, 실변수 삼각함수 $\sin x$와 $\cos x$를

$$\sin x = \frac{e^{ix} - e^{-ix}}{2i}, \qquad \cos x = \frac{e^{ix} + e^{-ix}}{2} \tag{1}$$

와 같이 지수함수의 조합으로 표현한다. 이제 식 (1)을 모형으로 하여 복소삼각함수를 정의한다.

정의 17.7.1 삼각함수 사인과 코사인

임의의 복소수 $z = x + iy$에 대해, 다음과 같이 사인과 코사인 함수를 정의한다.

$$\sin z = \frac{e^{iz} - e^{-iz}}{2i}, \qquad \cos z = \frac{e^{iz} + e^{-iz}}{2} \tag{2}$$

다른 삼각함수 네 개도 실수 삼각법(trigonometry)에서처럼 $\sin z$와 $\cos z$를 이용하여 아래와 같이 정의한다.

$$\tan z = \frac{\sin z}{\cos z}, \quad \cot z = \frac{1}{\tan z}, \quad \sec z = \frac{1}{\cos z}, \quad \csc z = \frac{1}{\sin z} \tag{3}$$

만약 $y = 0$이면, 식 (2)와 (3)의 모든 함수는 각각에 대응하는 실변수 함수가 된다.

해석성 지수함수인 e^{iz}와 e^{-iz}가 완전함수이기에, $\sin z$와 $\cos z$도 모두 완전함수다. 한편 아래에서 살펴볼 것처럼, $\sin z = 0$는 $z = n\pi$ (n은 정수)일 때만, 그리고 $\cos z = 0$는 $z = (2n + 1)\pi/2$일 때만 성립한다. 따라서 $\tan z$와 $\sec z$는 $z = (2n + 1)\pi/2$를 제외한 모든 점에서 해석적이고, $\cot z$와 $\csc z$는 $z = n\pi$를 제외한 모든 점에서 해석적이다.

도함수 $(d/dz)e^z = e^z$이므로, 연쇄법칙에 따라 $(d/dz)e^{iz} = ie^{iz}$과 $(d/dz)e^2iz = -ie^{-iz}$이 성립한다. 따라서

$$\frac{d}{dz}\sin z = \frac{d}{dz}\frac{e^{iz} - e^{-iz}}{2i} = \frac{e^{iz} + e^{-iz}}{2} = \cos z$$

이다. 그 밖의 다른 복소삼각함수의 도함수도 실삼각함수에서와 마찬가지 형태로 구할 수 있는데, 이를 요약하면 다음과 같다.

$$\begin{aligned} &\frac{d}{dz}\sin z = \cos z && \frac{d}{dz}\cos z = -\sin z \\ &\frac{d}{dz}\tan z = \sec^2 z && \frac{d}{dz}\cot z = -\csc^2 z \\ &\frac{d}{dz}\sec z = \sec z \tan z && \frac{d}{dz}\csc z = -\csc z \cot z. \end{aligned} \tag{4}$$

항등식 실삼각함수와 관련하여 성립하는 낯익은 항등식들은 아래와 같이 복소수에서도 그대로 성립한다.

$$\begin{aligned} &\sin(-z) = -\sin z \quad \cos(-z) = \cos z \\ &\cos^2 z + \sin^2 z = 1 \\ &\sin(z_1 \pm z_2) = \sin z_1 \cos z_2 \pm \cos z_1 \sin z_2 \\ &\cos(z_1 \pm z_2) = \cos z_1 \cos z_2 \mp \sin z_1 \sin z_2 \\ &\sin 2z = 2 \sin z \cos z \quad \cos 2z = \cos^2 z - \sin^2 z. \end{aligned}$$

영점 $\sin z$와 $\cos z$가 0이 되는 점, 즉 $\sin z$와 $\cos z$의 영점(zero)을 구하려면, 이들을 $u + iv$의 꼴로 쓸 필요가 있다. 이에 앞서 우선 미적분학에서 y가 실수일 때 쌍곡선 사인과 쌍곡선 코사인 함수를 e^y와 e^{-y}의 조합으로 다음과 같이 정의했던 것을 떠올려 보자.

$$\sinh y = \frac{e^y - e^{-y}}{2}, \qquad \cosh y = \frac{e^y + e^{-y}}{2}. \tag{5}$$

이제 정의 17.7.1과 Euler의 공식을 이용하고 간단한 과정을 거쳐

$$\sin z = \frac{e^{i(x+iy)} - e^{-i(x+iy)}}{2i} = \sin x\left(\frac{e^y + e^{-y}}{2}\right) + i\cos x\left(\frac{e^y - e^{-y}}{2}\right)$$

을 얻는다. 식 (5)를 이용하여 이 식을 다시 쓰면 다음과 같다.

$$\sin z = \sin x \cosh y + i \cos x \sinh y. \tag{6}$$

아울러 코사인 함수도

$$\cos z = \cos x \cosh y - i \sin x \sinh y \tag{7}$$

이 됨을 보일 수 있는데, 그 구체적인 과정은 연습문제로 남겨 둔다. 식 (6)과 (7), 그리고 $\cosh^2 y = 1 + \sinh^2 y$를 이용하면

$$|\sin z|^2 = \sin^2 x + \sinh^2 y \tag{8}$$

$$|\cos z|^2 = \cos^2 x + \sinh^2 y \tag{9}$$

를 얻게 된다. 어떤 복소수 z가 0이 되기 위한 필요충분조건은 $|z|^2 = 0$이다. 따라서 $\sin z = 0$이면, $\sin^2 x + \sinh^2 y = 0$임을 식 (8)로 알 수 있다. 이는 곧 $\sin x = 0$과 $\sinh y = 0$, 즉 $x = n\pi$와 $y = 0$을 뜻하므로, $\sin z$의 **영점**은 $z = n\pi + 0i = n\pi$(n은 정수)라는 실수뿐이다. 더불어 $\cos z = 0$가 $z = (2n + 1)\pi/2$일 때만 성립한다는 것도 식 (9)로 보일 수 있다.

예제 1 복소사인함수의 값

식 (6)을 이용하면, 계산기로 $\sin(2 + i)$의 값을 다음과 같이 구할 수 있다.

$$\sin(2 + i) = \sin 2 \cosh 1 + i \cos 2 \sinh 1 = 1.4031 - 0.4891i.$$ ≡

실삼각함수에서는 낯익은 부등식 $|\sin x| \le 1$과 $|\cos x| \le 1$이 성립한다. 그러나 식 (8)과 (9)를 살펴보면, 복소 사인과 코사인 함수는 이런 부등식들을 만족하지 않음을 알 수 있다. $\sinh y$가 $-\infty$에서 ∞까지 모든 값을 다 지닐 수 있기 때문이다. 즉 복소수에서는 $\cos z = 10$과 같은 방정식을 만족하는 z를 얼마든지 찾을 수 있다.

예제 2 삼각방정식의 해

$\cos z = 10$를 만족하는 z를 구하라.

풀이 식 (2)의 정의를 이용하여 $\cos z = 10$를 다시 쓰면, $(e^{iz} + e^{-iz})/2 = 10$이 된다. 그리고 이 식에 e^{iz}를 곱하여, 다음과 같이 e^{iz}에 대한 2차 방정식을 얻는다.

$$e^{2iz} \quad 20e^{iz} + 1 = 0.$$

이제 근의 공식으로 $e^{iz} = 10 \pm 3\sqrt{11}$임을 알 수 있다. 따라서 $iz = \log_e(10 \pm 3\sqrt{11}) + 2n\pi i$ (n은 정수)가 성립한다. 양변을 i로 나누고 $\log_e(10 - 3\sqrt{11}) = -\log_e(10 + 3\sqrt{11})$를 이용하면, $z = 2n\pi \pm i\log_e(10 + 3\sqrt{11})$가 주어진 방정식의 해임을 보일 수 있다. ≡

쌍곡선함수 식 (5)에서는 실지수함수의 조합으로 실쌍곡선 사인과 코사인 함수를 정의한 바 있다. 복소쌍곡선 사인과 코사인 함수도 이와 마찬가지 방식으로 정의한다.

정의 17.7.2 쌍곡선함수 사인과 코사인

임의의 복소수 $z = x + iy$에 대해, 다음과 같이 쌍곡선함수를 정의한다.

$$\sinh z = \frac{e^z - e^{-z}}{2}, \quad \cosh z = \frac{e^z + e^{-z}}{2}. \tag{10}$$

다른 쌍곡선 함수 네 개도 실함수에서처럼 sinh z와 cosh z를 이용하여 다음과 같이 정의한다.

$$\tanh z = \frac{\sinh z}{\cosh z}, \quad \coth z = \frac{1}{\tanh z}, \quad \operatorname{sech} z = \frac{1}{\cosh z}, \quad \operatorname{csch} z = \frac{1}{\sinh z} \tag{11}$$

쌍곡선 사인과 코사인 함수는 모두 완전함수고, 식 (11)에 정의된 함수들도 분모가 0이 되는 점을 제외한 모든 곳에서 해석적이다. 아울러 식 (10)을 이용하면

$$\frac{d}{dz}\sinh z = \cosh z, \qquad \frac{d}{dz}\cosh z = \sinh z \tag{12}$$

임도 쉽게 보일 수 있다.

실함수와 대조적으로 흥미롭게도, 복소삼각함수와 복소쌍곡선함수는 서로 연관되어 있다. 식 (10)에서 z를 iz로 바꾸고 그 결과를 식 (2)와 비교하면, $\sinh(iz) = i \sin z$와 $\cosh(iz) = \cos z$가 성립함을 볼 수 있다. 따라서 sin z와 cos z를 sinh(iz)와 cosh(iz)로 표현할 수 있다. 또 이와 비슷한 방식으로 식 (2)에서 z를 iz로 바꿔, sinh z와 cosh z를 sin(iz)와 cos(iz)로 표현할 수도 있다. 이 결과들을 요약하면 다음과 같다.

$$\sin z = -i\sinh(iz), \quad \cos z = \cosh(iz) \tag{13}$$

$$\sinh z = -i\sin(iz), \quad \cosh z = \cos(iz). \tag{14}$$

영점 식 (14)를 이용하면, 쌍곡선함수와 관련한 항등식을 삼각함수의 성질에서 얻어 낼 수 있다. 이를테면 $\sinh z = -i\sin(iz) = -i\sin(-y + ix)$로 쓰고 식 (6)을 이용하면, sinh z를 아래와 같이 $u + iv$의 꼴로 표현할 수 있다.

$$\sinh z = -i[\sin(-y)\cosh x + i\cos(-y)\sinh x].$$

$\sin(-y) = -\sin y$이고 $\cos(-y) = \cos y$이므로, 이 식은 다음과 같이 더 간단하게 쓸 수 있다.

$$\sinh z = \sinh x \cos y + i\cosh x \sin y. \tag{15}$$

식 (15)를 얻을 때와 비슷한 과정을 거치면

$$\cosh z = \cosh x \cos y + i\sinh x \sin y \tag{16}$$

가 되는 것도 보일 수 있다. 아울러 식 (14)로 sinh z와 cosh z의 **영점**이 각각 다음과 같은 순허수가 됨을 알 수 있다.

$$z = n\pi i, \quad z = (2n+1)\frac{\pi i}{2}, \quad n = 0, \pm 1, \pm 2, \ldots.$$

주기성 $\sin x$와 $\cos x$가 모두 주기가 2π인 주기함수인 것을 이용하면, $\sin z$와 $\cos z$도 2π가 주기인 주기함수임을 보일 수 있다. 이는 다음과 같이 식 (6)에서도 알 수 있다.

$$\begin{aligned}\sin(z + 2\pi) &= \sin(x + 2\pi + iy)\\ &= \sin(x + 2\pi)\cosh y + i\cos(x + 2\pi)\sinh y\\ &= \sin x\cosh y + i\cos x\sinh y;\end{aligned}$$

즉 $\sin(z + 2\pi) = \sin z$이다. 식 (7)을 이용하면, 똑같은 과정을 거쳐 $\cos(z + 2\pi) = \cos z$가 되는 것도 볼 수 있다. 또한 복소쌍곡선함수 $\sinh z$와 $\cosh z$는 주기가 순허수 $2\pi i$인 주기함수다. 정의 17.7.2에서 보듯 주기가 $2\pi i$인 주기함수 e^z의 조합으로 이 함수들이 정의되어 있다는 사실에서, 그 주기성을 확인할 수 있다. 아울러 식 (15)와 (16)의 z에 $z + 2\pi i$를 대입해 봐도 쌍곡선함수의 주기가 $2\pi i$임을 알 수 있다.

17.7 연습문제

부록에 선택된 홀수 번 문제의 답이 있다.

문제 1~12에서는 주어진 값을 $a + ib$의 꼴로 표시하라.

1. $\cos(3i)$
2. $\sin(-2i)$
3. $\sin\left(\dfrac{\pi}{4} + i\right)$
4. $\cos(2 - 4i)$
5. $\tan(i)$
6. $\cot\left(\dfrac{\pi}{2} + 3i\right)$
7. $\sec(\pi + i)$
8. $\csc(1 + i)$
9. $\cosh(\pi i)$
10. $\sinh\left(\dfrac{3\pi}{2}i\right)$
11. $\sinh\left(1 + \dfrac{\pi}{3}i\right)$
12. $\cosh(2 + 3i)$

문제 13과 14에서는 주어진 등식이 성립함을 증명하라.

13. $\sin\left(\dfrac{\pi}{2} + i\ln 2\right) = \dfrac{5}{4}$
14. $\cos\left(\dfrac{\pi}{2} + i\ln 2\right) = -\dfrac{3}{4}i$

문제 15~20에서는 주어진 방정식을 만족하는 z의 값을 모두 찾아라.

15. $\sin z = 2$
16. $\cos z = -3i$
17. $\sinh z = -i$
18. $\sinh z = -1$
19. $\cos z = \sin z$
20. $\cos z = i\sin z$

문제 21과 22에서는 복소수의 등식 정의를 이용하여, 주어진 방정식을 만족하는 z의 값을 모두 구하라.

21. $\cos z = \cosh 2$
22. $\sin z = i\sinh 2$
23. $\cos z = \cos x\cosh y - i\sin x\sinh y$임을 증명하라.
24. $\sinh z = \sinh x\cos y + i\cosh x\sin y$임을 증명하라.
25. $\cosh z = \cosh x\cos y + i\sinh x\sin y$임을 증명하라.
26. $|\sinh z|^2 = \sin^2 y + \sinh^2 x$임을 증명하라.
27. $|\cosh z|^2 = \cos^2 y + \sinh^2 x$임을 증명하라.
28. $\cos^2 z + \sin^2 z = 1$임을 증명하라.
29. $\cosh^2 z - \sinh^2 z = 1$임을 증명하라.
30. $\tan z = u + iv$라 할 때

$$u = \frac{\sin 2x}{\cos 2x + \cosh 2y}, \quad v = \frac{\sinh 2y}{\cos 2x + \cosh 2y}$$

임을 보여라.

31. $\tanh z$는 주기가 πi인 주기함수임을 증명하라.
32. **(a)** $\overline{\sin z} = \sin\bar{z}$과 **(b)** $\overline{\cos z} = \cos\bar{z}$가 성립함을 증명하라.

17.8 역삼각함수와 역쌍곡선함수

소개 복소삼각함수와 복소쌍곡선함수는 모두 주기함수다. 따라서 이들의 역함수는 엄밀한 의미에서 존재하지 않는다. 하지만 여러값함수라 부르며, 이 해석함수들의 역함수를 정의할 수도 있다. 17.6절에서 로그함수를 다룰 때 그랬듯이, 여기서도 **여러값**이라는 관형어는 생략하기로 한다.

역사인

역사인(inverse sine)함수는 $\sin^{-1} z$나 $\arcsin z$로 표기하며 다음과 같이 정의한다.

$$w = \sin^{-1}z, \qquad z = \sin w. \tag{1}$$

역사인함수는 로그함수로 표현할 수 있다. 이를 확인하기 위해, 사인함수의 정의와 식 (1)을 사용하여

$$\frac{e^{iw} - e^{-iw}}{2i} = z, \qquad e^{2iw} - 2ize^{iw} - 1 = 0$$

을 얻는다. 이 식에 근의 공식을 적용하면

$$e^{iw} = iz + (1 - z^2)^{1/2} \tag{2}$$

이 성립함을 알 수 있다. 흔히 쓰는 $\pm\sqrt{1 - z^2}$라는 기호 대신 $(1 - z^2)^{1/2}$를 식 (2)에서 사용한 것은, 17.2절에서 보았듯이 $(1 - z^2)^{1/2}$가 두 값을 모두 표현하기 때문이다. 식 (2)를 w에 대해 풀면

$$\sin^{-1}z = -i\ln[iz + (1 - z^2)^{1/2}] \tag{3}$$

이 성립한다.

코사인과 탄젠트의 역함수도 위에서와 비슷한 과정을 거쳐 다음과 같이 구할 수 있다.

$$\cos^{-1}z = -i\ln[z + i(1 - z^2)^{1/2}] \tag{4}$$

$$\tan^{-1}z = \frac{i}{2}\ln\frac{i + z}{i - z} \tag{5}$$

예제 1 **역사인함수의 값**

$\sin^{-1}\sqrt{5}$의 값을 모두 구하라.

풀이 식 (3)을 이용하여 다음을 얻는다.

$$\sin^{-1}\sqrt{5} = -i\ln[\sqrt{5}i + (1 - (\sqrt{5})^2)^{1/2}].$$

$(1 - (\sqrt{5})^2)^{1/2} = (-4)^{1/2} = \pm 2i$이므로, 이 값은

$$\sin^{-1}\sqrt{5} = -i \ln[(\sqrt{5} \pm 2)i]$$

$$= -i\left[\log_e(\sqrt{5} \pm 2) + \left(\frac{\pi}{2} + 2n\pi\right)i\right], \quad n = 0, \pm 1, \pm 2, \ldots.$$

이 된다. $\log_e(\sqrt{5}-2) = \log_e(1/(\sqrt{5}+2)) = -\log_e(\sqrt{5}+2)$의 관계를 이용하여 앞의 결과를 더 간단하게 표현하면 다음과 같다.

$$\sin^{-1}\sqrt{5} = \frac{\pi}{2} + 2n\pi \pm i\log_e(\sqrt{5}+2) \tag{6}$$ ≡

$\sin^{-1}z$의 특별한 값을 하나 구하려면, $1 - z^2$의 제곱근 하나와 로그의 가지 하나를 골라야 한다. 예를 들어 $(1-(\sqrt{5})^2)^{1/2} = (-4)^{1/2} = 2i$와 로그의 주가지를 선택하면, 식 (6)에서

$$\sin^{-1}\sqrt{5} = \frac{\pi}{2} - i\log_e(\sqrt{5}+2).$$

을 얻는다.

도함수 위에서 다룬 역삼각함수 세 개의 도함수는 음함수미분법(implicit differentiation)으로 구할 수 있다. 역사인함수 $w = \sin^{-1}z$의 도함수를 찾기 위해, $z = \sin w$로 놓고 양변을 미분한다. 그러면

$$\frac{d}{dz}z = \frac{d}{dz}\sin w, \qquad \frac{dw}{dz} = \frac{1}{\cos w}$$

이 된다. 연습문제 17.7의 문제 28에 나온 항등식 $\cos^2 w + \sin^2 w = 1$을 $\cos w = (1 - \sin^2 w)^{1/2} = (1-z^2)^{1/2}$로 바꿔 위의 식에 대입하면

$$\frac{d}{dz}\sin^{-1}z = \frac{1}{(1-z^2)^{1/2}} \tag{7}$$

을 얻는다. 나머지 두 역함수의 도함수도 비슷한 방식으로 다음과 같이 구할 수 있다.

$$\frac{d}{dz}\cos^{-1}z = \frac{-1}{(1-z^2)^{1/2}} \tag{8}$$

$$\frac{d}{dz}\tan^{-1}z = \frac{1}{1+z^2} \tag{9}$$

이렇게 도함수를 계산할 때, 제곱근은 일관성 있게 선택해야 한다. 즉 식 (7)과 (8)에 있는 제곱근은 각각 식 (3)과 (4)에 있는 제곱근과 같은 것이어야 한다.

예제 2 도함수의 계산

$w = \sin^{-1}z$의 도함수 값을 $z = \sqrt{5}$에서 구하라.

풀이 예제 1에서 $(1-(\sqrt{5})^2)^{1/2}=(-4)^{1/2}=2i$로 제곱근을 구했다면, 여기서도 식 (7)을 계산할 때 같은 제곱근 값을 써야 한다. 이렇게 선택한 결과, 도함수의 값은

$$\left.\frac{dw}{dz}\right|_{z=\sqrt{5}} = \frac{1}{(1-(\sqrt{5})^2)^{1/2}} = \frac{1}{(-4)^{1/2}} = \frac{1}{2i} = -\frac{1}{2}i$$

가 된다. ≡

역쌍곡선함수 역쌍곡선함수(inverse hyperbolic function)도 로그를 이용하여 표현할 수 있다. 역쌍곡선사인, 역쌍곡선코사인, 역쌍곡선탄젠트와 이들의 도함수를 구하고, 그 결과를 요약하면 다음과 같다.

$$\sinh^{-1}z = \ln[z+(z^2+1)^{1/2}] \tag{10}$$

$$\cosh^{-1}z = \ln[z+(z^2-1)^{1/2}] \tag{11}$$

$$\tanh^{-1}z = \frac{1}{2}\ln\frac{1+z}{1-z} \tag{12}$$

$$\frac{d}{dz}\sinh^{-1}z = \frac{1}{(z^2+1)^{1/2}} \tag{13}$$

$$\frac{d}{dz}\cosh^{-1}z = \frac{1}{(z^2-1)^{1/2}} \tag{14}$$

$$\frac{d}{dz}\tanh^{-1}z = \frac{1}{1-z^2} \tag{15}$$

예제 3 역쌍곡선코사인의 값

$\cosh^{-1}(-1)$의 값을 모두 구하라.

풀이 식 (11)에서 $z=-1$이면

$$\cosh^{-1}(-1) = \ln(-1) = \log_e 1 + (\pi + 2n\pi)i$$

이 된다. $\log_e 1 = 0$이므로, 임의의 정수 n에 대해

$$\cosh^{-1}(-1) = (2n+1)\pi i$$

이 성립한다. ≡

17.8 연습문제

부록에 선택된 홀수 번 문제의 답이 있다.

문제 1~14에서는 주어진 식이 나타내는 값을 모두 구하라.

1. $\sin^{-1}(-i)$ **2.** $\sin^{-1}\sqrt{2}$
3. $\sin^{-1}0$ **4.** $\sin^{-1}\frac{13}{5}$
5. $\cos^{-1}2$ **6.** $\cos^{-1}2i$
7. $\cos^{-1}\frac{1}{2}$ **8.** $\cos^{-1}\frac{5}{3}$
9. $\tan^{-1}1$ **10.** $\tan^{-1}3i$
11. $\sinh^{-1}\frac{4}{3}$ **12.** $\cosh^{-1}i$
13. $\tanh^{-1}(1+2i)$ **14.** $\tanh^{-1}(-\sqrt{3}i)$

17 복습문제

부록에 선택된 홀수 번 문제의 답이 있다.

문제 1~16은 책을 보지 말고 답하라. 빈 칸을 채우거나, 문장을 참/거짓으로 나타내라.

1. $\text{Re}((1+i)^{10}) =$ _____이고, $\text{Im}(1+i)^{10} =$ _____이다.

2. z가 3사분면에 있는 점이라면, $i\bar{z}$는_____사분면에 있다.

3. $z = 3+4i$이면, $\text{Re}\left(\frac{z}{\bar{z}}\right) =$ _____이다.

4. $i^{127} - 5i^9 + 2i^{-1} =$ _____

5. $z = \dfrac{4i}{-3-4i}$이면, $|z| =$ _____ 이다.

6. $1 \le |z+2| \le 3$로 표현되는 영역을 표시하라._____

7. $\text{Arg}\,(z+\bar{z}) = 0$ _____

8. $z = \dfrac{5}{-\sqrt{3}+i}$,이면, $\text{Arg}\,z =$ _____ 이다.

9. $e^z = 2i$이면, $z =$ _____이다.

10. $|e^z| = 1$이면, z는 순허수다. _____

11. $(1+i)^{(2+i)}$의 주값은 _____이다.

12. $f(z) = x^2 - 3xy - 5y^3 + i(4x^2y - 4x + 7y)$이면, $f(-1+2i) =$ _____이다.

13. 어떤 점에서 Cauchy–Riemann 방정식이 성립하면, 그 함수는 그곳에서 반드시 해석적이다. _____

14. $f(z) = e^z$는 주기가 _____인 주기함수다.

15. $\text{Ln}(-ie^3) =$ _____.

16. $f(z) = \sin(x - iy)$는 어떤 점에서도 해석적이지 않다. _____

문제 17~20에서는 주어진 수를 $a + ib$의 꼴로 표시하라.

17. $i(2-3i)^2(4+2i)$ **18.** $\dfrac{3-i}{2+3i} + \dfrac{2-2i}{1+5i}$

19. $\dfrac{(1-i)^{10}}{(1+i)^3}$ **20.** $4e^{\pi i/3}e^{-\pi i/4}$

문제 21~24에서는 주어진 부등식을 만족하는 z의 집합을 복소평면에 대략적으로 그려라.

21. $\text{Im}(z^2) \le 2$ **22.** $\text{Im}(z+5i) > 3$

23. $\dfrac{1}{|z|} \le 1$ **24.** $\text{Im}(z) < \text{Re}(z)$

25. 미적분학 교과서에서 원뿔곡선의 정의를 찾아보라. 그리고 복소평면에 있는 점들 가운데 $|z-2i| + |z+2i| = 5$를 만족하는 z의 집합에 관해 설명하라.

26. $|z| = 1$와 $|w| \ne 1$을 만족하는 복소수 z와 w에 대해

$$\left|\frac{z-w}{1-z\bar{w}}\right| = 1$$

이 성립함을 보여라.

문제 27과 28에서는 주어진 방정식의 해를 모두 찾아라.

27. $z^4 = 1 - i$ **28.** $z^{3/2} = \dfrac{1}{2-i}$

29. $f(z) = z^{24} - 3z^{20} + 4z^{12} - 5z^6$일 때, $f\left(\dfrac{1+i}{\sqrt{2}}\right)$를 계산하라.

30. $f(z) = \text{Im}(z - 3\bar{z}) + z\text{Re}(z^2) - 5z$를 $f(z) = u(x, y) + iv(x, y)$의 꼴로 쓰라.

문제 31과 32에서는 주어진 함수가 직선 $x = 1$을 어떻게 변환하는지 밝히라.

31. $f(z) = x^2 - y + i(y^2 - x)$

32. $f(z) = \dfrac{1}{z}$

문제 33~36에서는 주어진 방정식을 만족하는 복소수 z를 모두 찾아라.

33. $z = z^{-1}$

34. $\bar{z} = \dfrac{1}{z}$

35. $\bar{z} = -z$

36. $z^2 = (\bar{z})^2$

37. $f(z) = -(2xy + 5x) + i(x^2 - 5y - y^2)$이 모든 점에서 해석적임을 보이고, $f'(z)$를 찾아라.

38. $f(z) = x^3 + xy^2 - 4x + i(4y - y^3 - x^2y)$이 미분 가능한지 밝히라. 그리고 이 함수가 해석적인지 아닌지도 함께 따져 보아라.

문제 39와 40에서는 주어진 항등식이 성립함을 보여라.

39. $\text{Ln}[(1+i)(1-i)] = \text{Ln}(1+i) + \text{Ln}(1-i)$

40. $\text{Ln}\left(\dfrac{1+i}{1-i}\right) = \text{Ln}(1+i) - \text{Ln}(1-i)$

CHAPTER 18

복소평면에서의 적분

Integration in the Complex Plane

복소함수 f의 적분을 정의하기 위하여 복소평면에서의 곡선, **경로**(contour)를 따라 정의된 f부터 시작한다. 이 장에서는 복소적분의 정의와 성질과 그 계산법이 평면에서의 실선적분과 매우 비슷함을 알 수 있을 것이다(9.8절 참조).

CHAPTER CONTENTS

18.1 경로적분

소개 9.8절에서 정적분 $\int_a^b f(x)\,dx$의 정의는 x축 상의 구간 $[a, b]$에서 정의된 실함수 $y = f(x)$부터 시작함을 배웠다. 1차원에서의 구간은 2차원에서는 평면 상의 곡선에 해당하므로, 정적분의 정의를 곡선 C 위에서 정의된 변수가 **두** 개인 실함수의 적분으로 일반화하였다. 이 절에서는 복소적분의 정의와 데카르트 평면에서의 선적분의 정의가 아주 비슷하다는 것을 발견할 수 있을 것이다. 9.8절과 9.9절을 공부하지 않았다면 이 절들을 공부할 것을 권한다.

정의 복소평면에서의 적분은 평면에서의 선적분의 정의와 비슷한 방법으로 정의한다. 다시 말하면 복소함수 $f(z)$의 적분도 복소평면에서의 곡선 C를 따라서 정의된 복소함수 $f(z)$에 대해 정의한다. 평면에서의 곡선들은 실수 t를 매개변수로 하여 매개방정식 $x = x(t)$, $y = y(t)$, $a \le t \le b$로 정의할 수 있었는데, 복소평면에서의 곡선 C도 $x(t)$와 $y(t)$를 각각 실수부와 허수부로 사용함으로써 $z(t) = x(t) + iy(t)$, $a \le t \le b$와 같이 실변수 t의 복소수 값을 갖는 함수로 나타낼 수 있다. 예를 들면 $x = \cos t$, $y = \sin t$, $0 \le t \le 2\pi$는 평면 상에서 원점이 중심인 원인데 복소평면 상의 같은 원도 $z(t) = \cos t + i \sin t$, $0 \le t \le 2\pi$ 혹은 간단히 $z(t) = e^{it}$, $0 \le t \le 2\pi$로 나타낼 수 있다. 9.8절에 주어진 매끄러운 곡선(smooth curve), 조각마다 매끄러운 곡선(piecewise smooth curve), 폐곡선과 단순 폐곡선(simple closed curve) 등에 관한 정의들도 복소평면 상에서 똑같이 정의한다. 9장에서와 같이 t가 증가하는 곡선의 방향을 C 상의 양의 방향으로 정의한다. 복소평면에서는 조각마다 매끄러운 곡선 C를 **경로**(contour 또는 path)라고 부르기도 한다. 따라서 C 상에서의 $f(z)$의 적분을 **경로적분**(contour integral) 또는 간단히 **복소적분**(complex integral)이라 하고 $\int_C f(z)\,dz$라고 표현한다.

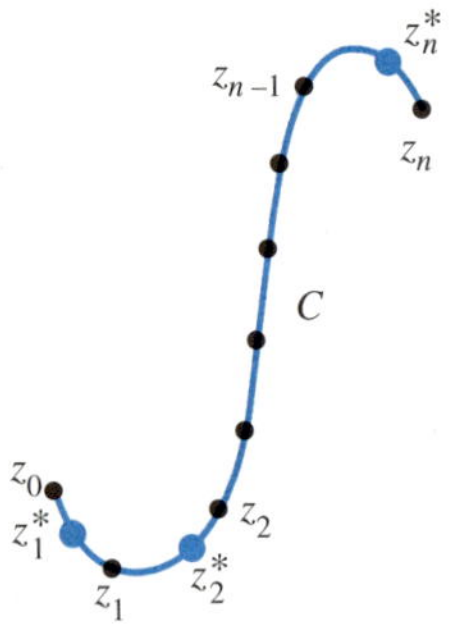

그림 18.1.1 부분호 상의 선택한 점.

1. $f(z) = u(x, y) + iv(x, y)$가 $x = x(t)$, $y = y(t)$, $a \le t \le b$에 의해서 정의된 매끄러운 곡선 C 상의 모든 점에서 정의된다고 하자.
2. 곡선 C를 $[a, b]$에서 $a = t_0 < t_1 < \ldots < t_n = b$의 분할(partition)에 의하여 n개의 부분호(subarc)로 나눈다. 곡선 C 상의 대응되는 점들은 $z_0 = x_0 + iy_0 = x(t_0) + iy(t_0)$, $z_1 = x_1 + iy_1 = x(t_1) + iy(t_1)$, $\ldots$, $z_n = x_n + iy_n = x(t_n) + iy(t_n)$이다. $\Delta_{z_k} = z_k - z_{k-1}$, $k = 1, 2, \ldots, n$이라 하자.
3. 분할의 **놈**(norm)은 $|\Delta z_k|$의 최대값으로 정의하는데, 이를 $\|P\|$라고 표기하자.
4. 각 부분호 상의 임의의 한 점 $z_k^* = x_k^* + iy_k^*$를 택하자(**그림 18.1.1**을 참조).
5. 부분합 $\sum_{k=1}^{n} f(z_k^*)\,\Delta z_k$를 얻는다.

정의 18.1.1 경로적분

함수 f는 $x = x(t)$, $y = y(t)$, $a \le t \le b$에 의하여 정의되는 매끄러운 곡선 C 상의 점에서 정의된다고 하자. C를 따라서 f의 **경로적분**은 다음과 같이 정의한다.

$$\int_C f(z)\,dz = \lim_{\|P\|\to 0} \sum_{k=1}^{n} f(z_k^*)\,\Delta z_k \qquad (1)$$

만약 함수 f가 경로 C의 모든 점에서 연속이고 C가 매끄럽거나 아니면 조각마다 매끄러운 곡선이면 식 (1)의 극한은 존재한다. 따라서 앞으로는 이 조건들을 가정한다.

계산방법 이제 경로적분의 계산방법을 생각하자. 수식 전개를 간단히 하기 위해 아래 첨자를 생략하고 식 (1)을 정리하면 아래와 같이 된다.

$$\int_C f(z)\,dz = \lim \Sigma(u + iv)(\Delta x + i\,\Delta y)$$
$$= \lim\,[\Sigma(u\Delta x - v\Delta y) + i\,\Sigma(v\Delta x + u\Delta y)].$$

이것은

$$\int_C f(z)\,dz = \int_C u\,dx - v\,dy + i\int_C v\,dx + u\,dy \tag{2}$$

을 의미한다. 다시 말하면 경로적분 $\int_C f(z)\,dz$는 두 개의 실선적분 $\int_C u\,dx - v\,dy$와 $\int_C v\,dx + u\,dy$의 결합이다. 이제 $x = x(t)$, $y = y(t)$, $a \le t \le b$이므로 식 (2)의 우변은 다음과 같다.

$$\int_a^b [u(x(t), y(t))x'(t) - v(x(t), y(t))y'(t)]\,dt + i\int_a^b [v(x(t), y(t))x'(t) + u(x(t), y(t))y'(t)]\,dt.$$

만약 C를 $z(t) = x(t) + iy(t)$로 표시한다면, 마지막 결과는 $\int_a^b f(z(t))z'(t)dt$를 실수부와 허수부의 적분 형태로 나타낸 것과 같다. 따라서 경로적분을 실제로 계산하는 방법은 다음 정리와 같다.

정리 18.1.1 경로적분의 계산

만약 f가 매끄러운 곡선 C 상에서 연속이고 곡선 C가 $z(t) = x(t) + iy(t)$, $a \le t \le b$에 의하여 표현되면, 다음 식이 성립한다.

$$\int_C f(z)\,dz = \int_a^b f(z(t))z'(t)\,dt. \tag{3}$$

만약 함수 f가 변수 z로 표현되어 있다면 $f(z(t))$를 계산하기 위하여 z를 $z(t)$로 치환하면 된다. 만약 함수 f가 변수 z로 표현되어 있지 않다면 $f(z(t))$를 계산하기 위하여 x와 y 대신에 각각 $x(t)$와 $y(t)$로 치환하면 된다.

예제 1 경로적분의 계산

C가 $x = 3t$, $y = t^2$, $-1 \le t \le 4$인 곡선일 때, $\int_C \bar{z}\,dz$를 계산하라.

풀이 $z(t) = 3t + it^2$이므로 $z'(t) = 3 + 2it$이고 $f(z(t)) = \overline{3t + it^2} = 3t - it^2$이다. 따라서 다음과 같다.

$$\int_C \bar{z}\, dz = \int_{-1}^{4} (3t - it^2)(3 + 2it)\, dt$$

$$= \int_{-1}^{4} (2t^3 + 9t)\, dt + i\int_{-1}^{4} 3t^2\, dt = 195 + 65i.$$

≡

예제 2 경로적분의 계산

C가 $x = \cos t,\ y = \sin t,\ 0 \le t \le 2\pi$인 원일 때, $\oint_C \frac{1}{z}\, dz$를 계산하라.

풀이 이 경우에 $z(t) = \cos t + i \sin t = e^{it}$, $z'(t) = ie^{it}$, $f(z) = 1/z = e^{-it}$이므로 다음을 얻는다.

$$\oint_C \frac{1}{z}\, dz = \int_0^{2\pi} (e^{-it}) ie^{it} dt = i\int_0^{2\pi} dt = 2\pi i.$$

≡

어떤 곡선에 대해서는 실변수 x 자체를 매개변수로 이용할 수 있다. 예를 들어 곡선 C가 $y = 5x,\ 0 \le x \le 2$라면 $\int_C (8x^2 - iy) dz$를 계산하기 위하여 $\int_C (8x^2 - iy)\, dz = \int_0^2 (8x^2 - 5ix)(1 + 5i)\, dx$로 쓰고 보통의 방법으로 적분하면 된다.

성질 경로적분의 다음 성질들은 선적분의 성질들과 비슷하다.

정리 18.1.2 경로적분의 성질

f와 g가 열린 영역 D에서 연속이고 C는 D 내에 있는 매끄러운 곡선이라면

(i) $\int_C kf(z)\, dz = k\int_C f(z)\, dz$, k는 상수

(ii) $\int_C [f(z) + g(z)]\, dz = \int_C f(z)\, dz + \int_C g(z)\, dz$

(iii) $\int_C f(z)\, dz = \int_{C_1} f(z)\, dz + \int_{C_2} f(z)\, dz$. 여기서 C는 매끄러운 곡선 C_1과 C_2의 합집합이다.

(iv) $\int_{-C} f(z) dz = -\int_C f(z) dz$ 여기서 $-C$는 방향만 반대인 C를 의미한다.

정리 18.1.2의 네 가지 성질들은 C가 D 내에 있는 조각마다 매끄러운 곡선일 경우에도 성립한다.

예제 3 **경로적분의 계산**

C가 그림 18.1.2에 주어진 경로일 때 $\int_C (x^2 + iy^2)\, dz$를 계산하라.

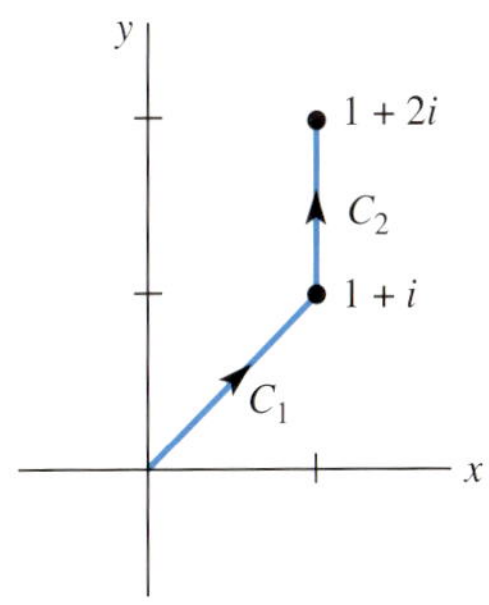

그림 18.1.2 예제 3의 조각마다 매끄러운 경로

풀이 정리 18.1.2의 (iii)에 의하여

$$\int_C (x^2 + iy^2)\, dz = \int_{C_1} (x^2 + iy^2)\, dz + \int_{C_2} (x^2 + iy^2)\, dz$$

가 된다. 곡선 C_1은 $y = x$이므로 x를 매개변수로 사용하면, $z(x) = x + ix$, $z'(x) = 1 + i$, $f(z(x)) = x^2 + ix^2$이다. 따라서

$$\begin{aligned}\int_{C_1} (x^2 + iy^2)\, dz &= \int_0^1 (x^2 + ix^2)(1 + i)\, dx \\ &= (1 + i)^2 \int_0^1 x^2 dx = \frac{(1 + i)^2}{3} = \frac{2}{3} i\end{aligned}$$

이다. 곡선 C_2는 $x = 1$, $1 \le y \le 2$에 의하여 정의된다. 따라서 y를 매개변수로 사용하면 $z(y) = 1 + iy$, $z'(y) = i$, $f(z(y)) = 1 + iy^2$이 되고,

$$\int_{C_2} (x^2 + iy^2)\, dz = \int_1^2 (1 + iy^2)\, i\, dy = -\int_1^2 y^2\, dy + i \int_1^2 dy = -\frac{7}{3} + i$$

이다. 이상을 종합하면

$$\int_C (x^2 + iy^2)\, dz = \tfrac{2}{3} i + (-\tfrac{7}{3} + i) = -\tfrac{7}{3} + \tfrac{5}{3} i$$

를 얻는다. ≡

복소적분의 응용에서 경로적분의 절대값에 관한 상한(upper bound)이 종종 유용하게 쓰인다. 평면에서 곡선의 길이가 $s = \int_a^b \sqrt{[x'(t)]^2 + [y'(t)]^2}\, dt$라는 것은 잘 알고 있다. 만일 $z'(t) = x'(t) + iy'(t)$이면 $|z'(t)| = \sqrt{[x'(t)]^2 + [y'(t)]^2}$이므로 $s = \int_a^b |z'(t)|\, dt$가 된다. 이 식은 다음 정리에서 복소평면 상의 곡선의 길이를 구할 때 이용할 수 있다.

정리 18.1.3 상한정리

f가 매끄러운 곡선 C에서 연속이고 C 상의 모든 z에 대하여 $|f(z)| \le M$이면 $|\int_C f(z)\, dz| \le ML$이다. 여기에서 L은 곡선 C의 길이이다.

증명 17.1절의 삼각부등식 (6)에 의하여

$$\left| \sum_{k=1}^n f(z_k^*) \Delta z_k \right| \le \sum_{k=1}^n |f(z_k^*)| |\Delta z_k| \le M \sum_{k=1}^n |\Delta z_k| \qquad (4)$$

로 쓸 수 있다. 이제 $|\Delta z_k|$는 점 z_k와 z_{k-1}을 연결하는 현의 길이이다. 현의 길이의 합이 C의

문제 17~20에서는 **그림 18.1.4**에 주어진 경로 C를 따라 주어진 적분을 구하라.

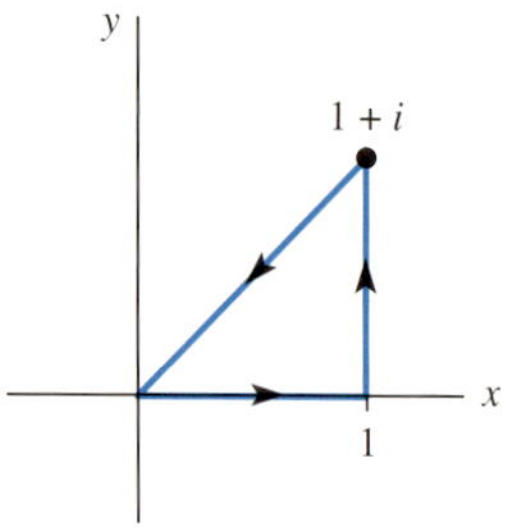

그림 18.1.4 문제 17~20의 경로

17. $\oint_C x\,dz$ **18.** $\oint_C (2z - 1)\,dz$

19. $\oint_C z^2\,dz$ **20.** $\oint_C \bar{z}^2\,dz$

문제 21~24에서는 그림에 주어진 경로를 따라 i에서 1까지 $\int_C(z^2 - z + 2)\,dz$를 구하라.

21.

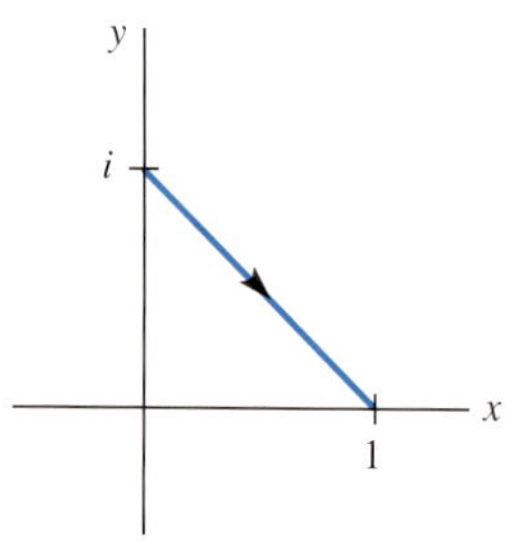

그림 18.1.5 문제 21의 경로

22.

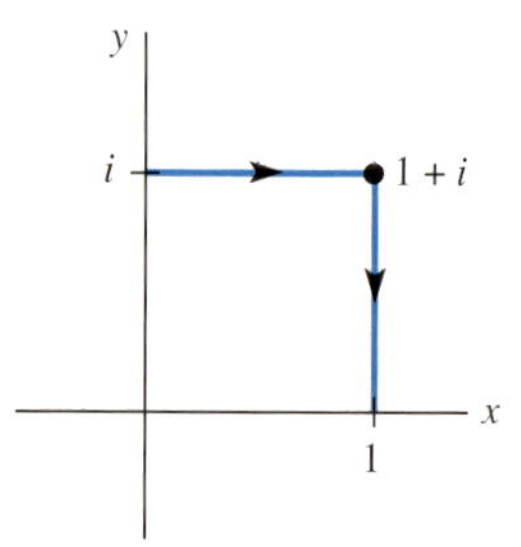

그림 18.1.6 문제 22의 경로

23.

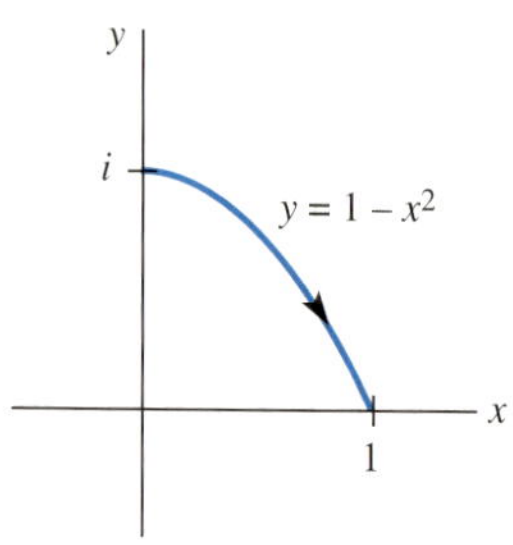

그림 18.1.7 문제 23의 경로

24.

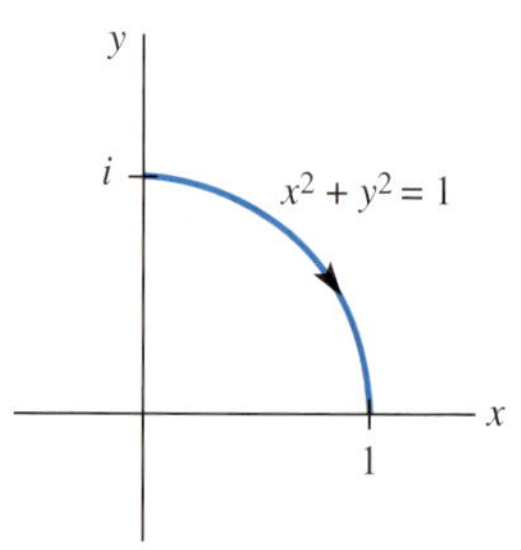

그림 18.1.8 문제 24의 경로

문제 25~28에서는 지시된 경로를 따라서 주어진 적분의 절대값에 관한 상한을 구하라.

25. $\oint_C \dfrac{e^z}{z^2 + 1}\,dz$, C는 $|z| = 5$인 원

26. $\int_C \dfrac{1}{z^2 - 2i}\,dz$, C는 $z = -6i$에서 $z = 6i$까지 원 $|z| = 6$의 오른쪽 반원

27. $\int_C (z^2 + 4)\,dz$, C는 $z = 0$에서 $z = 1 + i$까지의 선분

28. $\int_C \dfrac{1}{z^3}\,dz$, C는 $z = 4i$에서 $z = 4$까지 원 $|z| = 4$의 사분원

29. **(a)** 정의 18.1.1을 이용하여 z_0와 z_n 사이의 임의의 매끄러운 곡선 C에 대하여 $\int_C dz = z_n - z_0$임을 보여라.

(b) (a)의 결과를 이용하여 문제 14의 답을 다시 확인하라.

30. 정의 18.1.1을 이용하여 z_0와 z_n 사이의 임의의 매끄러운 곡선 C에 대하여 $\int_C z\,dz = \frac{1}{2}(z_n^2 - z_0^2)$임을 증명하라.[힌트: 적분이 존재하므로, $z_k^* = z_k$ 와 $z_k^* = z_{k-1}$로 택하라.]

31. 문제 29와 30의 결과를 이용하여 C가 아래와 같을 때 $\oint_C (6z + 4)\,dz$를 구하라.

(a) 선분 $1 + i$에서 $2 + 3i$까지

(b) 폐곡선 $x^4 + y^4 = 4$

문제 32~35에서는 주어진 흐름과 지시된 폐곡선에 대하여 순환과 순유량을 구하라.

32. $f(z) = 1/z$, C는 $|z| = 2$인 원

33. $f(z) = 2z$, C는 $|z| = 1$인 원

34. $f(z) = 1/\overline{(z - 1)}$, C는 $|z - 1| = 2$인 원

35. $f(z) = \bar{z}$, C는 꼭지점이 $z = 0$, $z = 1$, $z = 1 + i$, $z = i$인 사각형

18.2 Cauchy-Goursat 정리

소개 이 절에서는 경로 C가 양의 방향(반시계 방향)의 **단순 폐곡선**(simple closed curve)인 경우의 경로적분에 대해 집중적으로 공부할 것이다. 특히 f가 어떤 특별한 종류의

열린 영역 D에서 해석적이면, D 안에 완전히 속하는 **모든** 단순 폐곡선에 대하여 경로적분 $\oint_C f(z)\,dz$의 값은 같다. **Cauchy-Goursat 정리**(Cauchy-Goursat theorem)라고 불리는 이 정리는 복소해석학의 기본적인 결과들 중 하나이다. Cauchy-Goursat 정리와 그에 따른 정리들을 공부하기 위해서는 우선 복소평면에서의 열린 영역을 단순연결과 다중연결의 두 가지 종류로 구분하는 것이 필요하다.

단순연결 열린 영역과 다중연결 열린 영역 지금부터는 경로 C가 양의 방향(반시계 방향)의 **단순 폐곡선**인 경우의 경로적분에 대해서만 고려할 것이다. 그 전에 열린 영역을 두 종류로 구분할 필요가 있다. 어떤 열린 영역 D 내의 임의의 단순 폐곡선 C가 D의 밖으로 벗어나지 않으면서 D 내의 한 점으로 줄어들 수 있으면, 열린 영역 D는 **단순연결**(simply connected)되어 있다고 정의한다. 즉 단순연결 열린 영역 D에서는 이 영역 안에 있는 임의의 단순 폐곡선이 D에 속하는 점들만을 둘러싼다. 쉽게 얘기해서 단순연결 열린 영역은 그 안에 '구멍(hole)'을 갖지 않는다. 전체 복소평면은 단순연결 열린 영역의 한 예이다. 단순연결이 되지 않은 열린 영역을 **다중연결 열린 영역**(multiply connected domain)이라고 한다. 즉 다중연결 열린 영역은 그 안에 '구멍'이 있다. 그림 18.2.1을 참조하라. 9.9절에서와 같이 '구멍'이 하나이면 **2중연결 열린 영역**(doubly connected domain), '구멍'이 2개이면 **3중연결 열린 영역**(triply connected domain)이라 한다.

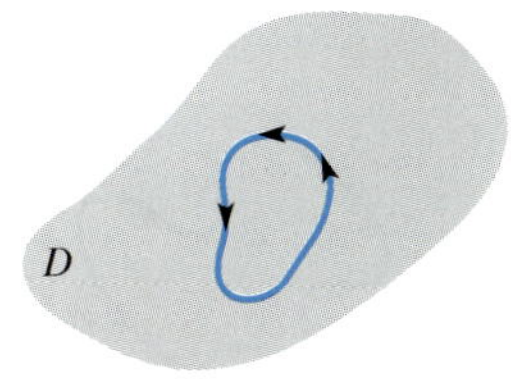

(a) 단순연결 열린 영역

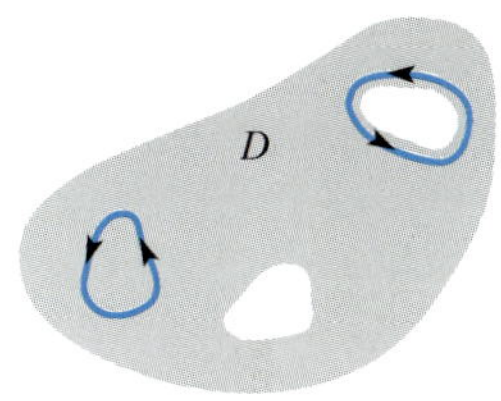

(b) 다중연결 열린 영역

그림 18.2.1 두 종류의 열린 영역

Cauchy의 정리 1825년, 프랑스의 수학자 Louis-Augustin Cauchy는 복소해석학에서 다음과 같은 매우 중요한 정리(**Cauchy 정리**)를 증명하였다.

> 함수 f가 단순연결 열린 영역 D에서 해석적이고 f'이 D에서 연속이라면, D 안에 있는 모든 단순 폐곡선 C에 대하여 $\oint_C f(z)\,dz = 0$이다.

이 정리는 Green 정리와 Cauchy-Riemann 방정식에 의하여 바로 증명할 수 있다. f'은 D에서 연속이고 $f(z) = u + iv$의 실수부와 허수부 그리고 그들의 1차 도함수가 D에서 연속이므로, $\oint_C f(z)\,dz$를 18.1절의 식 (2)와 같이 실수에서의 선적분들로 나타내고, 각각의 선적분에 Green 정리를 적용하면 다음과 같다.

$$\begin{aligned}\oint_C f(z)\,dz &= \oint_C u(x, y)\,dx - v(x, y)\,dy + i\oint_C v(x, y)\,dx + u(x, y)\,dy \\ &= \iint_D \left(-\frac{\partial v}{\partial x} - \frac{\partial u}{\partial y}\right) dA + i\iint_D \left(\frac{\partial u}{\partial x} - \frac{\partial v}{\partial y}\right) dA.\end{aligned} \tag{1}$$

이제 f가 해석적이므로 Cauchy-Riemann 방정식 $\partial u/\partial x = \partial v/\partial y$와 $\partial u/\partial y = -\partial v/\partial x$에 의해 식 (1)의 피적분함수(integrand)들은 D 내의 모든 점에서 0이 된다. 따라서 $\oint_C f(z)\,dz = 0$이 된다.

1883년에 프랑스의 수학자 Edouard Goursat (1858~1936)는 f'이 연속이라는 가정 없이 Cauchy 정리를 증명하였다. 이 결과는 **Cauchy-Goursat 정리**라고 부른다.

정리 18.2.1 Cauchy-Goursat 정리

함수 f가 단순연결 열린 영역 D에서 해석적이라고 한다면, D 안에 있는 모든 단순 폐곡선 C에 대하여 $\oint_C f(z)\,dz = 0$이다.

단순 폐곡선의 내부는 단순연결 열린 영역이므로 Cauchy-Goursat 정리는 아래와 같이 조금 더 실용적인 형태로 이해할 수 있다.

만약 함수 f가 단순 폐곡선 C의 내부와 그 위의 모든 점에서 해석적이면, $\oint_C f(z)\,dz = 0$이다. (2)

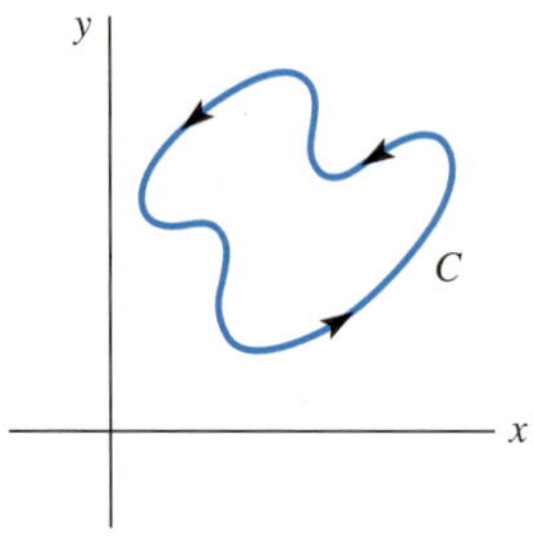

그림 18.2.2 예제 1의 경로

예제 1 **Cauchy-Goursat 정리의 적용**

C가 **그림 18.2.2**에 주어진 곡선일 때, $\oint_C e^z\,dz$를 구하라.

풀이 함수 $f(z) = e^z$은 전해석함수이고 C는 단순 폐곡선이다. 따라서 식 (2)에 주어진 형태의 Cauchy-Goursat 정리에 의하여 $\oint_C e^z\,dz = 0$이다. ≡

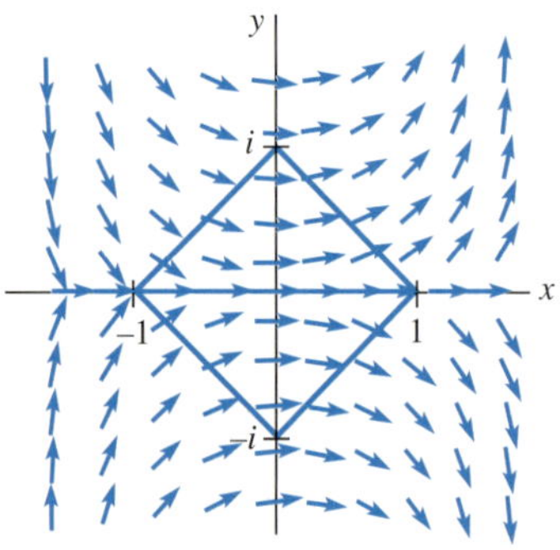

그림 18.2.3 흐름 $f(z) = \overline{\cos z}$

예제 2 **Cauchy-Goursat 정리의 적용**

C가 $(x-2)^2 + \dfrac{(y-5)^2}{4} = 1$인 타원일 때, $\oint_C \dfrac{dz}{z^2}$를 계산하라.

풀이 유리함수 $f(z) = 1/z^2$은 $z = 0$을 제외한 모든 점에서 해석적이다. 그러나 $z = 0$은 경로 C의 내부나 그 위에 있지 않다. 따라서 식 (2)로부터 $\oint_C dz/z^2 = 0$이다. ≡

예제 3 **Cauchy-Goursat 정리의 적용**

C가 꼭지점 $z = 1$, $z = i$, $z = -1$, $z = -i$를 가진 사각형일 때, 흐름 $f(z) = \overline{\cos z}$에 대한 순환과 순유량을 구하라.

풀이 순환과 순유량은 각각 적분 $\oint_C \overline{f(z)}\,dz = \oint_C \cos z\,dz$를 계산하여 실수부와 허수부를 취하면 된다. 함수 $\cos z$는 모든 점에서 해석적이므로 식 (2)로부터 $\oint_C \overline{f(z)}\,dz = 0$이다. 따라서 순환과 순유량은 0이 된다. **그림 18.2.3**에 흐름 $f(z) = \overline{\cos z}$와 경로 C를 나타내었다. ≡

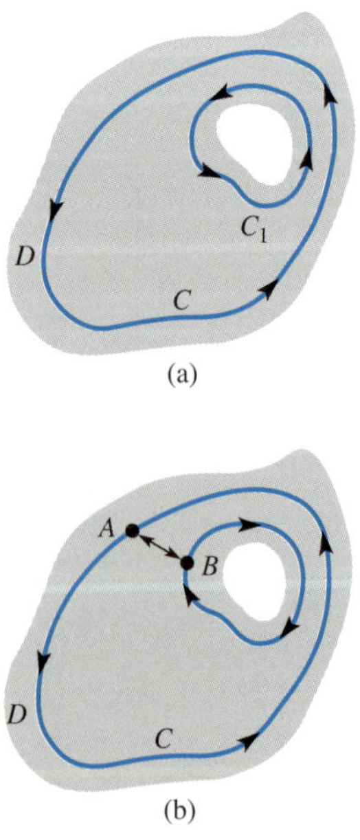

그림 18.2.4 다중연결 열린 영역 D

다중연결 열린 영역에 대한 Cauchy-Goursat 정리 f가 다중연결 열린 영역에서 해석적일 때에는 D 내에 있는 모든 단순 폐곡선 C에 관해 $\oint_C f(z)\,dz = 0$이라고 할 수 없다. D가 2중연결 열린 영역이고 C_1은 D 안의 '구멍'을 둘러싸고 있는 단순 폐곡선이고, 또 C는 D 내에 있고 C_1을 둘러싸고 있는 단순 폐곡선이라고 가정하자(**그림 18.2.4(a)**를 참조). 또한 f가 경로 C와 C_1 상에서 해석적이고 또 C의 내부에 있고 동시에 C_1의 외부에 있는 모든 점에서도 해석적이라 가정하자. 그림 18.2.4(b)에서와 같이 AB로 절단하면 곡선들에 의해 둘러싸인 영역은 단순연결 열린 영역이 된다. 이제 A에서 B까지의 적분값은 B에서 A까지의 적분값의 반대값(opposite value)이 된다. 그러므로 식 (2)에 의하여 $\oint_C f(z)\,dz + \oint_{C_1} f(z)\,dz = 0$ 또는

$$\oint_C f(z)\,dz = \oint_{C_1} f(z)\,dz \tag{3}$$

을 얻는다.

마지막 결과를 **경로 변형**(deformation of contour)의 원리라고도 부른다. 왜냐하면 경로 C를 연속적으로 변형하여 경로 C_1을 얻었다고 생각할 수 있기 때문이다. 이런 경로의 변형을 하여도 적분값은 변하지 않는다. 따라서 실제적으로 복잡한 단순 폐곡선 상의 적분을 계산할 때 식 (3)을 이용하면 보다 간단한 단순 폐곡선 상의 경로적분으로 치환하여 계산할 수 있다.

예제 4 경로 변형의 적용

C가 그림 18.2.5에 주어진 두 개의 경로 중 바깥쪽 경로일 때 $\oint_C \frac{dz}{z-i}$를 구하라.

풀이 식 (3)에 의하면 그림에서 보다 간편한 원형 경로 C_1 상에서 적분을 해도 된다. 반지름 $r = 1$인 원을 택하면 C_1은 C 내에 있다. 즉 C_1은 원 $|z - i| = 1$이고 따라서 매개변수를 이용하여 $x = \cos t,\ y = 1 + \sin t,\ 0 \le t \le 2\pi$ 또는 $z = i + e^{it},\ 0 \le t \le 2\pi$로 표현할 수 있다. $z - i = e^{it}$와 $dz = ie^{it}\,dt$로부터 다음을 얻는다.

$$\oint_C \frac{dz}{z-i} = \oint_{C_1} \frac{dz}{z-i} = \int_0^{2\pi} \frac{ie^{it}}{e^{it}}\,dt = i\int_0^{2\pi} dt = 2\pi i.$$ ≡

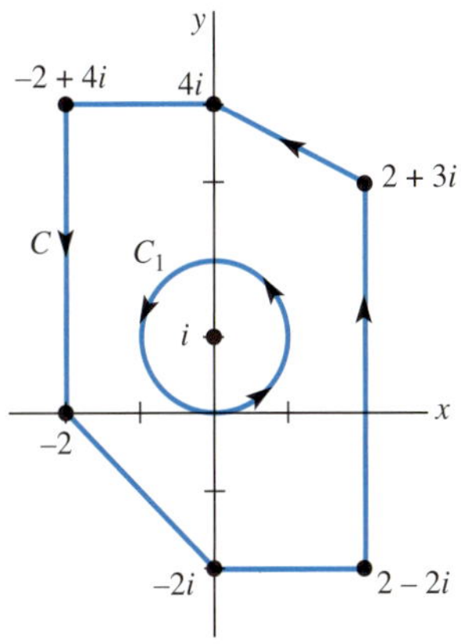

그림 18.2.5 예제 4에서는 더 간단한 경로 C_1을 사용함

식 (3)의 경로 변형의 원리를 이용하여 앞의 예제와 같이 계산하면 다음과 같은 일반화된 결과를 확인할 수 있다: 만약 z_0가 임의의 단순 폐곡선 C 내부의 임의의 상수 복소수일 때

$$\oint_C \frac{dz}{(z-z_0)^n} = \begin{cases} 2\pi i, & n = 1 \\ 0, & n\text{은 1이 아닌 정수} \end{cases} \tag{4}$$

이다.

$n \ne 1$인 정수일 때 식 (4)의 적분이 0이 되는 것은 일부 n 값에 대해서만 Cauchy-Goursat 정리를 적용할 수 있다. 즉 n이 0이거나 음의 정수일 때는 $1/(z - z_0)^n$은 다항식이 되므로[예를 들면 $n = -3$, $1/(z - z_0)^{-3} = (z - z_0)^3$] 전해석함수이다. 따라서 정리 18.2.1에 의해 $\oint_C dz/(z - z_0)^n = 0$을 얻는다. n이 $n \ne 1$인 양의 정수일 경우에도 적분이 0임을 보이는 것은 연습문제로 남긴다(연습문제 18.2의 문제 22를 참조).

예제 5 공식 (4)의 적용

C가 $|z - 2| = 2$인 원일 때 $\oint_C \frac{5z+7}{z^2+2z-3}\,dz$를 구하라.

풀이 분모를 인수분해하면 $z^2 + 2z - 3 = (z - 1)(z + 3)$이므로, $z = 1$과 $z = -3$에서

피적분함수는 해석적이 아니다. 이 두 점 중 $z = 1$만이, 반지름이 2이고, 중심이 $z = 2$인 원으로 주어진 경로 C의 내부에 있다. 이제 피적분함수를 부분분수로 분해하면

$$\frac{5z+7}{z^2+2z-3} = \frac{3}{z-1} + \frac{2}{z+3}$$

이므로

$$\oint_C \frac{5z+7}{z^2+2z-3}\,dz = 3\oint_C \frac{dz}{z-1} + 2\oint_C \frac{dz}{z+3} \tag{5}$$

이 된다. 식 (5)의 첫 번째 적분은 식 (4)의 결과에 의하여 $2\pi i$이고, 두 번째 적분은 Cauchy-Goursat 정리에 의하여 0이다. 따라서 식 (5)는 다음과 같다.

$$\oint_C \frac{5z+7}{z^2+2z-3}\,dz = 3(2\pi i) + 2(0) = 6\pi i. \qquad \equiv$$

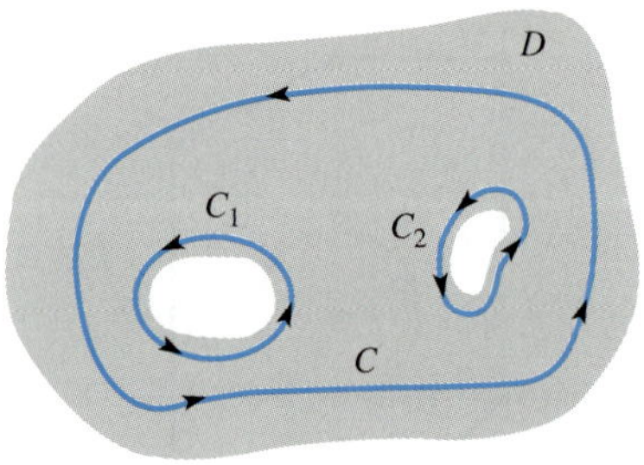

그림 18.2.6 삼중연결 열린 영역 D

만약 C, C_1 및 C_2가 그림 18.2.6에 주어진 단순 폐곡선이고 $f(z)$가 C, C_1, C_2 세 경로뿐 아니라 C의 내부와 C_1, C_2의 외부의 교집합에서 해석적이라면, 적당한 부분에서 절단을 하여 정리 18.2.1로부터 $\oint_C f(z)dz + \oint_{C_1} f(z)dz + \oint_{C_2} f(z)dz = 0$을 얻을 수 있다. 따라서 다음 식이 성립한다.

$$\oint_C f(z)\,dz = \oint_{C_1} f(z)\,dz + \oint_{C_2} f(z)\,dz.$$

다음 정리에서 n개의 '구멍'을 갖는 다중연결 열린 영역에 관한 일반적인 결과를 정리한다.

정리 18.2.2 다중연결 열린 영역에 대한 Cauchy-Goursat 정리

C, $C_1, \ldots, C_n$들이 양의 방향의 단순 폐곡선으로서 $C_1, \ldots, C_n$은 C의 내부에 있고 C_k, $k = 1, 2, \ldots, n$의 각각의 내부는 서로 겹치지 않는다고 하자. 만약 f가 모든 경로에서 해석적이고, 또 C의 내부에 속하면서 동시에 C_k, $k = 1, 2, \ldots, n$의 외부에 있는 모든 점에서 해석적이면, 다음이 성립한다.

$$\oint_C f(z)\,dz = \sum_{k=1}^{n} \oint_{C_k} f(z)\,dz. \tag{6}$$

예제 6 정리 18.2.2의 적용

C가 $|z| = 3$인 원일 때 $\oint_C \frac{dz}{z^2+1}$를 계산하라.

풀이 이 경우에 분모를 인수분해하면 $z^2 + 1 = (z - i)(z + i)$이므로, 피적분함수 $1/(z^2 + 1)$은 $z = i$와 $z = -i$에서 해석적이 아니다. 이들 2개의 점은 모두 경로 C 안에

있다. 피적분함수를 부분분수로 분해하여 다음을 얻는다.

$$\frac{1}{z^2+1} = \frac{1/2i}{z-i} - \frac{1/2i}{z+i}$$

$$\oint_C \frac{dz}{z^2+1} = \frac{1}{2i}\oint_C \left[\frac{1}{z-i} - \frac{1}{z+i}\right] dz.$$

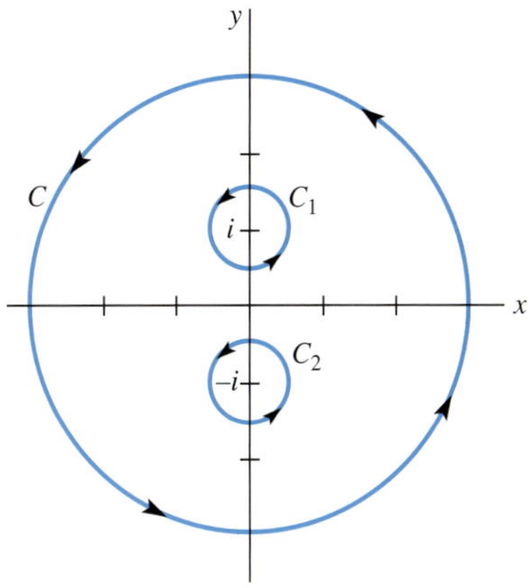

그림 18.2.7 예제 6의 경로

이제 점 $z = i$와 $z = -i$를 각각 C 내에 있는 원형 경로 C_1과 C_2에 의하여 둘러싼다. 예를 들어 C_1에 대하여 $|z - i| = \frac{1}{2}$과 C_2에 대하여 $|z + i| = \frac{1}{2}$을 선택하면 된다. 그림 18.2.7을 참조한다. 그러면 정리 18.2.2로부터 다음과 같이 계산할 수 있다.

$$\begin{aligned}\oint_C \frac{dz}{z^2+1} &= \frac{1}{2i}\oint_{C_1}\left[\frac{1}{z-i} - \frac{1}{z+i}\right] dz + \frac{1}{2i}\oint_{C_2}\left[\frac{1}{z-i} - \frac{1}{z+i}\right] dz \\ &= \frac{1}{2i}\oint_{C_1}\frac{dz}{z-i} - \frac{1}{2i}\oint_{C_1}\frac{dz}{z+i} + \frac{1}{2i}\oint_{C_2}\frac{dz}{z-i} - \frac{1}{2i}\oint_{C_2}\frac{dz}{z+i}.\end{aligned} \tag{7}$$

$1/(z + i)$은 C_1과 그 내부의 모든 점에서 해석적이고, $1/(z - i)$은 C_2와 그 내부의 모든 점에서 해석적이기 때문에, 식 (4)로부터 식 (7)의 두 번째와 세 번째의 적분은 0이 된다. 더욱이 식 (4)에 의해 $n = 1$이므로

$$\oint_{C_1}\frac{dz}{z-i} = 2\pi i, \qquad \oint_{C_2}\frac{dz}{z+i} = 2\pi i$$

이다. 따라서 식 (7)은 다음과 같다.

$$\oint_C \frac{dz}{z^2+1} = \pi - \pi = 0.$$

≡

참고

지금까지의 논의에서 C는 단순 폐곡선으로 가정하였다. 즉 C는 자신과의 교차점을 갖지 않았다. Cauchy-Goursat 정리는 단순연결 열린 영역 D 내에 있는 임의의 폐곡선 C에 대하여 성립한다(이것의 증명은 생략한다). 그림 18.2.8에 있는 경로 C는 폐곡선이지만 단순 폐곡선은 아니다. 그래도 f가 D에서 해석적이면 $\oint_C f(z)\, dz = 0$이다.

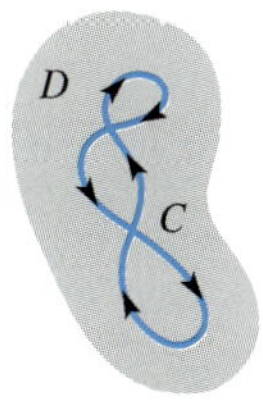

그림 18.2.8 경로 C는 폐곡선이지만 단순 폐곡선은 아님

18.2 연습문제

부록에 선택된 홀수 번 문제의 답이 있다.

문제 1~8에서는 $\oint_C f(z)\, dz = 0$을 증명하라. 단 f는 주어진 함수이고 C는 단위 원 $|z| = 1$이다.

1. $f(z) = z^3 - 1 + 3i$

2. $f(z) = z^2 + \dfrac{1}{z-4}$

3. $f(z) = \dfrac{z}{2z+3}$

4. $f(z) = \dfrac{z-3}{z^2+2z+2}$

5. $f(z) = \dfrac{\sin z}{(z^2-25)(z^2+9)}$

6. $f(z) = \dfrac{e^z}{2z^2+11z+15}$

7. $f(z) = \tan z$

8. $f(z) = \dfrac{z^2-9}{\cosh z}$

9. $\oint_C \frac{1}{z}\, dz$를 계산하라. 여기서 C는 그림 18.2.9의 경로이다.

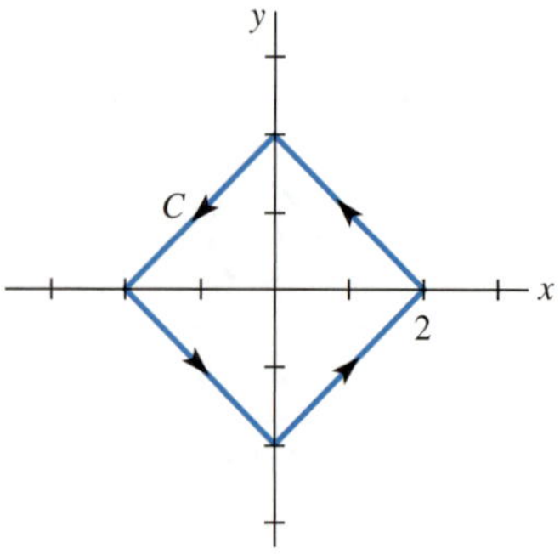

그림 18.2.9 문제 9의 경로

10. $\oint_C \frac{5}{z+1+i}\,dz$를 구하라. 여기서 C는 그림 18.2.10의 경로이다.

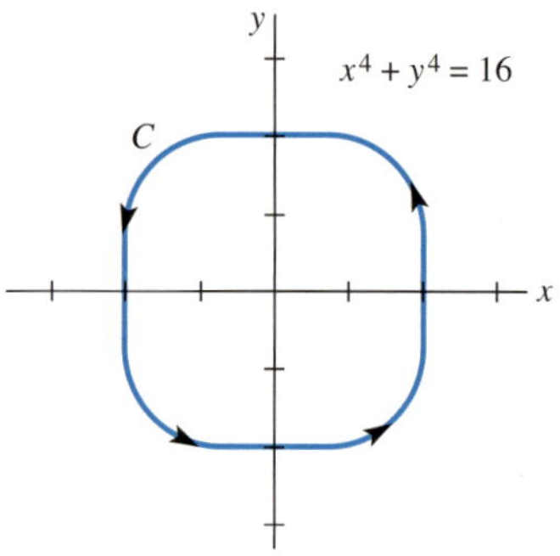

그림 18.2.10 문제 10의 경로

문제 11~20에서는 이 절에서 다룬 모든 결과를 이용하여 지시된 폐곡선을 따라서 주어진 적분을 계산하라.

11. $\oint_C \left(z + \frac{1}{z}\right) dz;\ |z| = 2$

12. $\oint_C \left(z + \frac{1}{z^2}\right) dz;\ |z| = 2$

13. $\oint_C \frac{z}{z^2 - \pi^2}\,dz;\ |z| = 3$

14. $\oint_C \frac{10}{(z+i)^4}\,dz;\ |z + i| = 1$

15. $\oint_C \frac{2z+1}{z^2+z}\,dz;$ **(a)** $|z| = \frac{1}{2}$, **(b)** $|z| = 2$, **(c)** $|z - 3i| = 1$

16. $\oint_C \frac{2z}{z^2+3}\,dz;$ **(a)** $|z| = 1$, **(b)** $|z - 2i| = 1$, **(c)** $|z| = 4$

17. $\oint_C \frac{-3z+2}{z^2 - 8z + 12}\,dz;$ **(a)** $|z - 5| = 2$, **(b)** $|z| = 9$

18. $\oint_C \left(\frac{3}{z+2} - \frac{1}{z-2i}\right) dz;$ **(a)** $|z| = 5$, **(b)** $|z - 2i| = \frac{1}{2}$

19. $\oint_C \frac{z-1}{z(z-i)(z-3i)}\,dz;\ |z - i| = \frac{1}{2}$

20. $\oint_C \frac{1}{z^3 + 2iz^2}\,dz;\ |z| = 1$

21. $\oint_C \frac{8z-3}{z^2 - z}\,dz$를 계산하라. C는 그림 18.2.11의 폐곡선이다.[힌트: C를 두 개의 폐곡선 C_1과 C_2의 합집합으로 표현하라.]

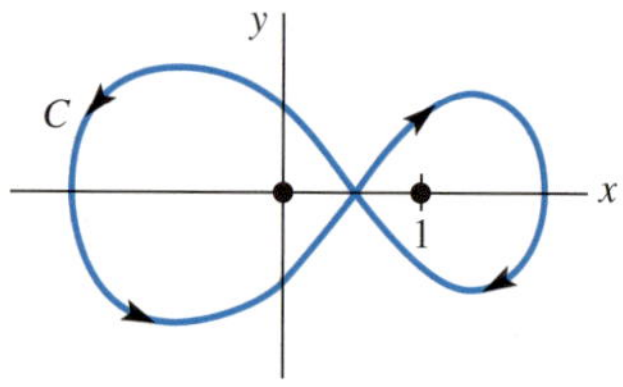

그림 18.2.11 문제 21의 경로

22. 만약 z_0가 임의의 단순 폐곡선 C 내부의 임의의 상수 복소수일 때, 다음을 증명하라.

$$\oint_C \frac{dz}{(z - z_0)^n} = \begin{cases} 2\pi i, & n = 1 \\ 0, & n\text{은 1이 아닌 양의 정수} \end{cases}$$

문제 23과 24에서는, 주어진 적분을 적당한 방법으로 구하라.

23. $\oint_C \left(\frac{e^z}{z+3} - 3\bar{z}\right) dz$, C는 $|z| = 1$인 원

24. $\oint_C (z^3 + z^2 + \mathrm{Re}(z))\,dz$, C는 꼭지점이 $z = 0$, $z = 1 + 2i$, $z = 1$인 삼각형

18.3 경로의 독립성

소개 실변수 미적분학에서 함수 f가 $F'(x) = f(x)$를 만족하는 역도함수(antiderivative) F를 갖는다면, 함수 f의 정적분은 미적분학의 기본정리(Fundamental Theorem of Calculus)에 의해 다음과 같이 계산할 수 있다.

$$\int_a^b f(x)\,dx = F(b) - F(a). \tag{1}$$

$\int_a^b f(x)\,dx$는 적분구간의 시작점과 끝점인 a와 b의 값에 따라서만 달라진다. 실선적분 $\int_C P\,dx + Q\,dy$의 값은 일반적으로 경로 C에 따라서 달라지는 것과 대조된다. 그러나 9.9절에서 적분값이 경로 C 자체와 상관없이 경로 C의 시작점 A와 끝점 B만의 함수가 되는 선적분도 존재한다는 것을 보았다. 이 경우 선적분이 **경로에 독립**이라고 정의하고, **선적분의 기본정리**(Fundamental Theorem of Line Integrals)에 의해 계산할 수 있다(정리 9.9.1). 여기서 자연스럽게 다음과 같은 의문이 생긴다.

미적분학의 기본정리의 복소 버전(version)이 있는가?

경로적분 $\int_C f(z)\,dz$도 경로에 독립일 수 있는가?

이 두 가지 질문에 대한 답이 '그렇다'임을 이 절에서 이해해 보자.

정의 아래의 정의에 나와 있듯이 **경로 독립성**(path independence)의 정의는 경로적분 $\int_C f(z)\,dz$에 대해서나 실선적분 $\int_C P\,dx + Q\,dy$에 대해서나 근본적으로 같다.

정의 18.3.1 경로의 독립성

z_0와 z_1은 열린 영역 D 내의 점이라 하자. 경로적분 $\int_C f(z)\,dz$가 시작점이 z_0이고 끝점이 z_1인 D 내에 있는 모든 경로 C에 대하여 적분값이 같다면, $\int_C f(z)\,dz$는 **경로에 독립**(independent of the path)이라고 한다.

앞절의 끝부분에서 Cauchy-Goursat 정리는 단순연결 열린 영역 D 안에 있는 단순 폐곡선뿐만 아니라 단순하지 않은 폐곡선에 대해서도 성립한다는 것을 배웠다. 이제 그림 18.3.1에 나와 있는 바와 같이 C와 C_1을 시작점이 z_0이고 끝점이 z_1인 단순연결 열린 영역 D 내의 두 경로라고 하자. 이때 C와 $-C_1$은 하나의 폐곡선을 만들기 때문에, f가 D에서 해석적이면 Cauchy-Goursat 정리에 의하여

$$\int_C f(z)\,dz + \int_{-C_1} f(z)\,dz = 0 \tag{2}$$

이고, 따라서

$$\int_C f(z)\,dz = \int_{C_1} f(z)\,dz \tag{3}$$

이 성립한다. 식 (3)의 결과는 18.2절에서 소개한 경로 변형의 원리의 한 예라고 생각할 수도 있다. 이 결과를 요약하면 다음 정리와 같다.

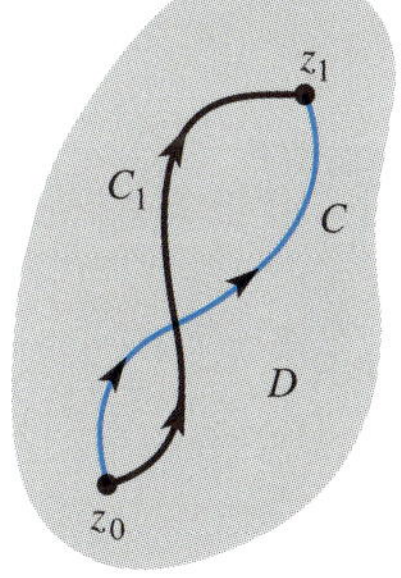

그림 18.3.1 만일 f가 D에서 해석적이면, C에 대한 적분과 C_1에 대한 적분은 같다.

정리 18.3.1 해석적이면 경로에 독립

f가 단순연결 열린 영역 D에서 해석함수이면, $\int_C f(z)\,dz$는 경로 C에 독립이다.

예제 1 다른 경로의 선택

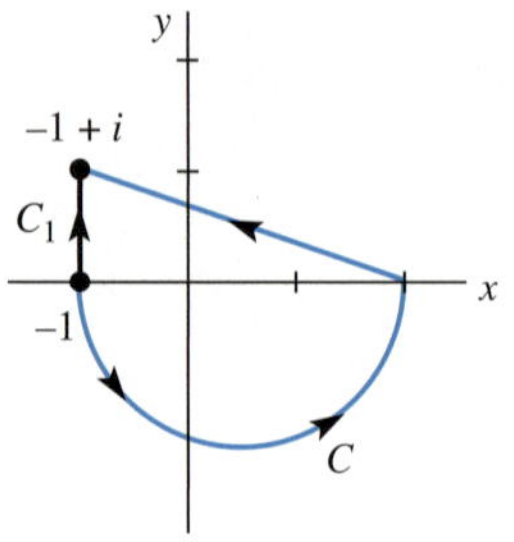

그림 18.3.2 예제 1의 경로

C가 그림 18.3.2에 주어진 시작점이 $z = -1$이고 끝점이 $z = -1 + i$인 경로일 때, $\int_C 2z\,dz$를 계산하라.

풀이 $f(z) = 2z$가 전해석함수이므로 경로 C를 $z = -1$과 $z = -1 + i$를 연결하는 계산하기 편한 경로 C_1으로 바꿔서 계산해도 된다. 예를 들어 C_1을 그림 18.3.2에 검은색으로 나타낸 선분 $x = -1,\ 0 \le y \le 1$로 택하면 $z = -1 + iy$, $dz = i\,dy$가 되어 다음을 얻는다.

$$\int_C 2z\,dz = \int_{C_1} 2z\,dz = -2\int_0^1 y\,dy - 2i\int_0^1 dy = -1 - 2i.$$ ≡

경로적분 $\int_C f(z)\,dz$가 경로 C에 독립이면, 보통 C의 시작점 z_0와 끝점 z_1만을 사용하여 $\int_{z_0}^{z_1} f(z)\,dz$라고 표시한다. 따라서 예제 1의 적분을 $\int_{-1}^{-1+i} 2z\,dz$라고 쓸 수 있다.

예제 1의 경로적분을 구하는 데 있어 더 쉬운 방법이 있다.

정의 18.3.2 역도함수

f가 열린 영역 D에서 연속이라 하자. 만약 D 내의 모든 z에 대하여 $F'(z) = f(z)$인 함수 F가 존재한다면, F를 f의 **역도함수**라고 한다.

예를 들어 $F(z) = -\cos z$는 $F'(z) = \sin z$이므로 $f(z) = \sin z$의 역도함수이다. 실함수의 경우와 마찬가지로 $f(z)$의 역도함수 또는 **부정적분**(indefinite integral)의 일반적인 형태는 $\int f(z)\,dz = F(z) + C$로 표기한다. 여기서 $F'(z) = f(z)$이고 C는 임의의 복소상수이다.

함수 f의 역도함수 F는 열린 영역 D의 모든 점에서 미분 가능하므로 D에서 해석적이다. 또한 모든 미분 가능한 함수는 연속이기 때문에 F는 연속함수이다.

이제 식 (1)의 복소 버전을 증명해 보자.

정리 18.3.2 경로적분의 기본정리

f가 열린 영역 D에서 연속이고 F는 D에서 f의 역도함수라면, 시작점 z_0와 끝점 z_1을 갖는 D 내의 어떤 경로 C에 대해서도 다음이 성립한다.

$$\int_C f(z)\,dz = F(z_1) - F(z_0). \tag{4}$$

증명 C가 $z = z(t)$, $a \le t \le b$에 의하여 정의된 매끄러운 곡선인 경우에 식 (4)를 증명한다. 18.1절의 식 (3)과 D의 모든 점 z에 대하여 $F'(z) = f(z)$인 사실을 이용하여 다음을 얻는다.

$$\begin{aligned}\int_C f(z)\,dz &= \int_a^b f(z(t))z'(t)\,dt = \int_a^b F'(z(t))z'(t)\,dt \\ &= \int_a^b \frac{d}{dt}F(z(t))\,dt \quad \leftarrow \text{연쇄법칙} \\ &= F(z(t))\Big]_a^b \\ &= F(z(b)) - F(z(a)) = F(z_1) - F(z_0).\end{aligned}$$

≡

예제 2 역도함수의 이용

예제 1에서 그림 18.3.2의 경로 C에 대해 적분 $\int_C 2z\,dz$는 경로에 독립임을 알았다. 이제 $f(z) = 2z$는 전해석함수이므로 당연히 연속이다. 또 $F(z) = z^2$은 $F'(z) = 2z$를 만족하므로 f의 역도함수이다. 따라서 식 (4)에 의하여 다음을 얻는다.

$$\int_{-1}^{-1+i} 2z\,dz = z^2\Big]_{-1}^{-1+i} = (-1 + i)^2 - (-1)^2 = -1 - 2i.$$

≡

예제 3 역도함수의 이용

C가 $z = 0$에서 $z = 2 + i$까지의 임의의 경로일 때, $\int_C \cos z\,dz$를 구하라.

풀이 $F(z) = \sin z$는 $F'(z) = \cos z$이므로 $f(z) = \cos z$의 역도함수이다. 따라서 식 (4)로부터 다음을 얻는다.

$$\int_C \cos z\,dz = \int_0^{2+i} \cos z\,dz = \sin z\Big]_0^{2+i} = \sin(2 + i) - \sin 0 = \sin(2 + i).$$

만일 $a + ib$ 형태의 복소수를 답으로 하고 싶으면, $\sin(2 + i) = 1.4031 - 0.4891i$를 이용하면 된다(17.7절의 예제 1을 참조). 따라서 다음을 얻는다.

$$\int_C \cos z\,dz = 1.4031 - 0.4891i.$$

≡

정리 18.3.2로부터 여러 가지 결과를 바로 유도할 수 있다. 우선 경로 C가 폐곡선이면 $z_0 = z_1$이므로 다음이 성립한다.

$$\oint_C f(z)\,dz = 0. \tag{5}$$

다음으로 $\int_C f(z)\,dz$가 오직 점 z_0와 z_1만의 함수이므로 이 점을 연결한 D 내의 어떤 경로 C에 대해서도 적분값이 같다. 다시 말하면 다음과 같다.

만약 연속함수 f가 D에서 역도함수 F를 갖는다면,

$\int_C f(z)\,dz$는 경로에 독립이다. (6)

추가로 다음과 같은 역도함수가 존재하기 위한 충분조건을 얻을 수 있다.

만약 f가 연속이고 $\int_C f(z)\,dz$가 D에서 경로에 독립이면,
D의 모든 점에서 f의 역도함수가 존재한다. (7)

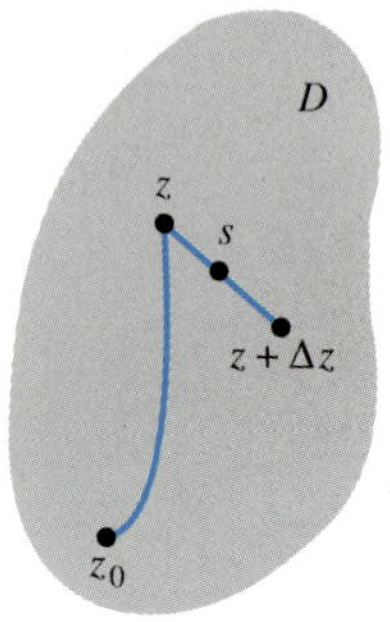

그림 18.3.3 (7)의 증명에서 사용된 경로

마지막 명제는 중요하므로 증명해 보도록 하자. f가 연속이고 $\int_C f(z)\,dz$는 열린 영역 D에서 경로에 독립이고, $F(z) = \int_{z_0}^{z} f(s)\,ds$라고 하자. 여기에서 s는 복소변수이고, z_0는 D 내에 있는 고정된 점이며, z는 D 내에 있는 임의의 점이다. 이제 F가 D에서 f의 역도함수임을 즉, $F'(z) = f(z)$임을 증명하자.

$$F(z + \Delta z) - F(z) = \int_{z_0}^{z+\Delta z} f(s)\,ds - \int_{z_0}^{z} f(s)\,ds = \int_{z}^{z+\Delta z} f(s)\,ds \tag{8}$$

이다. D가 열린 영역이므로 $z + \Delta z$가 D 안에 포함되도록 Δz를 택할 수 있다. 또한 z와 $z + \Delta z$는 **그림 18.3.3**과 같이 D 내에 있는 직선으로 연결될 수 있다. 이 직선을 식 (8)의 마지막 식에 대한 경로로 생각하고, z를 고정시키면 다음과 같이 쓸 수 있다.*

$$f(z)\,\Delta z = f(z)\int_{z}^{z+\Delta z} ds = \int_{z}^{z+\Delta z} f(z)\,ds, \qquad f(z) = \frac{1}{\Delta z}\int_{z}^{z+\Delta z} f(z)\,ds \tag{9}$$

이므로, 식 (8)과 (9)로부터

$$\frac{F(z + \Delta z) - F(z)}{\Delta z} - f(z) = \frac{1}{\Delta z}\int_{z}^{z+\Delta z} [f(s) - f(z)]\,ds.$$

이제 f는 점 z에서 연속이므로, 임의의 $\varepsilon > 0$에 대하여 $|s - z| < \delta$이면 $|f(s) - f(z)| < \varepsilon$이 되는 $\delta > 0$가 존재한다. 결과적으로 $|\Delta z| < \delta$가 되도록 Δz를 선택하면

$$\left|\frac{F(z + \Delta z) - F(z)}{\Delta z} - f(z)\right| = \left|\frac{1}{\Delta z}\int_{z}^{z+\Delta z} [f(s) - f(z)]\,ds\right|$$
$$= \left|\frac{1}{\Delta z}\right|\left|\int_{z}^{z+\Delta z} [f(s) - f(z)]\,ds\right| \le \frac{1}{|\Delta z|}\varepsilon|\Delta z| = \varepsilon$$

이 되고, 따라서 다음이 성립한다.

$$\lim_{\Delta z \to 0} \frac{F(z + \Delta z) - F(z)}{\Delta z} = f(z) \qquad \text{또는} \qquad F'(z) = f(z).$$

만약 f가 단순연결 열린 영역 D에서 해석적인 함수라면, 당연히 f는 D의 모든 점에서 연속이다. 이 사실과 정리 18.3.1과 식 (7)을 종합하면, 해석적인 함수는 해석적인 역도함수를 갖는다는 또 하나의 정리를 얻을 수 있다.

* 연습문제 18.1의 문제 29를 참조하라.

정리 18.3.3 역도함수의 존재성

만약 f가 단순연결 열린 영역 D에서 해석적이라면 f는 D에서 역도함수를 갖는다. 즉 D 내에 있는 모든 점 z에 대하여 $F'(z) = f(z)$인 함수 F가 존재한다.

17.6절의 식 (9)에서 $1/z$은 Ln z의 도함수임을 보았다. 이것은 어떤 가정하에서만 Ln z는 $1/z$의 역도함수임을 의미한다. 즉 이 결과를 이용할 때는 주의하여야 한다. 예를 들어 D를 원점을 제외한 전체 복소평면이라고 하면 함수 $1/z$은 이 **다중연결 열린 영역**에서 해석적이다. 만약 C가 원점을 포함하는 임의의 단순 폐곡선이라면 식 (5)에 의해 $\oint_C dz/z = 0$이라는 결론을 내릴 수가 없다. 실제로 18.2절의 식 (4)에서 $z_0 = 0$인 경우에

$$\oint_C \frac{1}{z}\,dz = 2\pi i.$$

참고로 Ln z는 양이 아닌 실수축에서 해석적이 아니다(양이 아닌 실수축은 로그함수의 주가지를 제외한 가지절단이다).

예제 4 로그함수의 이용

C가 그림 18.3.4에서 주어진 경로일 때 $\int_C \frac{1}{z}\,dz$를 계산하라.

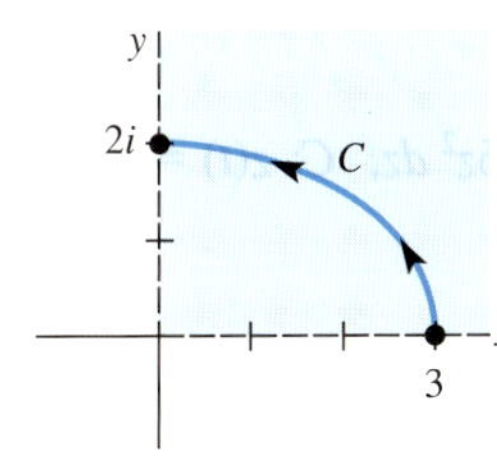

그림 18.3.4 예제 4의 경로

풀이 D를 $x = \text{Re}(z) > 0$, $y = \text{Im}(z) > 0$에 의하여 정의된 단순연결 열린 영역이라고 하자. 이 경우에 D에서 Ln z와 $1/z$이 해석적이므로 Ln z는 $1/z$의 역도함수이다. 따라서 식 (4)에 의하여

$$\int_3^{2i} \frac{1}{z}\,dz = \text{Ln}\, z\Big]_3^{2i} = \text{Ln}\, 2i - \text{Ln}\, 3$$

이다. 17.6절의 식 (7)에 의하여

$$\text{Ln}\, 2i = \log_e 2 + \frac{\pi}{2}i, \qquad \text{Ln}\, 3 = \log_e 3$$

이므로 다음을 얻는다. $$\int_3^{2i} \frac{1}{z}\,dz = \log_e \frac{2}{3} + \frac{\pi}{2}i = -0.4055 + 1.5708i.$$ ≡

참고

f와 g가 경로 C를 포함하는 단순연결 열린 영역 D에서 해석적이라고 하자. 만약 z_0과 z_1이 C의 시작점과 끝점이라면, **부분적분** 공식이 D에서 성립한다. 즉

$$\int_{z_0}^{z_1} f(z)g'(z)\,dz = f(z)g(z)\Big]_{z_0}^{z_1} - \int_{z_0}^{z_1} f'(z)g(z)\,dz$$

이다. 이것은 함수 $(d/dz)(fg)$에 대해 정리 18.3.2를 적용하여 바로 증명할 수 있다. 연습문제 18.3의 문제 21~24를 참조하라.

19.1 수열과 급수

소개 복소수열과 급수의 이론은 대부분 실수학에서 다룬 내용과 유사하다. 이 절에서는 복소수열과 복소 무한급수에 대한 수렴 및 발산을 다룬다. 또한 무한급수의 수렴 판정법을 제시한다. 이 장의 뒷절에서 중요하게 다루어질 **기하급수**에 관한 내용도 주의 깊게 살펴보기 바란다.

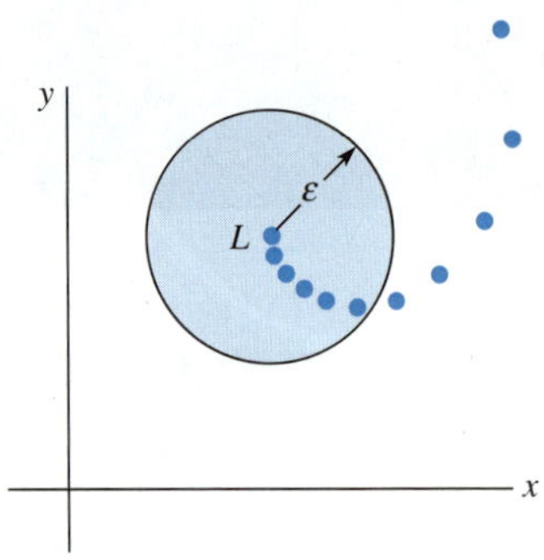

그림 19.1.1 $\{z_n\}$이 L에 수렴하면 유한 개의 수열항을 제외한 모든 z_n들은 L의 ε 근방 내에 있음

수열

수열(sequence) $\{z_n\}$은 양의 정수 집합을 정의역으로 갖는 함수이다. 즉 각 정수 $n = 1, 2, 3, \ldots$에 대해서 복소수 z_n을 대응시킨다. 예를 들면 수열 $\{1 + i^n\}$은

$$\begin{array}{ccccc} 1+i, & 0, & 1-i, & 2, & 1+i, \ldots \\ \uparrow & \uparrow & \uparrow & \uparrow & \uparrow \\ n=1, & n=2, & n=3, & n=4, & n=5, \ldots . \end{array} \tag{1}$$

이다. $\lim_{n\to\infty} z_n = L$이면 수열 $\{z_n\}$은 **수렴**(convergence)한다고 한다. 즉 임의의 양수 e에 대하여 $n > N$일 때 $|z_n - L| < \varepsilon$가 성립하는 적당한 N이 존재하면 $\{z_n\}$은 L에 **수렴**한다. **그림 19.1.1**에 나와 있는 것처럼 수열 $\{z_n\}$이 L에 수렴하면 유한 개의 수열항을 제외한 모든 z_n들은 L의 ε 근방 내에 있다. 식 (1)의 수열 $\{1 + i^n\}$은 일반항 $z_n = 1 + i^n$이 $n \to \infty$일 때 고정된 복소수로 접근하지 않기 때문에 발산한다. 이 수열의 처음 네 항은 n이 증가함에 따라 계속 반복된다.

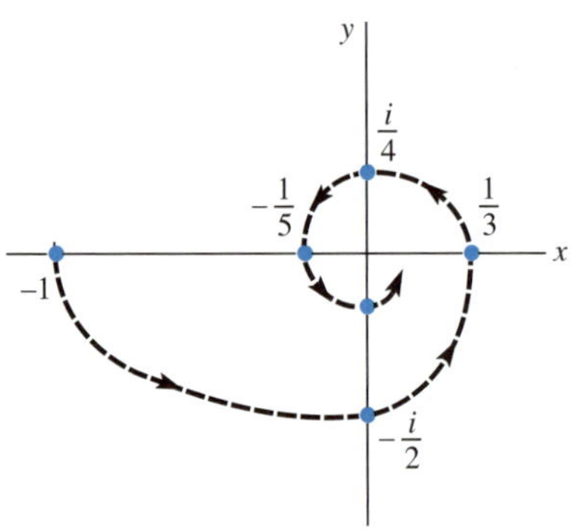

그림 19.1.2 예제 1의 나선 모양으로 점 $z = 0$에 접근하는 수열항

예제 1 **수렴 수열**

수열 $\left\{\dfrac{i^{n+1}}{n}\right\}$은 수렴한다. 왜냐하면

$$\lim_{n\to\infty} \frac{i^{n+1}}{n} = 0$$

이기 때문이다. **그림 19.1.2**에 나와 있는 수열

$$-1, -\frac{i}{2}, \frac{1}{3}, \frac{i}{4}, -\frac{1}{5}, \ldots$$

은 나선 모양으로 점 $z = 0$에 접근한다. ≡

다음의 정리는 직관적으로 성립함을 알 수 있다.

정리 19.1.1 수렴의 기준

수열 $\{z_n\}$이 복소수 L에 수렴하기 위한 필요충분조건은 $\text{Re}(z_n)$은 $\text{Re}(L)$에 수렴하고 $\text{Im}(z_n)$은 $\text{Im}(L)$에 수렴하는 것이다.

예제 2 정리 19.1.1의 설명

수열 $\left\{\dfrac{ni}{n+2i}\right\}$는 i에 수렴한다. $\text{Re}(i) = 0$이고 $\text{Im}(i) = 1$이다. 그리고

$$z_n = \frac{ni}{n+2i} = \frac{2n}{n^2+4} + i\frac{n^2}{n^2+4},$$

이므로 $n \to \infty$일 때 $\text{Re}(z_n) = 2n/(n^2+4) \to 0$이고 $\text{Im}(z_n) = n^2/(n^2+4) \to 1$임을 알 수 있다. ≡

급수 복소수의 **무한급수**(infinite series)

$$\sum_{k=1}^{\infty} z_k = z_1 + z_2 + z_3 + \cdots + z_n + \cdots$$

은

$$S_n = z_1 + z_2 + z_3 + \cdots + z_n$$

인 부분합의 수열 $\{S_n\}$이 수렴하면 **수렴**한다. $n \to \infty$일 때 $S_n \to L$이면 급수의 **합**(sum)은 L이라 한다.

기하급수 기하급수(geometric series)

$$\sum_{k=1}^{\infty} az^{k-1} = a + az + az^2 + \cdots + az^{n-1} + \cdots \tag{2}$$

에 대해서 부분합 수열의 n번째 항은

$$S_n = a + az + az^2 + \cdots + az^{n-1} \tag{3}$$

이다. S_n에서 S_n에 z를 곱한 항을 빼면 $S_n - zS_n = a - az^n$이 된다. S_n을 구하면

$$S_n = \frac{a(1-z^n)}{1-z} \tag{4}$$

이다. $|z| < 1$이고 $n \to \infty$일 때 $z^n \to 0$이므로 $|z| < 1$일 때 식 (2)는

$$\frac{a}{1-z}$$

로 수렴함을 식 (4)로부터 알 수 있다. 한편 $|z| \geq 1$이면 이 급수는 발산한다. $|z| < 1$에 대해서만 성립하는 다음 두 기하급수들

$$\frac{1}{1-z} = 1 + z + z^2 + z^3 + \cdots \tag{5}$$

$$\frac{1}{1+z} = 1 - z + z^2 - z^3 + \cdots \tag{6}$$

은 앞으로 아주 유용할 것이다. 더불어

$$\frac{1-z^n}{1-z} = 1 + z + z^2 + z^3 + \cdots + z^{n-1} \tag{7}$$

의 다른 표현

$$\frac{1}{1-z} = 1 + z + z^2 + z^3 + \cdots + z^{n-1} + \frac{z^n}{1-z} \tag{8}$$

은 이 장의 중요한 두 정리를 증명하는 데 사용될 것이다.

예제 3 수렴하는 기하급수

급수

$$\sum_{k=1}^{\infty} \frac{(1+2i)^k}{5^k} = \frac{1+2i}{5} + \frac{(1+2i)^2}{5^2} + \frac{(1+2i)^3}{5^3} + \cdots$$

은 $a = (1+2i)/5$이고 $z = (1+2i)/5$인 기하급수이다. $|z| = \sqrt{5}/5 < 1$이므로 이 급수는 수렴하고

$$\sum_{k=1}^{\infty} \frac{(1+2i)^k}{5^k} = \frac{\dfrac{1+2i}{5}}{1 - \dfrac{1+2i}{5}} = \frac{i}{2}$$

로 정리된다. ≡

정리 19.1.2 수렴의 필요조건

$\sum_{k=1}^{\infty} z_k$가 수렴하면 $\lim_{n\to\infty} z_n = 0$이다.

정리 19.1.2와 같은 형태는 무한급수의 발산에 대한 n번째 항판정법과 동치이다.

정리 19.1.3 발산에 대한 n번째 항판정법

$\lim_{n\to\infty} z_n \neq 0$이면 급수 $\sum_{k=1}^{\infty} z_k$는 발산한다.

예를 들어 $n \to \infty$일 때 $z_n = (n+5i)/n \to 1$이므로 급수 $\sum_{k=1}^{\infty}(k+5i)/k$는 발산한다. $|z| \geq 1$일 때 $\lim_{n\to\infty} |z_n|$이 존재하지 않기 때문에 기하급수 식 (2)는 발산한다.

정의 19.1.1 절대수렴

$\sum_{k=1}^{\infty} |z_k|$가 수렴하면 급수 $\sum_{k=1}^{\infty} z_k$는 **절대수렴**(absolute convergence)한다고 한다.

예제 4 절대수렴

급수 $\sum_{k=1}^{\infty} (i^k/k^2)$는 $|i^k/k^2| = 1/k^2$이고 실급수 $\sum_{k=1}^{\infty} (1/k^2)$가 수렴하기 때문에 절대수렴한다. $\sum_{k=1}^{\infty} (1/k^p)$ 형태의 실급수는 p-급수로 불리며 $p > 1$인 경우 수렴하고 $p \leq 1$인 경우에는 발산함을 기억하자. ≡

실수학에서와 같이 복소수학에서도

절대수렴은 수렴을 의미한다.

따라서 예제 4에서 절대수렴 급수

$$\sum_{k=1}^{\infty} \frac{i^k}{k^2} = i - \frac{1}{2^2} - \frac{i}{3^2} + \cdots$$

는 수렴한다.

다음의 두 판정법은 실수학에서의 비판정법(ratio test)과 근판정법(root test)을 복소수로 확장한 것이다.

정리 19.1.4 비판정법

$\sum_{k=1}^{\infty} z_k$는

$$\lim_{n\to\infty} \left|\frac{z_{n+1}}{z_n}\right| = L \tag{9}$$

이고, 각 항이 0이 아닌 복소급수라 하자.

(*i*) $L < 1$이면 이 급수는 절대수렴한다.

(*ii*) $L > 1$ 또는 $L = \infty$이면 이 급수는 발산한다.

(*iii*) $L = 1$이면 이 판정법은 결론을 내릴 수 없다.

정리 19.1.5 근판정법

$\sum_{k=1}^{\infty} z_k$는

$$\lim_{n\to\infty} \sqrt[n]{|z_n|} = L \tag{10}$$

인 복소급수라 하자.

(*i*) $L < 1$이면 이 급수는 절대수렴한다.

(*ii*) $L > 1$ 또는 $L = \infty$이면 이 급수는 발산한다.

(*iii*) $L = 1$이면 이 판정법은 결론을 내릴 수 없다.

우리의 주된 관심은 이 두 판정법을 거듭제곱급수에 적용하는 것이다.

문제 13~22에서는 주어진 함수를 지시된 점을 중심으로 한 Taylor 급수로 전개하고, 각 급수의 수렴반경을 구하라.

13. $f(z) = 1/z,\ z_0 = 1$

14. $f(z) = 1/z,\ z_0 = 1 + i$

15. $f(z) = \dfrac{1}{3 - z},\ z_0 = 2i$

16. $f(z) = \dfrac{1}{1 + z},\ z_0 = -i$

17. $f(z) = \dfrac{z - 1}{3 - z},\ z_0 = 1$

18. $f(z) = \dfrac{1 + z}{1 - z},\ z_0 = i$

19. $f(z) = \cos z,\ z_0 = \pi/4$

20. $f(z) = \sin z,\ z_0 = \pi/2$

21. $f(z) = e^z,\ z_0 = 3i$

22. $f(z) = (z - 1)e^{-2z},\ z_0 = 1$

문제 23과 24에서는 (7)을 사용하여 주어진 함수의 Maclaurin 급수의 0이 아닌 처음 3개의 항을 구하라.

23. $f(z) = \tan z$

24. $f(z) = e^{1/(1+z)}$

문제 25와 26에서는 부분분수 분해를 사용하여 주어진 함수의 Maclaurin 급수를 구하고 급수의 수렴반경을 구하라.

25. $f(z) = \dfrac{i}{(z - i)(z - 2i)}$

26. $f(z) = \dfrac{z - 7}{z^2 - 2z - 3}$

문제 27과 28에서는 전개를 하지 말고 지시된 점을 중심으로 한 주어진 함수의 Taylor 급수 수렴반경을 결정하라.

27. $f(z) = \dfrac{4 + 5z}{1 + z^2},\ z_0 = 2 + 5i$

28. $f(z) = \cot z,\ \ z_0 = \pi i$

문제 29와 30에서는 주어진 함수를 지시된 점을 중심으로 한 Taylor 급수로 전개하고 각 급수의 수렴반경을 구하라. 또 두 개의 급수가 모두 수렴하는 영역을 그려라.

29. $f(z) = \dfrac{1}{2 + z},\ z_0 = -1,\ z_0 = i$

30. $f(z) = \dfrac{1}{z},\ z_0 = 1 + i,\ z_0 = 3$

31. **(a)** 로그의 주값(principal branch) $f(z) = \text{Ln } z = \log_e|z| + i \text{ Arg } z$은 중심이 $z_0 = -1 + i$인 Taylor 급수로 전개된다고 가정하자. $R = 1$이 f가 해석적이 되는 $z_0 = -1 + i$ 중심의 최대 수렴원의 반경이 되는 이유를 설명하라.

(b) $|z - (-1 + i)| = 1$인 원 내에서 f의 Taylor 급수는

$$\text{Ln } z = \frac{1}{2}\log_e 2 + \frac{3\pi}{4}i - \sum_{k=1}^{\infty}\frac{1}{k}\left(\frac{1 + i}{2}\right)^k (z + 1 - i)^k$$

임을 보여라.

(c) (b)의 거듭제곱급수의 수렴반경이 $R = \sqrt{2}$임을 보여라. 그리고 이 같은 결과가 (a)의 결과와 모순되지 않는 이유를 설명하라.

32. **(a)** 함수 $f(z) = \text{Ln}(1 + z)$이다. f가 해석적이 되는 원점 중심의 최대 원의 반경은?

(b) f를 Maclaurin 급수로 전개하라. 이 급수의 수렴반경은 무엇인가?

(c) (b)의 결과를 이용하여 $\text{Ln}(1 - z)$의 Maclaurin 급수를 구하라.

(d) $\text{Ln}\left(\dfrac{1 + z}{1 - z}\right)$의 Maclaurin 급수를 구하라.

문제 33과 34에서는 지시된 수의 항을 갖는 Maclaurin 급수를 이용하여 주어진 식의 근사값을 구하라.

33. $e^{(1 + i)/10}$, 세 항

34. $\sin\left(\dfrac{1 + i}{10}\right)$, 두 항

35. 15.1절에서 오차함수를

$$\text{erf}(z) = \frac{2}{\sqrt{\pi}}\int_0^z e^{-t^2}dt$$

로 정의하였다. 오차함수 $\text{erf}(z)$의 Maclaurin 급수를 구하라.

36. e^{iz}에 대한 Maclaurin 급수를 이용하여 다음의 복소수 z에 대한 Euler 공식을 증명하라.

$$e^{iz} = \cos z + i \sin z.$$

19.3 Laurent 급수

소개 복소함수 f가 $z = z_0$에서 해석적이 아니면 이 점은 **특이하다**(singular) 또는 함수의 **특이점**(singular point)이라 한다. 예를 들면 복소수 $z = 2i$와 $z = -2i$는 함수 $f(z) =$

$z/(z^2+4)$가 이 두 점에서 불연속이므로 특이점이다. 17.6절에서 로그의 주값 Ln z는 양이 아닌 x축 상의 점들을 제외한 모든 점들에서 해석적임을 보았다. 즉 분기점 $z=0$과 모든 음의 실수는 Ln z의 특이점이다. 이 절에서는 **고립 특이점** z_0에 대한 f의 새로운 '거듭제곱급수' 전개를 다룬다. 이 새로운 급수는 $z-z_0$의 음이 아닌 정수와 음의 정수의 거듭제곱급수를 포함한다.

고립 특이점 $z=z_0$을 복소함수 f의 특이점이라 하자. 중심점 z_0이 제외된 z_0의 열린 원판형 근방 $0<|z-z_0|<R$이 존재하여 이곳에서 f가 해석적이면 점 $z=z_0$는 **고립 특이점**(isolated singularity)이라 한다. 예를 들면 복소수 $z=2i$와 $z=-2i$는 함수 $f(z)=z/(z^2+4)$의 특이점임을 보았다. $z=2i$를 제외한 $|z-2i|<1$에 의해 정의된 근방 내의 모든 점과 $z=-2i$를 제외한 $|z-(2i)|<1$에 의해 정의된 근방 내 모든 점에서, 즉 $0<|z-2i|<1$과 $0<|z+2i|<1$에서 f가 해석적이므로 $2i$와 $-2i$는 고립 특이점이다. 한편 $z=0$의 모든 근방은 음의 x축 상의 점을 포함하므로 분기점 $z=0$는 Ln z의 고립 특이점이 아니다. z_0의 모든 근방이 z_0과는 다른 f의 특이점을 하나라도 포함하면 함수 f의 특이점 $z=z_0$을 **비고립** 특이점(nonisolated singularity)이라 한다. 예를 들면 $z=0$의 모든 근방은 음의 실수축 상의 점을 포함하므로 분기점 $z=0$은 Ln z의 비고립 특이점이다.

새로운 종류의 급수 $z=z_0$이 함수 f의 특이점이라면 f는 z_0을 중심으로 한 거듭제곱급수로 전개될 수 없다. 그러나 고립된 특이점 $z=z_0$에 대해서 $z-z_0$의 음과 음이 아닌 정수의 거듭제곱급수를 포함하는 새로운 급수로 함수 f를 표현할 수 있다. 즉

$$f(z)=\cdots+\frac{a_{-2}}{(z-z_0)^2}+\frac{a_{-1}}{z-z_0}+a_0+a_1(z-z_0)+a_2(z-z_0)^2+\cdots$$

이다. 합의 기호를 이용하면 위의 식은 두 급수의 합으로 표현할 수 있다.

$$f(z)=\sum_{k=1}^{\infty}a_{-k}(z-z_0)^{-k}+\sum_{k=0}^{\infty}a_k(z-z_0)^k. \tag{1}$$

식 (1)의 우변 두 급수에는 특별한 이름을 붙였다. $z-z_0$의 음의 거듭제곱급수부, 즉

$$\sum_{k=1}^{\infty}a_{-k}(z-z_0)^{-k}=\sum_{k=1}^{\infty}\frac{a_{-k}}{(z-z_0)^k}$$

는 급수 식 (1)의 **주요 부**(principal part)라 하고 $|1/(z-z_0)|<r^*$ 또는 $|z-z_0|>1/r^*=r$에 대해 수렴한다. $z-z_0$의 음이 아닌 거듭제곱급수부

$$\sum_{k=0}^{\infty}a_k(z-z_0)^k$$

는 급수 식 (1)의 **해석 부**(analytic part)라 하고 $|z-z_0|<R$에 대해 수렴한다. 그러므로 두 급수 부분의 합은 $|z-z_0|>r$과 $|z-z_0|<R$인 z에 대해, 즉 z가 $r<|z-z_0|<R$로 정의된 **환형 영역** 내의 점일 때 수렴한다.

다음의 정수 지표와 음이 아닌 정수 지표를 각각 따로 묶어냄으로써 식 (1)을 간결하게 쓸 수 있다.

$$f(z) = \sum_{k=-\infty}^{\infty} a_k(z - z_0)^k.$$

다음 예는 주요 부가 유한 개의 0이 아닌 항을 갖고 해석 부가 무한 개의 0이 아닌 항을 갖는 형태 식 (1)의 급수를 보여준다.

예제 1 새로운 종류의 급수

함수 $f(z) = (\sin z)/z^3$은 $z = 0$에서 비해석적이므로 Maclaurin 급수로 전개될 수 없다. 그러나 $\sin z$는 완전 함수이고 19.2절의 식 (13)에서와 같이 이것의 Maclaurin 급수

$$\sin z = z - \frac{z^3}{3!} + \frac{z^5}{5!} - \frac{z^7}{7!} + \cdots$$

는 모든 z에 대해 수렴한다. 이 거듭제곱급수를 z^3로 나누면 z의 음의 정수와 음이 아닌 정수의 거듭제곱을 갖는 다음의 거듭제곱급수가 된다.

$$f(z) = \frac{\sin z}{z^3} = \frac{1}{z^2} - \frac{1}{3!} + \frac{z^2}{5!} - \frac{z^4}{7!} + \cdots \tag{2}$$

이 급수는 $z = 0$을 제외한 모든 z, 즉 $0 < |z|$에 대해 수렴한다. ≡

식 (1)의 형태를 갖고 식 (2)의 예 같은 함수 f의 급수 표현을 f의 **Laurent 급수**(Laurent series) 또는 **Laurent 전개**(Laurent expansion)라 한다.

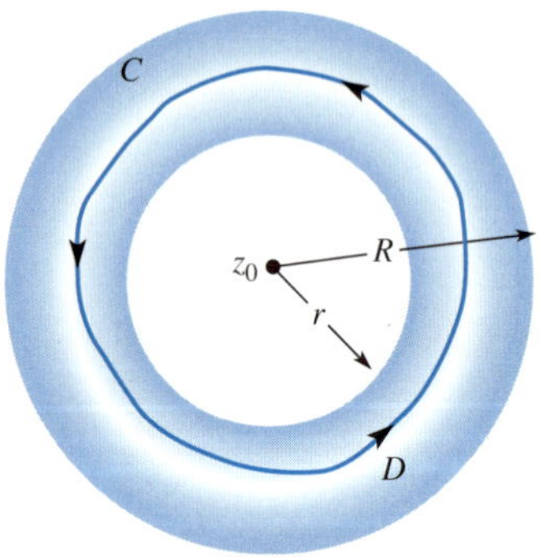

그림 19.3.1 정리 19.3.1에서의 경로

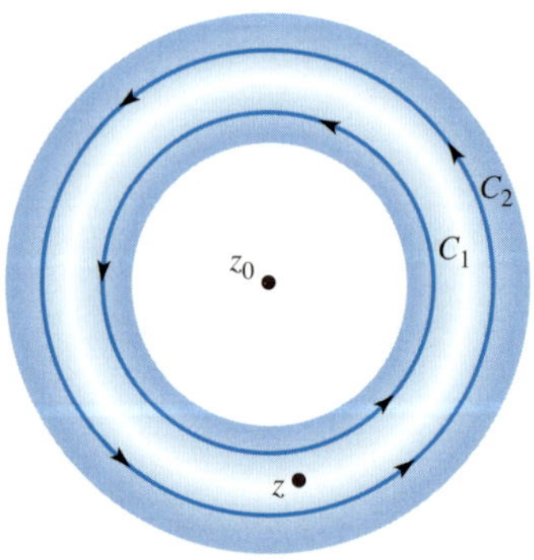

그림 19.3.2 C_1과 C_2는 동심원임

정리 19.3.1 Laurent 정리

f가 $r < |z - z_0| < R$로 정의된 환형 영역 D 내에서 해석적이라 하자. 그러면 f는 $r < |z - z_0| < R$에서 다음의 급수를 갖는다.

$$f(z) = \sum_{k=-\infty}^{\infty} a_k(z - z_0)^k \tag{3}$$

계수 a_k는 다음과 같다.

$$a_k = \frac{1}{2\pi i}\oint_C \frac{f(s)}{(s - z_0)^{k+1}}\,ds, \quad k = 0, \pm1, \pm2, \ldots \tag{4}$$

여기서 C는 D 내에 완전히 포함되어 있고 그 내부에 z_0을 갖는 단순 폐곡선이다(**그림 19.3.1**을 보라).

증명 C_1과 C_2를 중심이 z_0이고 반지름이 각각 r_1과 R_2인 동심원이라 하자. 여기서 $r < r_1 < R_2 < R$이다. z는 $r_1 < |z - z_0| < R_2$를 만족하는 D 내의 고정점이다(**그림 19.3.2**를 참조). C_1과 C_2 사이의 횡단선을 도입하여 Cauchy 적분 공식을 적용하면

$$f(z) = \frac{1}{2\pi i}\oint_{C_2}\frac{f(s)}{s - z}\,ds - \frac{1}{2\pi i}\oint_{C_1}\frac{f(s)}{s - z}\,ds \tag{5}$$

이다. 정리 19.2.4의 증명에서와 같이 다음과 같이 쓸 수 있다.

$$\frac{1}{2\pi i}\oint_{C_2}\frac{f(s)}{s - z}\,ds = \sum_{k=0}^{\infty} a_k(z - z_0)^k \tag{6}$$

여기서

$$a_k = \frac{1}{2\pi i}\oint_{C_2}\frac{f(s)}{(s - z_0)^{k+1}}\,ds, \ k = 0, 1, 2, \ldots \tag{7}$$

이다. 이제 19.1절의 식 (5)와 (8)을 이용하면 다음을 얻을 수 있다.

$$\begin{aligned}
-\frac{1}{2\pi i}\oint_{C_1}\frac{f(s)}{s - z}\,ds &= \frac{1}{2\pi i}\oint_{C_1}\frac{f(s)}{(z - z_0) - (s - z_0)}\,ds \\
&= \frac{1}{2\pi i}\oint_{C_1}\frac{f(s)}{z - z_0}\left\{\frac{1}{1 - \dfrac{s - z_0}{z - z_0}}\right\}ds \\
&= \frac{1}{2\pi i}\oint_{C_1}\frac{f(s)}{z - z_0}\left\{1 + \frac{s - z_0}{z - z_0} + \left(\frac{s - z_0}{z - z_0}\right)^2 + \cdots\right. \\
&\qquad \left. + \left(\frac{s - z_0}{z - z_0}\right)^{n-1} + \frac{(s - z_0)^n}{(z - s)(z - z_0)^{n-1}}\right\}ds \\
&= \sum_{k=1}^{n}\frac{a_{-k}}{(z - z_0)^k} + R_n(z),
\end{aligned} \tag{8}$$

$$a_{-k} = \frac{1}{2\pi i}\oint_{C_1}\frac{f(s)}{(s - z_0)^{-k+1}}\,ds, \ k = 1, 2, 3, \ldots \tag{9}$$

이고

$$R_n(z) = \frac{1}{2\pi i(z - z_0)^n}\oint_{C_1}\frac{f(s)(s - z_0)^n}{z - s}\,ds$$

이다. 이제 d는 z에서 z_0까지의 거리, 즉 $|z - z_0| = d$이고 M은 경로 C_1 상에서 $|f(z)|$의 최댓값이라 하자. $|s - z_0| = r_1$이므로

$$|z - s| = |z - z_0 - (s - z_0)| \geq |z - z_0| - |s - z_0| = d - r_1$$

이다. 따라서 ML-부등식에 의해

$$|R_n(z)| = \left|\frac{1}{2\pi i(z - z_0)^n}\oint_{C_1}\frac{f(s)(s - z_0)^n}{z - s}\,ds\right| \leq \frac{1}{2\pi d^n}\cdot\frac{Mr_1^n}{d - r_1}\cdot 2\pi r_1 = \frac{Mr_1}{d - r_1}\left(\frac{r_1}{d}\right)^n$$

이다. $r_1 < d$이고 $n \to \infty$일 때 $(r_1/d)^n \to 0$이므로 $n \to \infty$일 때 $|R_n(z)| \to 0$이다. 따라서 다음이 성립한다.

$$-\frac{1}{2\pi i}\oint_{C_1}\frac{f(s)}{s-z}\,ds = \sum_{k=1}^{\infty}\frac{a_{-k}}{(z-z_0)^k} \tag{10}$$

여기서 계수 a_{-k}는 식 (9)에 의해 구하고, 식 (6)과 (10)을 묶으면 식 (5)는

$$f(z) = \sum_{k=0}^{\infty}a_k(z-z_0)^k + \sum_{k=1}^{\infty}\frac{a_{-k}}{(z-z_0)^k} \tag{11}$$

이 된다. 마지막으로 음과 음이 아닌 정수지표를 묶어 쓰면 식 (11)은 $f(z) = \sum_{k=-\infty}^{\infty} a_k(z - z_0)^k$와 같다. 식 (7)과 (9)는 다음과 같이 하나의 적분으로 표현된다.

$$a_k = \frac{1}{2\pi i}\oint_C \frac{f(s)}{(s-z_0)^{k+1}}\,ds, \quad k = 0, \pm 1, \pm 2, \ldots,$$

여기서 18.2절의 식 (3)에서와 같이 경로 C_1과 C_2를 내부에 z_0를 갖는 D 내의 단순 폐경로 C로 바꾸어 썼다. ≡

$k = 1, 2, 3, \ldots$ 에 대해 $a_{-k} = 0$인 경우에 Laurent 급수 식 (3)은 Taylor 급수이다. 이 때문에 Laurent 전개는 Taylor 급수의 일반화이다.

$r < |z - z_0| < R$로 정의된 정리 19.3.1에서의 환형 영역은 **그림 19.3.2**와 같은 완전한 '환'형이 아니어도 된다. 다른 몇 가지 가능한 환형 영역은 (*i*) $r = 0$, R은 유한, (*ii*) $r \neq 0$, $R \to \infty$, (*iii*) $r = 0$, $R \to \infty$이다. 첫 번째 경우에 급수는 $0 < |z - z_0| < R$로 정의된 환형 영역에서 수렴한다. 이것은 z_0을 제외한 원 $|z - z_0| = R$의 내부를 말한다. 두 번째 경우에 환형 영역은 $r < |z - z_0|$에 의해 정의된다. 즉 이 영역은 원 $|z - z_0| = r$ 외부의 모든 점으로 구성된다. 세 번째 경우의 영역은 $0 < |z - z_0|$으로 정의된다. 이 영역은 z_0을 제외한 전체 복소평면을 나타낸다. 식 (2)에서 얻은 급수는 세 번째 경우의 영역 위에서 정의된다.

Laurent 급수의 계수에 대한 식 (4)의 공식은 거의 사용되지 않는다. 실제로 특정한 환형 영역에서 함수의 Laurent 급수를 구하는 것은 일반적으로 쉽지 않다. 19.1절의 기하급수 식 (5)와 (6)과 예제 1에서 구했던 것처럼 잘 알려진 다른 급수를 이용하여 Laurent 급수를 구하는 것이 자주 이용된다. 그러나 특정 환형 영역에서 함수 f의 Laurent 전개는 그 구해진 방식과는 상관없이 바로 Laurent 급수가 된다. 즉 급수는 유일하게 결정된다.

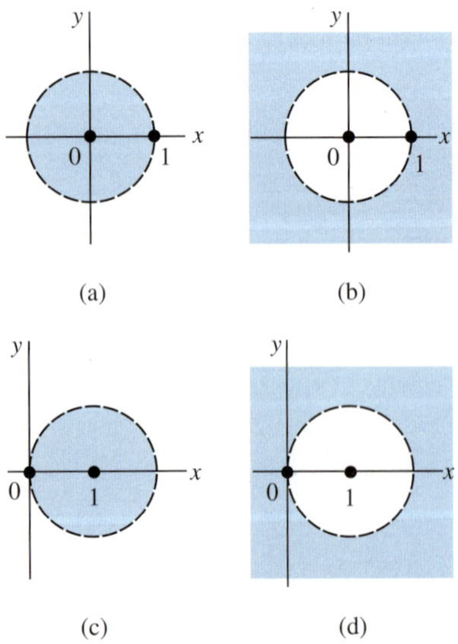

그림 19.3.3 예제 2에 대한 환형 영역

예제 2 Laurent 전개

$f(z) = \dfrac{1}{z(z-1)}$을 **(a)** $0 < |z| < 1$, **(b)** $1 < |z|$, **(c)** $0 < |z - 1| < 1$, **(d)** $1 < |z - 1|$ 위에서 정의되는 Laurent 급수로 전개하라.

풀이 4개의 환형 영역은 **그림 19.3.3**과 같다. (a)와 (b)에서는 f를 z의 정수의 거듭제곱을 갖는 급수로 표현하고, (c)와 (d)에서는 f를 $z - 1$의 정수의 거듭제곱을 갖는 급수로 표현한다.

(a)

$$f(z) = -\frac{1}{z}\frac{1}{1-z}$$

로 쓰고 19.1절의 식 (5)를 이용하면 다음과 같다.

$$f(z) = -\frac{1}{z}[1 + z + z^2 + z^3 + \cdots].$$

괄호 안의 급수는 $|z| < 1$에 대해 수렴한다. 그러나 이것에 $1/z$을 곱한 급수

$$f(z) = -\frac{1}{z} - 1 - z - z^2 - \cdots$$

는 $0 < |z| < 1$에 대해 수렴한다.

(b) $1 < |z|$에 대해 수렴하는 급수를 얻기 위해 먼저 $|1/z| < 1$에 대해 수렴하는 급수를 만들자. 이를 위해서 함수 f를

$$f(z) = \frac{1}{z^2}\frac{1}{1-\dfrac{1}{z}}$$

과 같이 쓰고 19.1절의 식 (5)를 사용하여 z 대신에 $1/z$을 쓰면

$$f(z) = \frac{1}{z^2}\left[1 + \frac{1}{z} + \frac{1}{z^2} + \frac{1}{z^3} + \cdots\right].$$

이다. 괄호 안의 급수는 $|1/z| < 1$ 또는 $1 < |z|$에 대해 수렴한다. 따라서 구해진 급수는 다음과 같다.

$$f(z) = \frac{1}{z^2} + \frac{1}{z^3} + \frac{1}{z^4} + \frac{1}{z^5} + \cdots.$$

(c) 이것은 $z - 1$의 거듭제곱이 필요하다는 점을 제외하면 (a)와 기본적으로 같은 문제이다. 그렇기 때문에 분모에서 1을 더하고 뺀 후 z 대신에 $z - 1$을 사용하여 19.1절의 식 (6)을 적용하면

$$\begin{aligned} f(z) &= \frac{1}{(1-1+z)(z-1)} \\ &= \frac{1}{z-1}\frac{1}{1+(z-1)} \\ &= \frac{1}{z-1}[1 - (z-1) + (z-1)^2 - (z-1)^3 + \cdots] \\ &= \frac{1}{z-1} - 1 + (z-1) - (z-1)^2 + \cdots \end{aligned}$$

이다. 괄호 안의 급수는 $|z-1|<1$에 대해 수렴하고 그에 따라 마지막 급수는 $0<|z-1|<1$에 대해 수렴한다.

(d) (b)에서와 같은 방법을 따르면

$$f(z)=\frac{1}{z-1}\frac{1}{1+(z-1)}=\frac{1}{(z-1)^2}\frac{1}{1+\dfrac{1}{z-1}}$$
$$=\frac{1}{(z-1)^2}\left[1-\frac{1}{z-1}+\frac{1}{(z-1)^2}-\frac{1}{(z-1)^3}+\cdots\right]$$
$$=\frac{1}{(z-1)^2}-\frac{1}{(z-1)^3}+\frac{1}{(z-1)^4}-\frac{1}{(z-1)^5}+\cdots$$

이다. 괄호 안의 급수는 $|1/(z-1)|<1$에 대해 수렴하기 때문에 마지막 급수는 $1<|z-1|$에 대해 수렴한다. ≡

예제 3 Laurent 전개

$f(z)=\dfrac{1}{(z-1)^2(z-3)}$을 **(a)** $0<|z-1|<2$, **(b)** $0<|z-3|<2$ 위에서 정의되는 Laurent 급수로 전개하라.

풀이 **(a)** 예제 2의 (c)와 (d)에서처럼 $z-1$의 거듭제곱이 필요하다. 따라서 $z-1$로 $z-3$을 표현하면 주어진 식은

$$f(z)=\frac{1}{(z-1)^2(z-3)}=\frac{1}{(z-1)^2}\frac{1}{-2+(z-1)}$$
$$=\frac{-1}{2(z-1)^2}\frac{1}{1-\dfrac{z-1}{2}}$$

이 되고, z 대신 $(z-1)/2$을 써서 19.1절의 식 (5)를 적용하면

$$f(z)=\frac{-1}{2(z-1)^2}\left[1+\frac{z-1}{2}+\frac{(z-1)^2}{2^2}+\frac{(z-1)^3}{2^3}+\cdots\right]$$
$$=-\frac{1}{2(z-1)^2}-\frac{1}{4(z-1)}-\frac{1}{8}-\frac{1}{16}(z-1)-\cdots \tag{12}$$

이다.

(b) $z-3$의 거듭제곱을 구하기 위해 $z-1=2+(z-3)$으로 쓰면 주어진 식은

$$f(z)=\frac{1}{(z-1)^2(z-3)}=\frac{1}{z-3}[2+(z-3)]^{-2}=\frac{1}{4(z-3)}\left[1+\frac{z-3}{2}\right]^{-2}$$

이 된다. 여기서 이항 정리를 이용하여 $\left[1+\dfrac{z-3}{2}\right]^{-2}$을 거듭제곱급수로 전개하면,

$$f(z) = \frac{1}{4(z-3)}\left[1 + \frac{(-2)}{1!}\left(\frac{z-3}{2}\right) + \frac{(-2)(-3)}{2!}\left(\frac{z-3}{2}\right)^2 + \frac{(-2)(-3)(-4)}{3!}\left(\frac{z-3}{2}\right)^3 + \cdots\right]$$

이 이항급수는 $|(z-3)/2| < 1$ 또는 $|z-3| < 2$에 대해 유효하다. 이 급수에 $1/4(z-3)$을 곱하면 $0 < |z-3| < 2$에 대해 유효한 다음과 같은 Laurent 급수를 얻는다.

$$f(z) = \frac{1}{4(z-3)} - \frac{1}{4} + \frac{3}{16}(z-3) - \frac{1}{8}(z-3)^2 + \cdots.$$

≡

예제 4 Laurent 전개

$f(z) = \dfrac{8z+1}{z(1-z)}$을 $0 < |z| < 1$에 대해 유효한 Laurent 급수로 전개하라.

풀이 19.1절의 식 (5)를 이용하면 주어진 식은

$$f(z) = \frac{8z+1}{z(1-z)} = \frac{8z+1}{z}\frac{1}{1-z} = \left(8 + \frac{1}{z}\right)(1 + z + z^2 + z^3 + \cdots)$$

이 된다. 이 급수에 $8 + 1/z$을 곱하고 항을 정리하면

$$f(z) = \frac{1}{z} + 9 + 9z + 9z^2 + \cdots$$

이다. 이 기하급수는 $|z| < 1$에 대해 수렴한다. $8 + 1/z$을 곱하여 얻어진 위 Laurent 급수는 $0 < |z| < 1$에 대해 유효하다. ≡

앞의 예들에서 각 Laurent 급수가 수렴하는 환형 영역의 중심점은 함수 f의 고립 특이점이다. 그러나 정리 19.3.1을 재검토하면 이것이 항상 그럴 필요는 없음을 알 수 있다.

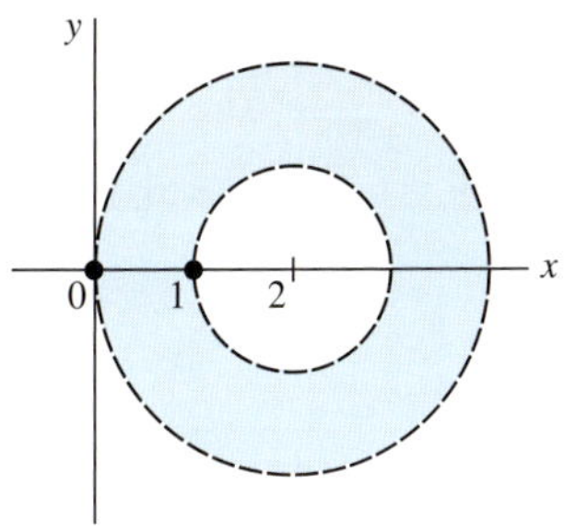

그림 19.3.4 예제 5의 환형 영역

예제 5 Laurent 전개

$f(z) = \dfrac{1}{z(z-1)}$을 $1 < |z-2| < 2$에 대해 유효한 Laurent 급수로 전개하라.

풀이 명시한 환형 영역은 그림 19.3.4에 나타나 있다. 영역의 중심 $z = 2$에서 함수 f는 해석적이다. $z - 2$의 정수 거듭제곱을 갖는 2가지 급수를 구하기로 하자. 급수의 하나는 $1 < |z-2|$에 대해 수렴하고 또 하나는 $|z-2| < 2$에 대해 수렴한다. 이를 위하여 f를 부분분수로 분해하면

$$f(z) = -\frac{1}{z} + \frac{1}{z-1} = f_1(z) + f_2(z) \tag{13}$$

이다. 이제

$$\begin{aligned} f_1(z) &= -\frac{1}{z} = -\frac{1}{2+z-2} \\ &= -\frac{1}{2}\frac{1}{1+\dfrac{z-2}{2}} \\ &= -\frac{1}{2}\left[1-\frac{z-2}{2}+\frac{(z-2)^2}{2^2}-\frac{(z-2)^3}{2^3}+\cdots\right] \\ &= -\frac{1}{2}+\frac{z-2}{2^2}-\frac{(z-2)^2}{2^3}+\frac{(z-2)^3}{2^4}-\cdots \end{aligned}$$

이다. 이 급수는 $|(z-2)/2| < 1$, 즉 $|z-2| < 2$에 대해 수렴한다. 또한

$$\begin{aligned} f_2(z) = \frac{1}{z-1} = \frac{1}{1+z-2} &= \frac{1}{z-2}\frac{1}{1+\dfrac{1}{z-2}} \\ &= \frac{1}{z-2}\left[1-\frac{1}{z-2}+\frac{1}{(z-2)^2}-\frac{1}{(z-2)^3}+\cdots\right] \\ &= \frac{1}{z-2}-\frac{1}{(z-2)^2}+\frac{1}{(z-2)^3}-\frac{1}{(z-2)^4}+\cdots \end{aligned}$$

은 $|1/(z-2)| < 1$, 즉 $1 < |z-2|$에 대해 수렴한다. 이 두 결과를 식 (13)에 대입하면 다음의 급수를 얻는다.

$$\begin{aligned} f(z) = \cdots &- \frac{1}{(z-2)^4}+\frac{1}{(z-2)^3}-\frac{1}{(z-2)^2}+\frac{1}{z-2}-\frac{1}{2}+\frac{z-2}{2^2} \\ &- \frac{(z-2)^2}{2^3}+\frac{(z-2)^3}{2^4}-\cdots. \end{aligned}$$

이 급수는 $1 < |z-2| < 2$에서 수렴한다. ☰

예제 6 Laurent 전개

$f(z) = e^{3/z}$을 $0 < |z|$에 수렴하는 Laurent 급수로 전개하라.

풀이 19.2절의 식 (12)로부터 $|z| < \infty$인 z에 대해서

$$e^z = 1 + z + \frac{z^2}{2!} + \frac{z^3}{3!} + \cdots \tag{14}$$

이다. 식 (14)의 z 대신에 $3/z$, $z \neq 0$으로 바꾸어 쓰면 Laurent 급수

$$e^{3/z} = 1 + \frac{3}{z} + \frac{3^2}{2!z^2} + \frac{3^3}{3!z^3} + \cdots$$

를 얻는다. 이 급수는 $0 < |z|$에서 수렴한다. ☰

참고

결론적으로 19.5절과 19.6절에서 중요하게 쓰일 결과를 지적하고자 한다. 복수변수 s를 일반기호 z로 대치하면 $k = -1$일 때 Laurent 급수의 계수에 대한 식 (4)는

$$a_{-1} = \frac{1}{2\pi i}\oint_C f(z)\,dz$$

이 된다. 위 식을 다음과 같이 더 자주 쓰이는 적분 식으로 표현할 수 있다.

$$\oint_C f(z)\,dz = 2\pi i a_{-1}. \tag{15}$$

19.3 연습문제

부록에 선택된 홀수 번 문제의 답이 있다.

문제 1~6에서는 주어진 함수를 지시된 환형 영역에서 수렴하는 Laurent 급수로 전개하라.

1. $f(z) = \dfrac{\cos z}{z}$, $0 < |z|$

2. $f(z) = \dfrac{z - \sin z}{z^5}$, $0 < |z|$

3. $f(z) = e^{-1/z^2}$, $0 < |z|$

4. $f(z) = \dfrac{1 - e^z}{z^2}$, $0 < |z|$

5. $f(z) = \dfrac{e^z}{z - 1}$, $0 < |z - 1|$

6. $f(z) = z\cos\dfrac{1}{z}$, $0 < |z|$

문제 7~12에서는 $f(z) = \dfrac{1}{z(z-3)}$을 지시된 환형 영역에서 수렴 하는 Laurent 급수로 전개하라.

7. $0 < |z| < 3$ **8.** $|z| > 3$

9. $0 < |z - 3| < 3$ **10.** $|z - 3| > 3$

11. $1 < |z - 4| < 4$ **12.** $1 < |z + 1| < 4$

문제 13~16에서는 $f(z) = \dfrac{1}{(z-1)(z-2)}$을 지시된 환형 영역에서 수렴하는 Laurent 급수로 전개하라.

13. $1 < |z| < 2$ **14.** $|z| > 2$

15. $0 < |z - 1| < 1$ **16.** $0 < |z - 2| < 1$

문제 17~20에서는 $f(z) = \dfrac{z}{(z+1)(z-2)}$을 지시된 환형 영역에서 수렴하는 Laurent 급수로 전개하라.

17. $0 < |z + 1| < 3$ **18.** $|z + 1| > 3$

19. $1 < |z| < 2$ **20.** $0 < |z - 2| < 3$

문제 21과 22에서는 $f(z) = \dfrac{1}{z(1-z)^2}$을 지시된 환형 영역에서 수렴하는 Laurent 급수로 전개하라.

21. $0 < |z| < 1$ **22.** $|z| > 1$

문제 23과 24에서는 $f(z) = \dfrac{1}{(z-2)(z-1)^3}$을 지시된 환형 영역에서 수렴하는 Laurent 급수로 전개하라.

23. $0 < |z - 2| < 1$ **24.** $0 < |z - 1| < 1$

문제 25와 26에서는 $f(z) = \dfrac{7z - 3}{z(z-1)}$을 지시된 환형 영역에서 수렴하는 Laurent 급수로 전개하라.

25. $0 < |z| < 1$ **26.** $0 < |z - 1| < 1$

문제 27과 28에서는 $f(z) = \dfrac{z^2 - 2z + 2}{z - 2}$를 지시된 환형 영역에서 수렴하는 Laurent 급수로 전개하라.

27. $1 < |z - 1|$ **28.** $0 < |z - 2|$

19.4 영점과 극

소개 $z = z_0$을 함수 f의 고립 특이점이라 하고

$$f(z) = \sum_{k=-\infty}^{\infty} a_k(z - z_0)^k = \sum_{k=1}^{\infty} a_{-k}(z - z_0)^{-k} + \sum_{k=0}^{\infty} a_k(z - z_0)^k \tag{1}$$

은 열린 공간 $0 < |z - z_0| < R$에 대해 수렴하는 f의 Laurent 급수라고 하자. 앞절에서 Laurent 급수 식 (1)은 두 부분으로 이루어짐을 보았다. $z - z_0$의 음의 거듭제곱을 갖는 식 (1)에서의 급수 부분, 즉

$$\sum_{k=1}^{\infty} a_{-k}(z - z_0)^{-k} = \sum_{k=1}^{\infty} \frac{a_{-k}}{(z - z_0)^k} \tag{2}$$

이 급수의 **주요 부**(principal part)이다. 앞으로 진행될 논의에서 고립 특이점 $z = z_0$는 주요 부분에서의 항의 수에 따라 다른 이름이 붙여진다.

고립 특이점의 분류 복소함수 f의 고립 특이점 $z = z_0$은 Laurent 전개 식 (1)의 주요 부 식 (2)가 영, 유한 개, 무한 개의 항 중에서 어떤 것을 포함하느냐에 따라 구분된다.

(*i*) 주요 부가 0이면, 즉 식 (2)에서 모든 계수 a_{-k}가 0이면 $z = z_0$은 **없앨 수 있는 특이점**(removable singularity)이라 한다.

(*ii*) 주요 부가 0이 아닌 항을 유한 개 포함하면 $z = z_0$을 **극**(pole)이라 한다. 이 경우에 식 (2)에서 마지막 영이 아닌 계수가 a_{-n}, $n \geq 1$이라면 $z = z_0$을 ***n*차 극**(pole of order n)이라 한다. $z = z_0$가 1차극이면 주요 부 식 (2)는 계수 a_{-1}을 갖는 하나의 항만을 포함한다. 1차극을 **단순극**(simple pole)이라고도 한다.

(*iii*) 주요 부 식 (2)가 영이 아닌 항을 무한 개 포함하면 $z = z_0$을 **진성 특이점**(essential singularity)이라 한다.

다음 표는 $z = z_0$이 위의 고립 특이점 중의 하나일 때 함수 f에 대한 Laurent 급수 형태를 요약하면 다음과 같다. 물론 표에서 R은 ∞가 될 수도 있다.

$z = z_0$	Laurent 급수
없앨 수 있는 특이점	$a_0 + a_1(z - z_0) + a_2(z - z_0)^2 + \cdots$
n차 극	$\dfrac{a_{-n}}{(z - z_0)^n} + \dfrac{a_{-(n-1)}}{(z - z_0)^{n-1}} + \cdots + \dfrac{a_{-1}}{z - z_0} + a_0 + a_1(z - z_0) + \cdots$
단순극	$\dfrac{a_{-1}}{z - z_0} + a_0 + a_1(z - z_0) + a_2(z - z_0)^2 + \cdots$
진성 특이점	$\cdots + \dfrac{a_{-2}}{(z - z_0)^2} + \dfrac{a_{-1}}{z - z_0} + a_0 + a_1(z - z_0) + a_2(z - z_0)^2 + \cdots$

예제 1 없앨 수 있는 특이점

19.3절의 식 (2)에서와 같이 전개하면

$$\frac{\sin z}{z} = 1 - \frac{z^2}{3!} + \frac{z^4}{5!} - \cdots \tag{3}$$

으로부터 $z = 0$은 $f(z) = (\sin z)/z$의 없앨 수 있는 특이점임을 알 수 있다. ≡

함수 f가 $z = z_0$에서 없앨 수 있는 특이점을 갖는다면 f가 이 점에서 해석적이 되도록 $f(z_0)$의 값을 적절히 정의할 수 있다. 예를 들면 $z = 0$에서 식 (3)의 우변 항은 1이므로 $f(0) = 1$이라고 정의한다. 이 정의로부터 예제 1의 함수 $f(z) = (\sin z)/z$은 $z = 0$에서 해석적이다.

예제 2 극과 진성 특이점

(a) $0 < |z|$일 때

$$\frac{\sin z}{z^2} = \underset{\text{주요 부분}}{\frac{1}{z}} - \frac{z}{3!} + \frac{z^3}{5!} - \cdots$$

으로부터 $a_{-1} \neq 0$이고 따라서 $z = 0$은 $f(z) = (\sin z)/z^2$의 단순극임을 알 수 있다. 19.3절의 식 (2)에서 급수로 표현된 $f(z) = (\sin z)/z^3$는 $z = 0$에서 2차 극을 갖는다.

(b) 19.3절의 예제 3에서 $0 < |z - 1| < 2$에 대해 유효한 $f(z) = 1/(z - 1)^2(z - 3)$의 Laurent 급수 전개는

$$f(z) = \overbrace{-\frac{1}{2(z-1)^2} - \frac{1}{4(z-1)}}^{\text{주요 부분}} - \frac{1}{8} - \frac{z-1}{16} - \cdots$$

이다. $a_{-2} \neq 0$이므로 $z = 1$이 2차 극이다.

(c) 19.3절의 예제 6에서 함수 $f(z) = e^{3/z}$의 Laurent 급수 주요 부는 무한 개의 항을 가짐을 보았다. 그러므로 $z = 0$은 진성 특이점이다. ≡

19.3절 예제 2(b)에서 $1 < |z|$에 대해 유효한 $f(z) = 1/z(z - 1)$의 Laurent 급수 표현은

$$f(z) = \frac{1}{z^2} + \frac{1}{z^3} + \frac{1}{z^4} + \frac{1}{z^5} + \cdots$$

임을 보았다. 점 $z = 0$은 f의 고립 특이점이고 Laurent 급수는 무한 개의 z의 음의 정수거듭제곱을 포함한다. 그렇다고 해서 $z = 0$이 f의 진성 특이점이라는 뜻은 '아니다'. 이런 특별한 함수에 대해서 식 (1)을 재검토해보면 우리의 관심 대상인 Laurent 급수는 $0 < |z| < 1$의 환형 영역에 있다는 것을 알 수 있다. 같은 예제 2(a)로부터

$$f(z) = -\frac{1}{z} - 1 - z - z^2 - \cdots$$

은 $0 < |z| < 1$에 대해 유효하다. 그러므로 $z = 0$은 단순극임을 알 수 있다.

영점 z_0은 $f(z_0) = 0$이면 함수 f의 **영점**(zero)이라 한다. 해석함수 f가 만약

$$f(z_0) = 0,\ \ f'(z_0) = 0,\ \ f''(z_0) = 0,\ \ \ldots,\ \ f^{(n-1)}(z_0) = 0, \text{ 그러나 } f^{(n)}(z_0) \neq 0 \tag{4}$$

이면 $z = z_0$에서 ***n*차 영점**(zero of order n)을 갖는다. 예를 들면 $f(z) = (z - 5)^3$에 대해서 $f(5) = 0, f'(5) = 0, f''(5) = 0$이지만 $f'''(5) = 6$이다. 그래서 $z = 5$는 3차 영점이다. 함수 f가 $z = z_0$에서 n차 영점을 가지면 식 (3)으로부터 z_0을 중심으로 한 f의 Taylor 급수 전개는 다음과 같다.

$$\begin{aligned} f(z) &= a_n(z - z_0)^n + a_{n+1}(z - z_0)^{n+1} + a_{n+2}(z - z_0)^{n+2} + \cdots \\ &= (z - z_0)^n[a_n + a_{n+1}(z - z_0) + a_{n+2}(z - z_0)^2 + \cdots] \end{aligned} \tag{5}$$

여기서 $a_n \neq 0$이다.

예제 3 **영점의 차수**

해석함수 $f(z) = z \sin z^2$은 $z = 0$에서 영점을 갖는다. 19.2절의 식 (13)에서 z 대신 z^2을 쓰면

$$\sin z^2 = z^2 - \frac{z^6}{3!} + \frac{z^{10}}{5!} - \cdots$$

을 얻고, 그래서

$$f(z) = z \sin z^2 = z^3\left[1 - \frac{z^4}{3!} + \frac{z^8}{5!} - \cdots\right]$$

이다. 마지막 결과와 식 (5)를 비교하면 $z = 0$이 3차 영점임을 알 수 있다. ≡

상수함수가 아닌 해석함수 f의 영점 z_0은 $z = z_0$을 제외한 그 주위의 모든 점 z에서 $f(z) \neq 0$인 근방이 존재하므로 **고립적**이다. 결과적으로 z_0이 해석함수 f의 영점이면 함수 $1/f(z)$은 $z = z_0$에서 고립 특이점을 가진다. 다음 정리는 특수한 경우 함수의 극을 결정할 수 있도록 해 준다.

정리 19.4.1 ***n*차 극**

함수 f와 g가 $z = z_0$에서 해석적이고 f가 $z = z_0$에서 n차 영점을 갖고 $g(z_0) \neq 0$이면 함수 $F(z) = g(z)/f(z)$은 $z = z_0$에서 n차 극을 갖는다.

예제 4 **극의 차수**

(a) 다음의 유리함수

$$F(z) = \frac{2z + 5}{(z - 1)(z + 5)(z - 2)^4}$$

를 살펴보면 분모는 $z = 1$과 $z = -5$에서 1차 영점을 갖고 $z = 2$에서 4차 영점을 가짐을 알 수 있다. 분자는 이 점들에서 영이 아니므로 정리 19.4.1에 따라 F는 $z = 1$과 $z = -5$에서 단순극을 갖고 $z = 2$에서 4차 극을 갖는다.

(b) 예제 3에서 $z = 0$은 $f(z) = z \sin z^2$의 3차 영점임을 보았다. 정리 19.4.1에 따라 $F(z) = 1/(z \sin z^2)$은 $z = 0$에서 3차 극을 갖는다. ≡

앞의 내용에 따라 만약 함수가 $z = z_0$에서 극을 가진다면 $z \to z_0$에 따라 $|f(z)| \to \infty$임을 알 수 있다.

19.4 연습문제

부록에 선택된 홀수 번 문제의 답이 있다.

문제 1과 2에서는 $z = 0$이 주어진 함수의 없앨 수 있는 특이점임을 보여라. f가 $z = 0$에서 해석적이기 위한 $f(0)$을 정의하라.

1. $f(z) = \dfrac{e^{2z} - 1}{z}$

2. $f(z) = \dfrac{\sin 4z - 4z}{z^2}$

문제 3~8에서는 주어진 함수의 영점과 차수를 결정하라.

3. $f(z) = (z + 2 - i)^2$

4. $f(z) = z^4 - 16$

5. $f(z) = z^4 + z^2$

6. $f(z) = z + \dfrac{9}{z}$

7. $f(z) = e^{2z} - e^z$

8. $f(z) = \sin^2 z$

문제 9~12에서는 제시된 수는 주어진 함수의 영점이다. Maclaurin 급수와 Taylor 급수를 사용하여 영점의 차수를 결정하라.

9. $f(z) = z(1 - \cos z^2);\ z = 0$

10. $f(z) = z - \sin z;\ z = 0$

11. $f(z) = 1 - e^{z-1};\ z = 1$

12. $f(z) = 1 - \pi i + z + e^z;\ z = \pi i$

문제 13~24에서는 주어진 함수의 극 차수를 결정하라.

13. $f(z) = \dfrac{3z - 1}{z^2 + 2z + 5}$

14. $f(z) = 5 - \dfrac{6}{z^2}$

15. $f(z) = \dfrac{1 + 4i}{(z + 2)(z + i)^4}$

16. $f(z) = \dfrac{z - 1}{(z + 1)(z^3 + 1)}$

17. $f(z) = \tan z$

18. $f(z) = \dfrac{\cot \pi z}{z^2}$

19. $f(z) = \dfrac{1 - \cosh z}{z^4}$

20. $f(z) = \dfrac{e^z}{z^2}$

21. $f(z) = \dfrac{1}{1 - e^z}$

22. $f(z) = \dfrac{e^z - 1}{z^4}$

23. $f(z) = \dfrac{\sin z}{z^2 - z}$

24. $f(z) = \dfrac{\cos z - \cos 2z}{z^6}$

23. $z = 0$이 $f(z) = \tan(1/z)$의 고립 특이점인지 비고립 특이점인지를 결정하라.

24. $z = 0$이 $f(z) = z^3 \sin(1/z)$의 진성 특이점임을 보여라.

19.5 유수와 유수정리

소개 앞절에서 복소함수 f가 점 z_0에서 고립 특이점을 가지면 f는 z_0 근방의 모든 z에 대해 수렴하는 Laurent 급수

$$f(z) = \sum_{k=-\infty}^{\infty} a_k(z - z_0)^k = \cdots + \frac{a_{-2}}{(z - z_0)^2} + \frac{a_{-1}}{z - z_0} + a_0 + a_1(z - z_0) + \cdots$$

로 표현된다는 것을 보았다. 더 엄밀히 말해서 이 Laurent 급수 전개는 z_0의 제거된 근방 또는 z_0가 제거된 열린 공간 $0 < |z - z_0| < R$에서 f로 수렴한다. 이 절에서는 계수 a_{-1}과 경로적분의 계산 과정에서 계수 a_{-1}의 중요성에 대해 설명한다.

유수 Laurent 급수에서 $1/(z - z_0)$의 계수 a_{-1}을 고립 특이점 z_0에서 함수 f의 **유수**(residue)라 한다. z_0에서 f의 유수는

$$a_{-1} = \text{Res}\,(f(z), z_0)$$

로 표기한다. $0 < |z - z_0| < R$에서 Laurent 급수의 주요 부가 유한 개 항을 가지며 마지막 영이 아닌 계수가 a_{-n}이라면 z_0은 n차 극이고 Laurent 급수의 주요 부가 영이 아닌 계수의 무한 개 항을 갖는다면 z_0은 진성 특이점이라는 것을 기억하고 다음 내용을 살펴보자.

예제 1 유수

(a) 19.4절 예제 2에서 $z = 1$은 함수 $f(z) = 1/(z - 1)^2(z - 3)$의 2차 극이다. 같은 예제에서 보인 Laurent 급수로부터 $1/(z - 1)$의 계수는 $a_{-1} = \text{Res}(f(z), 1) = -\frac{1}{4}$이다.
(b) 19.3절 예제 6에서 $z = 0$은 $f(z) = e^{3/z}$의 진성 특이점이다. 같은 예제에서 보인 Laurent 급수로부터 $1/z$의 계수는 $a_{-1} = \text{Res}(f(z), 0) = 3$이다. ≡

이 절의 후반부에서 계수 a_{-1}이 중요한 이유를 소개할 것이다. 그 전에 z_0이 f의 극일 때 f를 z_0에서 Laurent 급수로 굳이 전개하지 않고 유수 a_{-1}을 구할 수 있는 방법에 대해 알아보기로 한다. 먼저 단순극에서의 유수부터 시작하자.

정리 19.5.1 단순극에서의 유수

f가 $z = z_0$에서 단순극을 갖는다면 다음과 같다.

$$\text{Res}\,(f(z), z_0) = \lim_{z \to z_0} (z - z_0) f(z). \tag{1}$$

증명 $z = z_0$은 단순극이므로 f의 이 점에 대한 Laurent 전개는

$$f(z) = \frac{a_{-1}}{z - z_0} + a_0 + a_1(z - z_0) + a_2(z - z_0)^2 + \cdots$$

이다. 양변에 $z - z_0$을 곱하고 $z \to z_0$에 대한 극한을 취하면 $\lim_{z \to z_0} (z - z_0)f(z) = \lim_{z \to z_0} [a_{-1} + a_0(z - z_0) + a_1(z - z_0)^2 + \cdots] = a_{-1} = \text{Res}(f(z), z_0)$을 얻는다. ≡

정리 19.5.2 n차 극에서의 유수

f가 $z = z_0$에서 n차 극을 갖는다면 다음과 같다.

$$\text{Res}\,(f(z), z_0) = \frac{1}{(n-1)!} \lim_{z \to z_0} \frac{d^{n-1}}{dz^{n-1}} (z - z_0)^n f(z). \tag{2}$$

증명 f가 n차 극을 갖는다고 가정했으므로 $0 < |z - z_0| < R$에 대한 Laurent 전개는

$$f(z) = \frac{a_{-n}}{(z - z_0)^n} + \cdots + \frac{a_{-2}}{(z - z_0)^2} + \frac{a_{-1}}{z - z_0} + a_0 + a_1(z - z_0) + \cdots$$

이다. 양변에 $(z - z_0)^n$을 곱하면

$$(z - z_0)^n f(z) = a_{-n} + \cdots + a_{-2}(z - z_0)^{n-2} + a_{-1}(z - z_0)^{n-1} + a_0(z - z_0)^n + a_1(z - z_0)^{n+1} + \cdots$$

이고, 이를 $n - 1$번 미분하면

$$\frac{d^{n-1}}{dz^{n-1}}(z - z_0)^n f(z) = (n - 1)!a_{-1} + n!a_0(z - z_0) + \cdots \tag{3}$$

이다. 위의 우변 식에서 첫째 항 이후의 모든 항이 $z - z_0$의 양의 정수 거듭제곱을 포함하므로 $z \to z_0$에 대한 식 (3)의 극한은

$$\lim_{z\to z_0} \frac{d^{n-1}}{dz^{n-1}}(z - z_0)^n f(z) = (n - 1)!a_{-1}$$

이다. a_{-1}에 대해 위 식을 풀면 식 (2)가 된다. ☰

식 (2)는 $n = 1$일 때 식 (1)이 됨을 주목하라.

예제 2 극에서의 유수

함수 $f(z) = \dfrac{1}{(z - 1)^2(z - 3)}$은 $z = 3$에서 단순극을 갖고 $z = 1$에서 2차 극을 갖는다. 정리 19.5.1과 19.5.2를 이용하여 유수를 구하라.

풀이 $z = 3$은 단순극이므로 식 (1)을 이용하면

$$\text{Res}(f(z), 3) = \lim_{z\to 3}(z - 3)f(z) = \lim_{z\to 3}\frac{1}{(z - 1)^2} = \frac{1}{4}$$

이다. 2차 극에서는 식 (2)로부터

$$\begin{aligned}\text{Res}(f(z), 1) &= \frac{1}{1!}\lim_{z\to 1}\frac{d}{dz}(z - 1)^2 f(z)\\ &= \lim_{z\to 1}\frac{d}{dz}\frac{1}{z - 3}\\ &= \lim_{z\to 1}\frac{-1}{(z - 3)^2} = -\frac{1}{4}\end{aligned}$$

이다. ☰

f가 유리함수가 아닐 때 식 (1)에 의해 유수를 계산하는 것은 때에 따라 지루할 수 있다. 다른 유수 공식을 고안하는 것이 가능하다. 함수 f를 $f(z) = g(z)/h(z)$로 쓸 수 있고 g와 h는 $z = z_0$에서 해석적이라 하자. $g(z_0) \neq 0$이고 함수 h가 1차 영점을 가지면 f는 $z = z_0$에서 단순극을 갖고

단순극에서 유수를 계산하는 다른 방법. ▶

$$\operatorname{Res}(f(z), z_0) = \frac{g(z_0)}{h'(z_0)} \tag{4}$$

이다. 이 결과를 이해하기 위해서 식 (1)과 $h(z_0) = 0$이고 $\lim_{z\to z_0}(h(z) - h(z_0))/(z - z_0)$은 미분 $h'(z_0)$의 정의라는 사실을 이용한다.

$$\operatorname{Res}(f(z), z_0) = \lim_{z\to z_0}(z - z_0)\frac{g(z)}{h(z)} = \lim_{z\to z_0}\frac{g(z)}{\dfrac{h(z) - h(z_0)}{z - z_0}} = \frac{g(z_0)}{h'(z_0)}.$$

1보다 큰 차수의 극에서의 유수에 대한 유사 식은 복잡하므로 다루지 않기로 한다.

예제 3　식 (4)를 이용한 유수 계산

z_1, z_2, z_3, z_4가 $z_4 + 1 = 0$의 서로 다른 근일 때 $z^4 + 1$은 $(z - z_1)(z - z_2)(z - z_3)(z - z_4)$로 인수분해된다. 정리 19.4.1에 따라 함수

$$f(z) = \frac{1}{z^4 + 1}$$

은 4개의 단순극을 갖는다. 17.2절의 식 (10)으로부터 $z_1 = e^{\pi i/4}$, $z_2 = e^{3\pi i/4}$, $z_3 = e^{5\pi i/4}$, $z_4 = e^{7\pi i/4}$이다. 유수를 계산하기 위해 식 (4)와 Euler 공식을 이용하면 다음과 같다.

$$\operatorname{Res}(f(z), z_1) = \frac{1}{4z_1^3} = \frac{1}{4}e^{-3\pi i/4} = -\frac{1}{4\sqrt{2}} - \frac{1}{4\sqrt{2}}i$$

$$\operatorname{Res}(f(z), z_2) = \frac{1}{4z_2^3} = \frac{1}{4}e^{-9\pi i/4} = \frac{1}{4\sqrt{2}} - \frac{1}{4\sqrt{2}}i$$

$$\operatorname{Res}(f(z), z_3) = \frac{1}{4z_3^3} = \frac{1}{4}e^{-15\pi i/4} = \frac{1}{4\sqrt{2}} + \frac{1}{4\sqrt{2}}i$$

$$\operatorname{Res}(f(z), z_4) = \frac{1}{4z_4^3} = \frac{1}{4}e^{-21\pi i/4} = -\frac{1}{4\sqrt{2}} + \frac{1}{4\sqrt{2}}i.$$

≡

유수정리　지금까지 유수 개념의 중요성을 인식하였다. 다음 정리는 어떤 조건하에서 복소적분 $\oint_C f(z)\,dz$는 폐경로 C 내에 있는 고립 특이점들에서의 유수의 합으로 계산된다는 것을 보여준다.

정리 19.5.3 Cauchy의 유수정리

D는 단순연결 영역이고 C는 완전하게 D 내에 놓여 있는 단순 폐경로라 하자. 함수 f가 C 상과 C 내의 유한 개의 특이점 $z_1, z_2, \ldots, z_n$을 제외한 C 내부에서 해석적이면 다음과 같다.

$$\oint_C f(z)\,dz = 2\pi i \sum_{k=1}^{n} \operatorname{Res}(f(z), z_k). \tag{5}$$

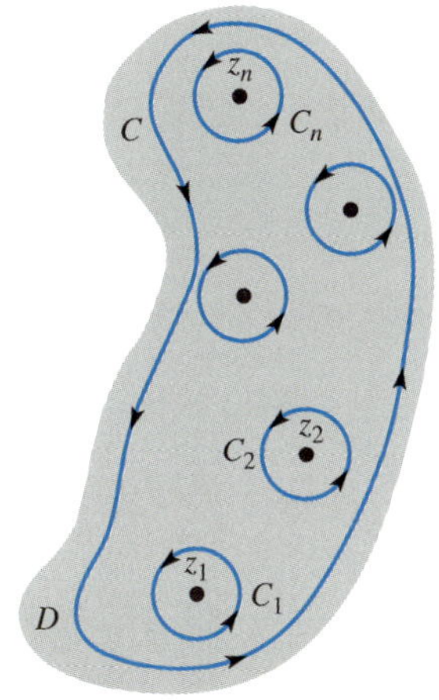

그림 19.5.1 경로 C 내의 n개 특이점

증명 $C_1, C_2, \ldots, C_n$을 각각 $z_1, z_2, \ldots, z_n$을 중심으로 하는 원이라 하자. 또한 각 원 C_k는 충분히 작은 반경 r_k를 가져서 $C_1, C_2, \ldots, C_n$은 서로 교차되지 않고 단순 폐경로 C 내에 있다고 하자. 그림 19.5.1을 보라. 19.3절의 식 (15)는 $\oint_{C_k} f(z)\,dz = 2\pi i \operatorname{Res}(f(z), z_k)$를 의미하고 따라서 정리 18.2.2에서

$$\oint_C f(z)\,dz = \sum_{k=1}^{n} \oint_{C_k} f(z)\,dz = 2\pi i \sum_{k=1}^{n} \operatorname{Res}(f(z), z_k)$$

를 얻는다. ≡

예제 4 유수정리에 의한 계산

$\oint_C \frac{1}{(z-1)^2(z-3)}dz$를 구하라.

여기서 **(a)** 경로 C는 $x = 0$, $x = 4$, $y = -1$, $y = 1$에 의해 정의된 직사각형, **(b)** 경로 C는 원 $|z| = 2$이다.

풀이 (a) 극 $z = 1$과 $z = 3$이 직사각형 내에 있으므로 식 (5)로부터

$$\oint_C \frac{1}{(z-1)^2(z-3)}dz = 2\pi i[\operatorname{Res}(f(z), 1) + \operatorname{Res}(f(z), 3)]$$

을 얻는다. 예제 2와 3에서 구한 유수를 이용하면

$$\oint_C \frac{1}{(z-1)^2(z-3)}dz = 2\pi i\left[-\frac{1}{4} + \frac{1}{4}\right] = 0$$

이 된다.

(b) 극 $z = 1$만이 원 $|z| = 2$ 내에 있으므로 식 (5)로부터

$$\oint_C \frac{1}{(z-1)^2(z-3)}dz = 2\pi i \operatorname{Res}(f(z), 1) = 2\pi i\left(-\frac{1}{4}\right) = -\frac{\pi}{2}i$$

이 된다. ≡

예제 5 유수정리에 의한 계산

경로 C가 원 $|z - i| = 2$일 때 $\oint_C \frac{2z + 6}{z^2 + 4} dz$를 구하라.

풀이 $z^2 + 4 = (z - i)(z + 2i)$이므로 피적분함수는 $-2i$와 $2i$에서 단순극을 갖는다. $2i$만이 경로 C 내에 있으므로 식 (5)에 따라

$$\oint_C \frac{2z + 6}{z^2 + 4} dz = 2\pi i \operatorname{Res}(f(z), 2i)$$

이다. 한편

$$\operatorname{Res}(f(z), 2i) = \lim_{z \to 2i} (z - 2i) \frac{2z + 6}{(z - 2i)(z + 2i)} = \frac{6 + 4i}{4i} = \frac{3 + 2i}{2i}$$

이므로

$$\oint_C \frac{2z + 6}{z^2 + 4} dz = 2\pi i \left(\frac{3 + 2i}{2i}\right) = \pi(3 + 2i)$$

이다. ≡

예제 6 유수정리에 의한 계산

경로 C가 원 $|z| = 2$일 때 $\oint_C \frac{e^z}{z^4 + 5z^3} dz$를 구하라.

풀이 $z^4 + 5z^3 = z^3(z + 5)$이므로 피적분함수는 $z = 0$에서 3차 극과 $z = -5$에서 단순극을 갖는다. $z = 0$만이 주어진 경로 내에 있으므로 식 (5)와 (2)로부터 다음과 같다.

$$\begin{aligned}\oint_C \frac{e^z}{z^4 + 5z^3} dz &= 2\pi i \operatorname{Res}(f(z), 0) \\ &= 2\pi i \frac{1}{2!} \lim_{z \to 0} \frac{d^2}{dz^2} z^3 \frac{e^z}{z^3(z + 5)} \\ &= \pi i \lim_{z \to 0} \frac{(z^2 + 8z + 17)e^z}{(z + 5)^3} = \frac{17\pi}{125} i.\end{aligned}$$

≡

예제 7 유수정리에 의한 계산

경로 C가 원 $|z| = 2$일 때 $\oint_C \tan z \, dz$를 구하라.

풀이 피적분함수 $\tan z = \sin z/\cos z$은 $\cos z = 0$인 점들에서 단순 극을 갖는다. 17.7

절에서 cos z의 영점들은 $z = (2n + 1)\pi/2$, $n = 0, \pm 1, \pm 2, \ldots$ 인 실수임을 보았다. $-\pi/2$와 $\pi/2$만이 원 $|z| = 2$ 내에 있으므로

$$\oint_C \tan z\, dz = 2\pi i\left[\operatorname{Res}\left(f(z), -\frac{\pi}{2}\right) + \operatorname{Res}\left(f(z), \frac{\pi}{2}\right)\right]$$

이다. 식 (4)에서 $g(z) = \sin z$, $h(z) = \cos z$, $h'(z) = -\sin z$이므로

$$\operatorname{Res}\left(f(z), -\frac{\pi}{2}\right) = \frac{\sin(-\pi/2)}{-\sin(-\pi/2)} = -1, \quad \operatorname{Res}\left(f(z), \frac{\pi}{2}\right) = \frac{\sin(\pi/2)}{-\sin(\pi/2)} = -1$$

이다. 따라서 다음과 같다.

$$\oint_C \tan z\, dz = 2\pi i[-1 - 1] = -4\pi i. \qquad \equiv$$

예제 8 유수정리에 의한 계산

경로 C가 원 $|z| = 1$일 때 $\oint_C e^{3/z}\, dz$를 구하라.

풀이 알려진 바와 같이 $z = 0$은 피적분함수 $f(z) = e^{3/z}$의 진성 특이점이므로 공식 (1)과 (2)는 이 점에서 f의 유수를 구하는 데 쓰일 수 없다. 그렇지만 예제 1(b)의 $z = 0$에서 f의 Laurent 급수로부터 $\operatorname{Res}(f(z), 0) = 3$임을 알 수 있다. 따라서 식 (5)로부터 다음과 같다.

$$\oint_C e^{3/z}\, dz = 2\pi i \operatorname{Res}(f(z), 0) = 6\pi i. \qquad \equiv$$

참고

극한공식 (1)과 (2)를 적용하여 유수를 계산하는 과정에서 부정형 0/0이 나타날 수 있다. 증명하지는 않겠지만 복소해석에서도 **L'Hôpital 정리**는 성립한다. g와 h가 $z = z_0$에서 해석적이고 $g(z_0) = 0$, $h(z_0) = 0$, $h'(z_0) \neq 0$인 경우에 $f(z) = g(z)/h(z)$이면

$$\lim_{z \to z_0} \frac{g(z)}{h(z)} = \frac{g'(z_0)}{h'(z_0)}$$

이다.

19.5 연습문제

부록에 선택된 홀수 번 문제의 답이 있다.

문제 1~6에서는 지시된 유수를 Laurent 급수를 이용하여 구하라.

1. $f(z) = \dfrac{2}{(z-1)(z+4)}$; Res $(f(z), 1)$
2. $f(z) = \dfrac{1}{z^3(1-z)^3}$; Res $(f(z), 0)$
3. $f(z) = \dfrac{4z-6}{z(2-z)}$; Res $(f(z), 0)$
4. $f(z) = (z+3)^2 \sin \dfrac{2}{z+3}$; Res $(f(z), -3)$
5. $f(z) = e^{-2/z^2}$; Res $(f(z), 0)$
6. $f(z) = \dfrac{e^{-z}}{(z-2)^2}$; Res $(f(z), 2)$

문제 7~16에서는 식 (1), (2) 또는 (4)를 이용하여 주어진 함수의 각 극에서 유수를 구하라.

7. $f(z) = \dfrac{z}{z^2+16}$
8. $f(z) = \dfrac{4z+8}{2z-1}$
9. $f(z) = \dfrac{1}{z^4+z^3-2z^2}$
10. $f(z) = \dfrac{1}{(z^2-2z+2)^2}$
11. $f(z) = \dfrac{5z^2-4z+3}{(z+1)(z+2)(z+3)}$
12. $f(z) = \dfrac{2z-1}{(z-1)^4(z+3)}$
13. $f(z) = \dfrac{\cos z}{z^2(z-\pi)^3}$
14. $f(z) = \dfrac{e^z}{e^z-1}$
15. $f(z) = \sec z$
16. $f(z) = \dfrac{1}{z \sin z}$

문제 17~20에서는 Cauchy의 유수정리를 이용하여 지시된 경로에 대한 적분을 구하라.

17. $\displaystyle\oint_C \frac{1}{(z-1)(z+2)^2}\,dz$

(a) $|z| = \frac{1}{2}$ **(b)** $|z| = \frac{3}{2}$ **(c)** $|z| = 3$

18. $\displaystyle\oint_C \frac{z+1}{z^2(z-2i)}\,dz$

(a) $|z| = 1$ **(b)** $|z-2i| = 1$ **(c)** $|z-2i| = 4$

19. $\displaystyle\oint_C z^3 e^{-1/z^2}\,dz$

(a) $|z| = 5$ **(b)** $|z+i| = 2$ **(c)** $|z-3| = 1$

20. $\displaystyle\oint_C \frac{1}{z \sin z}\,dz$

(a) $|z-2i| = 1$ **(b)** $|z-2i| = 3$ **(c)** $|z| = 5$

문제 21~32에서는 Cauchy의 유수정리를 이용하여 지시된 경로에 대한 적분을 구하라.

21. $\displaystyle\oint_C \frac{1}{z^2+4z+13}\,dz$, C: $|z-3i| = 3$
22. $\displaystyle\oint_C \frac{1}{z^3(z-1)^4}\,dz$, C: $|z-2| = \frac{3}{2}$
23. $\displaystyle\oint_C \frac{z}{z^4-1}\,dz$, C: $|z| = 2$
24. $\displaystyle\oint_C \frac{z}{(z+1)(z^2+1)}\,dz$, C는 $16x^2+y^2=4$인 타원이다.
25. $\displaystyle\oint_C \frac{ze^z}{z^2-1}\,dz$, C: $|z| = 2$
26. $\displaystyle\oint_C \frac{e^z}{z^3+2z^2}\,dz$, C: $|z| = 3$
27. $\displaystyle\oint_C \frac{\tan z}{z}\,dz$, C: $|z-1| = 2$
28. $\displaystyle\oint_C \frac{\cot \pi z}{z^2}\,dz$, C: $|z| = \frac{1}{2}$
29. $\displaystyle\oint_C \cot \pi z\,dz$, C는 $x = \frac{1}{2}$, $x = \pi$, $y = -1$, $y = 1$로 정의되는 직사각형이다.
30. $\displaystyle\oint_C \frac{2z-1}{z^2(z^3+1)}\,dz$, C는 $x = -2$, $x = 1$, $y = -\frac{1}{2}$, $y = 1$로 정의되는 직사각형이다.
31. $\displaystyle\oint_C \frac{e^{iz}+\sin z}{(z-\pi)^4}\,dz$, C: $|z-3| = 1$
32. $\displaystyle\oint_C \frac{\cos z}{(z-1)^2(z^2+9)}\,dz$, C: $|z-1| = 1$

19.6 실적분의 계산

소개 이 절에서는 다음과 같은 형태의 실적분을 계산하는 데에 유수 이론이 이용되는 법을 보여준다.

$$\int_0^{2\pi} F(\cos\theta, \sin\theta)\, d\theta, \tag{1}$$

$$\int_{-\infty}^{\infty} f(x)\, dx, \tag{2}$$

$$\int_{-\infty}^{\infty} f(x)\cos\alpha x\, dx, \qquad \int_{-\infty}^{\infty} f(x)\sin\alpha x\, dx \tag{3}$$

여기서 식 (1)의 F와 (2), (3)의 f는 유리함수이다. 식 (2)와 (3)에서의 유리함수 $f(x) = p(x)/q(x)$에 대해 다항식 p와 q는 공통 인자를 갖지 않는다고 가정한다.

$\int_0^{2\pi} F(\cos\theta, \sin\theta)\, d\theta$형의 적분 기본적인 개념은 식 (1)형의 적분을 경로 C가 원점을 중심으로 한 단위원인 복소적분으로 바꾸는 것이다. 경로 C는 $z = \cos\theta + i\sin\theta = e^{i\theta}$, $0 \le \theta \le 2\pi$로 매개변수화될 수 있다.

$$dz = ie^{i\theta}\, d\theta, \quad \cos\theta = \frac{e^{i\theta} + e^{-i\theta}}{2}, \quad \sin\theta = \frac{e^{i\theta} - e^{-i\theta}}{2i}$$

을 사용하여 $d\theta$, $\cos\theta$, $\sin\theta$를

$$d\theta = \frac{dz}{iz}, \quad \cos\theta = \frac{1}{2}(z + z^{-1}), \quad \sin\theta = \frac{1}{2i}(z - z^{-1}) \tag{4}$$

으로 바꾼다. 따라서 식 (1)의 적분은 C가 $|z| = 1$인

$$\oint_C F\left(\frac{1}{2}(z + z^{-1}), \frac{1}{2i}(z - z^{-1})\right)\frac{dz}{iz}$$

이 된다.

예제 1 **실삼각적분**

$\displaystyle\int_0^{2\pi} \frac{1}{(2 + \cos\theta)^2}\, d\theta$를 구하라.

풀이 식 (4)에서의 치환을 사용하고 단순화하면 경로적분

$$\frac{4}{i}\oint_C \frac{z}{(z^2 + 4z + 1)^2}\, dz$$

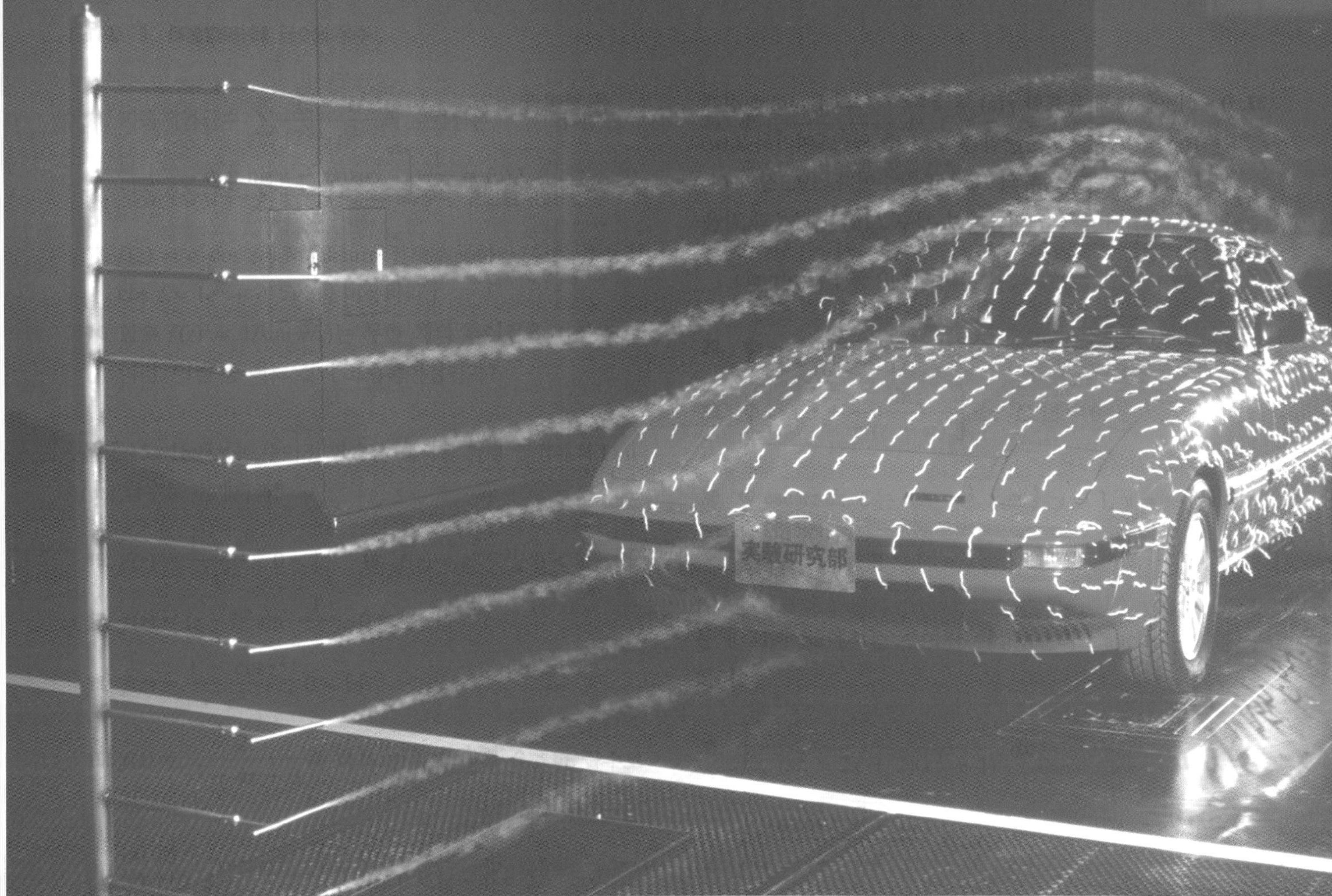
実験研究部

CHAPTER

20 등각사상

Conformal Mappings

이 장에서는 17장에서 소개한 기본함수들의 사상으로서의 성질에 대하여 공부하고 **선형분수변환**(linear fractional transformation)과 **Schwarz-Christoffel 변환**이라고 부르는 새로운 두 부류의 특수 사상을 공부할 것이다.

앞의 여러 장에서는 Fourier 급수와 적분변환을 사용하여 Laplace 방정식을 비롯한 경곗값 문제를 풀었다. 이 장에서 다루는 **등각사상** 방법은 한 영역에서 알고 있는 Laplace 방정식의 해를 다른 영역으로 옮기는 데 사용할 수 있다. 또 장애물 주위나 유로를 지나는 유체 흐름도 등각사상을 이용하여 구할 수 있다.

CHAPTER CONTENTS

20.1 사상으로서의 복소함수

소개 17장에서는 복소함수의 대수적 정의와 성질에 대하여 중점적으로 다루었다. 복소함수 $w = f(z)$의 기하학적 이해를 위하여, z 평면과 w 평면을 나란히 놓고 f의 정의역 내의 한 점 $z = x + iy$가 w 평면 내의 점 $w = f(z)$로 **보내지는**(또는 변환되는) 것을 그려볼 수 있다. 따라서 복소함수 $w = f(z) = u(x, y) + iv(x, y)$는 **평면변환**(planar transformation)

$$u = u(x, y), \quad v = v(x, y)$$

으로 볼 수 있으며, $w = f(z)$는 f에 의한 z의 **상**(image)이라 한다.

그림 20.1.1은 영역 R 내의 유한 개의 복소수의 상을 나타낸다. 영역 R의 상과 더불어 R 내부의 곡선들의 상을 구해봄으로써 더 유용한 정보를 얻을 수 있다. 이런 곡선으로는 흔히 직선, 원, f의 실수부나 허수부의 등위곡선이 선택된다.

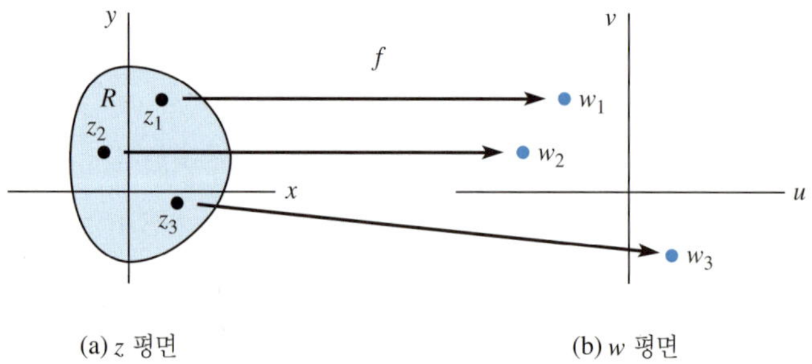

그림 20.1.1 w_1, w_2, w_3은 z_1, z_2, z_3의 상임

곡선의 상 만약 $z(t) = x(t) + iy(t)$, $a \le t \le b$가 영역 내의 곡선 C를 나타낸다면 $w = f(z(t))$, $a \le t \le b$는 w 평면 내의 대응하는 곡선 C'을 매개변수로 표현한 것이다. 또 등위곡선 $u(x, y) = a$ 위의 점 z는 수직선 $u = a$ 위에 있는 점 w로 보내지며, 등위곡선 $v(x, y) = b$ 위의 점 z는 수평선 $v = b$ 위에 있는 점 w로 보내진다.

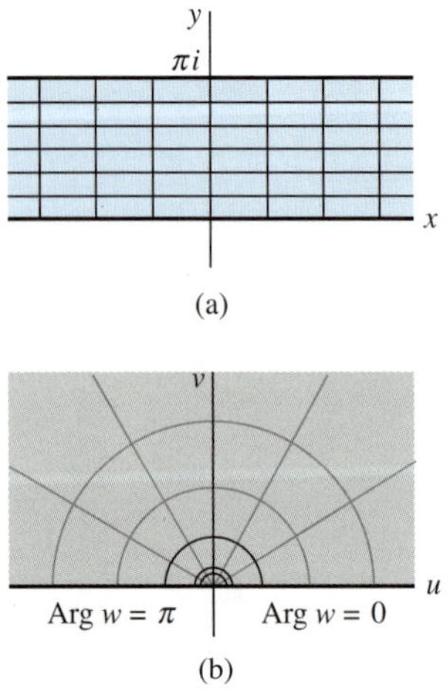

그림 20.1.2 예제 1에서 수직선과 수평선의 상

예제 1 사상 $f(z) = e^z$

수평띠 $0 \le y \le \pi$는 지수함수 $f(z) = e^z$의 기본영역 내에 놓인다. 이 영역 내의 수직선분 $x = a$는 $z(t) = a + it$, $0 \le t \le \pi$로 나타낼 수 있고, 따라서 $w = f(z(t)) = e^a e^{it}$이다. 그러므로 상은 중심이 $w = 0$이고 반지름이 $r = e^a$인 반원이다. 이와 비슷하게 수평선 $y = b$는 $z(t) = t + ib$, $-\infty < t < \infty$처럼 매개변수로 표현할 수 있고, 따라서 $w = f(z(t)) = e^t e^{ib}$이다. Arg $w = b$이고 $|w| = e^t$이므로 상은 원점에서 시작되는 반직선이고, 또 $0 \le \text{Arg}\, w \le \pi$이므로 수평띠 전체의 상은 위쪽 반평면 $v \ge 0$이다. 수평선 $y = 0$과 $y = \pi$는 각각 양의 u축과 음의 u축으로 보내진다는 것에 주목하자. 그림 20.1.2는 $f(z) = e^z$에 의한 사상을 보여준다.

$w = e^x e^{iy}$로부터 $|w| = e^x$이고 $y = \text{Arg}\, w$임을 알 수 있다. 따라서 $z = x + iy = \log_e|w| + i\,\text{Arg}\, w = \text{Ln}\, w$이다. 그러므로 역함수 $f^{-1}(w) = \text{Ln}\, w$는 위쪽 반평면 $v \ge 0$

을 도로 수평띠 $0 \le y \le \pi$로 보낸다. ☰

예제 2 사상 $f(z) = 1/z$

복소함수 $f(z) = 1/z$의 정의역은 $z \neq 0$이며, 실수부와 허수부는 각각 $u(x, y) = x/(x^2 + y^2)$와 $v(x, y) = -y/(x^2 + y^2)$이다. $a \neq 0$일 때 등위곡선 $u(x, y) = a$는

$$x^2 - \frac{1}{a}x + y^2 = 0 \qquad \text{또는} \qquad \left(x - \frac{1}{2a}\right)^2 + y^2 = \left(\frac{1}{2a}\right)^2$$

로 쓸 수 있다. 그러므로 이 등위곡선은 중심이 x축 위에 있고 원점을 지나는 원이다. 0이 아닌, 이 원 위의 점 z는 직선 $u = a$ 위의 점 w로 보내진다. 마찬가지로 등위곡선 $v(x, y) = b$, $b \neq 0$는

$$x^2 + \left(y + \frac{1}{2b}\right)^2 = \left(\frac{1}{2b}\right)^2$$

로 쓸 수 있으며, 이 원 위의 점 z는 직선 $v = b$ 위의 점 w로 보내진다. **그림 20.1.3**은 $f(z) = 1/z$에 의한 사상을 보여준다. 그림 20.1.3(a)는 두 부류의 원형 등위곡선을 보여주며, 그림 20.1.3(b)는 이들에 대응하는 w 평면 위의 상을 보여준다.

$w = 1/z$이기 때문에 $z = 1/w$이다. 따라서 $f^{-1}(w) = 1/w$이고, $f = f^{-1}$이다. 그러므로 f는 수평선 $y = b$를 원 $u^2 + (v + \frac{1}{2}b)^2 = (\frac{1}{2}b)^2$으로 보내고, 수직선 $x = a$를 원 $(u - \frac{1}{2}a)^2 + v^2 = (\frac{1}{2}a)^2$으로 보내는 것을 알 수 있다. ☰

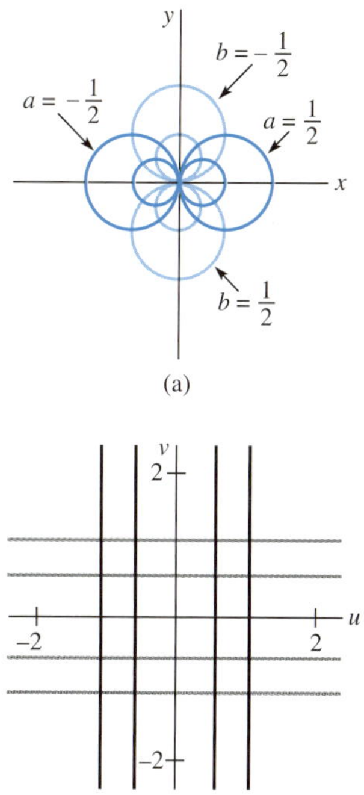

(a)

(b)

그림 20.1.3 예제 2에서 원의 상

평행이동과 회전 기본적인 선형함수 $f(z) = z + z_0$는 z 평면에서의 **평행이동**(translation)으로 이해할 수 있다. 이것을 알아보기 위하여 $z = x + iy$, $z_0 = h + ik$라고 하자. $w = f(z) = (x + h) + i(y + k)$이므로 점 (x, y)는 수평방향으로 h만큼, 수직방향으로 k만큼 평행이동하여 새로운 위치 $(x + h, y + k)$로 보내진다. 특히 원점 O는 $z_0 = h + ik$로 보내진다.

기본함수 $g(z) = e^{i\theta_0}z$는 각도 θ_0만큼의 **회전**(rotation)으로 이해할 수 있는데, 이것은 $z = re^{i\theta}$라고 할 때 $w = g(z) = re^{i(\theta+\theta_0)}$이기 때문이다. 원점에 중심을 갖는 영역 R에 복소사상 $h(z) = e^{i\theta_0}z + z_0$을 적용한다면, 이 영역의 상 R'은 먼저 R을 각도 θ_0만큼 회전한 다음에 중심을 새로운 위치 z_0으로 평행이동하여 나타나는 영역이다. $h(z) = e^{i\theta_0}z + z_0$에 의한 사상에 대하여 **그림 20.1.4**를 참조하라.

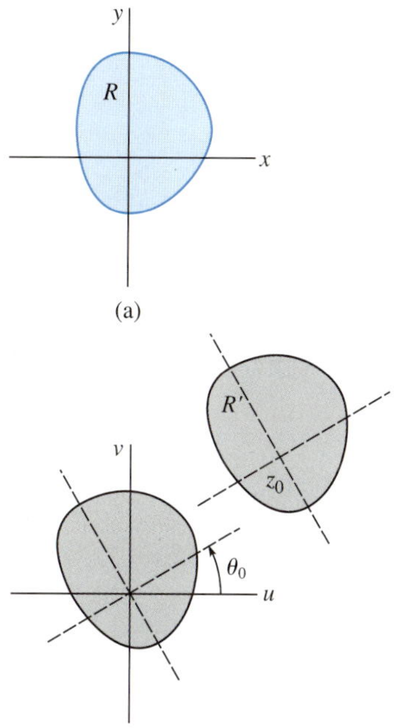

(a)

(b)

그림 20.1.4 평행이동과 회전

예제 3 회전과 평행이동

수평띠 $-1 \le y \le 1$을 수직띠 $2 \le x \le 4$로 보내는 복소함수를 구하라.

풀이 수평띠 $-1 \le y \le 1$를 90° 회전시키면 수직띠 $-1 \le x \le 1$가 되고, 이 수직띠를 오른쪽으로 3만큼 이동시키면 수직띠 $2 \le x \le 4$를 얻을 수 있다(**그림 20.1.5**를 참조). $e^{i\pi/2} = i$이므로 원하는 복소사상은 $h(z) = iz + 3$이다. ☰

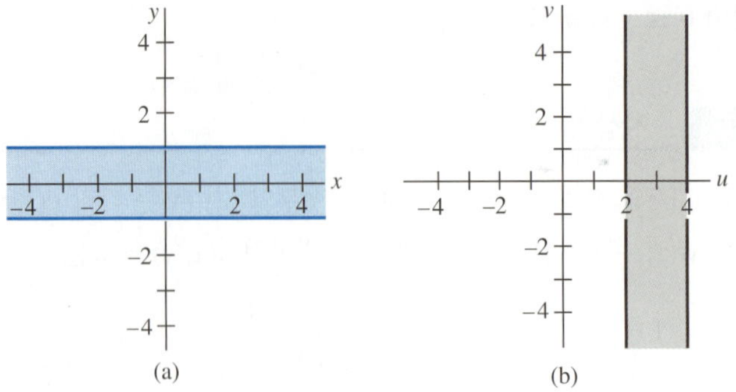

그림 20.1.5 예제 3에서 수평띠의 상

확대 α가 고정된 양의 실수일 때, $f(z) = \alpha z$ 형태의 복소함수는 **확대**(magnification)를 나타내게 된다. $|w| = |\alpha z| = \alpha|z|$이므로 f는 복소수 z의 길이를 고정 배율 α만큼 변화시킨다(방향은 변하지 않는다). $g(z) = az + b$, $a = r_0 e^{i\theta_0}$라고 하면, 벡터 z는 각도 θ_0만큼 회전하고 r_0배 확대된 다음에 b만큼 평행이동하게 된다.

예제 4 축소와 평행이동

원판 $|z| \le 1$을 원판 $|w - (1 + i)| \le \frac{1}{2}$로 보내는 복소함수를 구하라.

풀이 먼저 원판의 반지름을 1/2로 축소한 다음에 그 중심을 점 $1 + i$로 평행이동하여야 한다. 그러므로 $w = f(z) = \frac{1}{2}z + (1 + i)$가 $|z| \le 1$을 원판 $|w - (1 + i)| \le \frac{1}{2}$ 로 보낸다. ☰

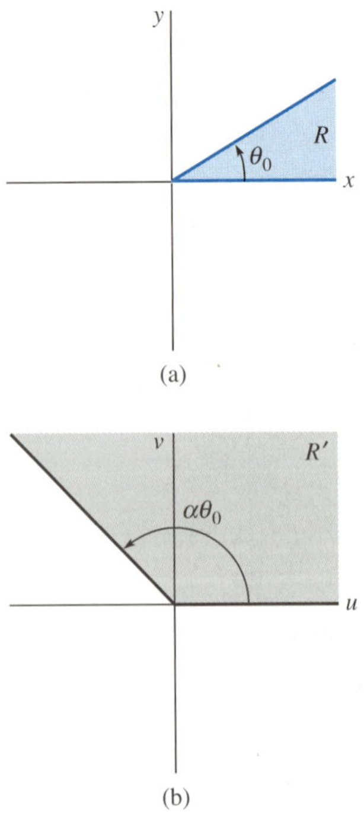

그림 20.1.6 R'은 쐐기꼴 R의 상임

거듭제곱함수 α가 고정된 양의 실수일 때, $f(z) = z^\alpha$ 형태의 복소함수를 **실거듭제곱함수**(real power function)라고 한다. 그림 20.1.6은 복소함수 $f(z) = z^\alpha$을 쐐기꼴 $0 \le \text{Arg } z \le \theta_0$에 적용한 결과를 보여준다. $z = re^{i\theta}$라고 하면 $w = f(z) = r^\alpha e^{i\alpha\theta}$이다. 따라서 $0 \le \text{Arg } w \le \alpha\theta_0$이고, 쐐기꼴의 사이각이 α배만큼 변했다. 원점이 중심인 원호는 비슷한 원호로 보내지고 원점에서 시작되는 반직선들은 비슷한 반직선들로 보내지는 것을 쉽게 보일 수 있다.

예제 5 거듭제곱함수 $f(z) = z^{1/4}$

위쪽 반평면 $y \ge 0$을 쐐기꼴 $0 \le \text{Arg } w \le \pi/4$로 보내는 복소함수를 구하라.

풀이 위쪽 반평면 $y \ge 0$은 부등식 $0 \le \text{Arg } z \le \pi$로 나타낼 수 있다. 그러므로 각도 $\theta_0 = \pi$를 $\alpha = \frac{1}{4}$배로 줄여 주는 복소사상을 구해야 한다. 따라서 $f(z) = z^{1/4}$이다. ☰

합성 사상 두 영역 R과 R' 사이의 복소사상을 구하기 위하여, 먼저 R을 제3의 영역 R''으로 보낸 다음에 R''에서 R'으로 보내는 복소사상을 구하는 것이 간편할 때가 종종 있다. 더 정확하게 표현하면, $\zeta = f(z)$가 R을 R''으로 보내고 $w = g(\zeta)$가 R''을 R'으로 보낸다고 할 때, 합성함수 $w = g(f(z))$가 R을 R'으로 보낸다는 것이다. 그림 20.1.7에 있는 합성 사상(successive mapping)에 대한 다이어그램을 참조하라.

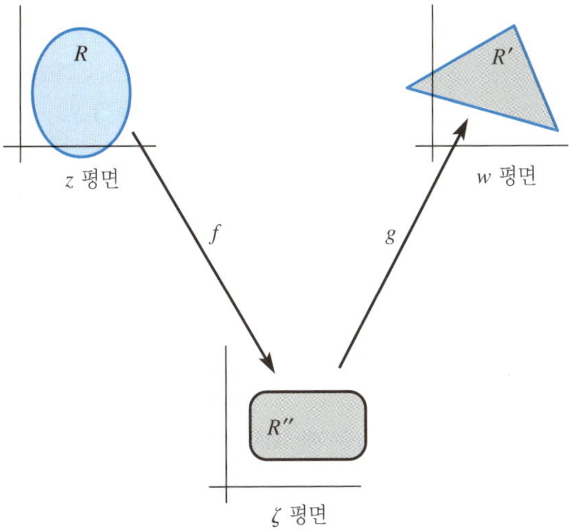

그림 20.1.7 R'은 합성 사상에 대한 R의 상임

예제 6 합성 사상

수평띠 $0 \le y \le \pi$를 쐐기꼴 $0 \le \text{Arg } w \le \pi/4$로 보내는 복소함수를 구하라.

풀이 우리는 예제 1에서 복소함수 $f(z) = e^z$가 수평띠 $0 \le y \le \pi$를 위쪽 반평면 $0 \le \text{Arg } \zeta \le \pi$로 보낸다는 것을 알아보았다. 예제 5에서는 위쪽 반평면 $0 \le \text{Arg } \zeta \le \pi$를 $g(\zeta) = \zeta^{1/4}$에 의해서 쐐기꼴 $0 \le \text{Arg } w \le \pi/4$로 보냈다. 따라서 합성함수 $w = g(f(z)) = g(e^z) = e^{z/4}$는 수평띠 $0 \le y \le \pi$를 쐐기꼴 $0 \le \text{Arg } w \le \pi/4$로 보낸다. ≡

예제 7 합성 사상

쐐기꼴 $\pi/4 \le \text{Arg } z \le 3\pi/4$를 위쪽 반평면 $v \ge 0$으로 보내는 복소함수를 구하라.

풀이 우리는 먼저 쐐기꼴 $\pi/4 \le \text{Arg } z \le 3\pi/4$를 회전시켜서 그림 20.1.6에 나와 있는 표준위치에 놓이도록 한다. $\zeta = f(z) = e^{-i\pi/4}z$라면 이 쐐기꼴의 상은 $0 \le \text{Arg } \zeta \le \pi/2$로 정의되는 쐐기꼴 R''이다. 실거듭제곱함수 $w = g(\zeta) = \zeta^2$은 R''의 사이각을 2배로 키우므로 그 상은 위쪽 반평면 $0 \le \text{Arg } w \le \pi$이 된다. 그러므로 $w = g(f(z)) = (e^{-i\pi/4}z)^2 = -iz^2$이 구하고자 하는 사상이다. ≡

20.2~20.4절에서는 복소사상에 대한 지식을 넓히고, 복소사상이 평면에서의 Laplace 방정식을 푸는 데 어떻게 이용되는지 알아볼 것이다.

20.1 연습문제

부록에 선택된 홀수 번 문제의 답이 있다.

문제 1~10에는 z 평면에서의 곡선과 복소사상 $w = f(z)$가 주어져 있다. 각 경우에 대하여 w 평면에서의 상 곡선을 구하라.

1. $y = x$; $w = 1/z$

2. $y = 1$; $w = 1/z$

3. 쌍곡선 $xy = 1$; $w = z^2$

4. 쌍곡선 $x^2 - y^2 = 4$; $w = z^2$

5. 반원 $|z| = 1, y > 0$; $w = \text{Ln}\, z$
6. 반직선 $\theta = \pi/4$; $w = \text{Ln}\, z$
7. 반직선 $\theta = \theta_0$; $w = z^{1/2}$
8. 원호 $r = 2, 0 \le \theta \le \pi/2$; $w = z^{1/2}$
9. 곡선 $e^x \cos y = 1$; $w = e^z$
10. 원 $|z| = 1$; $w = z + 1/z$

문제 11~20에는 z 평면의 영역과 복소사상 $w = f(z)$가 주어져 있다. 각 경우에 대하여 w 평면에서의 상 영역 R'을 구하라.

11. 제1사분면; $w = 1/z$
12. 띠 $0 \le y \le 1$; $w = 1/z$
13. 띠 $\pi/4 \le y \le \pi/2$; $w = e^z$
14. 직사각형 $0 \le x \le 1, 0 \le y \le \pi$; $w = e^z$
15. 원 $|z| = 1$; $w = z + 4i$
16. 원 $|z| = 1$; $w = 2z - 1$
17. 띠 $0 \le y \le 1$; $w = iz$
18. 제1사분면; $w = (1 + i)z$
19. 쐐기꼴 $0 \le \text{Arg}\, z \le \pi/4$; $w = z^3$
20. 쐐기꼴 $0 \le \text{Arg}\, z \le \pi/4$; $w = z^{1/2}$

문제 21~30에서는 주어진 z 평면의 영역 R에서 w 평면의 상 영역 R'으로 보내는 복소사상을 구하라.

21. 띠 $1 \le y \le 4$에서 띠 $0 \le u \le 3$으로
22. 띠 $1 \le y \le 4$에서 띠 $0 \le v \le 3$으로
23. 원판 $|z - 1| \le 1$에서 원판 $|w| \le 2$로
24. 띠 $-1 \le x \le 1$에서 띠 $-1 \le v \le 1$로
25. 쐐기꼴 $\pi/4 \le \text{Arg}\, z \le \pi/2$에서 위쪽 반평면 $v \ge 0$으로
26. 띠 $0 \le y \le 4$에서 위쪽 반평면 $v \ge 0$으로
27. 띠 $0 \le y \le \pi$에서 쐐기꼴 $0 \le \text{Arg}\, w \le 3\pi/2$로
28. 쐐기꼴 $0 \le \text{Arg}\, z \le 3\pi/2$에서 반평면 $u \ge 2$로
29.

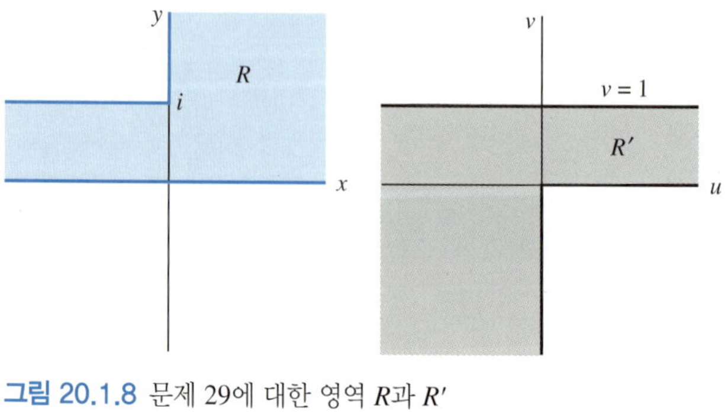

그림 20.1.8 문제 29에 대한 영역 R과 R'

30.

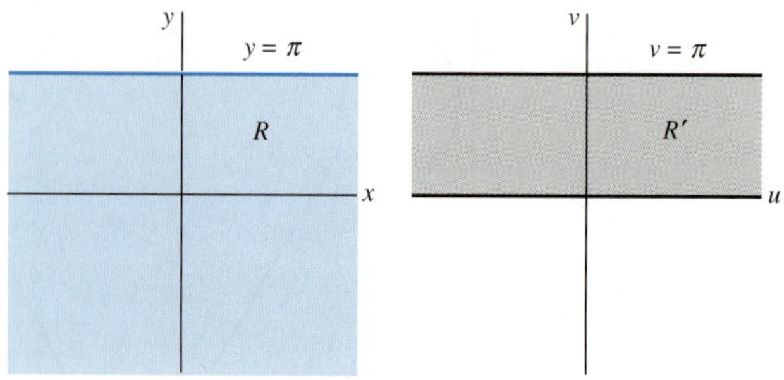

그림 20.1.9 문제 30에 대한 영역 R과 R'

31. **과제** 문제 10의 사상은 **Joukowski 변환**(Joukowski transformation)이라고 하는 사상 $w = z + k^2/z$의 특별한 경우다. 여기서 k는 양의 상수다.

(a) Joukowski 변환은 임의의 원 $x^2 + y^2 = R^2$을 타원

$$\frac{u^2}{\left(1 + \dfrac{k^2}{R^2}\right)^2} + \frac{v^2}{\left(1 - \dfrac{k^2}{R^2}\right)^2} = R^2, k \ne R$$

로 보냄을 보이라.

(b) $R = k$일 때 원의 상은 무엇인가?

(c) 변환 $w = z + k^2/z$이 중요한 것은 원점이 중심인 원 $|z| = R$이 아니라 원점에서 벗어나 실수축 위에 중심을 갖는 원들에 미치는 효과 때문이다. Joukowski 변환은

$$\frac{w - 2k}{w + 2k} = \left(\frac{z - k}{z + k}\right)^2$$

으로 나타낼 수 있음을 보여라. $k = 1$인 특별한 경우에 이 변환은 점 $z = -1$을 지나고 점 $z = 1$을 둘러싸는 원을 뾰족한 끝점(sharply pointed trailing edge)을 갖는 폐곡선으로 보낸다. 비행기 날개의 단면을 닮은 이런 종류의 곡선을 **Joukowski 익형**(airfoil)이라고 한다.

Joukowski 변환을 사용하여 익형 주위의 공기의 흐름을 연구하는 것에 대한 보고서를 작성하라. 이 주제와 관련된 많은 정보를 인터넷에서 찾을 수 있다.

20.2 등각사상

소개 20.1절에서는 상수가 아닌 선형사상 $f(z) = az + b$ (a, b는 복소수)가 복소평면의 점들을 회전시키고, 확대하고, 평행이동하는 것으로 작용함을 보았다. 그 결과로, z 평면에서 만나는 임의의 두 곡선 사이의 각이 선형사상의 상으로 나타나는 w 평면에서의 호(arc) 사이의 각과 같다는 것을 쉽게 보일 수 있다. 이렇게 각을 보존하는 성질을 지닌 또 다른 복소사상이 이 절에서 우리가 공부할 주제다.

각을 보존하는 사상 영역 D에서 정의되는 복소사상 $w = f(z)$가 z_0에서 만나는 D 내의 임의의 두 곡선 사이의 각을 보존할 때, f는 D 내의 **점 $z = z_0$에서 등각**(conformal at $z = z_0$)이라고 한다. 더 정확하게 말하면, C_1과 C_2가 D 내의 점 z_0에서 교차하고 C_1'과 C_2'이 각각 이들에 대응하는 w 평면에서의 상이라고 할 때, C_1과 C_2 사이의 각 θ가 C_1'과 C_2' 사이의 각 ϕ와 같아야 한다는 것이다. 그림 20.2.1을 참조하라.

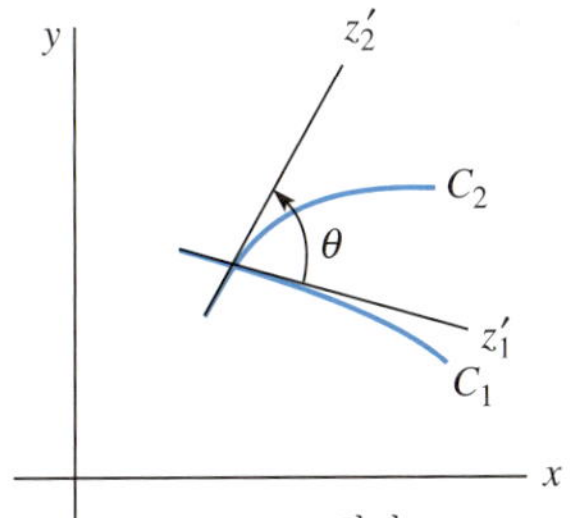

(a) z 평면

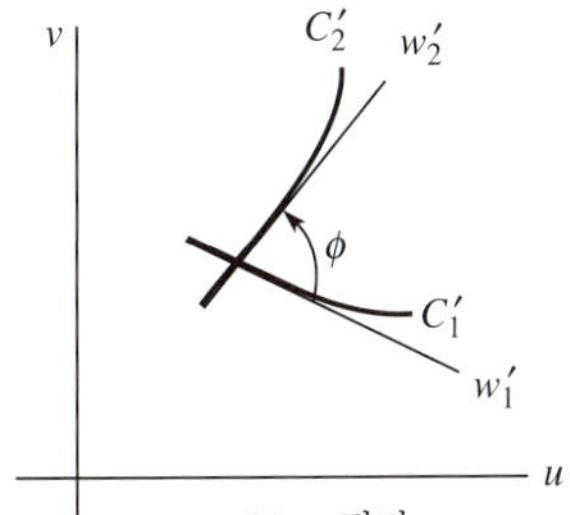

(b) w 평면

그림 20.2.1 만약 $\theta = \phi$이면 등각사상임

이 각들은 곡선에 대한 접선벡터를 이용하여 계산할 수 있다. z_1'과 z_2'이 각각 곡선 C_1과 C_2에 대한 접선벡터를 나타낸다면, z_1'과 z_2'에 의하여 형성되는 삼각형에 코사인 법칙을 적용하면

$$|z_1' - z_2'|^2 = |z_1'|^2 + |z_2'|^2 - 2|z_1'|\,|z_2'| \cos\theta$$

또는

$$\theta = \cos^{-1}\left(\frac{|z_1'|^2 + |z_2'|^2 - |z_1' - z_2'|^2}{2|z_1'||z_2'|}\right) \tag{1}$$

을 얻는다. 마찬가지로 w_1'과 w_2'이 각각 곡선 C_1'과 C_2'에 대한 접선벡터를 나타낸다면

$$\phi = \cos^{-1}\left(\frac{|w_1'|^2 + |w_2'|^2 - |w_1' - w_2'|^2}{2|w_1'||w_2'|}\right) \tag{2}$$

이 얻어진다. 다음 정리는 $\theta = \phi$를 보장하는 간단한 조건을 제시한다.

정리 20.2.1* 등각사상

만약 $f(z)$가 영역 D에서 해석적이고 $f'(z_0) \neq 0$이면 f는 $z = z_0$에서 등각이다.

증명 만약 D 내의 곡선 C를 매개함수 $z = z(t)$로 나타낸다면, $w = f(z(t))$는 w 평면에서 이 곡선의 상을 나타낸다. 연쇄법칙을 $w = f(z(t))$에 적용하면 $w' = f'(z(t))z'(t)$가 된다. 만약 곡선 C_1과 C_2가 D 내에서 z_0에서 만난다면, $w_1' = f'(z_0)z_1'$이고, $w_2' = f'(z_0)z_2'$이다. $f'(z_0) \neq 0$이기 때문에 식 (2)를 사용하여

* f가 접선벡터 사이의 방향도 보존한다는 것을 보일 수 있다.

$$\phi = \cos^{-1}\left(\frac{|f'(z_0)z_1'|^2 + |f'(z_0)z_2'|^2 - |f'(z_0)z_1' - f'(z_0)z_2'|^2}{2|f'(z_0)z_1'||f'(z_0)z_2'|}\right)$$

을 얻을 수 있다. 절댓값의 법칙을 적용하여 분모와 분자에서 $|f'(z_0)|^2$을 약분하면

$$\phi = \cos^{-1}\left(\frac{|z_1'|^2 + |z_2'|^2 - |z_1' - z_2'|^2}{2|z_1'||z_2'|}\right)$$

을 얻는다. 따라서 식 (1)로부터 $\phi = \theta$가 된다. ☰

예제 1 등각사상

(a) 해석함수 $f(z) = e^z$는 z 평면 내의 모든 점에서 등각이다. 왜냐하면 $f'(z) = e^z$가 절대로 0이 될 수 없기 때문이다.

(b) 해석함수 $g(z) = z^2$은 $z = 0$을 제외한 모든 점에서 등각이다. 왜냐하면 $z \neq 0$일 때 $g'(z) = 2z \neq 0$이기 때문이다. 그림 20.1.6으로부터 $g(z)$는 원점에서 두 반직선이 이루는 각을 두 배로 만든다는 것을 알 수 있다. ☰

만약 $f'(z_0) = 0$이지만 $f''(z_0) \neq 0$이면 f는 $z = z_0$에서 만나는 D 내의 두 곡선 사이의 각을 두 배로 만든다는 것을 보일 수 있다. 다음 두 예제에서는 영역 내 유한 개의 점을 제외한 모든 점에서 등각인 중요한 복소함수 두 개를 소개하겠다.

예제 2 등각사상 $f(z) = \sin z$

수직띠 $-\pi/2 \leq x \leq \pi/2$는 삼각함수 $w = \sin z$의 기본영역이다. 이 영역 내부의 수직선 $x = a$는 $z(t) = a + it,\ -\infty < t < \infty$에 의하여 나타낼 수 있다. 17.7절의 식 (6)으로부터

$$\sin z = \sin x \cosh y + i \cos x \sinh y$$

이고, 따라서

$$u + iv = \sin(a + it) = \sin a \cosh t + i \cos a \sinh t$$

이다. 항등식 $\cosh^2 t - \sinh^2 t = 1$로부터 다음 식이 성립한다.

$$\frac{u^2}{\sin^2 a} - \frac{v^2}{\cos^2 a} = 1.$$

그러므로 수직선 $x = a$의 상은 $\pm\sin a$를 u 절편으로 하는 쌍곡선이다. $-\pi/2 < a < \pi/2$이기 때문에 이 쌍곡선은 $u = -1$과 $u = 1$ 사이에서 u축을 지난다. 만약 $a = -\pi/2$이면 $w = -\cosh t$이고, 따라서 직선 $x = -\pi/2$는 음의 u축 상의 구간 $(-\infty, -1]$로 보내진다는 것에 주목하라. 비슷하게 직선 $x = \pi/2$는 양의 u축 상의 구간 $[1, \infty)$로 보내진다.

비슷한 논리에 의하여 $z(t) = t + ib,\ -\pi/2 < t < \pi/2$로 표현되는 수평선분은 $b > 0$이냐 $b < 0$이냐에 따라 타원

$$\frac{u^2}{\cosh^2 b} + \frac{v^2}{\sinh^2 b} = 1$$

의 윗부분 또는 아랫부분으로 보내진다. 이러한 결과들은 사상 $f(z) = \sin z$를 보여주는 **그림 20.2.2(b)**에 요약되어 있다. 경계의 어떤 부분이 어디로 보내지는지를 나타내기 위하여 대문자를 사용하여 표기하였다. 예를 들면 경계선분 AB는 $A'B'$으로 변환된다.

$f'(z) = \cos z$이므로 f는 $z = \pm\pi/2$를 제외한 영역 내의 모든 점에서 등각이다. 따라서 쌍곡선과 타원은 직교하는데, 그것은 이들이 직교하는 수평선분과 수직선의 상이기 때문이다. 선분 AB와 AC가 이루는 $z = -\pi/2$에서의 각도 180°는 두 배가 되어 $w = -1$에서 하나의 선분을 이루고 있다. ≡

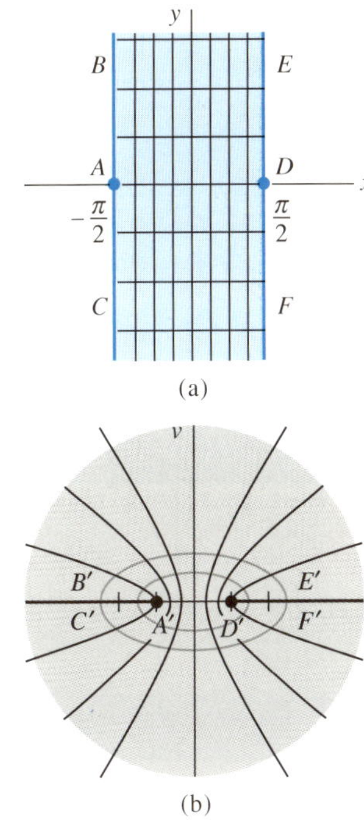

그림 20.2.2 예제 2에서 수직띠의 상

예제 3 등각사상 $f(z) = z + 1/z$

복소사상 $f(z) = z + 1/z$은 $z = \pm 1$과 $z = 0$을 제외한 모든 z 값에 대하여 등각이다. 특히 이 함수는 $|z| > 1$을 만족하는 위쪽 반평면 내의 모든 z 값에 대하여 등각이다. 만약 $z = re^{i\theta}$이면, $w = re^{i\theta} + (1/r)e^{-i\theta}$이고 따라서

$$u = \left(r + \frac{1}{r}\right)\cos\theta, \quad v = \left(r - \frac{1}{r}\right)\sin\theta \tag{3}$$

이다. $r = 1$일 때 $v = 0$이고 $u = 2\cos\theta$이다. 따라서 반원 $z = e^{it}$, $0 \le t \le \pi$는 θ축 상의 선분 $[-2, 2]$로 보내진다. 식 (3)에 의하여, $r > 1$이면 반원 $z = re^{it}$, $0 \le t \le \pi$는 타원 $u^2/a^2 + v^2/b^2 = 1$의 위쪽 반으로 보내진다. 여기서 $a = r + 1/r$이고 $b = r - 1/r$이다. $f(z) = z + 1/z$에 의한 사상에 대하여 **그림 20.2.3**을 참조하라.

고정된 θ 값에 대하여, 반직선 $z = te^{i\theta}$, $t \ge 1$은 쌍곡선 $u^2/\cos^2\theta - v^2/\sin^2\theta = 4$의 위쪽 반평면 부분($v \ge 0$)으로 보내진다. 이것은 식 (3)에 의하여

$$\frac{u^2}{\cos^2\theta} - \frac{v^2}{\sin^2\theta} = \left(t + \frac{1}{t}\right)^2 - \left(t - \frac{1}{t}\right)^2 = 4$$

이기 때문이다. $|z| > 1$에 대하여 f가 등각이고, 반직선 $\theta = \theta_0$이 원 $|z| = r$과 직각으로 만나기 때문에, w 평면 내의 쌍곡선과 타원은 직교한다. ≡

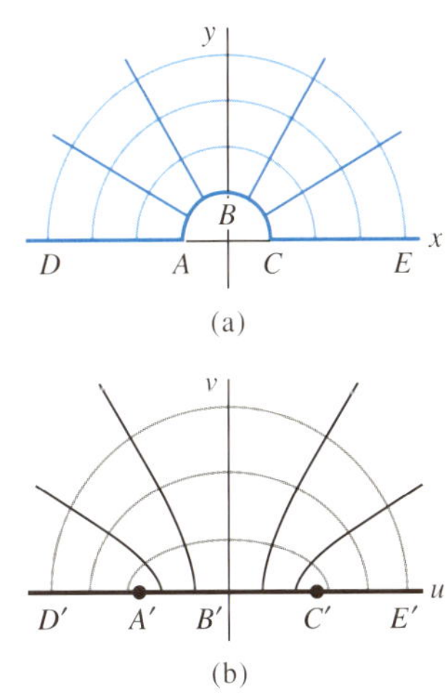

그림 20.2.3 예제 3에서 반직선과 원의 상

표를 이용한 등각사상 부록 IV에는 등각사상들이 주어져 있다. 이들은 기본사상(E-1~E-9), 반평면으로 보내는 사상(H-1~H-6), 원형 영역으로 보내는 사상(C-1~C-5), 기타 사상(M-1~M-10)으로 분류되었다. 이 복소사상 중에서 몇 가지는 20.3절과 20.4절에서 유도될 것이다.

각 항목에는 영역 R의 상뿐만 아니라 R의 경계의 여러 부분들의 상도 나타나 있다. 이것은 우리가 등각사상을 사용하여 경곗값 문제를 풀고자 할 때 특히 유용하다. 여러분은 적분표를 써서 역도함수(원시함수)를 구하는 것처럼 부록을 이용해야 한다. 어떤 경우에는 하나의 항목만을 사용하여 주어진 두 영역 R과 R' 사이의 사상을 구할 수 있다. R을 R'으로 보내는 사상을 구하기 위하여 합성 변환이 필요한 경우도 있을 것이다.

또는

$$-\frac{w+1}{w-1} = -i\frac{z-1}{z+1}$$

을 얻는다. 이 식을 w에 대하여 풀면 $w = -i(z - i)/(z + i)$를 얻는다. 다른 방법으로 행렬법을 사용하여 $w = S^{-1}(T(z))$을 계산할 수도 있다. ☰

$z_k = \infty$가 세 점 중의 한 점이면, 비조화비는 z_k를 포함하는 인수를 1로 대체한 것으로 바뀐다. 예를 들어 $z_2 = \infty$이면, $z_2 - z_3$과 $z_2 - z_1$을 1로 바꿈으로써 비조화비 $(z - z_1)/(z - z_3)$을 얻는다.

예제 5 선형분수변환 만들기

실수축 상의 점 ∞, 0, 1을 원 $|w| = 1$ 상의 점 1, i, -1로 보내는 선형분수변환을 구하라.

풀이 $z_1 = \infty$이므로 비조화비에서의 두 항 $z - z_1$과 $z_2 - z_1$을 1로 대체한다. 따라서

$$\frac{w-1}{w+1}\frac{i+1}{i-1} = \frac{1}{z-1}\frac{0-1}{1}$$

또는

$$S(w) = -i\frac{w-1}{w+1} = \frac{-1}{z-1} = T(z)$$

이 얻어진다. $w = S^{-1}(T(z))$를 구하기 위하여 행렬법을 사용하면

$$\begin{pmatrix} a & b \\ c & d \end{pmatrix} = \operatorname{adj}\begin{pmatrix} -i & i \\ 1 & 1 \end{pmatrix}\begin{pmatrix} 0 & -1 \\ 1 & -1 \end{pmatrix} = \begin{pmatrix} -i & -1+i \\ -i & 1+i \end{pmatrix}$$

이므로, $w = \dfrac{-iz - 1 + i}{-iz + 1 + i} = \dfrac{z - 1 - i}{z - 1 + i}$이다. ☰

예제 6 Dirichlet 문제 풀기

주어진 영역을 위쪽 반평면으로 보내는 선형분수변환을 만든 뒤 등각사상을 사용하여 **그림 20.3.3(a)**의 Dirichlet 문제를 풀라.

풀이 경계원 $|z| = 1$과 $|z - \frac{1}{2}| = \frac{1}{2}$은 각각 $z = 1$을 통과한다. 그러므로 $z = 1$을 극으로 하는 선형분수변환을 구함으로써 각 경계원을 직선으로 보낼 수 있다. 만약 $T(i) = 0$이고 $T(-1) = 1$이 되도록 한다면

$$T(z) = \frac{z-i}{z-1}\,\frac{-1-1}{-1-i} = (1-i)\frac{z-i}{z-1}$$

이다. 이제 $T(0) = 1 + i$이고 $T(\frac{1}{2} + \frac{1}{2}i) = -1 + i$이므로, T는 원 $|z| = 1$의 내부를 위쪽 반평면으로 보내고, 원 $|z - \frac{1}{2}| = \frac{1}{2}$을 직선 $v = 1$로 보낸다. 그림 20.3.3(b)는 변환된 경계조건을 보여준다.

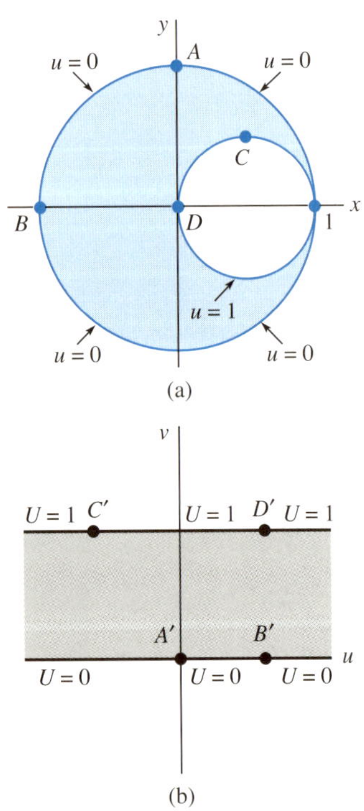

그림 20.3.3 예제 6에서 Dirichlet 문제의 상

조화함수 $U(u, v) = v$는 w 평면에서 단순해진 Dirichlet 문제의 해고, 따라서 정리 20.2.2에 의해 $u(x, y) = U(T(z))$는 z 평면에서의 원래 Dirichlet 문제의 해가 된다.

$T(z) = (1 - i)\dfrac{z - i}{z - 1}$의 허수부가 $\dfrac{1 - x^2 - y^2}{(x - 1)^2 + y^2}$이므로 해는

$$u(x, y) = \frac{1 - x^2 - y^2}{(x - 1)^2 + y^2}$$

으로 주어진다. 등위곡선(level curve) $u(x, y) = c$는

$$\left(x - \frac{c}{1 + c}\right)^2 + y^2 = \left(\frac{1}{1 + c}\right)^2$$

으로 쓸 수 있는데, 이것들은 $z = 1$을 지나는 원이다. **그림 20.3.4**를 참조하라. 이 등위곡선들은 경계온도로부터 유도되는 정상상태 온도 분포의 등온선으로 해석할 수 있다. ≡

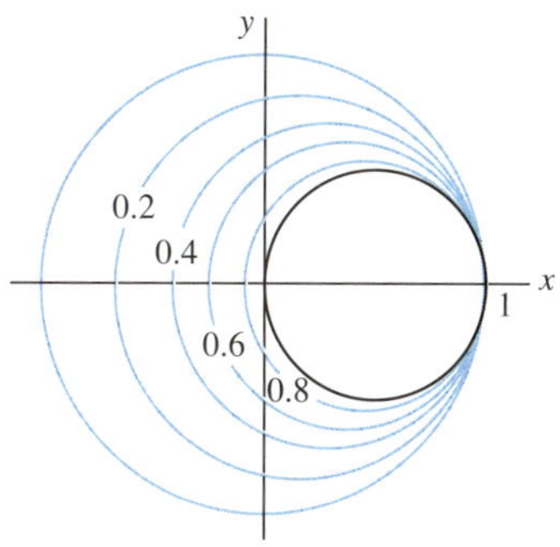

그림 20.3.4 예제 6에서 원들이 등위곡선들임

20.3 연습문제

부록에 선택된 홀수 번 문제의 답이 있다.

문제 1~4에는 선형분수변환이 주어져 있다.

(a) $T(0)$, $T(1)$, $T(\infty)$를 계산하라.

(b) 원 $|z| = 1$과 $|z - 1| = 1$의 상을 구하라.

(c) 원판 $|z| \le 1$의 상을 구하라.

1. $T(z) = \dfrac{i}{z}$　　**2.** $T(z) = \dfrac{1}{z - 1}$

3. $T(z) = \dfrac{z + 1}{z - 1}$　　**4.** $T(z) = \dfrac{z - i}{z}$

문제 5~8에서는 각 선형분수변환 짝에 대하여 행렬법을 사용하여 $S^{-1}(w)$와 $S^{-1}(T(z))$를 구하라.

5. $T(z) = \dfrac{z}{iz - 1}$ 와 $S(z) = \dfrac{iz + 1}{z - 1}$

6. $T(z) = \dfrac{iz}{z - 2i}$ 와 $S(z) = \dfrac{2z + 1}{z + 1}$

7. $T(z) = \dfrac{2z - 3}{z - 3}$ 과 $S(z) = \dfrac{z - 2}{z - 1}$

8. $T(z) = \dfrac{z - 1 + i}{iz - 2}$ 와 $S(z) = \dfrac{(2 - i)z}{z - 1 - i}$

문제 9~16에서는 주어진 세 점 z_1, z_2, z_3을 세 점 w_1, w_2, w_3으로 보내는 선형분수변환을 구하라.

9. $-1, 0, 2$를 $0, 1, \infty$로　　**10.** $i, 0, -i$를 $0, 1, \infty$로

11. $0, 1, \infty$를 $0, i, 2$로　　**12.** $0, 1, \infty$를 $1 + i, 0, 1 - i$로

13. $-1, 0, 1$을 $i, \infty, 0$으로　　**14.** $-1, 0, 1$을 $\infty, -i, 1$로

15. $1, i, -i$를 $-1, 0, 3$으로　　**16.** $1, i, -i$를 $i, -i, 1$로

17. 예제 2의 결과와 조화함수 $U = (\log_e r)/(\log_e r_0)$을 이용하여 **그림 20.3.5**에 있는 Dirichlet 문제를 풀라. 왜 등위곡선이 원이 되어야 하는지 설명하라.

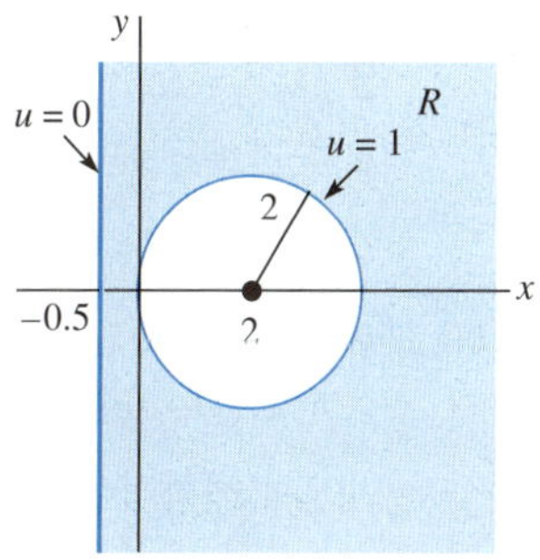

그림 20.3.5 문제 17의 Dirichlet 문제

18. $-1, 1, 0$을 $0, 1, \infty$로 보내는 선형분수변환을 이용하여 **그림 20.3.6**에 있는 Dirichlet 문제를 풀라. 한 가지 예외를 제외하고 모든 등위곡선이 원이 되는 이유를 설명하라. 어느 등위곡선이 직선인가?

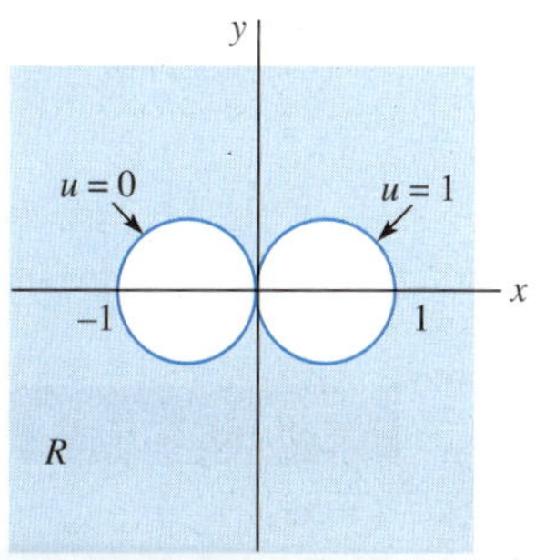

그림 20.3.6 문제 18의 Dirichlet 문제

19. 부록 IV에 있는 등각사상 H-1을 유도하라.

20. 우선 $1, i, -1$을 $\infty, i, 0$으로 보냄으로써 부록 IV에 있는 등각사상 H-5를 유도하라.

21. 두 선형분수변환의 합성이 선형분수변환이 됨을 보이고 (5)를 증명하라.

22. 만약 $w_1 \neq w_2$이고 $\lambda > 0$이면 $|w - w_1| = \lambda|w - w_2|$를 만족하는 모든 점 w의 집합이 $\lambda = 1$일 때는 직선이고, $\lambda \neq 1$일 때는 원임을 보이라.
[힌트: $|w - w_1|^2 = \lambda^2|w - w_2|^2$으로 놓고 이를 전개하라.]

20.4 Schwarz-Christoffel 변환

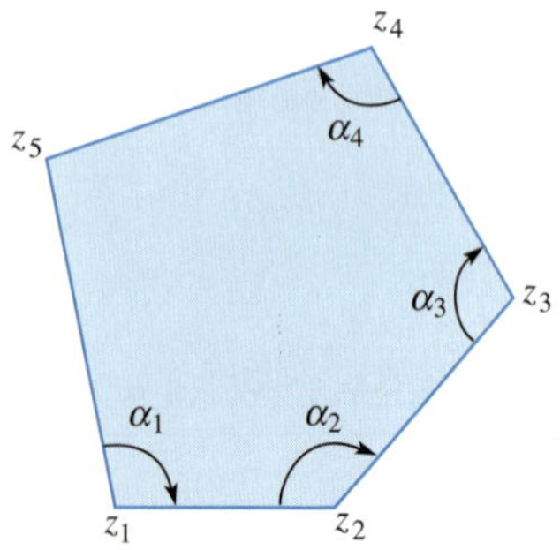

(a) 유계 영역

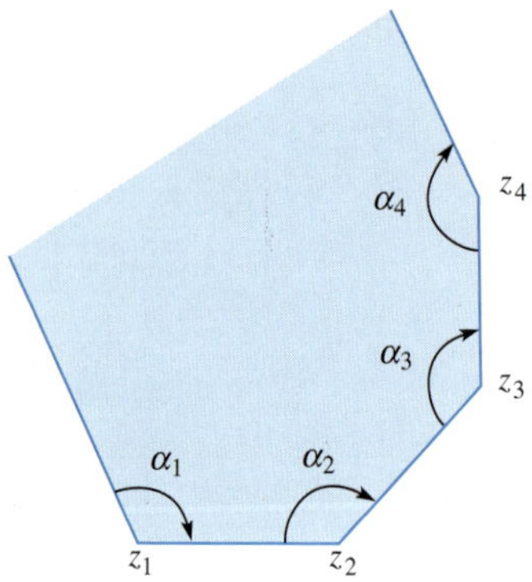

(b) 비유계 영역

그림 20.4.1 다각형 영역

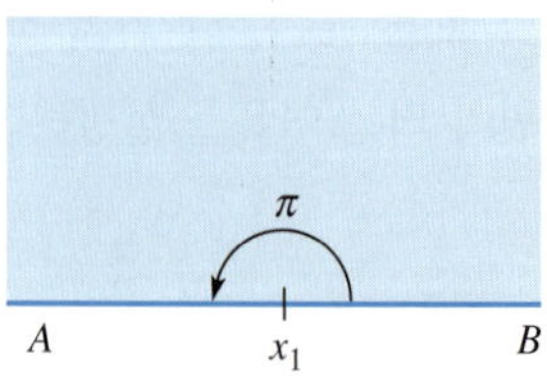

(a)

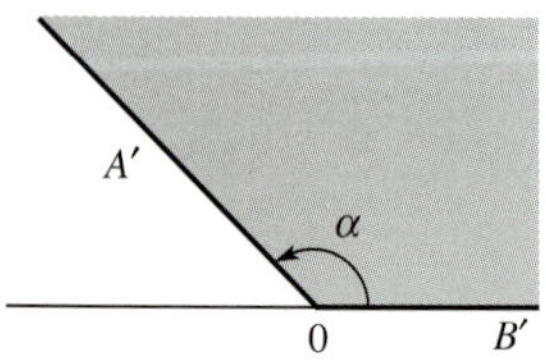

(b)

그림 20.4.2 위쪽 반평면의 상

소개 만약 D'이 적어도 하나의 경계점을 갖는 단순연결 영역이라면, 열린 단위원판 $|z| < 1$을 등각으로 D'으로 보내는 해석함수 g가 존재한다는 것이 유명한 **Riemann 사상정리**(Riemann mapping theorem)다. Riemann 사상정리는 등각사상을 구체적으로 구성하는 것이 아니라 존재성만을 말해주고 있다. 그런데 위쪽 반평면 $y > 0$이 선형분수변환에 의하여 이 원판으로 등각으로 보내질 수 있으므로 위쪽 반평면과 D' 사이의 등각사상 f가 존재한다. 특히 위쪽 반평면을 그림 20.4.1과 같은 다각형 영역으로 보내는 해석함수가 존재한다. Riemann 사상정리와는 달리, Schwarz-Christoffel 공식은 위쪽 반평면을 유계 또는 비유계 다각형 영역으로 보내는 등각사상의 도함수 $f'(z)$의 형태를 구체적으로 지정한다.

특수한 경우

일반적인 Schwarz-Christoffel 공식에 대한 동기 부여를 위해서, 먼저 사상 $f(z) = (z - x_1)^{\alpha/\pi}$, $0 < \alpha < 2\pi$를 그림 20.4.2(a)에 나와 있는 위쪽 반평면 $y \geq 0$에 적용한 결과를 조사해 보자. 이 사상은 평행이동 $\zeta = z - x_1$과 실수 거듭제곱함수 $w = \zeta^{\alpha/\pi}$를 합성한 것이다. $w = \zeta^{\alpha/\pi}$에 의하여 쐐기꼴의 각도가 α/π배만큼 변하므로 상 영역의 내각은 $(\alpha/\pi)\pi = \alpha$가 된다. 그림 20.4.2(b)를 참조하라.

$A = \alpha/\pi$라고 놓을 때, $f'(z) = A(z - x_1)^{(\alpha/\pi)-1}$이 됨에 주목하자. 이제 $f(z)$가 위쪽 반평면에서 해석적이고, 그 도함수는

$$f'(z) = A(z - x_1)^{(\alpha_1/\pi)-1}(z - x_2)^{(\alpha_2/\pi)-1} \tag{1}$$

이라고 가정하자. 단 $x_1 < x_2$이다. 이제 x축 상의 선분의 상을 구하기 위하여, 일반적으로 w 평면에서의 곡선 $w = w(t)$는 접선벡터 $w'(t)$의 편각(argument)이 일정할 때 선분이 된다는 사실을 이용할 것이다. 식 (1)로부터 $f'(t)$의 편각이

$$\arg f'(t) = \text{Arg}\, A + \left(\frac{\alpha_1}{\pi} - 1\right)\text{Arg}\,(t - x_1) + \left(\frac{\alpha_2}{\pi} - 1\right)\text{Arg}\,(t - x_2) \tag{2}$$

로 주어진다. 한편 $t < x$에 대하여 $\text{Arg}(t - x) = \pi$이므로 x축을 따른 $\arg f'(t)$의 변화를 알 수 있다. 그 결과는 다음 표와 같다.

구간	$\arg f'(t)$	편각의 변화
$(-\infty, x_1)$	$\text{Arg}\, A + (\alpha_1 - \pi) + (\alpha_2 - \pi)$	0
(x_1, x_2)	$\text{Arg}\, A + (\alpha_2 - \pi)$	$\pi - \alpha_1$
(x_2, ∞)	$\text{Arg}\, A$	$\pi - \alpha_2$

arg $f'(t)$가 표에 있는 구간에서 일정하므로, 상은 선분이 된다. **그림 20.4.3**은 위쪽 반평면의 상을 보여 준다. 상이 되는 다각형 영역의 내각은 α_1과 α_2가 됨에 주목하라. 이와 같은 논의를 일반화하면 Schwarz-Christoffel 공식을 얻는다.

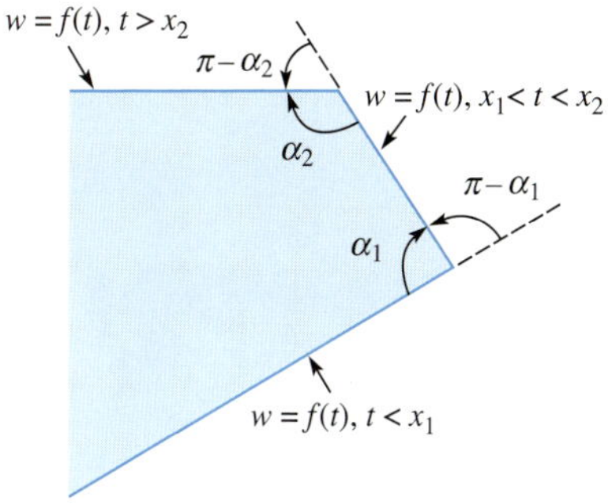

그림 20.4.3 위쪽 반평면의 상

정리 20.4.1 Schwarz-Christoffel 공식

함수 $f(z)$가 위쪽 반평면 $y > 0$에서 해석적이고 그 도함수가

$$f'(z) = A(z - x_1)^{(\alpha_1/\pi)-1}(z - x_2)^{(\alpha_2/\pi)-1} \cdots (z - x_n)^{(\alpha_n/\pi)-1} \tag{3}$$

이 된다고 하자. 단 $x_1 < x_2 < \ldots < x_n$이고 각각의 α_i는 $0 < \alpha_i < 2\pi$를 만족한다. 그러면 $f(z)$는 위쪽 반평면 $y \geq 0$을 내각이 $\alpha_1, \alpha_2, \ldots, \alpha_n$인 다각형 영역으로 보낸다.

이 공식을 특정 다각형 표적 영역에 적용하려면 아래의 사항들을 주의하여야 한다.

(*i*) x축 상의 x_k 중 세 점의 위치는 선택할 수 있다. 이들을 현명하게 선택하면 $f(z)$의 계산이 간단해진다. 나머지 점들의 선택은 표적 다각형의 모양에 의존한다.

(*ii*) $f(z)$에 대한 일반 공식은

$$f(z) = A\left(\int (z - x_1)^{(\alpha_1/\pi)-1}(z - x_2)^{(\alpha_2/\pi)-1} \cdots (z - x_n)^{(\alpha_n/\pi)-1}\, dz\right) + B$$

이다. 따라서 $f(z)$는 등각사상

$$g(z) = \int (z - x_1)^{(\alpha_1/\pi)-1}(z - x_2)^{(\alpha_2/\pi)-1} \cdots (z - x_n)^{(\alpha_n/\pi)-1}\, dz$$

와 일차함수 $w = Az + B$를 합성한 것으로 볼 수 있다. 일차함수 $w = Az + B$는 $g(z)$에 의한 상인 다각형을 확대, 회전, 평행이동하게 한다(20.1절을 참조).

(*iii*) 만약 다각형 영역이 유계이면, n개의 내각 중 $n - 1$개만을 Schwarz-Christoffel 공식에 포함시킨다. 예를 들어 그림 20.4.1(a)와 같은 오각형에 대한 Schwarz-Christoffel 공식을 구할 때 내각 $\alpha_1, \alpha_2, \alpha_3, \alpha_4$로 충분하다.

예제 1 등각사상 만들기

Schwarz-Christoffel 공식을 사용하여 위쪽 반평면을 띠 $|v| \leq 1$, $u \geq 0$으로 보내는 등각사상을 구하라.

풀이 x축 위에서 $x_1 = -1$, $x_2 = 1$로 택하자. 이제 $f(-1) = -i$이고 $f(1) = i$가 되는 등각사상 f를 구하자(**그림 20.4.4** 참조). $\alpha_1 = \alpha_2 = \pi/2$이므로, Schwarz-Christoffel 공식 (3)으로부터

$$f'(z) = A(z + 1)^{-1/2}(z - 1)^{-1/2} = A\frac{1}{(z^2 - 1)^{1/2}} = \frac{A}{i}\frac{1}{(1 - z^2)^{1/2}}$$

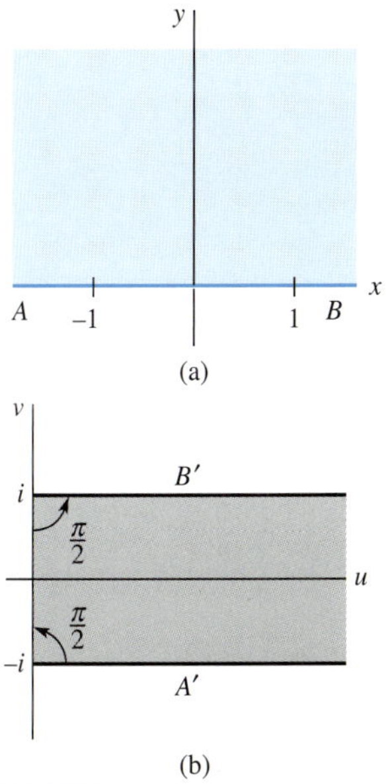

그림 20.4.4 예제 1에서 위쪽 반평면의 상

을 얻는다. 따라서 $f(z) = -Ai\sin^{-1}z + B$이다. $f(-1) = -i$이고 $f(1) = i$이므로 각각

$$-i = Ai\frac{\pi}{2} + B \qquad \text{그리고} \qquad i = -Ai\frac{\pi}{2} + B$$

가 되고 결론적으로 $B = 0$, $A = -2/\pi$이다. 따라서 $f(z) = (2/\pi)i\sin^{-1}z$이다. ≡

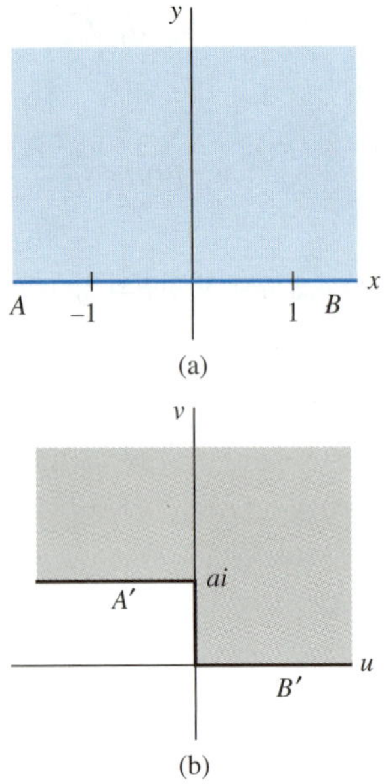

그림 20.4.5 예제 2에서 위쪽 반평면의 상

예제 2 등각사상 만들기

Schwarz-Christoffel 공식을 사용하여 위쪽 반평면을 **그림 20.4.5(b)**에 있는 영역으로 보내는 등각사상을 구하라.

풀이 다시 $x_1 = -1$, $x_2 = 1$로 택하고, $f(-1) = ai$, $f(1) = 0$이라고 하자. $\alpha_1 = 3\pi/2$, $\alpha_2 = \pi/2$이기 때문에 Schwarz-Christoffel 공식 (3)에 의하여

$$f'(z) = A(z+1)^{1/2}(z-1)^{-1/2}$$

이 된다. 이제 $f'(z)$를 $A(z/(z^2-1)^{1/2} + 1/(z^2-1)^{1/2})$로 쓰면

$$f(z) = A[(z^2-1)^{1/2} + \cosh^{-1}z] + B$$

가 된다. $\cosh^{-1}(-1) = \pi i$, $\cosh^{-1}(1) = 0$이므로 $ai = f(-1) = A(\pi i) + B$이고, $0 = f(1) = B$이기 때문에, $A = a/\pi$이고 $f(z) = (a/\pi)[(z^2-1)1/2 + \cosh^{-1}(z)]$가 된다. ≡

다음 예제는 $f(z)$를 기본함수들로 나타내는 것이 항상 가능하지는 않음을 보여준다.

예제 3 등각사상 만들기

Schwarz-Christoffel 공식을 이용하여 위쪽 반평면을 **그림 20.4.6(b)**의 정삼각형 내부로 보내는 등각사상을 구하라.

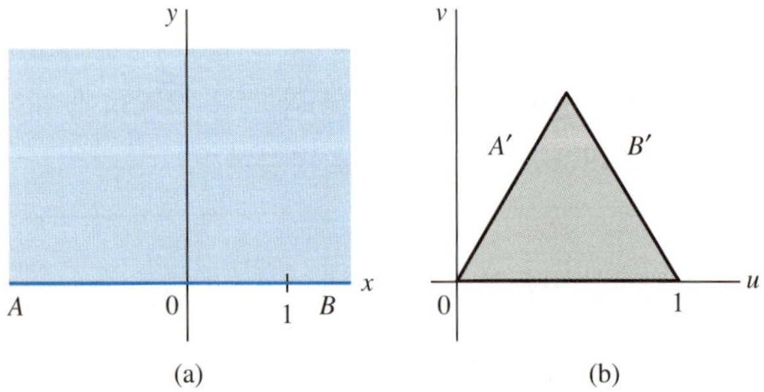

그림 20.4.6 예제 3에서 위쪽 반평면의 상

풀이 다각형 영역이 유계이므로 세 개의 60° 내각 중에서 두 개만이 Schwarz-Christoffel 공식에 포함된다. 만약 $x_1 = 0$, $x_2 = 1$로 선택한다면, $f'(z) = Az^{-2/3}(z-1)^{-2/3}$이 된다. $f(z)$를 기본함수들로 나타내는 것은 불가능하다. 그러나 정리 18.3.3을 사용하면 역도함수(원시함수)

$$f(z) = A\int_0^z \frac{1}{s^{2/3}(s-1)^{2/3}}\,ds + B$$

를 구할 수 있다. 만약 $f(0) = 0, f(1) = 1$로 잡으면, $B = 0$이 되고

$$1 = A\int_0^1 \frac{1}{s^{2/3}(s-1)^{2/3}}\,ds$$

가 된다. 이 마지막 적분은 감마함수(gamma function)를 사용하면 $\Gamma(\frac{1}{3})$임을 보일 수 있다. 그러므로 원하는 등각사상은

$$f(z) = \frac{1}{\Gamma(\frac{1}{3})}\int_0^z \frac{1}{s^{2/3}(s-1)^{2/3}}\,ds$$

이다. ≡

Schwarz-Christoffel 공식은 간혹 위쪽 반평면을 비다각형(nonpolygonal) 영역 R'으로 보내는 등각사상으로 어떠한 것이 가능할지 짐작하게 한다. 열쇠가 되는 첫째 단계는 R'을 다각형 영역으로 근사화하는(approximate) 것이다. 이 과정을 마지막 예제에서 설명할 것이다.

예제 4 등각사상 만들기

Schwarz-Christoffel 공식을 이용해 위쪽 반평면을 위쪽 반평면 중 수평선 $v = \pi, u \le 0$을 뺀 영역으로 보내는 등각사상을 구하라.

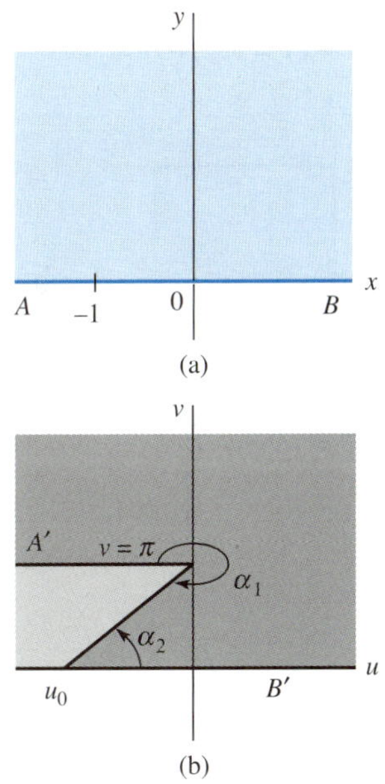

그림 20.4.7 예제 4에서 위쪽 반평면의 상

풀이 주어진 비다각형 표적 영역은 $w = \pi i$와 음의 u축 위의 한 점 u_0을 잇는 선분을 첨가하여 얻어지는 다각형 영역으로 근사화할 수 있다. 그림 20.4.7(b)를 참조하라. 만약 $f(-1) = \pi i, f(0) = u_0$으로 잡으면, Schwarz-Christoffel 변환은

$$f'(z) = A(z+1)^{(\alpha_1/\pi)-1} z^{(\alpha_2/\pi)-1}$$

을 만족한다. u_0이 $-\infty$로 다가감에 따라 내각 α_1과 α_2는 각각 2π와 0에 가까워진다는 것에 주목하라. 이로부터 $w' = A(z+1)^1 z^{-1} = A(1 + 1/z)$ 또는 $w = A(z + \text{Ln } z) + B$를 만족하는 등각사상을 생각할 필요가 있다.

우리는 먼저 $g(z) = z + \text{Ln } z$에 의한 위쪽 반평면의 상을 구하고, 필요하다면 구해진 상 영역을 평행 이동할 것이다. 실수 t에 대하여

$$g(t) = t + \log_e|t| + i\,\text{Arg } t$$

이다. 만약 $t < 0$이면 $\text{Arg } t = \pi$이고, $u(t) = t + \log_e|t|$는 $-\infty$에서 -1까지 변한다. 따라서 $w = g(t)$는 직선 $v = \pi$를 따라서 $-\infty$에서 -1까지 움직인다. $t > 0$일 때에는 $\text{Arg } t = 0$이고, $u(t)$는 $-\infty$에서 ∞까지 변한다. 그러므로 g는 양의 x축을 u축으로 보낸다. 결론적으로 $g(z) = z + \text{Ln } z$는 위쪽 반평면을 위쪽 반평면 중 수평선 $v = \pi, u \le -1$을 뺀 영역으로 보낸다. 따라서 $w_{(z)} = z + \text{Ln } z + 1$이 위쪽 반평면을 원래의 표적 영역으로 보내는 등각사상이다. ≡

부록 IV에 있는 등각사상 중에서 많은 것들을 Schwarz-Christoffel 공식을 이용하여 유도할 수 있다. 20.6절에서 이 사상들이 2차원 유체 흐름을 해석하는 데에 특히 유용하다는 것을 공부할 것이다.

20.4 연습문제

부록에 선택된 홀수 번 문제의 답이 있다.

문제 1~4에서는 (2)를 이용하여 주어진 조건을 만족하는 등각사상 $w = f(z)$에 의한 위쪽 반평면 $y \geq 0$의 상에 대하여 묘사하라.

1. $f'(z) = (z-1)^{-1/2}, \quad f(1) = 0$
2. $f'(z) = (z+1)^{-1/3}, \quad f(-1) = 0$
3. $f'(z) = (z+1)^{-1/2}(z-1)^{1/2}, \quad f(-1) = 0$
4. $f'(z) = (z+1)^{-1/2}(z-1)^{-3/4}, \quad f(-1) = 0$

문제 5~8에서는 $x_1 = -1$, $x_2 = 0$, $x_3 = 1$, $x_4 = 2$ 등을 사용하여 주어진 다각형 영역에 대한 $f'(z)$를 구하라. $f(z)$를 구하려고 하지 말라.

5. $f(-1) = 0, f(0) = 1$

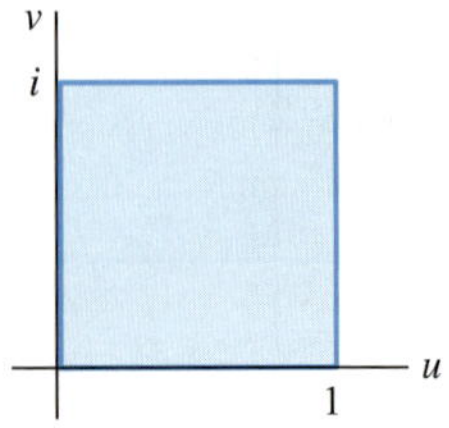

그림 20.4.8 문제 5에 대한 다각형 영역

6. $f(-1) = -1, f(0) = 0$

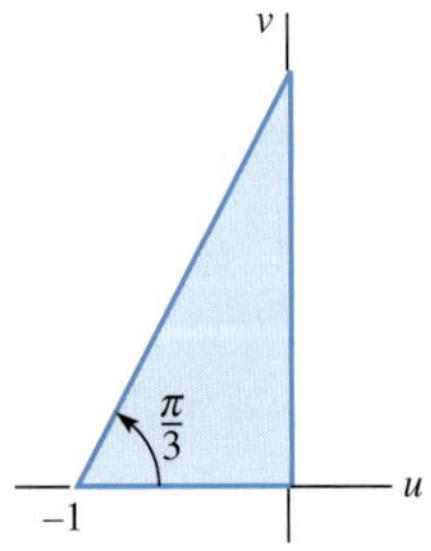

그림 20.4.9 문제 6에 대한 다각형 영역

7. $f(-1) = -1, f(0) = 1$

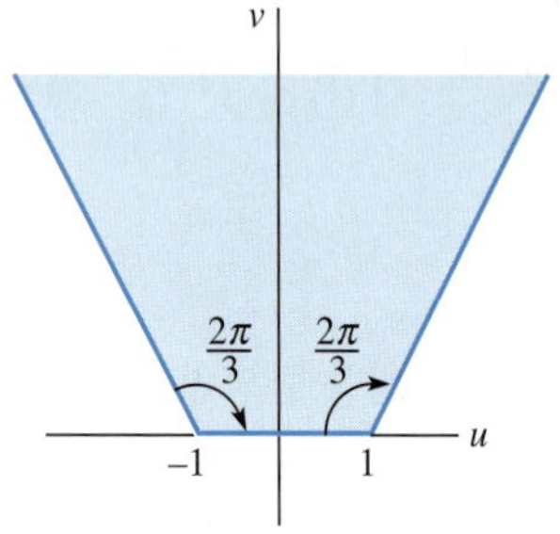

그림 20.4.10 문제 7에 대한 다각형 영역

8. $f(-1) = i, f(0) = 0$

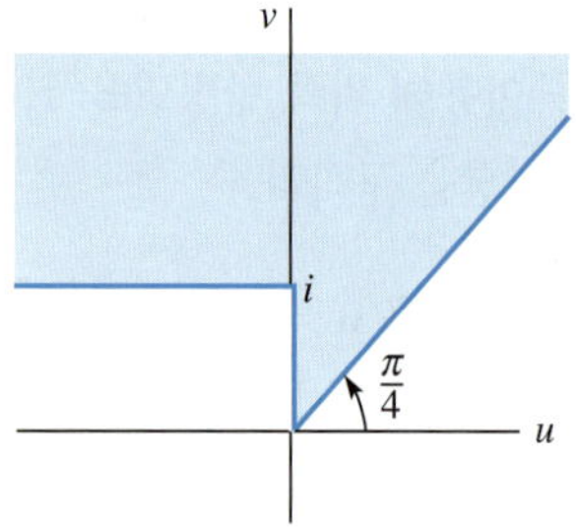

그림 20.4.11 문제 8에 대한 다각형 영역

9. Schwarz-Christoffel 공식을 이용하여 위쪽 반평면 $y \geq 0$을 **그림 20.4.12**의 영역으로 보내는 등각사상을 구하라. $f(-1) = \pi i, f(1) = 0$으로 잡아라.

그림 20.4.12 문제 9에서 위쪽 반평면의 상

10. Schwarz-Christoffel 공식을 이용하여 위쪽 반평면 $y \geq 0$을 **그림 20.4.13**의 영역으로 보내는 등각사상을 구하라. $f(-1) = -ai, f(1) = ai$로 잡아라.

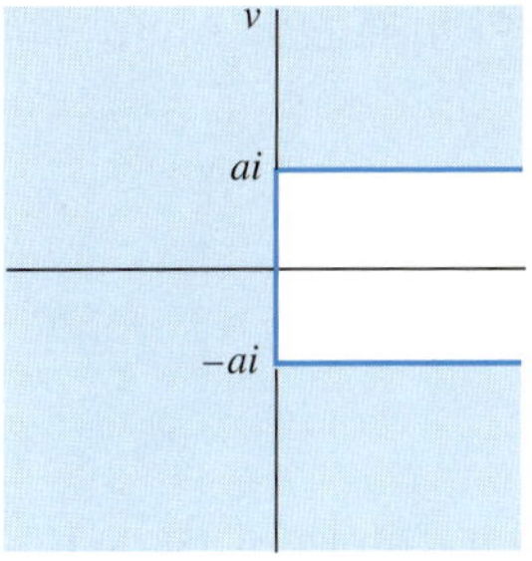

그림 20.4.13 문제 10에서 위쪽 반평면의 상

11. Schwarz-Christoffel 공식을 이용하여 위쪽 반평면 $y \geq 0$을 수평띠 $0 \leq v \leq \pi$로 보내는 등각사상을 구하되, 우선 수평띠를 **그림 20.4.14**의 다각형 영역으로 근사화하라. $f(-1) = \pi i, f(0) = w_2 = -\overline{w}_1, f(1) = 0$으로 잡고, 수평 방향으로 $w_1 \to \infty$가 되도록 하라.

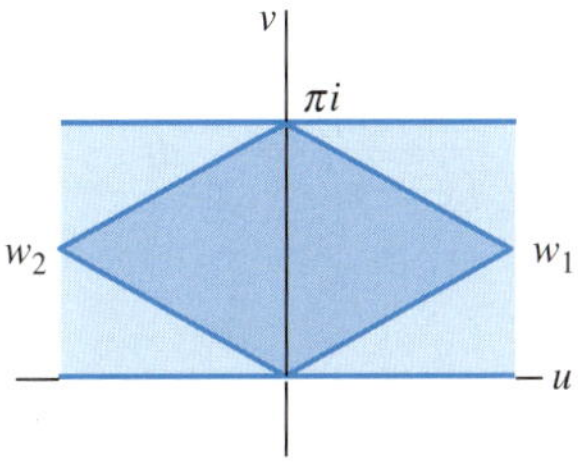

그림 20.4.14 문제 11에서 위쪽 반평면의 상

12. Schwarz-Christoffel 공식을 이용하여 위쪽 반평면 $y \geq 0$을 쐐기꼴 $0 \leq \text{Arg } w \leq \pi/4$로 보내는 등각사상을 구하되, 우선 쐐기꼴을 **그림 20.4.15**의 영역으로 근사화하라. $f(0) = 0, f(1) = 1$로 잡고, $\theta \to 0$이 되도록 하라.

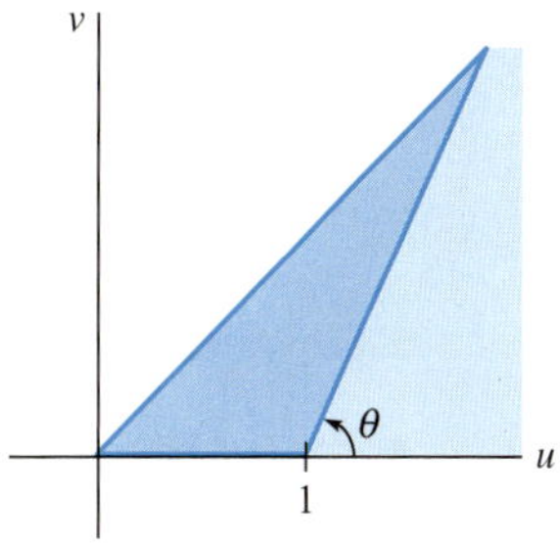

그림 20.4.15 문제 12에서 위쪽 반평면의 상

13. 우선 영역 R'을 **그림 20.4.16**의 다각형 영역으로 근사화함으로써 부록 IV의 M-4를 증명하라. $f(-1) = -u_1, f(0) = ai, f(1) = u_1$로 잡고, u축을 따라서 $u_1 \to 0$이 되도록 하라.

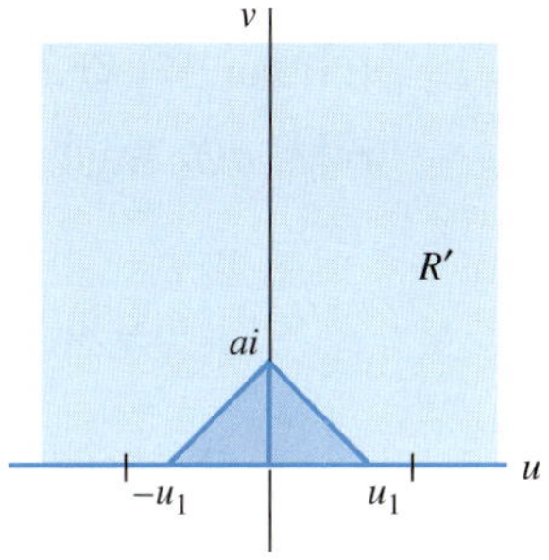

그림 20.4.16 문제 13에서 위쪽 반평면의 상

14. 만약 w 평면 상의 곡선이 매개함수 $w = w(t), a \leq t \leq b$로 표현되고 $\arg w'(t)$가 일정하다면, 이 곡선은 선분임을 보이라.[힌트: 만약 $w(t) = u(t) + iv(t)$라면, $\tan(\arg w'(t)) = dv/du$이다.]

20.5 Poisson 적분 공식

소개 등각사상 방법의 성패는 상이 되는 영역 R'으로 이동된 새로운 Dirichlet 문제의 해를 찾을 수 있느냐에 달려 있다. 따라서 위쪽 반평면 $y \geq 0$이나 단위원판 $|z| \leq 1$에서의 Dirichlet 문제의 일반해를 구할 수 있다면 도움이 될 것이다. 위쪽 반평면에 대한 **Poisson 적분 공식**(Poisson integral formula)은 위쪽 반평면 내부점에서의 조화함수의 값을 경계 $y = 0$에서의 값으로 표현해주기 때문에 이를 활용하여 해를 구할 수 있다.

위쪽 반평면에 대한 공식 공식을 만들기 위하여, 먼저 경계함수 $u(x, 0) = f(x)$가 **그림 20.5.1**에 나타낸 바와 같은 계단함수로 주어졌다고 가정하자. 이에 대응하는 위쪽 반평면에서의 Dirichlet 문제의 해는

$$u(x, y) = \frac{u_i}{\pi}[\text{Arg}(z - b) - \text{Arg}(z - a)] \tag{1}$$

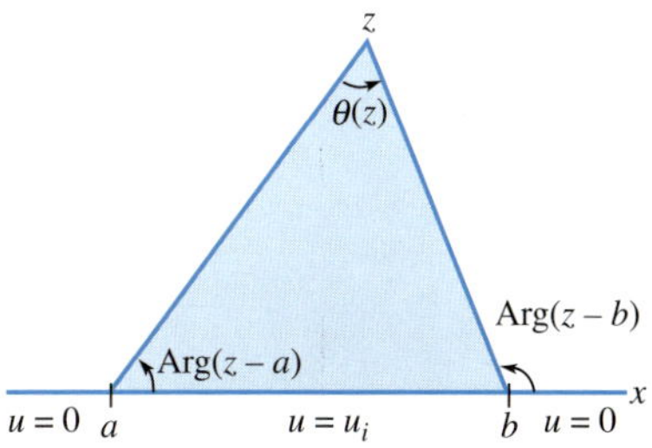

그림 20.5.1 $y = 0$에서의 경계조건

이다. $\text{Arg}(z - b)$는 z, a, b로 만들어지는 삼각형의 한 외각이기 때문에, $\text{Arg}(z - b) = \theta(z) + \text{Arg}(z - a)$, $0 < \theta(z) < \pi$가 되고, 따라서

$$u(x, y) = \frac{u_i}{\pi}\theta(z) = \frac{u_i}{\pi}\text{Arg}\left(\frac{z - b}{z - a}\right) \tag{2}$$

로 쓸 수 있다.

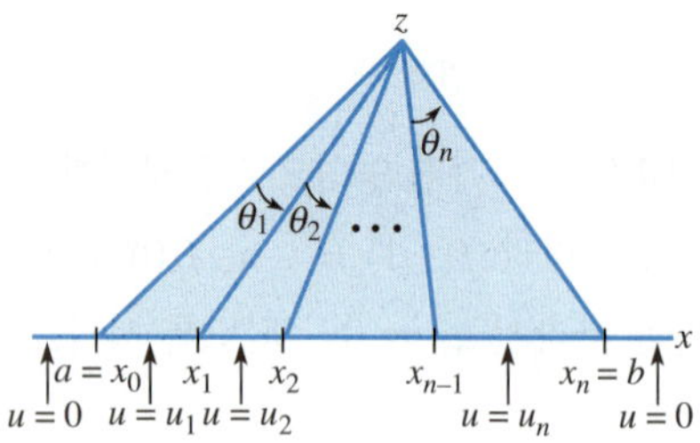

그림 20.5.2 $y = 0$에서의 일반적인 경계조건

중첩의 원리를 사용하면 **그림 20.5.2**에 나와 있는 것과 같은 더 일반적인 Dirichlet 문제를 풀 수 있다. 만약 $x_{i-1} \le x \le x_i$에서는 $u(x, 0) = u_i$이고 구간 $[a, b]$ 밖에서는 $u(x, 0) = 0$이라 하면, 식 (1)로부터

$$u(x, y) = \sum_{i=1}^{n} \frac{u_i}{\pi}[\text{Arg}(z - x_i) - \text{Arg}(z - x_{i-1})] = \frac{1}{\pi}\sum_{i=1}^{n} u_i\theta_i(z) \tag{3}$$

이다. $\tan^{-1}$의 값을 0과 π 사이에서 선택한다고 할 때, $\text{Arg}(z - t) = \tan^{-1}(y/(x - t))$이고 따라서 $d/dt\ \text{Arg}(z - t) = y/((x - t)^2 + y^2)$가 된다. 따라서 식 (3)으로부터

$$u(x, y) = \frac{1}{\pi}\sum_{i=1}^{n}\int_{x_{i-1}}^{x_i} u_i \frac{d}{dt}\text{Arg}(z - t)\,dt = \frac{1}{\pi}\sum_{i=1}^{n}\int_{x_{i-1}}^{x_i}\frac{u_i y}{(x - t)^2 + y^2}\,dt$$

이다. 구간 $[a, b]$ 밖에서는 $u(x, 0) = 0$이기 때문에

$$u(x, y) = \frac{y}{\pi}\int_{-\infty}^{\infty}\frac{u(t, 0)}{(x - t)^2 + y^2}\,dt \tag{4}$$

가 얻어진다.

유계이며 구간별로 연속인 함수(bounded piecewise-continuous function)는 계단함수로 근사화할 수 있으므로, 지금까지의 논의에 의하여 식 (4)가 위쪽 반평면에서의 Dirichlet 문제의 해가 된다고 유추할 수 있다. 이것이 정리 20.5.1의 내용이다.

정리 20.5.1 위쪽 반평면에 대한 Poisson 적분 공식

$u(x, 0)$가 모든 유한 구간에서 구간별로 연속인 함수이고, $-\infty < x < \infty$에서 유계라고 하자. 그러면

$$u(x, y) = \frac{y}{\pi}\int_{-\infty}^{\infty}\frac{u(t, 0)}{(x - t)^2 + y^2}\,dt$$

로 정의되는 함수가 위쪽 반평면 $y \ge 0$에서의 대응하는 Dirichlet 문제의 해가 된다.

식 (4)의 적분을 계산하는 것이 가능한 함수들도 더러 있지만, 일반적인 경우에는 적분을 계산하기 위해서 수치해석 방법이 필요하다.

예제 1 Dirichlet 문제 풀기

$|x| < 1$인 곳에서 $u(x, 0) = x$이고, 그 외의 곳에서는 $u(x, 0) = 0$인 경계조건을 만족하는

위쪽 반평면에서의 Dirichlet 문제의 해를 구하라.

풀이 Poisson 적분 공식에 의하여

$$u(x, y) = \frac{y}{\pi}\int_{-1}^{1} \frac{t}{(x - t)^2 + y^2}\,dt$$

이다. $s = x - t$로 치환하여 계산하면

$$u(x, y) = \frac{1}{\pi}\left[\frac{y}{2}\log_e((x - t)^2 + y^2) - x\tan^{-1}\left(\frac{x - t}{y}\right)\right]_{t=-1}^{t=1}$$

임을 알 수 있으며, 이 식을 간단히 하면

$$u(x, y) = \frac{y}{2\pi}\log_e\left[\frac{(x - 1)^2 + y^2}{(x + 1)^2 + y^2}\right] + \frac{x}{\pi}\left[\tan^{-1}\left(\frac{x + 1}{y}\right) - \tan^{-1}\left(\frac{x - 1}{y}\right)\right]$$

이 된다. ≡

대부분의 예제와 연습문제에서 $u(x, 0)$은 계단함수이고, 이때 식 (4) 대신에 적분된 해 식 (3)을 사용할 것이다. 만약 첫 구간이 $(-\infty, x_1)$이면, 합을 구할 때 $\text{Arg}(z - x_1) - \text{Arg}(z - a)$ 항은 $\text{Arg}(z - x_1)$로 바꿔야 한다. 마찬가지로, 만약 마지막 구간이 (x_{n-1}, ∞)이라면 $\text{Arg}(z - b) - \text{Arg}(z - x_{n-1})$은 $\pi - \text{Arg}(z - x_{n-1})$로 바꿔야 한다.

예제 2 Dirichlet 문제 풀기

등각사상 $f(z) = z + 1/z$은 위쪽 반평면에서의 단위원 $|z| = 1$의 외부 영역을 위쪽 반평면 $v \geq 0$으로 보낸다. 이 사상과 Poisson 적분 공식을 이용하여 **그림 20.5.3(a)**의 Dirichlet 문제를 풀라.

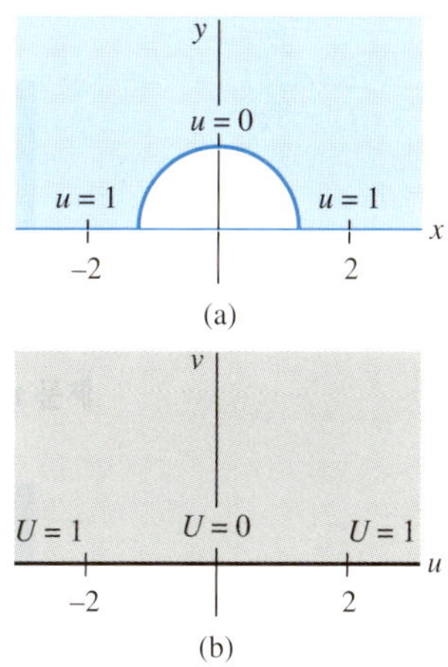

그림 20.5.3 예제 2에서 Dirichlet 문제의 상

풀이 20.2절의 예제 3의 결과를 이용하면 주어진 경계조건을 그림 20.5.3(b)에서와 같이 w 평면으로 변환할 수 있다. $U(u, 0)$이 계단함수이므로, Poisson 적분 대신에 적분된 해 식 (3)을 사용하자. 새로운 Dirichlet 문제의 해는

$$U(u, v) = \frac{1}{\pi}\text{Arg}(w + 2) + \frac{1}{\pi}[\pi - \text{Arg}(w - 2)] = 1 + \frac{1}{\pi}\text{Arg}\left(\frac{w + 2}{w - 2}\right)$$

이고, 따라서

$$u(x, y) = U\left(z + \frac{1}{z}\right) = 1 + \frac{1}{\pi}\text{Arg}\left(\frac{z + 1/z + 2}{z + 1/z - 2}\right)$$

이다. 이것을 간단히 하면 $u(x, y) = 1 + \dfrac{1}{\pi}\text{Arg}\left(\dfrac{z + 1}{z - 1}\right)^2$이다. ≡

단위원판에 대한 공식 단위원판에 대하여 일반적인 Dirichlet 문제를 풀기 위한

예제 2 **해석함수가 벡터장을 정의**

복소함수 $g(z) = Az$, $A > 0$은 제1사분면에서 해석적이기 때문에 div $\mathbf{V} = 0$과 curl $\mathbf{V} = \mathbf{0}$을 만족하는 벡터장 $\mathbf{V}(x, y) = \overline{g(z)} = Ax - iAy$를 정의할 수 있다. 이 절의 끝부분에서는 $\mathbf{V}(x, y)$를 제1사분면의 경계로 만들어지는 모퉁이 주위를 움직이는 유체의 속도로 이해할 수 있음을 보일 것이다. ≡

조건 div $\mathbf{F} = 0$과 curl $\mathbf{F} = \mathbf{0}$의 물리적 의미는 상황에 따라 달라진다. 만약 $\mathbf{F}(x, y)$가 점 (x, y)에 있는 단위 전하(charge)에 작용하는 전기장에서의 힘을 나타낸다면, 정리 9.9.2에 의하여 curl $\mathbf{F} = \mathbf{0}$이 되기 위한 필요충분조건은 벡터장이 **보존적**(conservative)이라는 것이다. 이 경우 D 내의 두 점 사이를 전하가 이동하면서 하는 일은 경로와 무관하여야 한다.

만약 C가 D 내에 놓인 단순 폐곡선(simple closed curve)이라면, *Gauss*의 **법칙**에 의하여 선적분 $\oint_C (\mathbf{F} \cdot \mathbf{n})\, ds$는 곡선 C에 의하여 둘러싸인 총 전하에 비례한다. 만약 D가 단순연결되어 있고 모든 전기 전하가 D의 경계에 분포되어 있다면, D 내의 임의의 단순 폐곡선에 대하여 $\oint_C (\mathbf{F} \cdot \mathbf{n})\, ds = 0$이다. 9.16절의 식 (1)의 형태로 주어지는 발산 정리에 의하여

$$\oint_C (\mathbf{F} \cdot \mathbf{n})\, ds = \iint_R \text{div}\, \mathbf{F}\, dA \tag{3}$$

이다. 여기서 R은 C에 의해서 둘러싸인 영역이다. 따라서 D 내에서 div $\mathbf{F} = 0$이라는 결론을 얻는다. 역으로, 만약 D 내에서 div $\mathbf{F} = 0$이면, 위의 이중적분은 0이 되고, 따라서 영역 D에는 전하가 없다.

퍼텐셜 함수 $\mathbf{F}(x, y)$가 단순연결 영역 D에서 div $\mathbf{F} = 0$이고 curl $\mathbf{F} = \mathbf{0}$인 벡터장이라 하자. 정리 18.3.3에 의하여 해석함수 $g(z) = P(x, y) - iQ(x, y)$는 D에서 역도함수(원시함수)

$$G(z) = \phi(x, y) + i\psi(x, y) \tag{4}$$

를 갖는데, 이것을 벡터장 $\mathbf{F}$에 대한 **복소퍼텐셜**(complex potential)이라 한다.

$$g(z) = G'(z) = \frac{\partial \phi}{\partial x} + i\frac{\partial \psi}{\partial x} = \frac{\partial \phi}{\partial x} - i\frac{\partial \phi}{\partial y}$$

이므로

$$\frac{\partial \phi}{\partial x} = P, \qquad \frac{\partial \phi}{\partial y} = Q \tag{5}$$

임에 주목하라. 따라서 $\mathbf{F} = \nabla\phi$이고 9.9절에서처럼 조화함수 ϕ를 $\mathbf{F}$에 대한 (실)**퍼텐셜 함수**(potential function)라 한다.* 영역 R의 경계에서 퍼텐셜 함수 ϕ의 값이 주어진다면, 등각사상 방법을 이용하여 해당 Dirichlet 문제를 풀 수 있다. 등퍼텐셜선(equipotential line) $\phi(x, y) = c$를 그릴 수 있으며 벡터장 $\mathbf{F}$도 식 (5)를 사용하여 구할 수 있다.

* $\mathbf{F}$가 전기장이라면, 전기퍼텐셜 함수 Φ는 $-\phi$로 정의되고 $\mathbf{F} = -\nabla\Phi$이다.

예제 3 복소퍼텐셜

반평면 $x \geq 0$에서의 퍼텐셜 ϕ가 $\phi(0, y) = 0$과 $x \geq 1$에 대하여 $\phi(x, 0) = 1$이라는 경계조건을 만족한다[그림 20.6.1(a) 참조]. 복소퍼텐셜과 등퍼텐셜선과 힘장(force field) **F**를 구하라.

풀이 20.2절의 예제 2에서 해석함수 $z = \sin w$가 w 평면의 띠 $0 \leq u \leq \pi/2$를 문제의 영역 R로 보냄을 보았다. 따라서 $f(z) = \sin^{-1}z$는 R을 위의 띠로 보낸다. 그림 20.6.1(b)는 변환된 경계조건을 보여준다. 단순화된 Dirichlet 문제는 해 $U(u, v) = (2/\pi)u$를 갖는다. 따라서 $\phi(x, y) = U(\sin^{-1}z) = \text{Re}((2/\pi)\sin^{-1}z)$가 D에서의 퍼텐셜 함수고, $G(z) = (2/\pi)u \sin^{-1}z$가 힘장 **F**에 대한 복소퍼텐셜이다.

등퍼텐셜선 $\phi = c$는 역사상(inverse mapping) $z = \sin w$에 의한 w 평면에서의 등퍼텐셜선 $U = c$의 상이다. 20.2절의 예제 2에서 수직선 $u = a$가 쌍곡선

$$\frac{x^2}{\sin^2 a} - \frac{y^2}{\cos^2 a} = 1$$

의 한 가지(branch)로 보내짐을 보았다. 등퍼텐셜선 $U = c$, $0 < c < 1$은 수직선 $u = \pi/2c$이기 때문에 등퍼텐셜선 $\phi = c$는 쌍곡선

$$\frac{x^2}{\sin^2(\pi c/2)} - \frac{y^2}{\cos^2(\pi c/2)} = 1$$

의 오른쪽 가지가 된다. $\mathbf{F} = \overline{G'(z)}$이고 $d/dz \sin^{-1}z = 1/(1 - z^2)^{1/2}$이므로, 힘장(force field)은

$$\mathbf{F} = \frac{2}{\pi}\overline{\frac{1}{(1 - z^2)^{1/2}}} = \frac{2}{\pi}\frac{1}{(1 - \bar{z}^2)^{1/2}}$$

로 주어진다. ☰

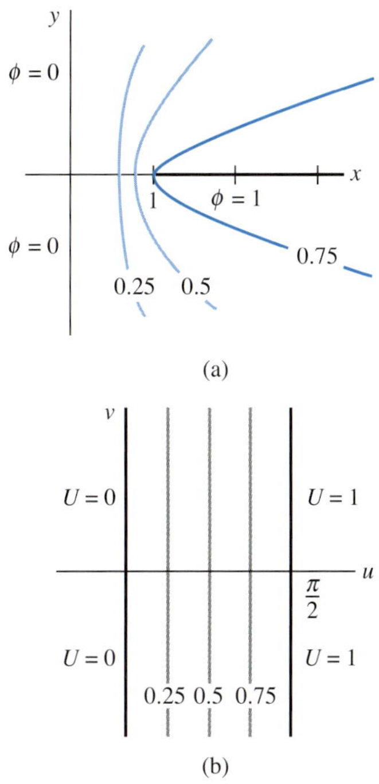

그림 20.6.1 예제 3에서 경계조건의 상

정상상태의 유체 흐름

벡터 $\mathbf{V}(x, y) = P(x, y) + iQ(x, y)$는 영역 D 내의 점 (x, y)에서의 정상상태 유체 흐름의 속도벡터로 이해할 수 있다. 영역 내 모든 점에서의 속도는 시간에 독립적이며, 모든 운동은 z 평면에 평행한 평면에서 일어난다.

조건 div $\mathbf{V} = 0$과 curl $\mathbf{V} = \mathbf{0}$의 물리적 의미는 9.7절에서 다루었다. 만약 D 내에서 curl $\mathbf{V} = \mathbf{0}$이면 흐름은 **비회전**(irrotational)이다. 만약 조그만 원형 노 바퀴(circular paddle wheel)가 유체에 놓여 있다면, 바퀴의 경계에서의 순 각속도(net angular velocity)는 0이기 때문에 바퀴는 회전하지 않는다. 만약 D 내에서 div $\mathbf{V} = 0$이면, 흐름은 **비압축성**(incompressible)이라 한다. 단순연결 영역 D에서의 비압축성 흐름은 임의의 단순 폐곡선 C 내부의 유체의 양이 시간에 독립적이라는 특성을 갖는다. 유체가 C의 내부로 들어오는 율(rate)은 밖으로 빠져 나가는 율과 같고, 그 결과로 D 내에는 유체의 원천(source)이나 싱크(sink)가 없다.

만약 div $\mathbf{V} = 0$이고 curl $\mathbf{V} = \mathbf{0}$이면, $\mathbf{V}$는 $\overline{G'(z)} = \mathbf{V}$를 만족하는 **복소 속도퍼텐셜**(complex velocity potential)

$$G(z) = \phi(x, y) + i\psi(x, y)$$

를 갖는다. 이런 경우 등위곡선 $\psi(x, y) = c$는 특별히 중요하다. 만약 $z(t) = x(t) + iy(t)$가 유체에 놓여 있는 (작은 코르크와 같은) 입자의 경로라면

$$\frac{dx}{dt} = P(x, y)$$
$$\frac{dy}{dt} = Q(x, y) \tag{6}$$

이다. 따라서 $dy/dx = Q(x, y)/P(x, y)$ 또는 $-Q(x, y)dx + P(x, y)dy = 0$이다. 이 미분방정식은 div $\mathbf{V} = 0$에 의하여 $\partial(-Q)/\partial y = \partial P/\partial x$가 되므로 완전(exact)하다. Cauchy-Riemann 방정식에 의하여 $\partial\psi/\partial x = -\partial\phi/\partial y = -Q$이고, $\partial\psi/\partial y = \partial\phi/\partial x = P$이다. 따라서 식 (6)의 모든 해는 $\psi(x, y) = c$를 만족한다. 그래서 흐름에 대하여 함수 $\psi(x, y)$를 **흐름함수**(stream function)라 하고, 등위곡선 $\psi(x, y) = c$를 **유선**(streamline)이라 한다.

예제 4 균일흐름

위쪽 반평면에서의 균일흐름(uniform flow)은 $\mathbf{V}(x, y) = A(1, 0)$으로 정의되는데, 여기서 A는 고정된 양의 상수다. $|\mathbf{V}| = A$이므로 유체 속의 입자는 일정한 속력으로 움직인다. 이 벡터장에 대한 복소퍼텐셜은 $G(z) = Az = Ax + iAy$이므로 유선은 수평선 $Ay = c$다 [그림 20.6.2(a) 참조]. 영역의 경계 $y = 0$도 유선이다. ≡

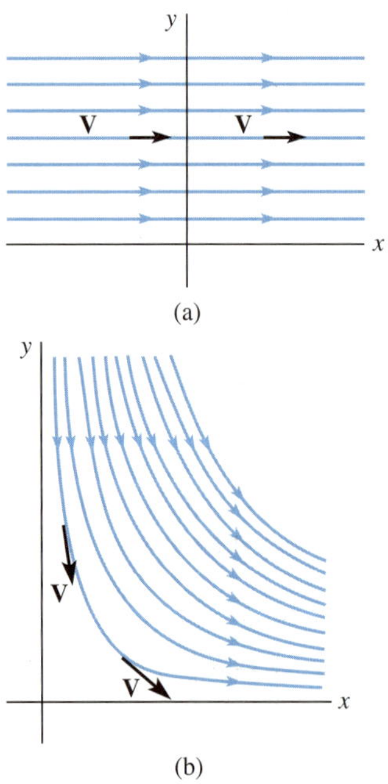

그림 20.6.2 (a) 예제 4의 균일흐름, (b) 예제 5의 모퉁이 주위의 흐름

예제 5 모퉁이 주위의 흐름

해석함수 $G(z) = z^2$은 제1사분면에서 벡터장 $\mathbf{V}(x, y) = \overline{G'(z)} = (2x, -2y)$를 만들어낸다. $z^2 = x^2 - y^2 + i(2xy)$이므로 흐름함수는 $\psi(x, y) = 2xy$이고 유선은 쌍곡선 $2xy = c$다. 이 흐름을 모퉁이 주위의 흐름이라 하며, 그림 20.6.2(b)에 그려져 있다. 예제 4에서처럼 제1사분면의 경계선 $x = 0$과 $y = 0$도 유선이다. ≡

특수한 흐름만들기 주어진 영역 R 내에 계속 남아 있는 비회전, 비압축성 흐름을 만드는 과정을 **흐름만들기**(streamlining)라 한다. 유선은 $\psi(x, y) = c$로 표현되기 때문에, 서로 다른 두 유선은 만나지 않는다. 그러므로 만약 경계 자체가 하나의 유선이라면, R 내부에서 출발한 입자는 R을 떠날 수 없다. 이것이 다음 정리의 내용이다.

정리 20.6.2 흐름만들기

$G(z) = \phi(x, y) + i\psi(x, y)$가 영역 R에서 해석적이고, $\psi(x, y)$가 R의 경계에서 일정하다고 하자. 그러면 $\mathbf{V}(x, y) = \overline{G'(z)}$는 R 내에서의 비회전, 비압축성 유체 흐름을 정의한다. 더욱이 입자가 R 내부에 놓이면, 그 경로 $z = z(t)$는 R 내에 남는다.

예제 6 원기둥 주위의 흐름

해석함수 $G(z) = z + 1/z$은 위쪽 반평면 내의 단위원 $|z| = 1$의 외부 영역 R을 위쪽 반평면 $v \geq 0$으로 보낸다. R의 경계는 u축으로 보내지므로, $v = \psi(x, y) = y - y/(x^2 + y^2)$는 R의 경계에서 0이다. **그림 20.6.3**은 결과적으로 얻어진 흐름의 유선을 보여준다. 속도장은 $\overline{G'(z)} = 1 - 1/\bar{z}^2$로 주어지므로

$$\overline{G'(re^{i\theta})} = 1 - \frac{1}{r^2}e^{2i\theta}$$

이다. 충분히 큰 r에 대하여 $\mathbf{V} \approx (1, 0)$이므로, 이 흐름은 단위원 $|z| = 1$에서 멀리 떨어진 곳에서는 거의 균일(uniform)하다. 이렇게 구해진 영역 R 내의 흐름을 원기둥 주위의 흐름이라 한다. (x축에 놓인 수평) 거울에 비치는 흐름을 합쳐 주면 완전한 원기둥 주위의 흐름을 얻을 수 있다. ≡

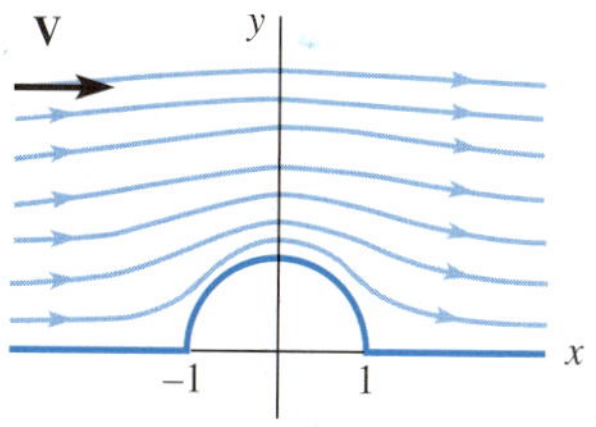

그림 20.6.3 예제 6의 원기둥 주위의 흐름

만약 R이 다각형 영역이면, Schwarz-Christoffel 공식을 사용하여 위쪽 반평면 R'을 R로 보내는 등각사상 $z = f(w)$을 구할 수 있다. 역함수 $G(z) = f^{-1}(z)$는 R의 경계를 u축으로 보낸다. 따라서 $G(z) = \phi(x, y) + i\psi(x, y)$라 하면, R의 경계에서는 $\psi(x, y) = 0$이 된다. z 평면에서의 유선 $\psi(x, y) = c$는 $z = f(w)$에 의한, w 평면에서의 수평선 $v = c$의 상이다.

예제 7 매개함수로 정의되는 유선

해석함수 $f(w) = w + \text{Ln } w + 1$은 위쪽 반평면 $v \geq 0$을 위쪽 반평면 $y \geq 0$에서 수평선 $y = \pi$, $x \leq 0$을 제외한 영역으로 보낸다. 20.4절의 예제 4를 참조하라. 만약 $G(z) = f^{-1}(z) = \phi(x, y) + i\psi(x, y)$라 하면, $G(z)$는 R을 위쪽 반평면으로 보내고 R의 경계를 u축으로 보낸다. 따라서 R의 경계에서 $\psi(x, y) = 0$이다.

흐름함수 $\psi(x, y)$를 양함수 형태(explicit form)로 구할 수는 없다. 그러나 유선들은 $z = f(w)$에 의한 수평선 $v = c$의 상이다. 만약 $w = t + ic$, $c > 0$으로 나타내면, 유선들은 매개함수의 형태

$$z = f(t + ic) = t + ic + \text{Ln}(t + ic) + 1;$$

즉

$$x = t + 1 + \frac{1}{2}\log_e(t^2 + c^2), \quad y = c + \text{Arg}(t + ic)$$

로 나타낼 수 있다. 그래픽 소프트웨어를 사용하여 그린 유선들이 **그림 20.6.4**에 있다. ≡

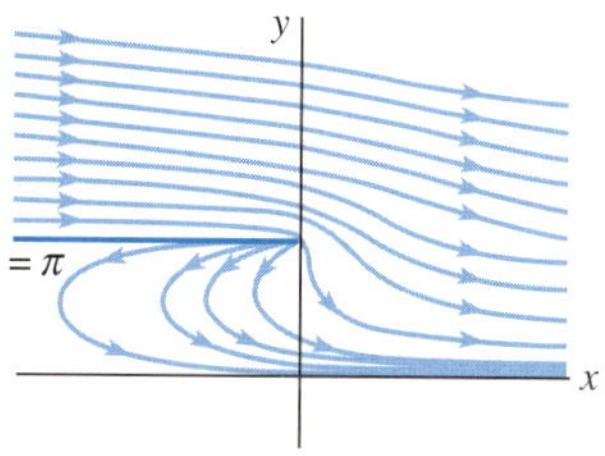

그림 20.6.4 예제 7의 흐름

흐름함수 $\psi(x, y)$는 조화함수지만, Dirichlet 문제의 해와는 달리 $\psi(x, y)$가 유계라고 가정하지도 않고(예제 4~6 참조), 경계에서 고정된 상수 집합 내의 값을 갖는다고 가정하지도 않는다. 그러므로 주어진 영역에서 정리 20.6.2를 만족하는 흐름함수가 여러 개 있을 수 있다. 이 점을 마지막 예제에서 설명한다.

예제 8 매개함수로 정의되는 유선

해석함수 $f(w) = w + e^w + 1$은 수평띠 $0 \le v \le \pi$를 그림 20.6.4에 나와 있는 영역 R로 보낸다. 따라서 $G(z) = f^{-1}(z) = \phi(x, y) + i\psi(x, y)$는 R을 도로 수평띠로 보내고, 부록 IV의 등각사상 M-1에 의하여, 경계선 $y = 0$을 u축으로, 그리고 경계선 $y = \pi$, $x \le 0$을 수평선 $v = \pi$로 보낸다. 그러므로 $\psi(x, y)$는 R의 경계에서 일정하다.

유선은 $z = f(w)$에 의한 수평선 $v = c$, $0 < c < \pi$의 상이다. 예제 7처럼 유선을 매개함수로 나타내면

$$z = f(t + ic) = t + ic + e^{t+ic} + 1$$

또는

$$x = t + 1 + e^t \cos c, \qquad y = c + e^t \sin c$$

이다. 유선들은 **그림 20.6.5**에 나와 있다. 예제 7의 흐름과 달리, 유체는 띠 $0 \le y \le \pi$, $x \le 0$으로부터 솟아 나오는 것처럼 보인다. ≡

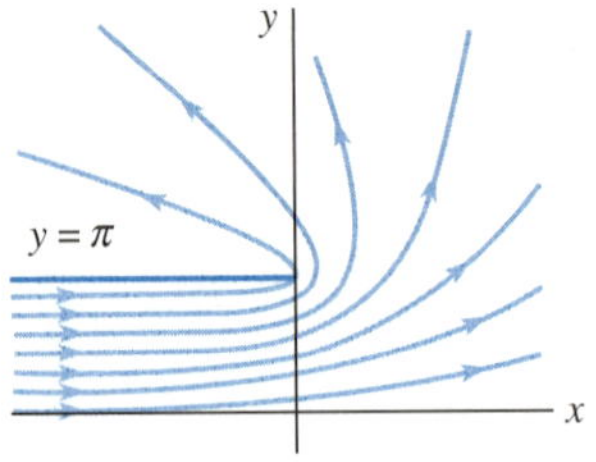

그림 20.6.5 예제 8의 흐름

20.6 연습문제

부록에 선택된 홀수 번 문제의 답이 있다.

문제 1~4에서는 주어진 벡터장 $\mathbf{F}(x, y)$에 대응하는 복소함수 $g(z) = P(x, y) - iQ(x, y)$를 조사함으로써 $\text{div}\ \mathbf{F} = 0$이고 $\text{curl}\ \mathbf{F} = \mathbf{0}$임을 증명하라. 주어진 벡터장에 대한 복소퍼텐셜을 구하고 등퍼텐셜선을 그리라.

1. $\mathbf{F}(x, y) = (\cos\theta_0)\mathbf{i} + (\sin\theta_0)\mathbf{j}$
2. $\mathbf{F}(x, y) = -y\mathbf{i} - x\mathbf{j}$
3. $\mathbf{F}(x, y) = \dfrac{x}{x^2 + y^2}\mathbf{i} + \dfrac{y}{x^2 + y^2}\mathbf{j}$
4. $\mathbf{F}(x, y) = \dfrac{x^2 - y^2}{(x^2 + y^2)^2}\mathbf{i} + \dfrac{2xy}{(x^2 + y^2)^2}\mathbf{j}$
5. 쐐기꼴 $0 \le \text{Arg}\ z \le \pi/4$에서의 퍼텐셜 $x > 0$일 때 ϕ는 $\phi(x, 0) = 0$과 $\phi(x, x) = 1$이라는 경계조건을 만족한다. 복소퍼텐셜과 등퍼텐셜선, 그리고 이에 대응하는 힘장 $\mathbf{F}$를 구하라.
6. 등각사상 $f(z) = 1/z$을 이용하여, **그림 20.6.6**에 나와 있는 경계조건을 만족하는 퍼텐셜 ϕ에 대한 복소퍼텐셜, 등퍼텐셜선, 그리고 이에 대응하는 힘장 $\mathbf{F}$를 구하라.

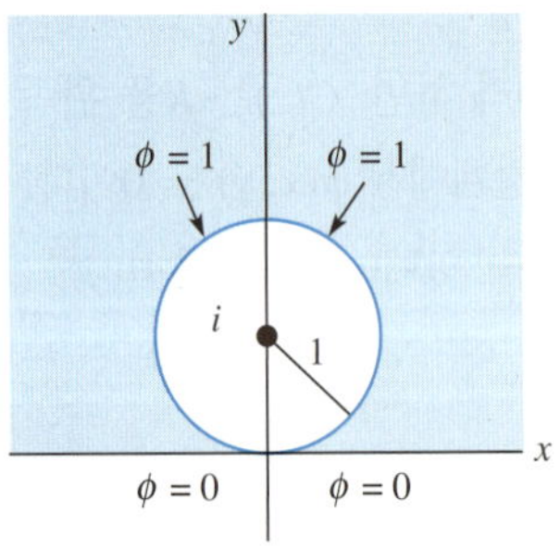

그림 20.6.6 문제 6의 경계조건

7. 반원판 $|z| \le 1$, $y \ge 0$에서의 퍼텐셜 ϕ는 $-1 < x < 1$일 때 $\phi(x, 0) = 0$과 $0 < \theta < \pi$일 때 $\phi(e^{i\theta}) = 1$이라는 경계조건을 만족한다.

$$\phi(x, y) = \frac{1}{\pi}\text{Arg}\left(\frac{z-1}{z+1}\right)^2$$

임을 보이고, 선형분수변환 사상의 성질을 이용하여 등퍼텐셜선이 원호가 되는 이유를 설명하라.

8. 부록 IV의 등각사상 C-1을 이용하여 두 원 $|z| = 1$과 $|z - 3| = 1$의 외부 영역에서의 퍼텐셜 ϕ를 구하라. $|z| = 1$과 $|z - 3| = 1$ 위에서 ϕ는 0으로 유지된다. 선형분수변환 사상의 성질을 이용하여, 등퍼텐셜선이 하나의 예외를 제외하고 모두 원이 되는 이유를 설명하라.

문제 9~14에는 복소 속도퍼텐셜 $G(z)$가 영역 R에서 정의되어 있다.

(a) 흐름함수를 구하고 R의 경계가 유선임을 보이라.

(b) 대응되는 속도 벡터장 $\mathbf{V}(x, y)$를 구하라.

(c) 그래픽 도구를 이용하여 흐름의 유선을 그리라.

9. $G(z) = z^4$

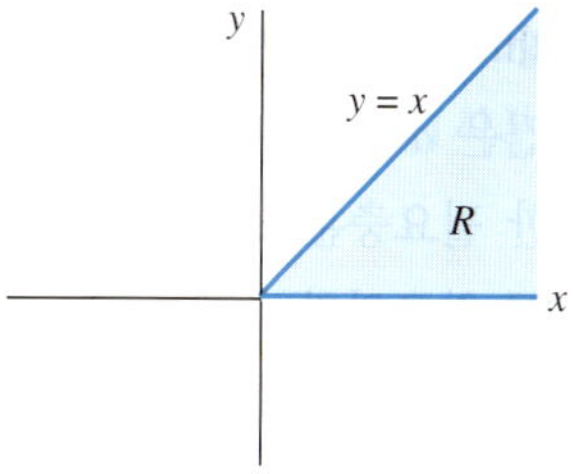

그림 20.6.7 문제 9에 대한 영역 R

10. $G(z) = z^{2/3}$

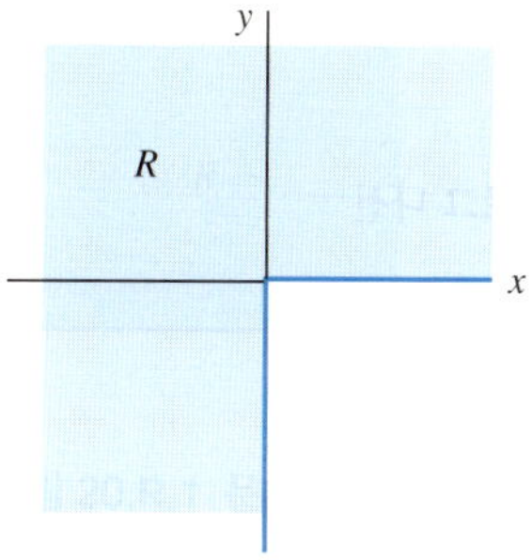

그림 20.6.8 문제 10에 대한 영역 R

11. $G(z) = \sin z$

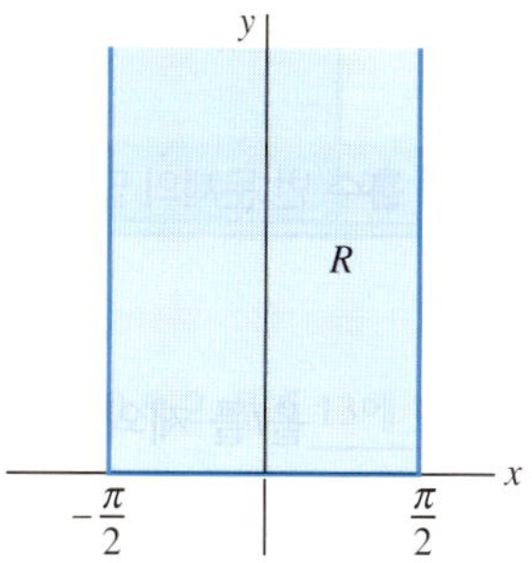

그림 20.6.9 문제 11에 대한 영역 R

12. $G(z) = i \sin^{-1} z$

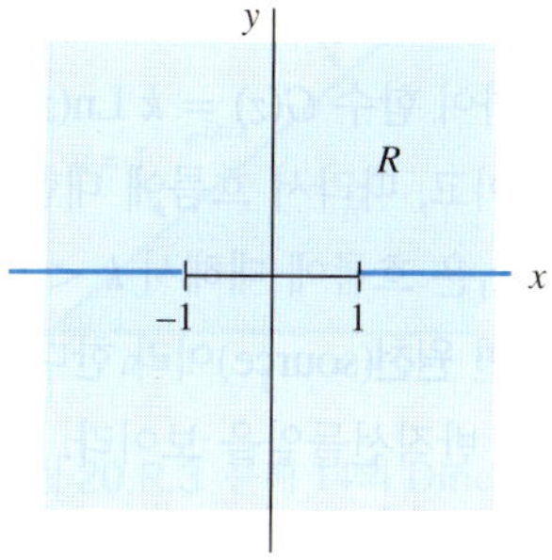

그림 20.6.10 문제 12에 대한 영역 R

13. $G(z) = z^2 + 1/z^2$

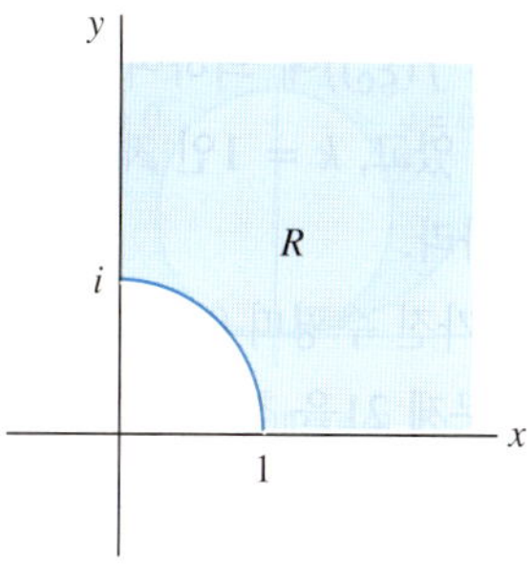

그림 20.6.11 문제 13에 대한 영역 R

14. $G(z) = e^z$

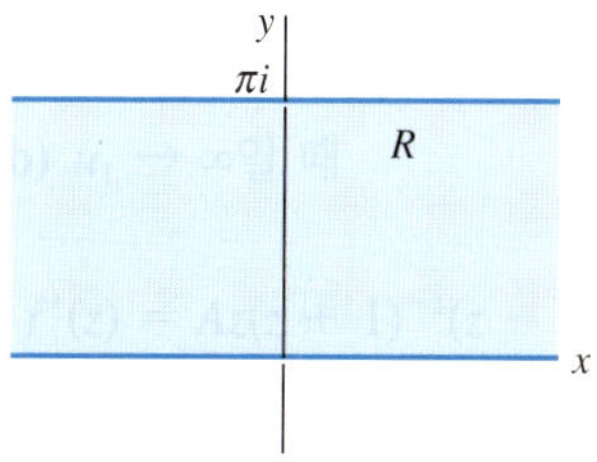

그림 20.6.12 문제 14에 대한 영역 R

문제 15~18에는 위쪽 반평면 $v \geq 0$을 z 평면의 영역 R로 보내는 등각사상 $z = f(w)$가 주어져 있고, 복소퍼텐셜 $G(z) = f^{-1}(z)$를 가지고 R 내의 흐름이 만들어져 있다.

(a) R의 경계가 흐름에 대한 유선이 됨을 증명하라.

(b) 흐름에 대한 유선을 매개함수를 이용하여 나타내라.

(c) 그래픽 도구를 이용하여 흐름의 유선을 그리라.

15. 부록 IV의 M-9

16. 부록 IV의 M-4; $a = 1$을 사용하라.

17. 부록 IV의 M-2; $a = 1$을 사용하라.

18. 부록 IV의 M-5

18. **(a)** 경계조건 $u(x, 0) = \sin x$를 만족하는 위쪽 반평면 $y \geq 0$에서의 Dirichlet 문제의 해 $u(x, y)$를 구하라.[힌트: 연습문제 20.5의 문제 6 참조]

(b) 경계조건 $u(e^{i\theta}) = \sin \theta$를 만족하는 단위원판 $|z| \leq 1$에서의 Dirichlet 문제의 해 $u(x, y)$를 구하라.

19. 그림 20.6.5에 있는 유선들을, $-\infty < x < \infty$에 대하여 $\phi(x, 0) = 0$이고, $x < 0$에 대하여 $\phi(x, \pi) = 1$이라는 조건을 만족하는 퍼텐셜 ϕ의 등퍼텐셜선으로 이해할 수 있는 이유에 대하여 설명하라.

20. $y^2 \geq 4(1 - x)$로 정의되는 영역 R의 경계가 복소퍼텐셜 $G(z) = i(z^{1/2} - 1)$을 갖는 유체 흐름의 유선이 됨을 보이라. 이 흐름의 유선들을 그리라.

부록

Appendices

APPENDIX I

도함수 및 적분공식

Derivative and Integral Formulas

미분 규칙

1. 상수: $\dfrac{d}{dx}c = 0$

2. 상수배: $\dfrac{d}{dx}cf(x) = cf'(x)$

3. 합: $\dfrac{d}{dx}[f(x) \pm g(x)] = f'(x) \pm g'(x)$

4. 곱: $\dfrac{d}{dx}f(x)g(x) = f(x)g'(x) + g(x)f'(x)$

5. 나누기: $\dfrac{d}{dx}\dfrac{f(x)}{g(x)} = \dfrac{g(x)f'(x) - f(x)g'(x)}{[g(x)]^2}$

6. 연쇄: $\dfrac{d}{dx}f(g(x)) = f'(g(x))g'(x)$

7. 거듭제곱: $\dfrac{d}{dx}x^n = nx^{n-1}$

8. 거듭제곱: $\dfrac{d}{dx}[g(x)]^n = n[g(x)]^{n-1}g'(x)$

함수의 도함수

삼각함수:

9. $\dfrac{d}{dx}\sin x = \cos x$

10. $\dfrac{d}{dx}\cos x = -\sin x$

11. $\dfrac{d}{dx}\tan x = \sec^2 x$

12. $\dfrac{d}{dx}\cot x = -\csc^2 x$

13. $\dfrac{d}{dx}\sec x = \sec x \tan x$

14. $\dfrac{d}{dx}\csc x = -\csc x \cot x$

역삼각함수:

15. $\dfrac{d}{dx}\sin^{-1}x = \dfrac{1}{\sqrt{1 - x^2}}$

16. $\dfrac{d}{dx}\cos^{-1}x = -\dfrac{1}{\sqrt{1 - x^2}}$

17. $\dfrac{d}{dx}\tan^{-1}x = \dfrac{1}{1 + x^2}$

18. $\dfrac{d}{dx}\cot^{-1}x = -\dfrac{1}{1 + x^2}$

19. $\dfrac{d}{dx}\sec^{-1}x = \dfrac{1}{|x|\sqrt{x^2 - 1}}$

20. $\dfrac{d}{dx}\csc^{-1}x = -\dfrac{1}{|x|\sqrt{x^2 - 1}}$

쌍곡선함수:

21. $\dfrac{d}{dx}\sinh x = \cosh x$

22. $\dfrac{d}{dx}\cosh x = \sinh x$

23. $\dfrac{d}{dx}\tanh x = \text{sech}^2 x$

24. $\dfrac{d}{dx}\coth x = -\text{csch}^2 x$

25. $\dfrac{d}{dx}\text{sech} x = -\text{sech}\, x \tanh x$

26. $\dfrac{d}{dx}\text{csch}\, x = -\text{csch}\, x \coth x$

$f(t)$	$\mathscr{L}\{f(t)\} = F(s)$
16. $e^{at}t$	$\dfrac{1}{(s-a)^2}$
17. $e^{at}t^n$	$\dfrac{n!}{(s-a)^{n+1}}$, n은 양의 정수
18. $e^{at}\sin kt$	$\dfrac{k}{(s-a)^2+k^2}$
19. $e^{at}\cos kt$	$\dfrac{s-a}{(s-a)^2+k^2}$
20. $e^{at}\sinh kt$	$\dfrac{k}{(s-a)^2-k^2}$
21. $e^{at}\cosh kt$	$\dfrac{s-a}{(s-a)^2-k^2}$
22. $t\sin kt$	$\dfrac{2ks}{(s^2+k^2)^2}$
23. $t\cos kt$	$\dfrac{s^2-k^2}{(s^2+k^2)^2}$
24. $\sin kt + kt\cos kt$	$\dfrac{2ks^2}{(s^2+k^2)^2}$
25. $\sin kt - kt\cos kt$	$\dfrac{2k^3}{(s^2+k^2)^2}$
26. $t\sinh kt$	$\dfrac{2ks}{(s^2-k^2)^2}$
27. $t\cosh kt$	$\dfrac{s^2+k^2}{(s^2-k^2)^2}$
28. $\dfrac{e^{at}-e^{bt}}{a-b}$	$\dfrac{1}{(s-a)(s-b)}$
29. $\dfrac{ae^{at}-be^{bt}}{a-b}$	$\dfrac{s}{(s-a)(s-b)}$
30. $1-\cos kt$	$\dfrac{k^2}{s(s^2+k^2)}$
31. $kt-\sin kt$	$\dfrac{k^3}{s^2(s^2+k^2)}$
32. $a\sin bt - b\sin at$	$\dfrac{ab(a^2-b^2)}{(s^2+a^2)(s^2+b^2)}$
33. $\cos at - \cos bt$	$\dfrac{s(b^2-a^2)}{(s^2+a^2)(s^2+b^2)}$
34. $\sin kt\sinh kt$	$\dfrac{2k^2s}{s^4+4k^4}$
35. $\sin kt\cosh kt$	$\dfrac{k(s^2+2k^2)}{s^4+4k^4}$
36. $\cos kt\sinh kt$	$\dfrac{k(s^2-2k^2)}{s^4+4k^4}$
37. $\sin kt\cosh kt + \cos kt\sinh kt$	$\dfrac{2ks^2}{s^4+4k^4}$

38. $\sin kt \cosh kt - \cos kt \sinh kt$	$\dfrac{4k^3}{s^4 + 4k^4}$
39. $\cos kt \cosh kt$	$\dfrac{s^3}{s^4 + 4k^4}$
40. $\sinh kt - \sin kt$	$\dfrac{2k^3}{s^4 - k^4}$
41. $\cosh kt\ 2 \cos kt$	$\dfrac{2k^2 s}{s^4 - k^4}$
42. $J_0(kt)$	$\dfrac{1}{\sqrt{s^2 + k^2}}$
43. $\dfrac{e^{bt} - e^{at}}{t}$	$\ln \dfrac{s - a}{s - b}$
44. $\dfrac{2(1 - \cos at)}{t}$	$\ln \dfrac{s^2 + a^2}{s^2}$
45. $\dfrac{2(1 - \cosh at)}{t}$	$\ln \dfrac{s^2 - a^2}{s^2}$
46. $\dfrac{\sin at}{t}$	$\arctan\left(\dfrac{a}{s}\right)$
47. $\dfrac{\sin at \cos bt}{t}$	$\dfrac{1}{2}\arctan \dfrac{a + b}{s} + \dfrac{1}{2}\arctan \dfrac{a - b}{s}$
48. $\dfrac{1}{\sqrt{\pi t}} e^{-a^2/4t}$	$\dfrac{e^{-a\sqrt{s}}}{\sqrt{s}}$
49. $\dfrac{a}{2\sqrt{\pi t^3}} e^{-a^2/4t}$	$e^{-a\sqrt{s}}$
50. $\operatorname{erfc}\left(\dfrac{a}{2\sqrt{t}}\right)$	$\dfrac{e^{-a\sqrt{s}}}{s}$
51. $2\sqrt{\dfrac{t}{\pi}} e^{-a^2/4t} - a \operatorname{erfc}\left(\dfrac{a}{2\sqrt{t}}\right)$	$\dfrac{e^{-a\sqrt{s}}}{s\sqrt{s}}$
52. $e^{ab}e^{b^2 t} \operatorname{erfc}\left(b\sqrt{t} + \dfrac{a}{2\sqrt{t}}\right)$	$\dfrac{e^{-a\sqrt{s}}}{\sqrt{s}(\sqrt{s} + b)}$
53. $-e^{ab}e^{b^2 t} \operatorname{erfc}\left(b\sqrt{t} + \dfrac{a}{2\sqrt{t}}\right) + \operatorname{erfc}\left(\dfrac{a}{2\sqrt{t}}\right)$	$\dfrac{be^{-\sqrt{s}}}{s(\sqrt{s} + b)}$
54. $e^{at}f(t)$	$F(s - a)$
55. $\mathcal{U}(t - a)$	$\dfrac{e^{-as}}{s}$
56. $f(t - a)\mathcal{U}(t - a)$	$e^{-as}F(s)$
57. $g(t)\mathcal{U}(t - a)$	$e^{-as}\mathcal{L}\{g(t + a)\}$
58. $f^{(n)}(t)$	$s^n F(s) - s^{n-1}f(0) - \cdots - f^{(n-1)}(0)$
59. $t^n f(t)$	$(-1)^n \dfrac{d^n}{ds^n} F(s)$
60. s	$F(s)G(s)$
61. $\delta(t)$	1
62. $\delta(t - a) =$	e^{-as}

APPENDIX IV

등각사상들

Conformal Mappings

기본적인 사상들

E-1

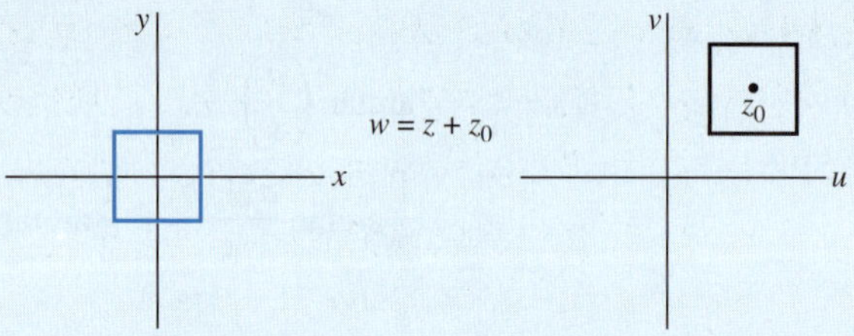

E-2

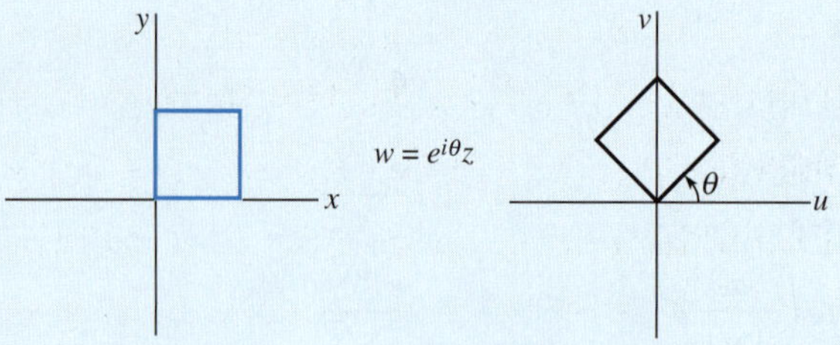

E-3

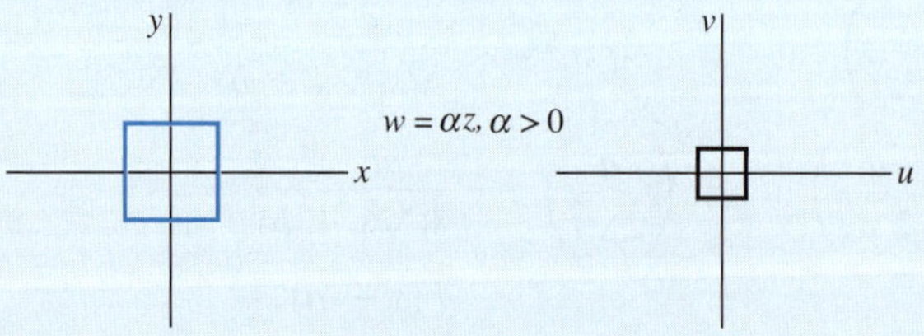

E-4

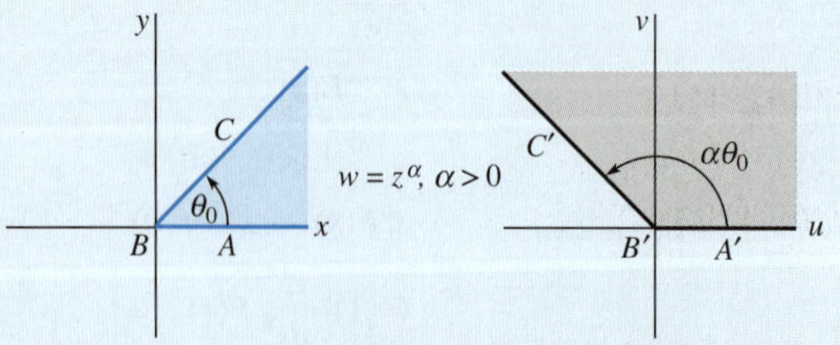

E-5

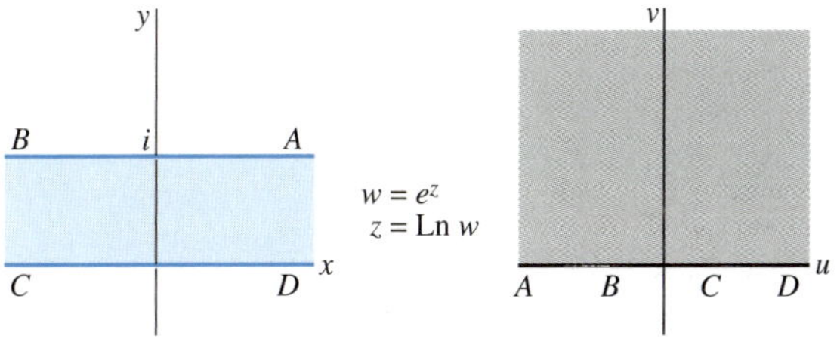

E-6

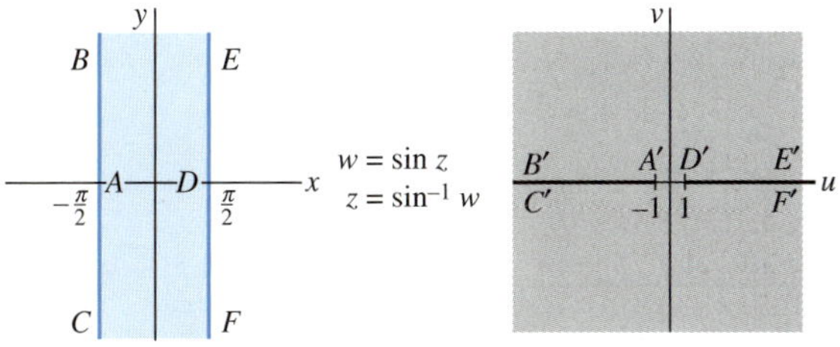

E-7

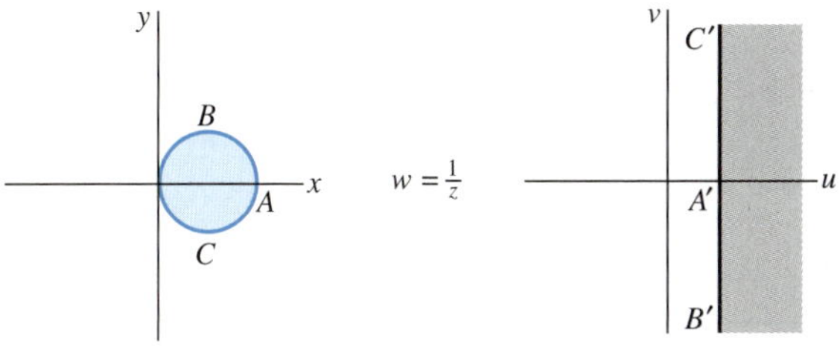

E-8

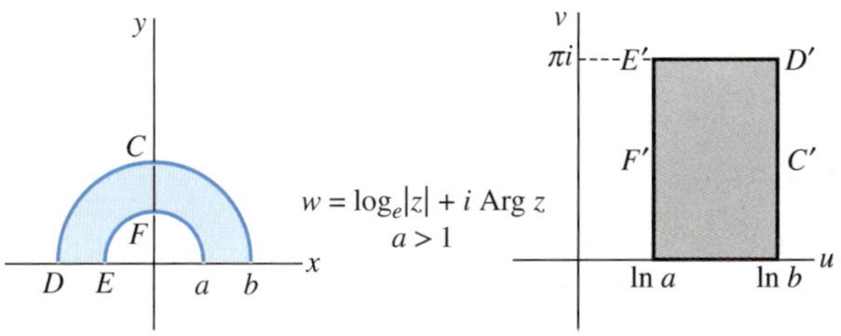

E-9

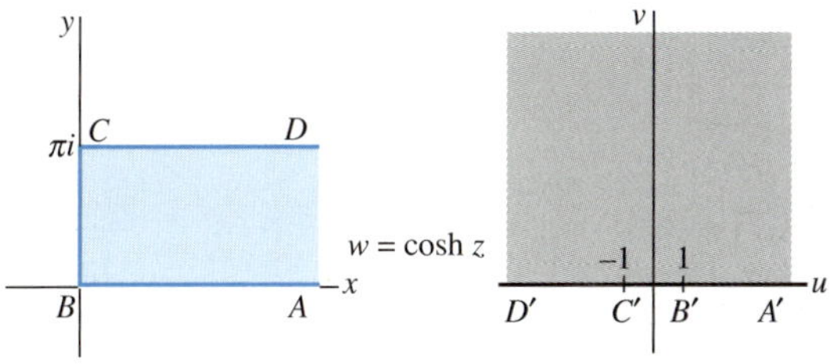

반평면으로의 사상들

H-1

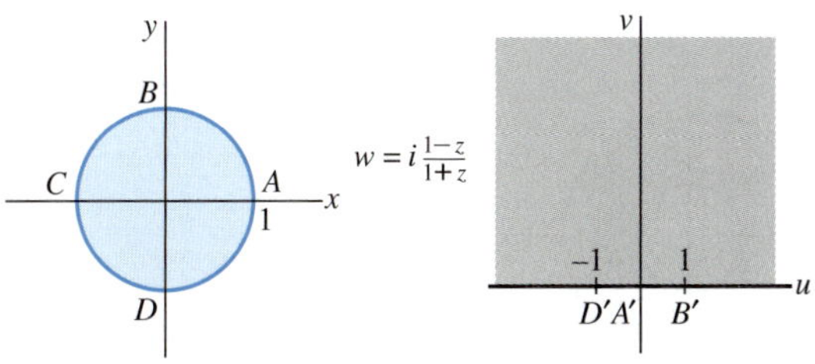

H-2

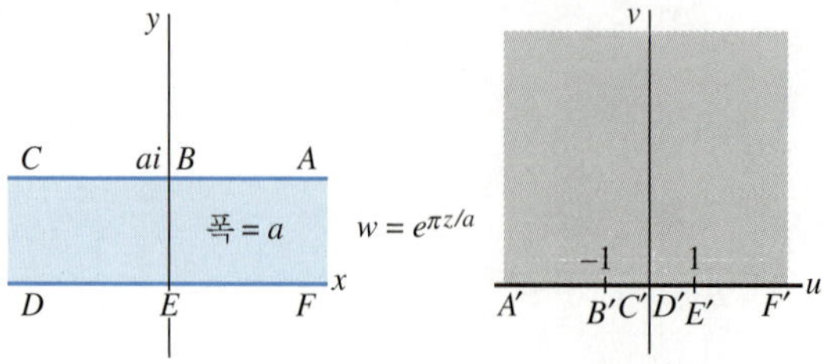

H-3

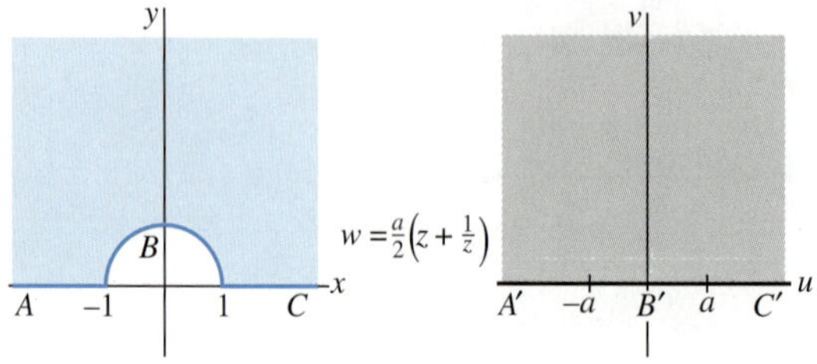

H-4

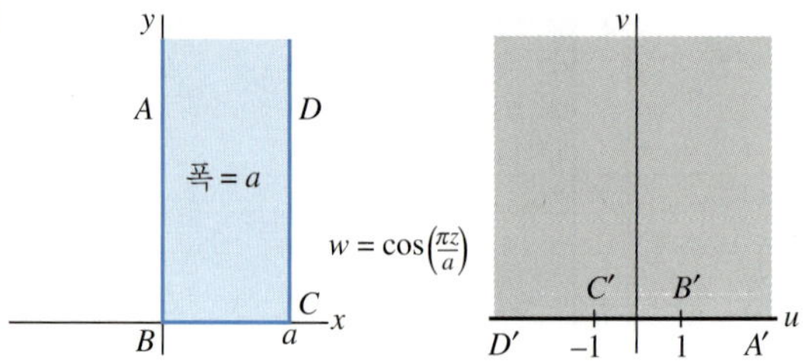

H-5

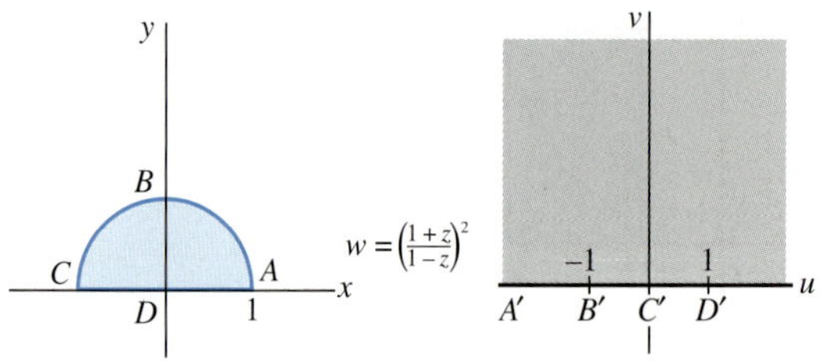

H-6

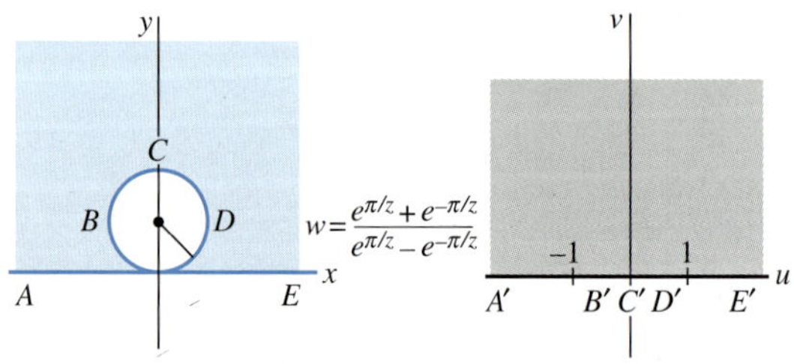

원형 영역으로의 사상들

C-1

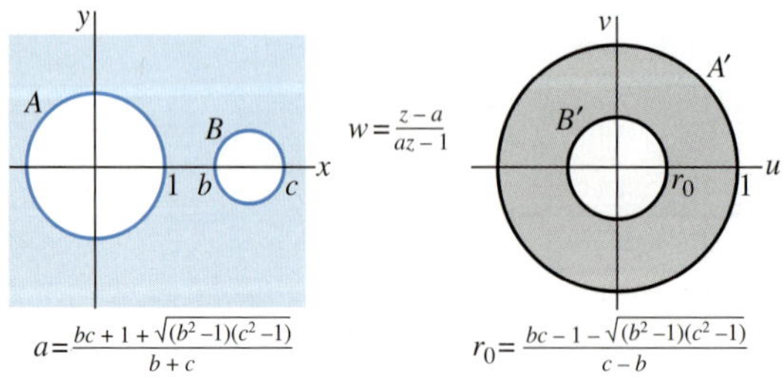

C-2

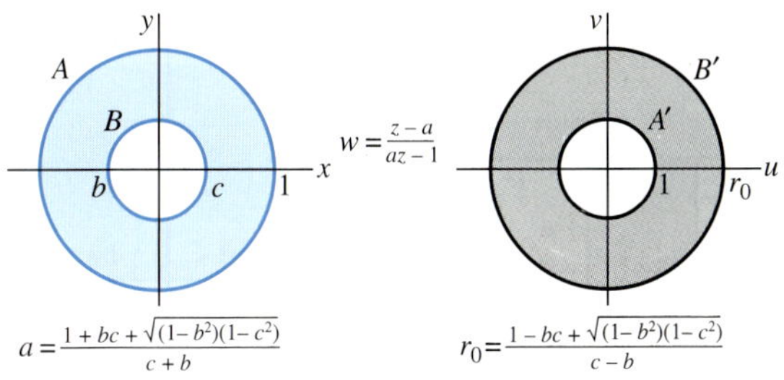

C-3

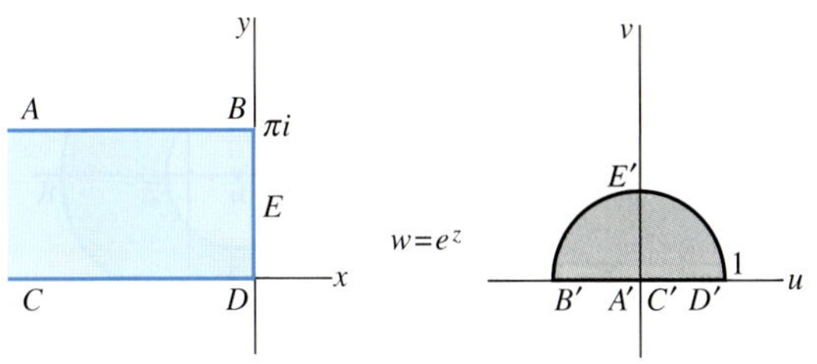

C-4

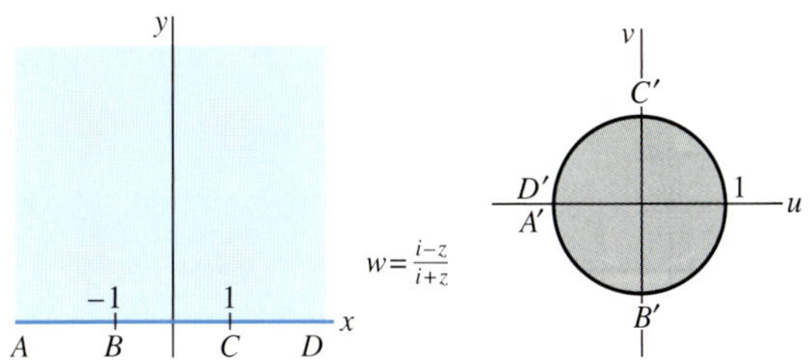

C-5

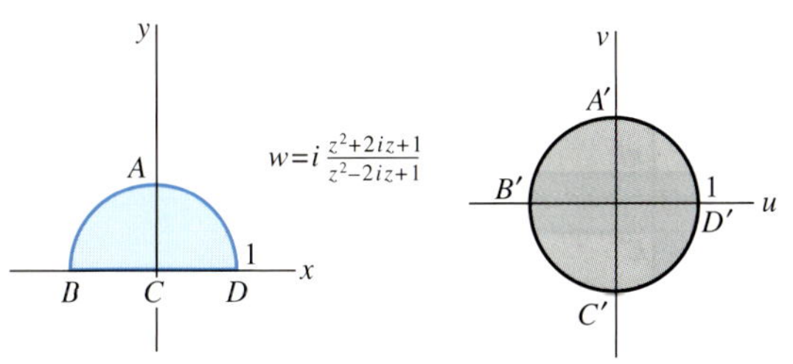

기타 사상들

M-1

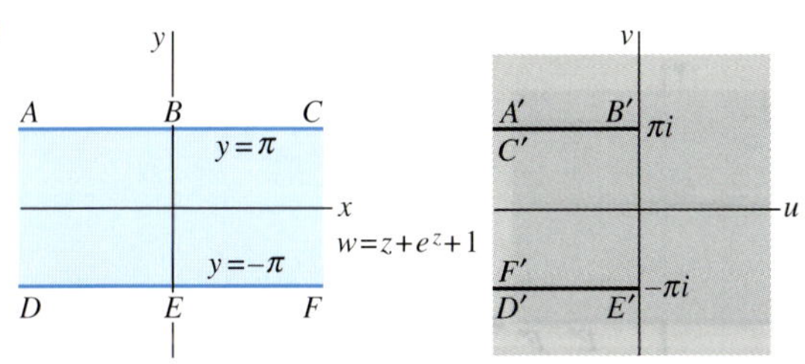

M-2

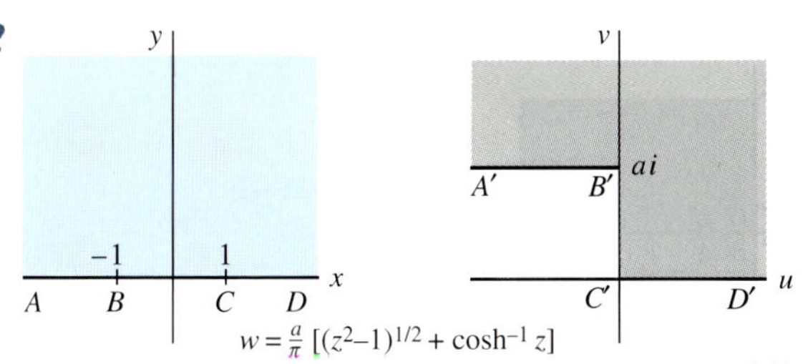

(d)

Time	$x = 10.00$	$x = 20.00$	$x = 30.00$	$x = 40.00$	$x = 50.00$	$x = 60.00$	$x = 70.00$	$x = 80.00$	$x = 90.00$
0.00	8.0000	16.0000	24.0000	32.0000	40.0000	32.0000	24.0000	16.0000	8.0000
2.00	8.0000	16.0000	23.9999	31.9918	39.4932	31.9918	23.9999	16.0000	8.0000
4.00	8.0000	16.0000	23.9993	31.9686	39.0175	31.9686	23.9993	16.0000	8.0000
6.00	8.0000	15.9999	23.9978	31.9323	38.5701	31.9323	23.9978	15.9999	8.0000
8.00	8.0000	15.9998	23.9950	31.8844	38.1483	31.8844	23.9950	15.9998	8.0000
10.00	8.0000	15.9996	23.9908	31.8265	37.7498	31.8265	23.9908	15.9996	8.0000

9. (a)

Time	$x = 2.00$	$x = 4.00$	$x = 6.00$	$x = 8.00$	$x = 10.00$	$x = 12.00$	$x = 14.00$	$x = 16.00$	$x = 18.00$
0.00	30.0000	30.0000	30.0000	30.0000	30.0000	30.0000	30.0000	30.0000	30.0000
2.00	27.6450	29.9037	29.9970	29.9999	30.0000	30.0000	29.9990	29.9679	29.2150
4.00	25.6452	29.6517	29.9805	29.9991	30.0000	29.9997	29.9935	29.8839	28.5484
6.00	23.9347	29.2922	29.9421	29.9963	29.9997	29.9988	29.9807	29.7641	27.9782
8.00	22.4612	28.8606	29.8782	29.9899	29.9991	29.9966	29.9594	29.6202	27.4870
10.00	21.1829	28.3831	29.7878	29.9783	29.9976	29.9927	29.9293	29.4610	27.0610

(b)

Time	$x = 5.00$	$x = 10.00$	$x = 15.00$	$x = 20.00$	$x = 25.00$	$x = 30.00$	$x = 35.00$	$x = 40.00$	$x = 45.00$
0.00	30.0000	30.0000	30.0000	30.0000	30.0000	30.0000	30.0000	30.0000	30.0000
2.00	29.5964	29.9973	30.0000	30.0000	30.0000	30.0000	30.0000	29.9991	29.8655
4.00	29.2036	29.9893	29.9999	30.0000	30.0000	30.0000	30.0000	29.9964	29.7345
6.00	28.8212	29.9762	29.9997	30.0000	30.0000	30.0000	29.9999	29.9921	29.6071
8.00	28.4490	29.9585	29.9992	30.0000	30.0000	30.0000	29.9997	29.9862	29.4830
10.00	28.0864	29.9363	29.9986	30.0000	30.0000	30.0000	29.9995	29.9788	29.3621

(c)

Time	$x = 2.00$	$x = 4.00$	$x = 6.00$	$x = 8.00$	$x = 10.00$	$x = 12.00$	$x = 14.00$	$x = 16.00$	$x = 18.00$
0.00	18.0000	32.0000	42.0000	48.0000	50.0000	48.0000	42.0000	32.0000	18.0000
2.00	15.3312	28.5350	38.3477	44.3130	46.3327	44.4671	39.0872	31.5755	24.6930
4.00	13.6381	25.6913	34.9606	40.7728	42.9127	41.5716	37.4340	31.7086	25.6986
6.00	12.3088	23.3146	31.9546	37.5566	39.8880	39.1565	36.9745	31.2134	25.7128
8.00	11.1946	21.2785	29.3217	34.7092	37.2109	36.9834	34.5032	30.4279	25.4167
10.00	10.2377	19.5150	27.0178	32.1929	34.8117	34.9710	33.0338	29.5224	25.0019

(d)

Time	$x = 10.00$	$x = 20.00$	$x = 30.00$	$x = 40.00$	$x = 50.00$	$x = 60.00$	$x = 70.00$	$x = 80.00$	$x = 90.00$
0.00	8.0000	16.0000	24.0000	32.0000	40.0000	32.0000	24.0000	16.0000	8.0000
2.00	8.0000	16.0000	23.9999	31.9918	39.4932	31.9918	24.0000	16.0102	8.6333
4.00	8.0000	16.0000	23.9993	31.9686	39.0175	31.9687	24.0002	16.0391	9.2272
6.00	8.0000	15.9999	23.9978	31.9323	38.5701	31.9324	24.0005	16.0845	9.7846
8.00	8.0000	15.9998	23.9950	31.8844	38.1483	31.8846	24.0012	16.1441	10.3084
10.00	8.0000	15.9996	23.9908	31.8265	37.7499	31.8269	24.0023	16.2160	10.8012

11. (a) $\psi(x) = \frac{1}{2}x + 20$

(b)

Time	$x = 4.00$	$x = 8.00$	$x = 12.00$	$x = 16.00$
0.00	50.0000	50.0000	50.0000	50.0000
10.00	32.7433	44.2679	45.4228	38.2971
20.00	29.9946	36.2354	38.3148	35.8160
30.00	26.9487	32.1409	34.0874	32.9644
50.00	24.1178	27.4348	29.4296	30.1207
70.00	22.8995	25.4560	27.4554	28.8998

90.00	22.3817	24.6176	26.6175	28.3817
110.00	22.1619	24.2620	26.2620	28.1619
130.00	22.0687	24.1112	26.1112	28.0687
150.00	22.0291	24.0472	26.0472	28.0291
170.00	22.0124	24.0200	26.0200	28.0124
190.00	22.0052	24.0085	26.0085	28.0052
210.00	22.0022	24.0036	26.0036	28.0022
230.00	22.0009	24.0015	26.0015	28.0009
250.00	22.0004	24.0007	26.0007	28.0004
270.00	22.0002	24.0003	26.0003	28.0002
290.00	22.0001	24.0001	26.0001	28.0001
310.00	22.0000	24.0001	26.0001	28.0000
330.00	22.0000	24.0000	26.0000	28.0000
350.00	22.0000	24.0000	26.0000	28.0000

연습문제 16.3

1. (a)

Time	$x = 0.25$	$x = 0.50$	$x = 0.75$
0.00	0.1875	0.2500	0.1875
0.20	0.1491	0.2100	0.1491
0.40	0.0556	0.0938	0.0556
0.60	−0.0501	−0.0682	−0.0501
0.80	−0.1361	−0.2072	−0.1361
1.00	−0.1802	−0.2591	−0.1802

(b)

Time	$x = 0.4$	$x = 0.8$	$x = 1.2$	$x = 1.6$
0.00	0.0032	0.5273	0.5273	0.0032
0.20	0.0652	0.4638	0.4638	0.0652
0.40	0.2065	0.3035	0.3035	0.2065
0.60	0.3208	0.1190	0.1190	0.3208
0.80	0.3094	−0.0180	−0.0180	0.3094
1.00	0.1450	−0.0768	−0.0768	0.1450

(c)

Time	$x = 0.1$	$x = 0.2$	$x = 0.3$	$x = 0.4$	$x = 0.5$	$x = 0.6$	$x = 0.7$	$x = 0.8$	$x = 0.9$
0.00	0.0000	0.0000	0.0000	0.0000	0.0000	0.5000	0.5000	0.5000	0.5000
0.12	0.0000	0.0000	0.0082	0.1126	0.3411	0.1589	0.3792	0.3710	0.0462
0.24	0.0071	0.0657	0.2447	0.3159	0.1735	0.2463	−0.1266	−0.3056	−0.0625
0.36	0.1623	0.3197	0.2458	0.1657	0.0877	−0.2853	−0.2843	−0.2104	−0.2887
0.48	0.1965	0.1410	0.1149	−0.1216	−0.3593	−0.2381	−0.1977	−0.1715	0.0800
0.60	−0.2194	−0.2069	−0.3875	−0.3411	−0.1901	−0.1662	−0.0666	0.1140	−0.0446
0.72	−0.3003	−0.6865	−0.5097	−0.3230	−0.1585	0.0156	0.0893	−0.0874	0.0384
0.84	−0.2647	−0.1633	−0.3546	−0.3214	−0.1763	−0.0954	−0.1249	0.0665	−0.0386
0.96	0.3012	0.1081	0.1380	−0.0487	−0.2974	−0.3407	−0.1250	−0.1548	0.0092

3. (a)

Time	$x = 0.2$	$x = 0.4$	$x = 0.6$	$x = 0.8$
0.00	0.5878	0.9511	0.9511	0.5878
0.10	0.5599	0.9059	0.9059	0.5599
0.20	0.4788	0.7748	0.7748	0.4788
0.30	0.3524	0.5701	0.5701	0.3524
0.40	0.1924	0.3113	0.3113	0.1924
0.50	0.0142	0.0230	0.0230	0.0142

(b)

Time	$x = 0.2$	$x = 0.4$	$x = 0.6$	$x = 0.8$
0.00	0.5878	0.9511	0.9511	0.5878
0.05	0.5808	0.9397	0.9397	0.5808
0.10	0.5599	0.9060	0.9060	0.5599
0.15	0.5257	0.8507	0.8507	0.5257
0.20	0.4790	0.7750	0.7750	0.4790
0.25	0.4209	0.6810	0.6810	0.4209
0.30	0.3527	0.5706	0.5706	0.3527

0.35	0.2761	0.4467	0.4467	0.2761
0.40	0.1929	0.3122	0.3122	0.1929
0.45	0.1052	0.1701	0.1701	0.1052
0.50	0.0149	0.0241	0.0241	0.0149

5.

Time	$x = 10$	$x = 20$	$x = 30$	$x = 40$	$x = 50$
0.00000	0.1000	0.2000	0.3000	0.2000	0.1000
0.60134	0.0984	0.1688	0.1406	0.1688	0.0984
1.20268	0.0226	−0.0121	0.0085	−0.0121	0.0226
1.80401	−0.1271	−0.1347	−0.1566	−0.1347	−0.1271
2.40535	−0.0920	−0.2292	−0.2571	−0.2292	−0.0920
3.00669	−0.0932	−0.1445	−0.2018	−0.1445	−0.0932
3.60803	−0.0284	−0.0205	0.0336	−0.0205	−0.0284
4.20936	0.1064	0.1555	0.1265	0.1555	0.1064
4.81070	0.1273	0.2060	0.2612	0.2060	0.1273
5.41204	0.0625	0.1689	0.2038	0.1689	0.0625
6.01338	0.0436	0.0086	−0.0080	0.0086	0.0436
6.61472	−0.0931	−0.1364	−0.1578	−0.1364	−0.0931
7.21605	−0.1436	−0.2173	−0.2240	−0.2173	−0.1436
7.81739	−0.0625	−0.1644	−0.2247	−0.1644	−0.0625
8.41873	−0.0287	−0.0192	−0.0085	−0.0192	−0.0287
9.02007	0.0654	0.1332	0.1755	0.1332	0.0654
9.62140	0.1540	0.2189	0.2089	0.2189	0.1540

Note: Time is expressed in milliseconds.

16장 복습문제

1. $u_{11} = 0.8929$, $u_{21} = 3.5714$, $u_{31} = 13.3929$

3. (a)

$x = 0.20$	$x = 0.40$	$x = 0.60$	$x = 0.80$
0.2000	0.4000	0.6000	0.8000
0.2000	0.4000	0.6000	0.5500
0.2000	0.4000	0.5375	0.4250
0.2000	0.3844	0.4750	0.3469
0.1961	0.3609	0.4203	0.2922
0.1883	0.3346	0.3734	0.2512

(b)

$x = 0.20$	$x = 0.40$	$x = 0.60$	$x = 0.80$
0.2000	0.4000	0.6000	0.8000
0.2000	0.4000	0.6000	0.8000
0.2000	0.4000	0.6000	0.5500
0.2000	0.4000	0.5375	0.4250
0.2000	0.3844	0.4750	0.3469
0.1961	0.3609	0.4203	0.2922

(c) Yes; the table in part (b) is the table in part (a) shifted downward.

연습문제 17.1

1. $3 + 3i$ **3.** 1 **5.** $7 - 13i$

7. $-7 + 5i$ **9.** $11 - 10i$ **11.** $-5 + 12i$

13. $-2i$ **15.** $-\frac{7}{17} - \frac{11}{17}i$ **17.** $8 - i$

19. $\frac{23}{37} - \frac{64}{37}i$ **21.** $20i$ **23.** $\frac{102}{5} + \frac{116}{5}i$

25. $\frac{7}{130} + \frac{9}{130}i$ **27.** $x/(x^2 + y^2)$

29. $-2y - 4$ **31.** $\sqrt{(x-1)^2 + (y-3)^2}$

33. $x = -\frac{9}{2}, y = 1$ **35.** $\frac{\sqrt{2}}{2} + \frac{\sqrt{2}}{2}i, -\frac{\sqrt{2}}{2} - \frac{\sqrt{2}}{2}i$

37. $z = -\frac{1}{30} + \frac{7}{10}i$ **39.** $11 - 6i$

연습문제 17.2

1. $2(\cos 0 + i \sin 0)$ or $2(\cos 2\pi + i \sin 2\pi)$

3. $3\left(\cos \frac{3\pi}{2} + i \sin \frac{3\pi}{2}\right)$ **5.** $\sqrt{2}\left(\cos \frac{\pi}{4} + i \sin \frac{\pi}{4}\right)$

7. $2\left(\cos \frac{5\pi}{6} + i \sin \frac{5\pi}{6}\right)$

9. $\frac{3\sqrt{2}}{2}\left(\cos \frac{5\pi}{4} + i \sin \frac{5\pi}{4}\right)$

11. $-\frac{53}{2} - \frac{5}{2}i$ **13.** $5.5433 + 2.2961i$

15. $8i$; $\frac{\sqrt{2}}{4} - \frac{\sqrt{2}}{4}i$

17. $30\sqrt{2}\,[\cos(25\pi/12) + i \sin(25\pi/12)]$; $40.9808 + 10.9808i$

19. $\frac{1}{2\sqrt{2}}[\cos(-\pi/4) + i \sin(-\pi/4)]$; $\frac{1}{4} - \frac{1}{4}i$

21. -512 **23.** $\frac{1}{32}i$ **25.** $-i$

27. $w_0 = 2, w_1 = -1 + \sqrt{3}i, w_2 = -1 - \sqrt{3}i$

29. $w_0 = \frac{\sqrt{2}}{2} + \frac{\sqrt{2}}{2}i, w_1 = -\frac{\sqrt{2}}{2} - \frac{\sqrt{2}}{2}i$

31. $w_0 = \frac{\sqrt{2}}{2} + \frac{\sqrt{6}}{2}i, w_1 = -\frac{\sqrt{2}}{2} - \frac{\sqrt{6}}{2}i$

33. $\pm\frac{\sqrt{2}}{2}(1 + i), \pm\frac{\sqrt{2}}{2}(1 - i)$

35. $32\left(\cos \frac{13\pi}{6} + i \sin \frac{13\pi}{6}\right), 16\sqrt{3} + 16i$

37. $\cos 2\theta = \cos^2\theta - \sin^2\theta,\ \sin 2\theta = 2 \sin\theta \cos\theta$

연습문제 17.3

1.

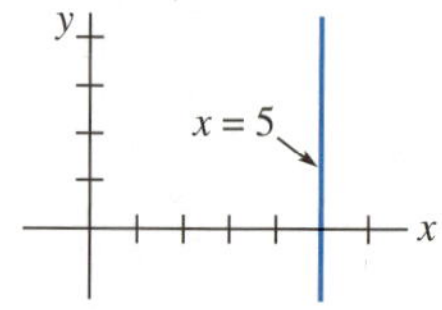

3.

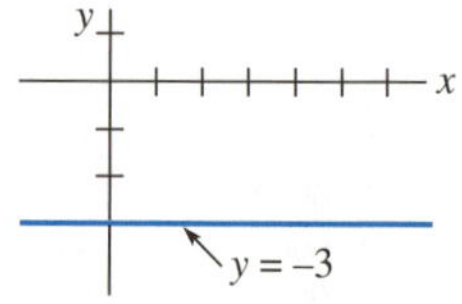

5.

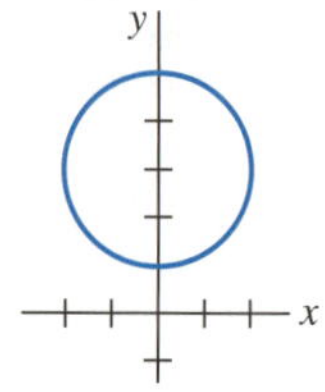

7.

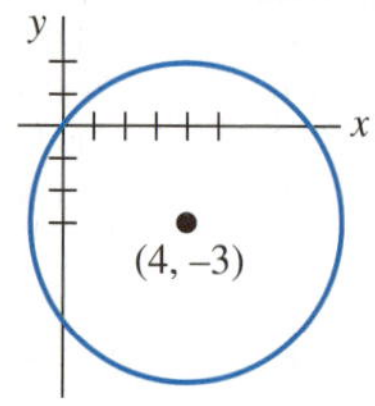

9. domain

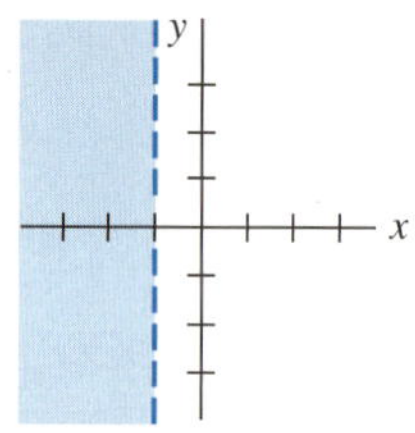

11. domain

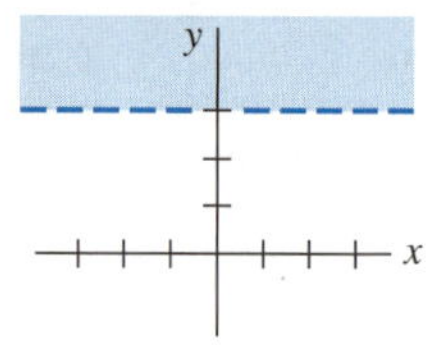

13. domain

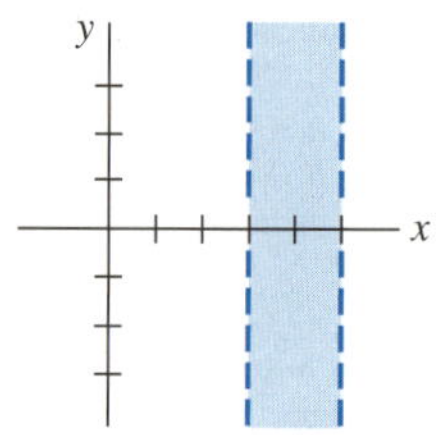

15. not a domain

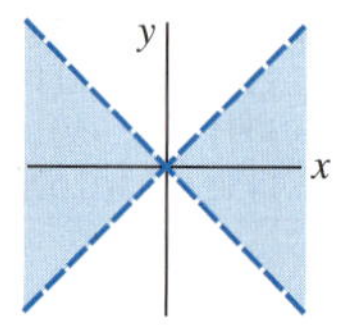

17. not a domain

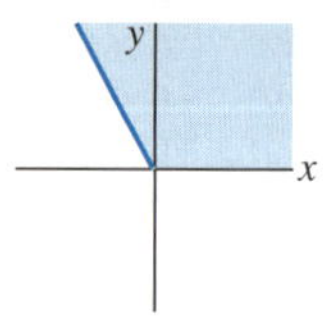

19. domain

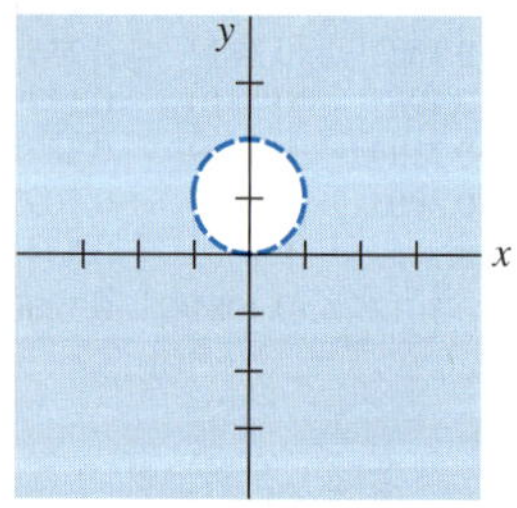

21. domain

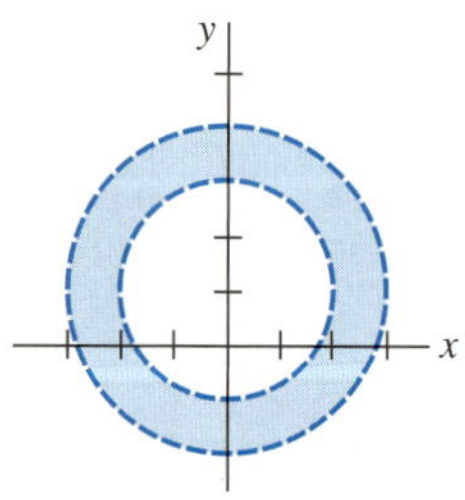

23. the line $y = -x$ **25.** the hyperbola $x^2 - y^2 = 1$

연습문제 17.4

1.

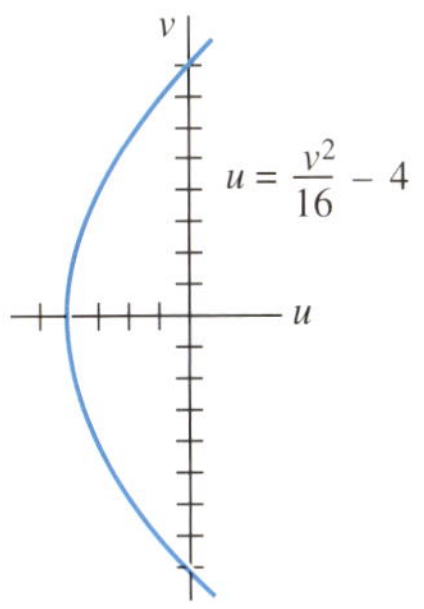

3.

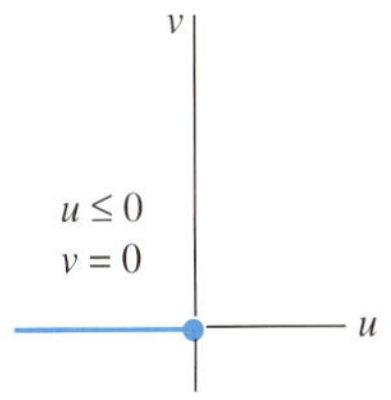

5.

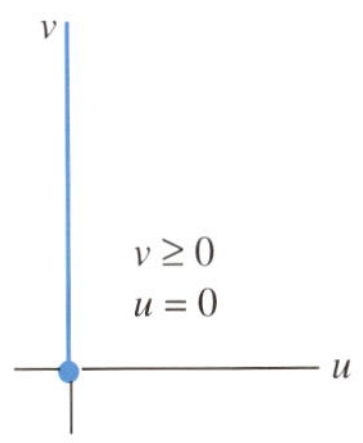

7. $f(z) = (6x - 5) + i(6y + 9)$

9. $f(z) = (x^2 - y^2 - 3x) + i(2xy - 3y + 4)$

11. $f(z) = (x^3 - 3xy^2 - 4x) + i(3x^2y - y^3 - 4y)$

13. $f(z) = \left(x + \dfrac{x}{x^2 + y^2}\right) + i\left(y - \dfrac{y}{x^2 + y^2}\right)$

15. $-4 + i;\ 3 - 9i;\ 1 + 86i$

17. $14 - 20i;\ -13 + 43i;\ 3 - 26i$ **19.** $6 - 5i$

21. $-4i$ **27.** $12z^2 - (6 + 2i)z - 5$

29. $6z^2 - 14z - 4 + 16i$ **31.** $6z(z^2 - 4i)^2$

33. $\dfrac{8 - 13i}{(2z + i)^2}$ **35.** $3i$ **37.** $2i, -2i$

41. $x(t) = c_1e^{2t}$ and $y(t) = c_2e^{2t}$; the streamlines lie on lines through the origin.

43. $y = cx$; the streamlines are lines through the origin.

45.

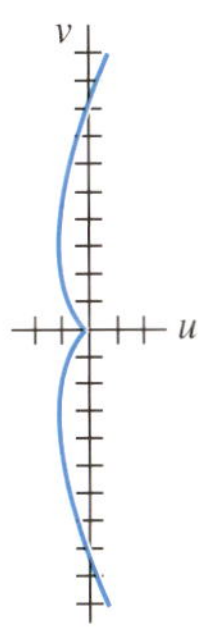

연습문제 17.5

15. $a = 1, b = 3$

21. $f'(z) = e^x \cos y + ie^x \sin y$

23. $f(z) = x + i(y + C)$

25. $f(z) = x^2 - y^2 + i(2xy + C)$

27. $f(z) = \log_e(x^2 + y^2) + i\left(2\tan^{-1}\dfrac{y}{x} + C\right)$

29.

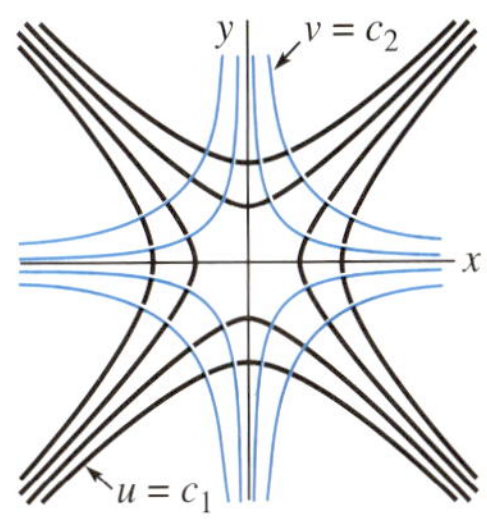

31. the x-axis and the circle $|z| = 1$

연습문제 17.6

1. $\frac{\sqrt{3}}{2} + \frac{1}{2}i$ **3.** $e^{-1}\left(\frac{\sqrt{2}}{2} + \frac{\sqrt{2}}{2}i\right)$

5. $-e^{\pi}$ **7.** $-1.8650 + 4.0752i$

9. $0.2837 - 0.9589i$ **11.** $-0.9659 + 0.2588i$

13. $e^y(\cos x - i \sin x)$

15. $e^{x^2-y^2}(\cos 2xy + i \sin 2xy)$

23. $1.6094 + i(\pi + 2n\pi)$

25. $1.0397 + i(3\pi/4 + 2n\pi)$

27. $1.0397 + i(\pi/3 + 2n\pi)$

29. $2.1383 - (\pi/4)i$ **31.** $2.5649 + 2.7468i$

33. $3.4657 - (\pi/3)i$ **35.** $1.3863 + i(\pi/2 + 2n\pi)$

37. $3 + i(-\pi/2 + 2n\pi)$ **39.** $e^{(2-8n)\pi}$

41. $e^{-2n\pi}(0.2740 + 0.5837i)$ **43.** e^2

47. no; no; no

연습문제 17.7

1. 10.0677 **3.** $1.0911 + 0.8310i$

5. $0.7616i$ **7.** -0.6481 **9.** -1

11. $0.5876 + 1.3363i$

15. $\pi/2 + 2n\pi - i\log_e(2 \pm \sqrt{3})$

17. $(-\pi/2 + 2n\pi)i$ **19.** $\pi/4 + n\pi$

21. $2n\pi \pm 2i$

연습문제 17.8

1. $n\pi + (-1)^{n+1} i \log_e(1 + \sqrt{2})$ **3.** $n\pi$

5. $2n\pi \pm i \log_e(2 + \sqrt{3})$ **7.** $\pm\pi/3 + 2n\pi$

9. $\pi/4 + n\pi$ **11.** $(-1)^n \log_e 3 + n\pi i$

17장 복습문제

1. 0; 32 **3.** $-\frac{7}{25}$ **5.** $\frac{4}{5}$ **7.** false

9. $0.6931 + i(\pi/2 + 2n\pi)$ **11.** $-0.3097 + 0.8577i$

찾아보기

Index

ㅂ

ㅅ

ㅇ

ㅈ